プログラミングROS

Pythonによるロボットアプリケーション開発

Morgan Quigley, Brian Gerkey, William D. Smart　著

河田卓志　監訳

松田 晃一、福地 正樹、由谷 哲夫　訳

Programming Robots with ROS

Morgan Quigley, Brian Gerkey,
and William D. Smart

Beijing • Boston • Farnham • Sebastopol • Tokyo

まえがき

ROS（Robot Operating System）はロボットにさまざまな動作をさせるためのオープンソースフレームワークです。ROSはロボットを作る人、使う人、それぞれに必要な共通のプラットフォームを提供することを目的としています。この共通プラットフォームを通じ、人々はコードを共有し、アイデアがより短期間で実現できるようになります。またおそらくより重要な点として、自作のロボットが動き始める前に、ソフトウェア基盤の開発に何年も費やす必要がなくなるのです！

ROSは驚くほどの成功を収めています。この「まえがき」を書いている時点で、600人近い人々によって開発され、維持されている2,000以上のソフトウェアパッケージがROSより公式に配信されています。およそ80の市販されているロボットがROSをサポートしており、また少なくとも1,850の研究論文がROSについて触れています。もはやすべてをスクラッチから書き上げる必要はありません。とりわけROSをサポートするロボットの1つを採用すれば多くはすでに整っています。ビット操作やデバイスドライバーに時間を使うのではなく、より多くの時間を**ロボット工学**のために費やせます。

ROSは複数の構成要素によって成り立っています。

1. 抽象化され、わかりやすく定義されたドライバー群。ドライバーはセンサーからデータを読み、モーターやその他アクチュエーターにコマンドを送ります。近年増えてきている市販のロボットシステムを含む、一般的なハードウェアの多くを幅広くサポートしています。
2. さまざまな、そして、現在も増加している、ロボット工学に基づいたアルゴリズム群。周辺マップの構築、地図を用いた移動、センサーデータの解釈や表現、モーターの操作、物体の操作やその他さまざまなアルゴリズムが利用できます。ROSはロボット工学の研究分野で非常に多く使われており、さまざまな最先端のアルゴリズムがROS上で利用可能になっています。
3. データを移動し、複雑なロボットシステムのさまざまな構成要素をつなげ、自作のアルゴリズムと連動させることを可能にする、完全な計算処理基盤。ROSはその基本的な部分において分散の仕組みを採用し、複数のコンピューターに負荷をシームレスに分散させることを実現しています。

4. さまざまなツール群。ロボットの状態とアルゴリズムの可視化、不正な動きのデバッグ、センサーデータの記録を行うなど、多種多様なツール群が提供されています。ロボットソフトウェアのデバッグは非常に難しい作業です。豊富なツール群の存在が、ROSが強力であるゆえんの1つと言えます。
5. 最後にROSの巨大なエコシステム。フレームワークのさまざまな側面を説明するwikiドキュメント、学んだことを共有し、またわからないことについて助けを求めることができるQ&Aサイト、そしてユーザーとデベロッパーによる活発なコミュニティーといった広範囲にわたるリソースがROSのエコシステムを形成しています。

なぜROSを学ばなければならないのか？ 簡単に言うと、時間短縮につながるからです。ROSはいずれにしても開発しなければならないロボットソフトウェアシステムのすべての部分を提供します。これにより他の煩わしい部分に悩まされることなく、本来取り組むべきシステム部分に集中できます。

なぜこの本を読まなければならないのか？ ROS wikiでは、フレームワークのさまざまな側面に触れ、詳細に解説されたチュートリアルなど、数多くの資料が用意されています。活発なユーザーコミュニティーはhttp://answers.ros.orgに質問をすることで皆さんの疑問に答えてくれるでしょう。これらのリソースを用いて十分に学べるのではないでしょうか？ この本ではより順序だった形で内容を整理し、リアルの、そして仮想のロボットを用いて興味深いことをROS使ってどのように行えるか例を用いて包括的に紹介しています。また、どのようにコードを構成すればよいかといったコツやヒント、何か不測の動きをロボットがしたときにはどのようにデバッグすればよいのか、またどのようにすればROSコミュニティーの一員になれるのかといった情報もこの本には含まれています。

ROSには一定の複雑さがあります。熟練のプログラマーでなければ理解が難しい箇所があります。分散コンピューティング、マルチスレッド、イベント駆動型プログラミングやその他プログラミングに関するコンセプトがシステムの中心を成しています。もしこれらのうち1つでもあまり馴染みがないものがあれば、ROSの習得は困難になります。この本では習得を少しでもやさしくするためにROSの基本を紹介し、それが現実の（または仮想の）ロボット上でいかにして、実際のアプリケーションとして適用できるかということを実践的な例を使って説明しています。

この本の対象読者

もしロボットに現実世界で何かさせたいが、しかしそのための機構を作り直すことには時間を割きたくないなら、この本は最適です。ROSにはロボットを立ち上げ、動かすために必要なすべての計算処理基盤が用意されており、また興味深いことをすばやく実現するためのさまざまなロボット工学に基づくアルゴリズムが含まれています。

もし、例えば移動経路計画など、特定の領域に興味があり、そして、より大きなロボットシステムの中の一部としてそれを調査したいなら、この本は最適です。この本ではROSのアルゴリズムと基盤を使ってどのようにロボットに興味深いことをさせせることができるかを示し、またいかにして既存のアルゴリズムを自作の新しいアルゴリズムに入れ替えるかを紹介します。

もし基本的なROSのメカニズムの理解と、どのようなことができるかといった、概要の調査を目的とし、しかしwikiの広範囲にわたる情報にひるんでしまったのなら、この本は最適です。この本ではROSの基本的なメカニズムやツールについてのツアーを提供するとともに、構築して適用が可能な完全なシステムの具体例を提供します。

この本の非対象読者

誰もこの本を読むことを拒むわけではありませんが、一方で必ずしもすべての方にとって正しいリソースではないかもしれません。この本では想定のロボットについて、いくつか暗黙の了解があります。ロボットはLinuxで動いていること、十分な計算リソースを備えていること（最低でもノートパソコン程度）、Microsoft Kinectのような洗練されたセンサー群を備えていること、地面に設置されるロボットであり移動が可能なことなどを想定しています。計画のロボットがこれらのうちいくつかのカテゴリーに一致しなかった場合、この本のいくつかの例はすぐに役に立つものではないでしょう。しかしその背後にあるメカニズムやツール群はいずれにせよ役に立つものです。

この本は主としてROSに関する本であり、ロボット工学を解説する本ではありません。この本を通してロボット工学に関して少しは学ぶことは可能ですが、ROSが提供するさまざまなアルゴリズムについて、その詳細には踏み込みません。もしロボット工学に関する幅広い知識の習得を求められているのであれば、この本は適切ではありません。

何を学べるか

この本ではROSによるロボットプログラミングを広範囲にわたって紹介します。ROSの中心を構成するツール群や、重要な基本的メカニズムの側面をカバーし、ロボットをコントロールするソフトウェアを作るためにそれらをどのように使えばよいか紹介します。ロボットに何か興味深いことをさせるためにどのようにROSが使えるか具体例を示し、自作のシステムを作るために、それらの例をいかに利用できるかアドバイスをします。

技術的な内容に加え、巨大なROSのエコシステムの活用方法についても紹介します。wikiやQ&Aフォーラムについて触れます。また、自作のコードを共有でき、一方で、世界中のロボット工学者から新しい知識を得られる、ROSのグローバルコミュニティーの一員にいかにしてなるかについても触れます。

前提条件

この本を利用するにあたり前もって必要な知識がいくつかあります。ROSはソフトウェアフレームワークのためプログラミングについては適切に理解している必要があります。ROSではさまざまなプログラミング言語でプログラムを組めますが、この本ではPythonを使います。もしPythonを知らなければ、この本の多くのプログラムコードは理解が難しいでしょう。幸いにもPythonは非常に習得が簡単なプログラミング言語です。多くの書籍やフリーのWebサイト上のリソースを用いてPythonを学ぶことができます。出発点としては、Pythonのオフィシャルサイト（http://python.org）があります[*1]。

ROSはUbuntu Linuxが最適な実行環境です。Linuxについてある程度の知識があると理解がよりやさしいと言えます。Linuxの重要な要素は本編の中で説明しますが、ファイルシステム、bashコマンドシェル、また最低限1つのテキストエディターについて、基本的な理解を持っていることはROS固有の内容に集中することを助けてくれるでしょう。

ROSを理解する上では絶対条件ではありませんが、基礎的なロボット工学の知識は本書の理解を助けます。座標変換、機構（kinematic chain）といったロボット工学の背後にある数学の知識は本編のいくつかのROSのメカニズムに関する説明の理解を助けます。これらについて、簡単に解説はしますが、理解が難しい場合、これらの背景知識を得るためにロボット工学の文献などによる知識の補充が必要かもしれません。

表記上のルール

本書では、次に示す表記上のルールに従います。

太字（Bold）
: 新しい用語、強調やキーワードフレーズを表します。

等幅（`Constant Width`）
: プログラムのコード、コマンド、配列、要素、文、オプション、スイッチ、変数、属性、キー、関数、型、クラス、名前空間、メソッド、モジュール、プロパティ、パラメーター、値、オブジェクト、イベント、イベントハンドラー、XMLタグ、HTMLタグ、マクロ、ファイルの内容、コマンドからの出力を表します。その断片（変数、関数、キーワードなど）を本文中から参照する場合にも使われます。

等幅太字（`Constant Width Bold`）
: ユーザーが入力するコマンドやテキストを表します。コードを強調する場合にも使われます。

---

*1　訳注：オライリー・ジャパン発行の『初めてのPython 第3版』もお勧めです。

等幅イタリック（*Constant Width Italic*）

ユーザーの環境などに応じて置き換えなければならない文字列を表します。

ヒントや示唆を表します。

興味深い事柄に関する補足を表します。

ライブラリのバグやしばしば発生する問題などのような、注意あるいは警告を表します。

サンプルコードの使用について

本書で紹介される素材（サンプルコード、演習など）はhttps://github.com/osrf/rosbookからダウンロードできます。

本書の目的は、読者の仕事を助けることです。一般に、本書に掲載しているコードは読者のプログラムやドキュメントに使用してかまいません。コードの大部分を転載する場合を除き、我々に許可を求める必要はありません。例えば、本書のコードの一部を使用するプログラムを作成するために、許可を求める必要はありません。なお、オライリー・ジャパンから出版されている書籍のサンプルコードをCD-ROMとして販売したり配布したりする場合には、そのための許可が必要です。本書や本書のサンプルコードを引用して質問などに答える場合、許可を求める必要はありません。ただし、本書のサンプルコードのかなりの部分を製品マニュアルに転載するような場合には、そのための許可が必要です。

出典を明記する必要はありませんが、そうしていただければ感謝します。Morgan Quigley、Brian Gerkey、William D. Smart著『プログラミングROS』（オライリー・ジャパン発行）のように、タイトル、著者、出版社、ISBNなどを記載してください。

サンプルコードの使用について、公正な使用の範囲を超えると思われる場合、または上記で許可している範囲を超えると感じる場合は、permissions@oreilly.comまで（英語で）ご連絡ください。

意見と質問

本書（日本語翻訳版）の内容については、最大限の努力をもって検証、確認していますが、誤りや不正確な点、誤解や混乱を招くような表現、単純な誤植などに気がつかれることもあるかもしれません。そうした場合、今後の版で改善できるようお知らせいただければ幸いです。将来の改訂に関する提案なども歓迎いたします。連絡先は次のとおりです。

株式会社オライリー・ジャパン
電子メール　japan@oreilly.co.jp

本書のWebページには次のアドレスでアクセスできます。

https://www.oreilly.co.jp/books/9784873118093
http://shop.oreilly.com/product/0636920024736.do（英語）
https://github.com/osrf/rosbook（著者）

オライリーに関するそのほかの情報については、次のオライリーのWebサイトを参照してください。

https://www.oreilly.co.jp/
https://www.oreilly.com/（英語）

謝辞

まず何をおいても、オライリーの編集者である、Mike Loukides、Meg Blanchette、Dawn Schanafeltに感謝します。筆者らが本を執筆する際に、すばらしい忍耐力と、ありえないような自制心を示してくれました。また、本書の初期の草稿に対してフィードバックを返してくれたすべての人、特に、Andreas Bihlmaier、Jon Bohren、Zach Dodds、Kat Scottに感謝します。彼らのコメントや提案により本書ははるかに良くなりました。

また、筆者らのロボットでROSが正しく動くようにする際に手助けしてくれた人すべてに感謝します。Mike FergusonはFetchロボットの例を手伝ってくれました。OSRF（Open Source Robotics Foundation）のSteve Peters、Nate Koenig、John HsuはGazeboに関するいくつかの難しい質問に答えてくれました。William WoodallとTully Foote（2人ともOSRF出身）はROSのハッキングに関するたくさんの質問に対応してくれました。

さらにDylan Jonesに感謝します。本書が出版される直前にコードのバグを見つけてくれました。

最後に、世界中に広がるROSコミュニティーに所属し開発している人、保守を行っている人、ユーザーすべてに感謝します。このコミュニティーが存在しなければ、ROSは今日ある姿ではなかったでしょうし、筆者らはこの「まえがき」を書いていなかったでしょう。

目次

第V部　ヒントとこつ　371

コラム目次

第Ⅰ部
基礎

1章
イントロダクション

Robot Operating System（ROS）は、ロボットソフトウェア開発向けのフレームワークです。ROSはツールやライブラリ、規約を集めたものであり、これを用いることで多種多様なロボットプラットフォームに対して複雑でロバスト（頑健）なロボットの動作の開発を簡単に行うことができます。

なぜこのようなものが必要なのでしょうか？ 真にロバストで汎用的なロボットのソフトウェアを開発することが「難しい」からです。人間からすると簡単そうに見える問題の多くが、ロボットの観点からすると、実際には、さまざまな工程（タスク）と手に負えないほどの周囲の状況に関するバリエーションを含んでいるからです。

例えば、単純な「物を拾う」というタスクを考えてみましょう。このタスクでは、あるオフィスアシスタント用のロボットが、ホッチキスを取ってくるように指示された、と想定してみましょう。まず初めに、ロボットは指示を理解することから始めなくてはなりません。指示は、口頭で伝えられるかもしれませんし、Webやメール、SMSといった他の手段で伝えられるかもしれません。次に、ロボットはホッチキスを探すために何らかの計画を立てる必要があります。これには、建物の中のいろいろな部屋を通り抜ける必要があるでしょう。もしかしたら、エレベーターやドアもあるかもしれません。部屋に到着してからも、雑然とした机の上にある似たような大きさの物の中から（手に持てる物はたいてい同じような大きさなので）、ホッチキスを探し出さなくてはなりません。その後、ロボットは来た道を戻り、指示された場所にホッチキスを届ける必要があります。これらの1つ1つの部分問題は、さらに無数の複雑な要因を内包しています。しかも、このタスクは比較的単純なタスクにすぎないのです！

現実世界の複雑なタスクや多様な環境条件を取り扱うことは途方もなく困難な作業のため、どんな個人、研究室、組織であっても、単独で完全なシステムをゼロから作ることは無謀でしょう。このため、ROSは、**共同型**のロボットソフトウェア開発を推進することを目的に基礎から作り上げられました。先ほどの「ホッチキスを拾う」タスクの例では、屋内環境のマッピングシステムの専門家がいる組織は、背後で複雑なことをしているにもかかわらず、扱いやすい屋内マップの作成システムに貢献することができます。また、別のグループはマップを使ったロバストな屋内ナビゲーションに専門性があるかもしれません。さらに別のグループは、散らかった小さな物体を認識するのに適した画像認識アルゴリズムを開発しているかもしれません。ROSは、このような大規模な協力体制を簡単に実現するための特徴をたくさん持っています。

1.1　歴史

ROSはたくさんの先駆者と貢献者を持つ巨大なプロジェクトです。ロボティクス研究コミュニティーの多くの人が、オープンな共同フレームワークの必要性を感じていました。2000年代中頃、スタンフォード大学内でさまざまなプロジェクトが行われました。それには、統合され具体的なものになったAI、例えば、スタンフォード人工知能ロボット（STAIR：STanford AI Robot）やパーソナルロボット（PR：Personal Robot）プログラムなどが含まれています。それらのプロジェクトでは、本書で紹介する柔軟でダイナミックなソフトウェアシステムの初期のプロトタイプが作られました。2007年にロボットのインキュベーターであるWillow Garage社が、かなりのリソースを提供し、このコンセプトを拡張し、よくテストされた実装を開発しました。この試みは、無数の研究者たちによってさらに発展しました。彼らは自分たちの時間と専門性をROSのコアと基本ソフトウェアパッケージに注ぎ込んだのです。このソフトウェアは、制約の緩いBSDオープンソースライセンスのもとでオープンに開発され、ロボット研究コミュニティーの中で徐々に幅広く使われるようになりました。

ROSは、その開発当初から複数の研究機関で、複数の異なるロボットを用いて開発されてきました。複数の研究機関で開発されたコードはそれぞれ別々に管理されています。開発者からすれば、すべてのコードが同一のサーバーに置かれていたほうが単純であり、当初、これは頭の痛い問題でした。皮肉なことに、年を追うにつれ、これがROSのエコシステムのすばらしい強みの1つとなりました。すなわち、どんなグループでも、自分たちのROSのコードリポジトリを、自分たちのサーバーで開始することができ、すべてのものの所有権を持ち、制御することができるという強みです。彼らは誰の許可も得る必要がないのです。彼らがそのリポジトリを公開すれば、他のオープンソースのソフトウェアプロジェクトと同じように、自分たちの成果に対する評価と名誉を受けることも、技術的なフィードバックや改善の恩恵を受けることもできるのです。

現在では、このようなROSのエコシステムは世界中で数万人のユーザーで構成され、机上での趣味のプロジェクトから大規模な工業用の自動化システムにいたるまで幅広い分野で利用されています。

1.2　哲学

どのようなソフトウェアフレームワークであっても、直接的にせよ間接的にせよ、その開発哲学に従うことを開発者に求めます。これは用語から一般的なやり方にいたるまでさまざまです。大まかに言うと、ROSはいくつかの重要な点でUnixにおけるソフトウェア開発の哲学に従っています。そのためROSはUnixの開発経験を持つ開発者にとっては「自然」と感じられる傾向がある一方で、WindowsやMacなどのGUIを持つ開発環境での開発に慣れている開発者にとっては、最初はどこか「神秘的」に感じる傾向があるようです。ROSの哲学的な側面をいくつか紹介しましょう。

ピアツーピア

ROSは、互いに接続された、無数の小さなコンピュータープログラムで構成され、それらは常に**メッセージ**を送り合っています。これらのメッセージは、プログラムからプログラムへ直接送られており、特に中央にルーティングサービスが存在するわけではありません。このような仕組みを支える「通信層」はより複雑になりますが、その結果、データの量が多くなった場合にも、よりスケールしやすいシステムとなっています。

ツールベース

長く使われてきているUnixアーキテクチャーが示してきたように、複雑なソフトウェアシステムはたくさんの小さな汎用的なプログラムで構成することができます。他の多くのロボット用のソフトウェアフレームワークとは違い、ROSは標準的な統合開発環境や実行環境を持ちません。ソースコードツリーのナビゲーション、システムの相互接続状況の可視化、データストリームのグラフィカルな表示、ドキュメント生成、データのロギングなどは、すべて独立したプログラムで実現されています。このことは、新しく実装したり、実装を改善したりする作業を後押ししてくれます。なぜなら、これらは（理想的には）特定のタスク分野ごとにより適した実装のもので置き換えることができるからです。最近のバージョンのROSを用いると、こういった多くのツール群を1つのプロセスにまとめ効率化したり、オペレーターやデバッグ用に一貫したインタフェースを作成したりすることができるようになっていますが、基本的な原理は同じです。個々のツール自体は比較的小さく汎用的なのです。

多言語対応

多くのソフトウェア開発は、PythonやRubyといった「生産性の高い」スクリプト型の言語を使うことでより簡単になります。しかし、パフォーマンスが必要な場合には、C++などの高速な言語を使う必要がある場合もあります。また、一部のプログラマーがLispやMATLABといった言語を好むのにもたくさんの理由があります。特定の開発にどの言語が最も適切かについては、これまでインターネット上で際限のない論争が行われきています。これは現在も続いていますし、そしてこれからも続くことに疑いはないでしょう。これらの意見すべてに利点があること、言語は異なる文脈でそれぞれの効用があること、言語を選択する際には個々のプログラマーが持つ固有のバッググラウンドがとても重要であることを尊重して、ROSは多言語対応のアプローチを採用しています。ROSのソフトウェアモジュール、クライアントライブラリはどんな言語でも書くことができます。本書を執筆している時点では、クライアントライブラリには、C++、Python、Lisp、Java、JavaScript、MATLAB、Ruby、Haskell、R、Julia用のものなどがあります。ROSのクライアントライブラリは、メッセージがネットワークを介して送信される前にどのように「平坦化」や「直列化(シリアライズ)」されるかを定義した取り決めに従って相互に通信しています。本書では、Pythonのクライアントライブラリを使います。これは、サンプルコードの紙面を節約するためと一般的な使いやすさの観点からです。もちろん、本書で説明するタスクは、他のどのクライアントライブラリでも実現可能です。

薄く実装

ROSの慣習として、開発者は、まずスタンドアローンのライブラリを作り、その後、他のROSモジュールにメッセージを送受信できるようにするための**ラップレイヤー**を設けることを勧めています。このレイヤーは、他のアプリケーションのために作られたROS以外のソフトウェアを再利用することができるようにするためのものです。また、これにより、標準の継続的インテグレーション(CI:continuous integration)ツールによる自動化テストの作成がとても簡単になります。

無償かつオープンソース

ROSのコアは、寛容的なBSDライセンスのもとに公開されており、商用と非商用の利用が可能です。ROSはモジュール間のデータ通信にプロセス間通信(IPC)を用いているため、ROSで構成したシステムはさまざまなコンポーネントのそれぞれのライセンスを含むことができます。例えば、商用システムでは、非公開のソースコードからなるモジュールがいくつかあり、それらがオープンソースからなるたくさんのモジュールと通信していることがほとんどです。学術的なプロジェクトや趣味のプロジェクトは、完全にオープンソースであることが多く、商用製品の開発は完全に閉じられた中で行われることが多いのです。このような使い方はすべて、一般的なものであり、ROSライセンスのもとでは完全に有効なものなのです。

1.3 インストール

ROSは多くのシステムで動作するように作られています。本書では人気が高く比較的使いやすいLinuxディストリビューションであるUbuntu Linuxを使用することにしました。Ubuntuは簡単なインストーラーを提供しており、これを使うことで出荷時のオペレーティングシステム(典型的にはWindowやMac)とUbuntuとのデュアルブートを可能にできます。とは言え、Ubuntuインストール時の予期しない出来事でドライブが完全に消去される場合に備えて、インストールを開始する前にコンピューターのバックアップを取っておくことをお勧めします。

ホストとなるオペレーティグシステム上でLinuxを同時に動作させることができるVirtualBoxや

VMWareといった仮想環境も存在しますが、本書で使用するシミュレーターは、計算量的にもグラッフィク的にも多くの資源を必要とするため、これらの仮想環境では動きがとても遅くなってしまうかもしれません。UbuntuのWebサイトの指示に従って、Ubuntuをネイティブ環境で動作させることを本書ではお勧めします。

Ubuntu Linuxは、http://ubuntu.comから無償でダウンロードできます。これから先、ROSはUbuntu 14.04 LTS（Trusty Tahrとして知られる）上で動作しており、ROS Indigoディストリビューションを使用しているものとします。

ROSのインストールでは、いくつかのシェルコマンドを入力する必要があります。これらは注意して入力する必要があるので、下記から手動でコピーするか（最初の行は紙幅に合うように3行に分割されていることに注意してください。行末のバックスラッシュを取り除き1行で実行してもかまいません）、ROS wiki（http://wiki.ros.org/indigo/Installation/Ubuntu）からコピーアンドペーストしてください。下記のコマンド群は、ros.orgをソフトウェアの配布元のシステムリストに加えて、ROSパッケージをダウンロードし、インストールを行い、環境とROSビルドツールのセットアップを行います。

```
user@hostname$ sudo sh -c \
  'echo "deb http://packages.ros.org/ros/ubuntu trusty main" > \
  /etc/apt/sources.list.d/ros-latest.list'
user@hostname$ wget http://packages.ros.org/ros.key -O - | sudo apt-key add -
user@hostname$ sudo apt-get update
user@hostname$ sudo apt-get install ros-indigo-desktop-full python-rosinstall
user@hostname$ sudo rosdep init
user@hostname$ rosdep update
user@hostname$ echo "source /opt/ros/indigo/setup.bash" >> ~/.bashrc
user@hostname$ source ~/.bashrc
```

これはすごいシェルコマンドに見えますね！ これらのいくつかは実際にはあまり使わないコマンドですが、それ以外はROSやUbuntuシステム上の他の大規模ソフトウェアを使うときによく使われるコマンドです。特に、apt-getコマンドは、Ubuntu Linuxのディストリビューションで共通して使われているコマンドで、本書ではソフトウェアパッケージを追加でインストールする際によく使います。このコマンドは、コマンドラインで要求されたソフトウェアパッケージとそれが依存するパッケージ群を再帰的にインストールしてくれます。グラフィカルなアプリケーションを利用して、ubuntuパッケージのインストールや管理を行いたい場合は、synapticをインストールしてください。これを使いたい場合は、コマンドラインから次を実行します。

```
user@hostname$ sudo apt-get install synaptic
```

このインストール手順の最後の2行は、ROSの環境セットアップスクリプトsetup.bashを現在シェルと今後開くシェルで有効にするためのものです。これをやっておくと、このシステムのシェルからROSが提供するコマンドやシェルスクリプト（これから先の章で説明する多くのコマンドラインツールなど）にアクセスできるようになります。これらの2行を実行しておかないと、ユーザーはコマンドシェルを開くたびに毎回手動で`source /opt/ros/indigo/setup.bash`を実行しなければなりません。ROS用の`setup.bash`ファイルをユーザーの`~/.bashrc`に追加しておくことで、今後使うすべてのコマンドシェルで自動的に実行されるようになります。

本書では、いくつかのオペレーティグシステムの特徴を、「POSIXプロセス」や「POSIX環境変数」などのように、「POSIX」というキーワードで参照することがあります。これは、ROSの多くの部分が、LinuxやMacといったPOSIX準拠のシステム間での**移植性**を考慮して書かれていることを意味していますが、本書では特にUbuntu Linuxを中心に説明します。Ubuntuは最も人気のあるLinuxディストリビューションであり、ROSのビルドファームがUbuntu向けに簡単にインストールできるバイナリーを作っているからです。

1.4　まとめ

本章では、ROSの概要とそれを支える哲学的な考え方について紹介しました。ROSはロボットソフトウェアを開発するためのフレームワークであり、このソフトウェアは、高速に相互通信する大量の小さなプログラムから構成されています。このパラダイムが選ばれたのは、ロボットソフトウェアが、それを作り出した特定のロボットや環境の外で再利用できるようにするためです。実際に、この緩く結合された構造によって、幅広いロボットハードウェアとソフトウェアパイプラインに適応可能な「汎用的な」モジュールを作り出すことが可能になり、世界的なロボットコミュニティーの間でコード共有と再利用を容易にしています。

2章 準備

ROSでコードを書き始める前に、このフレームワークを支えるキーとなる概念のいくつかを紹介します。ROSシステムはたくさんの独立したプログラムから構成され、それらはお互いに絶えず通信し合っています。本章では、このアーキテクチャーについて説明し、アーキテクチャーとやり取りをするコマンドラインツールを見ていきます。また、ROSが使用する命名規則や名前空間の詳細についても説明し、これらがどのように皆さんが作成するコードを再利用しやすくするのかを見ていきます。

2.1 ROSグラフ

ROSの設計の動機となったもともとの「困難な問題」の1つが「物を拾う」という問題でした。複数のカメラとレーザースキャナー、操作アーム、車輪付きの台座を装備した、比較的大きく複雑なロボットを想像してみてください。「物を拾う」という問題において、ロボットがすべきこと(タスク)は、家やオフィス環境の中を動き、要求されたものを見つけ、要求された場所に運ぶことです。このタスクを実現するには、複数のロボットソフトウェアアプリケーションによる複数の観点からの操作を必要とします。多くの他のロボットが行うタスクも状況は同じです。これが、ROSの設計上のゴールの1つとなりました。

- アプリケーションタスクは、ナビゲーション、コンピュータービジョン、物をつかむなどたくさんの独立したサブシステムに分解できる。
- これらのサブシステムは、保安巡回を行ったり、掃除したり、郵便物を配達したりするなどの他のタスクでも使用できる。
- ハードウェアと形状の適切な抽象化レイヤーによって、このアプリケーションソフトウェアの大部分は**どのような**ロボットででも動かすことができる。

これらのゴールは、ROSシステムの基本となる表現、すなわち**グラフ**で図示できます。ROSシステムは同時に実行され、お互いに**メッセージ**を送り合って通信するたくさんの異なるプログラムからなります。このようなプログラムやメッセージの集まりを表すのに数理的な**グラフ**を用いると便利です。プログラムはグラフの**ノード**で示され、お互いに通信するプログラムは**エッジ**でつながれます。ROSグラフのサンプルを**図2-1**に示します。これは、ROSを使用した「物を拾う」アプリケーションの初期の実装の1つを表します。このグラフの詳細は、特に重要ではありません。これは、メッセージをお互いに送るノードの集まりとしてのROSシステムの一般的な概念を図示するために示した例です。すべてのROSシステムは、規模の大きいものでも小さいものでも、このような方法で表すことができます。実際に、この表現はソフトウェア開発で非常に役に立つので、我々はROSのプログラムを実際に**ノード**と呼びます。これにより、それぞれのプログラムが、はるかに巨大なシステムの単なる1つの構成要素であることを簡単に思い出すことができます。

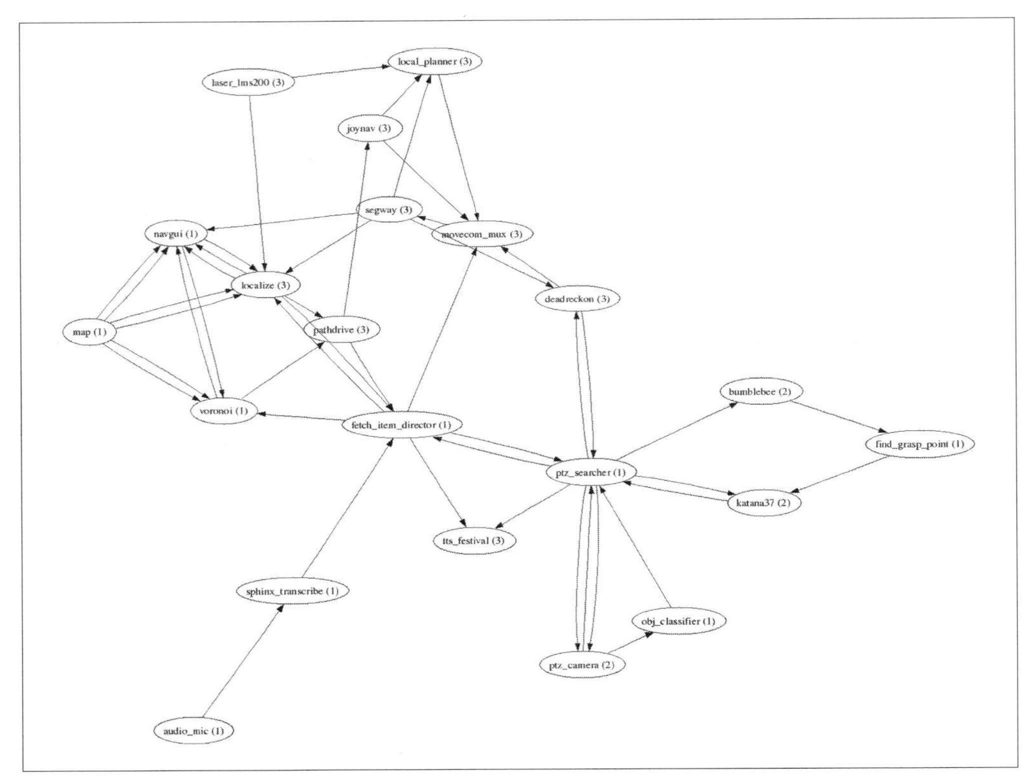

図2-1 「物を拾う」ロボットのROSグラフ ── グラフ内のノードは個々のプログラムを表す。エッジはセンサーデータ、アクチュエーターコマンド、経路計画の状態、中間表現などを通信するメッセージストリームを表す

あらためて言い直すと、ROSグラフの**ノード**はメッセージを送受信するソフトウェアモジュールを表し、ROSグラフの**エッジ**は2つのノード間のメッセージのストリームを表します。さらに複雑な説明になるかもしれませんが、典型的にはノードはPOSIXスレッドであり、エッジはTCPコネク

ションです。これにより、高い耐障害性が得られます。すなわち、あるソフトウェアがクラッシュしても、通常は、自分自身のプロセスが終了するだけです。グラフの残りの部分は、そのまま動作しているので、メッセージのやり取りや処理は通常どおり行われます。このクラッシュを引き起こした状況は、多くの場合ノードに入ってくるメッセージをロギングし、後でデバッガーでそれを再生することで再現できます。

さらに、疎に結合された、グラフベースのアーキテクチャーの最も重要な利点は、おそらく、複雑なシステムを高速にプロトタイピングできるという点で、検証のために必要な特定のコンポーネントを「つなぎ合せるための糊」となる専用のソフトウェアをほとんどあるいはまったく必要としないという点です。単一のノード、例えば、「物を拾う」での物体認識ノードは、画像を取り込みラベル付けすることができる新たなノードを新たなプロセスとして立ち上げ、それと簡単に入れ替えることができるのです。1つのノードが入れ替えられるだけなく、グラフ（や**サブグラフ**）などの塊すべてを実行時に破棄したり、他のサブグラフに置き換えたりできます。本物のロボットのハードウェアドライバーはシミュレーターで置き換えることができますし、ナビゲーションサブシステムを入れ替え、アルゴリズムを手直しして再コンパイルすることもできます。ROSは必要なノード間の接続ネットワークのバックエンドをその場ですべて作り出すことができるので、システムは全体として対話的であり、実験がしやすいように設計されているのです。

ここまでは、ノードは何らかの方法でお互いを見つけ出していることを仮定していましたが、その処理がどのように実現されているかは説明しませんでした。トラフィックが激しく行き交うネットワークの中で、ノードはどのようにしてお互いを見つけ出し、メッセージのやり取りを始めることができるのでしょうか？ その答えは、roscoreというプログラムにあります。

2.2 roscore

roscoreはノードがメッセージをお互いに送信できるようにノードに接続情報を提供するサービスです。すべてのノードは起動時にroscoreにつながり、そのノードが配信するメッセージストリームの詳細と自分が購読（subscribe）したいストリームを登録します。新しいノードが現れると、roscoreは、ピアツーピア接続をする必要がある、同じメッセージトピックを配信、購読する他のノードを、この新しいノードに伝えます。すべてのROSシステムはroscoreが動いていることが必要です。それがないと、他のノードを発見できないからです。

しかしながら、ROSの重要な側面は、ノード間のメッセージがピアツーピアで送信されることです。roscoreはノードが接続する相手を見つけるためだけに使われます。これは他ではあまり見られない手法であり、とりわけ主としてWeb系の開発経験を持つプログラマーは最初、戸惑うところです。Webブラウザーがサーバーと通信をしているようなクライアント／サーバーシステムではクライアントとサーバーの役割が明確に定義されていますがROSのアーキテクチャーはこれとは異なります。ROSのアーキテクチャーは、古典的なクライアント／サーバーシステムと完全な分散システムのハイブリッドです。これは、中央にあるroscoreがピアツーピア型のメッセージストリーム用のネームサービスを提供することで実現しています。

ROSノードが起動するとき、そのプロセスはROS_MASTER_URIという名前の環境変数を参照します。この変数には、`http://hostname:11311/`という形式で文字列が与えられていなければなりません。この例ではネットワーク上到達可能な*hostname*というホストのポート11311でroscoreが動いていることを示しています。

11311ポートは、roscoreのデフォルトのポート番号です。11311が選ばれたのは、回文素数であり、ROSの開発初期である2007年頃、それを使っているポピュラーなアプリケーションがなかったからという程度の理由によるもので、特に重要な意味はありません。ユーザーが使えるポート番号(1025～65535)であれば代わりに使用できます。ポートはroscoreのスタートアップコマンドとROS_MASTER_URI環境変数で指定することができます。別々のポートを指定すれば単一のネットワーク上で複数のROSシステムを動かすこともできます。

ネットワーク上のどこにroscoreがあるかがわかれば、ノードは起動時にroscoreに自分自身を登録でき、そして、次にroscoreに名前で他のノードやデータストリームを探すよう依頼することができます。それぞれのROSノードはroscoreにどのメッセージを提供し、どのメッセージを購読したいかを伝えます。roscoreは関連するメッセージの提供者と購読者のアドレスを提供します。グラフの形で見ると、グラフ内のすべてのノードは定期的にroscoreが提供するサービスを呼び出し、ピアを発見することができるのです。これは、**図2-2**において破線で表されています。この図は、必要最低限の2つのノードによるシステムで、takerとlistenerノードは、ピアツーピアでメッセージを直接交換しながら、定期的にroscoreの呼び出しを行うことを示しています。

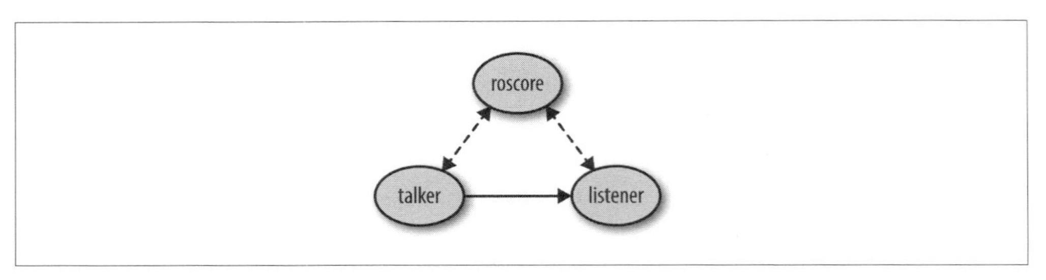

図2-2　roscoreはシステム内の他のノードに短時間だけ接続する

また、roscoreは**パラメーターサーバー**の機能も提供しており、これは、ROSノードが自身を設定する目的で幅広く使われます。パラメーターサーバーによりノードは、ロボットの説明、アルゴリズム用のパラメーターなどの任意のデータ構造を格納したり取り出したりすることができます。ROS内で扱われる他のものと同様に、パラメーターサーバーにもこれとやり取りするためのコマンドラインツールがあります。これはrosparamというコマンドで、本書のいろいろなところで登場します。

roscoreの使い方の例はこの後すぐに見ていきます。ここでは、roscoreはノードが他のノードを見つけ出すのに使われるプログラムである、ということだけを覚えておいてください。ノードを実行する前に知っておくべき最後のことは、ROSがどのようにしてパッケージを管理しているかと、catkinとして知られているROSのビルドシステムに関する基本的な知識です。

2.3 catkin、ワークスペース、ROSパッケージ

catkinはROSのビルドシステムです。これはROSが使用するツール群で、実行可能なプログラム、ライブラリ、スクリプト、そして他のコードが使用できるようにするためのインタフェースを提供します。C++を使ってROSコードを書いている場合は、catkinに関してかなり知っている必要があります。本書の例ではPythonを使用するので、特に詳細を知る必要はありません。しかしながら、catkinをまったく使わなくてよいというわけではないので、ここでそれがどのように機能するかについて少し時間を使って説明します。さらに詳しく知りたい場合は、catkinのwikiページ（http://wiki.ros.org/catkin?distro=indigo）を参照してください。そもそも、なぜROSが独自のビルドシステムを持っているのか、その理由を知りたい場合は、catkinの概念に関するwikiページ（http://wiki.ros.org/catkin/conceptual_overview?distro=indigo）を読むのがよいでしょう。

2.3.1 catkin

catkinはCMakeマクロとカスタムのPythonスクリプトにより、標準のCMakeのワークフローを機能拡張したものです。CMakeはよく使われるオープンソースのビルドシステムです。CMakeに関する知識はcatkinの扱い方を深く習得するときの助けになります。しかしながら、必要最低限の範囲でcatkinを使う場合は、CMakeLists.txtとpackage.xmlという2つのファイルがあり、catkinを正しく動作させるためにはこれらのファイルに特定の情報を追加する必要があるということ、ロボット向けのプログラムコードを書くときに必要になるディレクトリやファイルを生成するためにcatkinの各種ツールを利用するということを知っていれば十分です。これらのツールは本書の中で必要に応じて都度紹介していくことにします。これらツールの説明に入る前に、まずはワークスペースについて説明しましょう。

2.3.2 ワークスペース

ROSコードを書き始める前に、コードを置く場所となる**ワークスペース**を設定する必要があります。ワークスペースは関連するROSコードを置いておくディレクトリの集合です。ROSのワークスペースは複数持つことができますが、作業は一度に1つのワークスペースでしかできません。これは、つまりROSはカレントのワークスペースに置かれたコードしか見えないのだと解釈すればわかりやすいかと思います。

まず「1.3 インストール」で説明した、ROSのセットアップスクリプトをシステム全体で使用するために.bashrcを変更する作業をすでに行っているか確認してください。まだお済みでない場合は、今すぐにこれを行うか、もしくは、次のように手動でセットアップスクリプトを実行してください。

```
user@hostname$ source /opt/ros/indigo/setup.bash
```

さて、catkinのワークスペースを作り、初期化してみましょう。

```
user@hostname$ mkdir -p ~/catkin_ws/src
user@hostname$ cd ~/catkin_ws/src
user@hostname$ catkin_init_workspace
```

こうすることでcatkin_ws（好きな名前を付けることができます）というワークスペースディレクトリとその中にsrcディレクトリが作成されます。srcディレクトリは作成するプログラム用です。catkin_init_workspaceコマンドは、そのコマンドを実行したsrcディレクトリ内にCMakeLists.txtファイルを作成します[*1]。次に、さらにいくつかのワークスペースファイルを作成しましょう。

```
user@hostname$ cd ~/catkin_ws
user@hostname$ catkin_make
```

catkin_makeを実行すると大量の出力が生成されます。実行が終了するとbuildとdevelという2つの新しいディレクトリが作成されます。buildはC++のコードを扱っている場合catkinがその作業において生成したライブラリや実行プログラムが保存されます。このbuildに関してはPythonを使用する場合には重要ではなく、無視することができます。develはたくさんのファイルやディレクトリを含んでいます。その中でも最も注目すべきは各setupファイルです。これを実行することで、今いるワークスペースとその中にこれから含まれる（であろう）コードを扱うようにROSのシステムが設定されます。デフォルトのコマンドラインシェル（bash）を使用していて、ワークスペースの一番上のディレクトリ（この例であれば~/catkin_ws）にいるとすると、これは以下のようにして実行することでできます。

```
user@hostname$ source devel/setup.bash
```

おめでとうございます！ 初めてのROSワークスペースができました。本書のすべてのコード、それをベースに皆さんが書かれたコードはこのワークススペースのsrcディレクトリに保存していきます。

＊1　実際には、これは、インストールされたROSシステムが持つ共通のCMakeLists.txtファイルへのシンボリックリンクです。

新しいシェル（もしくはLinuxのターミナル）を開いた場合は、作業するワークスペースでsetup.bashファイルをsourceで実行してください。これをしないと、シェルはコードがどこにあるかわかりません。これは面倒ですし、忘れがちです。忘れないようにするために、ワークスペースが1つの場合には、.bashrcファイルにsource ~/catkin_ws/devel/setup.bashを追加してください（もちろん~/catkin_ws/devel/setup.bashは任意環境に合わせて読み替えてください）。これでシェルが開かれると、自動的にワークスペースを設定してくれます。

2.3.3 ROSパッケージ

ROSソフトウェアは**パッケージ**という単位でまとめられます。パッケージにはそれぞれ、コード、データ、ドキュメントが含まれます[*1]。ROSのエコシステムにはオープンなリポジトリに、誰でも使える数千のパッケージがあります。これに加え企業などが非公開で管理しているパッケージがさらに数千以上はあるでしょう。

パッケージはワークスペース内のsrcディレクトリの中に置かれます。1つのパッケージは1つのディレクトリを成し、このそれぞれのパッケージディレクトリ内にはCMakeLists.txtファイルとpackage.xmlファイルが置かれている必要があります。package.xmlは、パッケージの内容とcatkinがそのパッケージをどのように処理するかを記述したものです。新しいパッケージの作成は簡単です。

```
user@hostname$ cd ~/catkin_ws/src
user@hostname$ catkin_create_pkg my_awesome_code rospy
```

ここではsrcディレクトリ（パッケージが置かれている場所）に移り、catkin_create_pkgコマンドを実行しています。ここでcatkin_create_pkgは（既存の）rospyパッケージに依存するmy_awesome_codeという新しいパッケージを作成しています。新しいパッケージが複数の既存のパッケージに依存する場合、それらをコマンドに列挙することもできます。パッケージの依存関係については本書の後半で説明します。まだよくわからなくても、ここでは気にしなくて大丈夫です。

catkin_create_pkgコマンドは新しいパッケージ（my_awesome_code）と同じ名前のディレクトリを作成し、その中にCMakeLists.txtファイル、package.xmlファイル、srcディレクトリを作成します。package.xmlファイルは、**例2-1**に示すような新しいパッケージに関するたくさんのメタデータを含んでいます。

＊1　紛らわしいですがUbuntuソフトウェアもパッケージという単位でまとめられています。ROSのUbuntuパッケージ（apt-getでインストールするもの）は、ROSのパッケージとは異なる概念のものです。本書では、「ROSパッケージ」や単に「パッケージ」という言葉は、ROSのパッケージを指します。「Ubuntuパッケージ」はUbuntuのパッケージを指します。

例2-1　空のパッケージファイルの例

```
<?xml version="1.0"?>
<package>
  <name>my_awesome_code</name> # ❶
  <version>0.0.0</version> # ❷
  <description>The my_awesome_code package</description>  # ❸

  <!-- One maintainer tag required, multiple allowed, one person per tag -->
  <!-- Example:  -->
  <!-- <maintainer email="jane.doe@example.com">Jane Doe</maintainer> -->
  <maintainer email="user@todo.todo">user</maintainer>  # ❹


  <!-- One license tag required, multiple allowed, one license per tag -->
  <!-- Commonly used license strings: -->
  <!--   BSD, MIT, Boost Software License, GPLv2, GPLv3, LGPLv2.1, LGPLv3 -->
  <license>TODO</license>  # ❺


  <!-- Url tags are optional, but multiple are allowed, one per tag -->
  <!-- Optional attribute type can be: website, bugtracker, or repository -->
  <!-- Example: -->
  <!-- <url type="website">http://wiki.ros.org/my_awesome_code</url> -->    # ❻


  <!-- Author tags are optional, multiple are allowed, one per tag -->
  <!-- Authors do not have to be maintainers, but could be -->
  <!-- Example: -->
  <!-- <author email="jane.doe@example.com">Jane Doe</author> -->    # ❼


  <!-- The *_depend tags are used to specify dependencies -->
  <!-- Dependencies can be catkin packages or system dependencies -->
  <!-- Examples: -->
  <!-- Use build_depend for packages you need at compile time: -->
  <!--   <build_depend>message_generation</build_depend> -->
  <!-- Use buildtool_depend for build tool packages: -->
  <!--   <buildtool_depend>catkin</buildtool_depend> -->
  <!-- Use run_depend for packages you need at runtime: -->
  <!--   <run_depend>message_runtime</run_depend> -->
  <!-- Use test_depend for packages you need only for testing: -->
  <!--   <test_depend>gtest</test_depend> -->
  <buildtool_depend>catkin</buildtool_depend>    # ❽
  <build_depend>rospy</build_depend>
  <run_depend>rospy</run_depend>
```

```
  <!-- The export tag contains other, unspecified, tags -->
  <export>    # ❾
    <!-- Other tools can request additional information be placed here -->

  </export>
</package>
```

❶ パッケージ名です。変更してはいけません。

❷ バージョン番号です。

❸ このパッケージには何があるかと何のためのものかに関する短い説明です。

❹ このパッケージのバグ修正、メンテナンスの責任者は誰かについての記述です。

❺ このコードがどのようなライセンスでリリースされているかについての記述です。

❻ 参照URL。このパッケージに関するROS wikiページを指すことが多いです。

❼ 誰がこのパッケージを作成したかについての記述です。1人の作成者を1つのタグで記述します。

❽ このパッケージが利用しているもの（依存関係）についての記述です。後ほど詳しく説明します。

❾ ここには、catkin以外のツールが使用するためのさまざまな情報が記述されます。

CMakeLists.txtファイルについては後ほど説明しますので、ここでは一旦無視しておきます。興味のある方はファイルの中身を見てもかまいませんが、CMakeに慣れていないとその内容を理解するのは困難でしょう。

パッケージを作成したら、Pythonで書いたノードをパッケージディレクトリの中のsrcディレクトリに置きます。他のファイルはパッケージディレクトリ内の別のディレクトリに置きます。例えば、この後すぐに説明するlaunchファイルは、launchというディレクトリに置きます。

これでパッケージディレクトリがどのようなものなのかわかりました。次にパッケージの中のノードを起動するのに使うツールについて説明していきます。

本書のサンプルコード

本書のサンプルコードはhttps://github.com/osrf/rosbookからダウンロードできます。サンプルは以下のようなディレクトリ構成になっています。

```
rosbook-master
  ├── chessbot              # 11章
  ├── code
  │   ├── basics            # 3章、5章、19章、20章、21章
  │   ├── cougarbot         # 18章
  │   ├── cougarbot_moveit_config
  │   ├── cpp               # 23章
  │   ├── mapping           # 9章、17章
  │   ├── navigation        # 10章、13章
  │   ├── patrol            # 13章
  │   ├── stuff             # 15章
  │   └── tortoisebot       # 16章、17章
  ├── followbot             # 12章
  ├── stockroom_bot         # 14章
  ├── teleop_bot            # 8章
  └── wanderbot             # 7章
```

この中で3章や5章などで使うbasicsパッケージのsrc内のプログラムは次の手順でパッケージのプログムとして利用することができるようになります（ファイルのパスは各自の環境に合わせて読み替えてください）。

まずはbasicsパッケージディレクトリを作成します。

```
user@hostname$ cd ~/catkin_ws/src
user@hostname$ catkin_create_pkg basics rospy
```

次にダウンロードしたサンプルのbasics/srcディレクトリをROSワークスペースにコピーします。

```
user@hostname$ cp -r ~/rosbook-master/code/basics/src/ ~/catkin_ws/src/basics/
```

コピーが完了したらワークスペースの一番上のディレクトリに移動してcatkin_makeを実行します。

```
user@hostname$ cd ~/catkin_ws
user@hostname$ catkin_make
```

ワークスペースをアクティブにします。

```
user@hostname$ source devel/setup.bash
```

これでbasicsパッケージが追加され、次節で説明するrosrunコマンドを使ってbasicsパッケージのプログラムを実行できるようになります。

本書のサンプルコードで、先頭の1行目が「# BEGIN ALL」で始まる場合はこの行を取り除く必要があります。1行目がシバン（#!/usr/bin/env python）でないコードを実行しようとするとエラーになります。

2.4 rosrun

ROSは巨大なコミュニティーを持ち、地理的にも分散しているので、そのソフトウェアはコミュニティーメンバーが独立して開発したそれぞれのパッケージとしてまとめられています。ROSパッケージの概念は、この後の章でさらに詳しく説明しますが、パッケージは、一緒にビルド、配布されるリソースの集まりだと考えることができます。パッケージはファイルシステム内の単なる場所であり、ROSノードは通常、実行プログラムです。誰でもファイルシステムをcdで移動しながら、興味のあるROSノードを手動で起動することができます。

例えば、talkerプログラムはrospy_tutorialsというパッケージにあります。このパッケージは/opt/ros/indigo/share/rospy_tutorialsディレクトリにあるので、ここに移動しノードを手動で起動できます。しかしながら、このような長いパスをたどっていくのは巨大なシステムでは骨が折れます。ノードは深いディレクトリ階層の中に埋もれているからです。このような作業を自動化するために、ROSはrosrunというコマンドラインツールを提供しています。これは、登録されたプログラムのパッケージを検索し、コマンドラインで指定されたパラメーターを渡します。構文は次のようになります。

```
user@hostname$ rosrun 実行可能なパッケージ [引数]
```

rospy_tutorialsパッケージ内のtalkerプログラムを実行するには、ファイルシステム内のどこにいても、最初にターミナルウィンドウでroscoreを起動し、

```
user@hostname$ roscore
```

次に、別のターミナルウィンドウで以下を実行します[*1]。

＊1　訳注：Ubuntuの端末（gnome-terminal）では、Ctrl-Shift-Tでタブを追加、Ctrl-Alt-Tで新しいターミナルを起動できます。

```
user@hostname$ rosrun rospy_tutorials talker
```

これにより**図2-3**のようなROSグラフが作成されます。

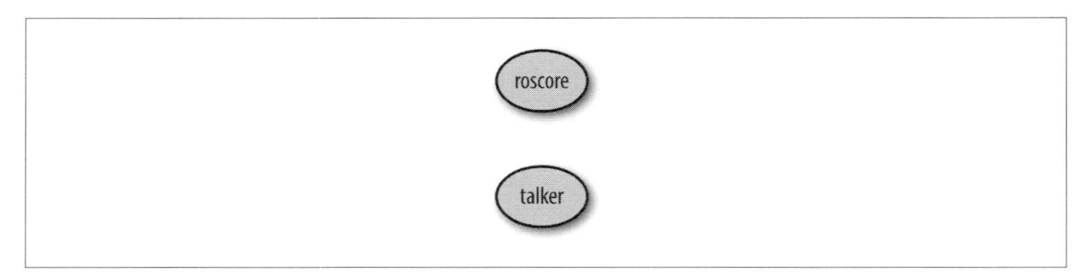

図2-3 1つのノードからなるROSグラフ

`talker`が動いているターミナルでは、一連のタイムスタンプ付きのメッセージがコンソールに表示されます。

```
user@hostname$ rosrun rospy_tutorials talker
[INFO] [WallTime: 1439847784.336147] hello world 1439847784.34
[INFO] [WallTime: 1439847784.436334] hello world 1439847784.44
[INFO] [WallTime: 1439847784.536316] hello world 1439847784.54
[INFO] [WallTime: 1439847784.636319] hello world 1439847784.64
```

`talker`プログラムはコンソールに「Hello, world」と表示するという、いわゆる最初に試してみるプログラムのROS版です。ROSはメッセージストリームを扱うことをその機能の主としていますので、`talker`では「hello world」メッセージをストリームに送出しています。メッセージは1秒に10回送出、Unixのタイムスタンプをこのメッセージの末尾に付加しており、時間の経過の中で都度新しいメッセージが送出されていることが簡単にわかります。`talker`が送出したメッセージはROSを介してそれを受信しているすべてのノードに送られます。また`talker`は送出したのと同じメッセージをコンソールにも表示しています。

このコンソールへの出力がどのようにして実現されているのかを考えるのはROSを理解する上でもためになります。Unixでは、すべてのプログラムは「標準出力」(`stdout`)と呼ばれるストリームを持ちます。ターミナルで「Hello, world!」プログラムを実行しているときは、その`stdout`は、そのプログラムの親のターミナルプログラムが受け取ります。そのターミナルプログラムは、受け取ったテキストを**ターミナルエミュレーター**ウィンドウに表示します。ROSでは、この概念が拡張され、プログラムが任意個のストリームを持てるようにしています。これらのストリームはネットワーク上のどこかで動いている任意個の他のプログラムに接続されており、いつでも、どれでも開始したり、停止したりすることができます。

最小限の「Hello, world!」システムをROSで作成するには、2つのノードが必要になります。1つは、文字列メッセージのストリームを他のノードに送ります。これは、これまでに見てきた`talker`で、定期的に「hello world」をテキストメッセージとして送ります。同様にして、listenerノードを起動します。これは、新しい文字列メッセージを待ち、到着するとコンソールに出力します。これらのプログラムが両方とも同じroscoreに対して自身を公開していれば、ROSはそれらを**図2-4**に示すように接続します。なお**図2-4**と本書で用いるこの後のROSグラフの図では、roscoreは描かれませんので注意してください。これはそのグラフ自身の存在で示されていると言えるものだからです（すなわち、roscoreがないと、ROSグラフも存在しないのです）。

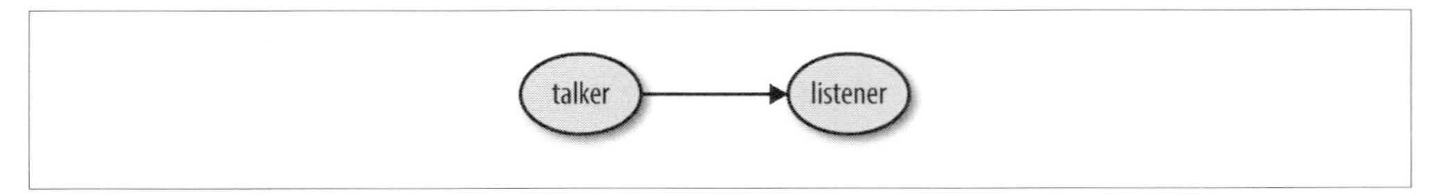

図2-4　ROSでの「Hello, world!」：talkerがメッセージをlistenerに送る

このグラフを作成するには、3つのターミナルウィンドウが必要です。これまでと同様roscoreとtalkerを実行し、そして3つ目のターミナルでlistenerを実行します。

```
user@hostname$ rosrun rospy_tutorials listener
[INFO] [WallTime: 1439848277.141546] /listener_14364_1439848276913I heard hello
world 1439848277.14
[INFO] [WallTime: 1439848277.241519] /listener_14364_1439848276913I heard hello
world 1439848277.24
[INFO] [WallTime: 1439848277.341668] /listener_14364_1439848276913I heard hello
world 1439848277.34
[INFO] [WallTime: 1439848277.441579] /listener_14364_1439848276913I heard hello
world 1439848277.44
```

やりましたね！ talkerノードはlistenerノードにメッセージを送っています。これでいくつかのROSのコマンドラインツールを使ってシステムに問い合わせたり、何が起きているかをより深く理解することができます。まず、コマンドラインツールrostopicを使うことができます。これは、稼働しているROSシステムの状態を調べるのに非常に役に立つツールです。rostopicはたくさんのサブコマンドを持ちます。後の章で紹介しますが、最もシンプルで、最もよく使われるサブコマンドは、現在のメッセージトピックのリストをコンソールに出力するものです。次にrqt_graphを試します。3つのターミナル（roscore、talker、listenerが動いているターミナル）はオープンし、実行したままにしておき、4つ目のターミナルウィンドウを開いて、ROSのQtベースのグラフビジュアライザrqt_graphを実行します。

```
user@hostname$ rqt_graph
```

これは**図2-4**に示したような内容のウィンドウを表示します。この表示は自動更新はされません。例えば、Ctrl-Cを押してノードを終了したりrosrunを実行したりするなどしてノードを追加・削除した場合は、rqt_graphウィンドウの左上の角のリフレッシュアイコンをクリックすれば、現在のシステムの状態でグラフを再描画できます。

さて、ROSグラフを立ち上げて実行状態にできたので、このようなメッセージパッシング型のアーキテクチャーのメリットのいくつかをデモしてみましょう。例えば、送出されている「hello world」メッセージをログファイルに保存したいとします。典型的なROS開発は**匿名**の配信（publish）/購読（subscribe）システムのパターンに従います。すなわち、ノードはほとんどの場合、ピアノードを識別する情報やその機能に関する詳細な情報、メッセージがどこから来て、どこに送出されるのかといった情報を受け取ったり使ったりしません。これらを使う特殊なケース（例えば、デバッグツール）もありますが、通常のソフトウェアモジュールはさまざまなピアノードと協調して動くという目標があるので、典型的なROS開発ではこれらの情報は使いません。

この考え方に従って、汎用的なloggerプログラムを作成することができます。これは入ってくるすべてのメッセージをディスクに書き込みます。そしてこれをtalkerに結びつけます（**図2-5**参照）。

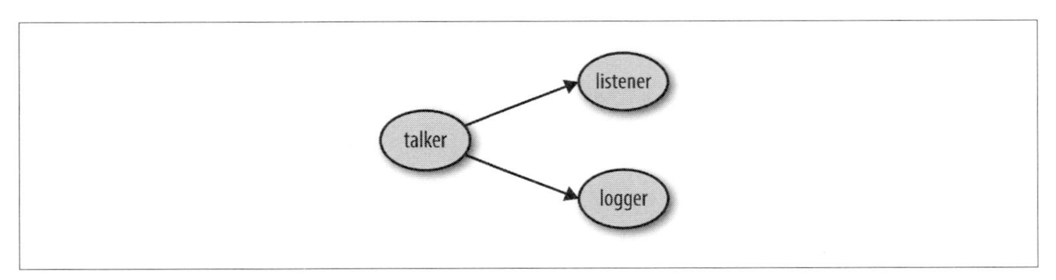

図2-5　ロギング機能を持つ「Hello, world」

「Hello, world!」プログラムを2つの別のコンピューターで実行し、1つのノードでそれらのメッセージの両方を受け取るようにしたいとします。ソースコードを変更せずに、talkerを2回実行するだけです。それぞれをtalker1、talker2とします。ROSはこれらを**図2-6**のように接続します。

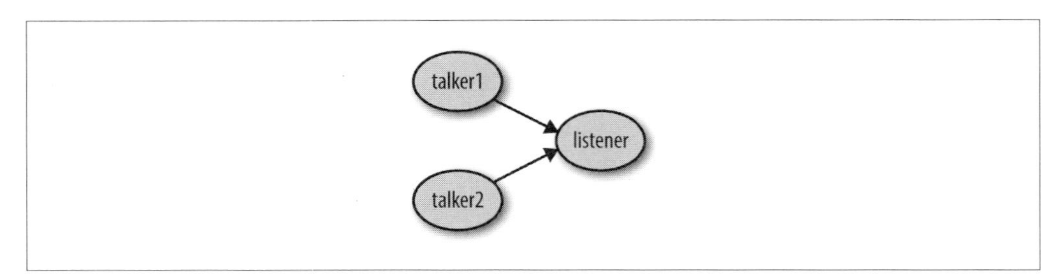

図2-6　2つの「Hello, world!」プログラムを起動し、同じレシーバーにルーティングする

おそらく、皆さんは、これらの両方のストリームのログをとるのと、表示するのを同時にしたいと思われるではないでしょうか？ ここでも、これは、ソースコードの変更なく実現できます。ROSは

何の問題もなく**図2-7**に示すようにストリームを接続します。

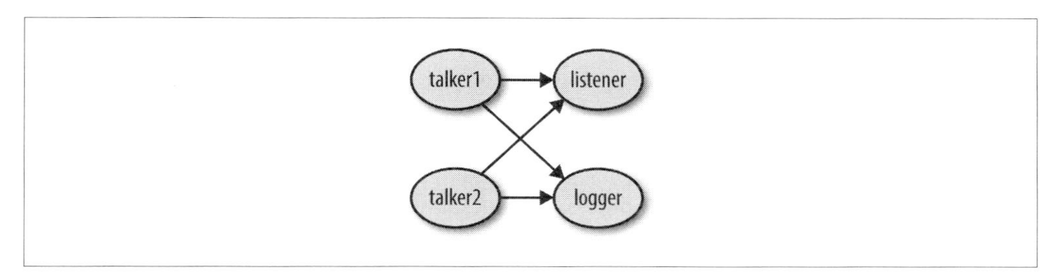

図2-7　2つのlistenerを持つ2つの「Hello, world」プログラム

もちろん、典型的なロボットはこの「Hello, world!」の例よりも複雑です。例えば、本書の最初で述べた「物を拾う」問題はROS開発の初期にスタンフォード人工知能ロボットのSTAIR上で実装されました。これは、前に**図2-1**で示したグラフを用いていました（**図2-8**に再掲）。このシステムは4つのコンピューターで動いている22個のプログラムを含んでいますが、今では、比較的な簡単なソフトウェアシステムと考えられています。

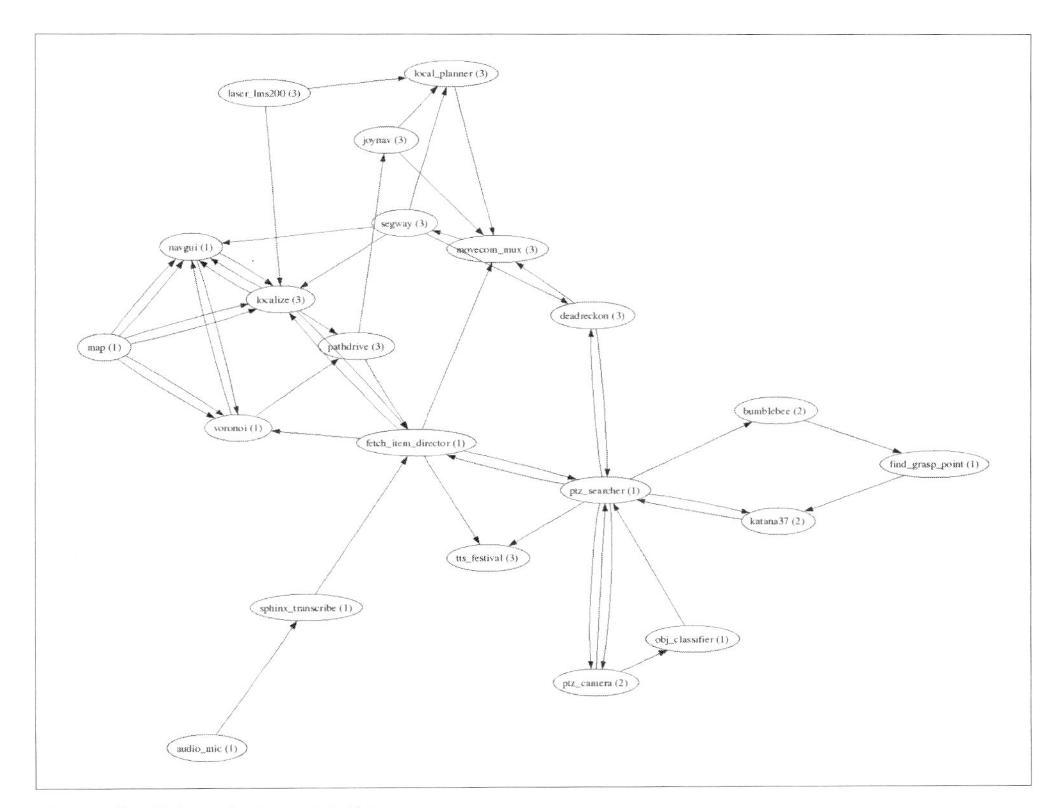

図2-8　物を拾うロボットのROSグラフ

図2-8では、STAIRのナビゲーションシステムはこのグラフの左上あたりにあり、視覚システムや物をつかむシステムは右下角のほうにあります。興味深い点としては、このグラフでは接続がそれぞれ分散しており、ほとんどのノードはほんの少数の他のノードに接続しているだけです。この特性はROSグラフに共通して見られ、ソフトウェアアーキテクチャーのチェックとして使うことができます。すなわち、ROSグラフが星形に見え始めたら、ほとんどのノードは中央のノードにデータを送っているか受け取っているだけということになります。データの流れを見直して、機能をより小さな塊に分けたほうがよい場合が多いのです。その目標は、小さくて扱いやすい機能ユニットを作成することで、他のロボットの他のアプリケーションでも再利用できるような機能のユニットを作成することです。

`rosrun`はデバッグしているときに、単体のROSノードを開始するにはすばらしいツールですが、ほとんどのシステムは最終的には数十や数百のノードで構成され、すべてが同時に動きます。これらのノードそれぞれで`rosrun`で実行するのは実用的ではないので、ROSにはノードの集まりを起動するツールがあります。`roslaunch`です。`roslaunch`はまもなく見ることにしますが、まずは、ROS内でそれぞれの物にどうやって名前が付くのか説明する必要があります。

2.5 名前、名前空間、リマッピング

名前はROSの基本的な概念です。ノード、メッセージストリーム(「トピック」と呼ばれます)、パラメーターはすべて、一意な名前を持つ必要があります。例えば、ロボットのカメラノードは`camera`という名前を付けることができ、それは`image`という名前のメッセージトピックを出力し、`frame_rate`という名前のパラメーターを読み込み、このパラメーターにより、どれくらいの頻度で画像を送るべきかを知ることができるという具合です。

この例では名前の概念だけですべてうまくいきそうですが、ロボットが2つのカメラを持つと何が起こるのでしょうか? カメラごとに別のプログラムを書きたくはありません。ましてや、両方のカメラの出力を1つの`image`トピック上に混在させたくはないでしょう。こうしてしまうと、`image`のデータを購読しているすべてのノードがその画像ストリームを分離する処理を持たなくてはならないからです。

名前空間の衝突は、ロボットシステムでは非常によくあることです。ロボットシステムは、開発を簡易化するために、同じハードウェアやソフトウェアサブシステムを複数内包することがよくあります。例えば、右腕と左腕が同じハードウェアを使う、同じカメラやホイールを複数使うなどです。ROSは、**名前空間**、**リマッピング**という、2つのメカニズムでこのような状況に対処しています。

名前空間は、コンピューターサイエンスの基本的な概念です。Unixのパスやインターネットの URIの慣習に従い、ROSはスラッシュ(/)を使って名前空間を区切ります。`readme.txt`という名前の2つのファイルが別のパス、例えば`/home/user1/readme.txt`と`/home/user2/readme.txt`に存在できるように、同じノードを別の名前空間で起動することでROSは名前の衝突を避けることが

できます。

前の例では、2つのカメラを持つロボットは別の名前空間（例えば、leftとright）で2つのカメラドライバーを起動できます。この結果、画像ストリームの名前はleft/imageとright/imageになります。

これによりトピックの名前の衝突は防げますが、どうすればこれらのデータストリームを、imageトピックのメッセージを待っている他のプログラムに送ることができるのでしょうか？ 1つの答えは、このメッセージを待っているプログラムを最初のプログラムと同じ名前空間で起動することですが、おそらくこのプログラムは2つ以上の名前空間に「手が届く」必要があります。そこで次の答えがリマッピングです。

ROSでは、名前を定義するプログラム内の文字列はどのようなものであっても実行時にリマッピングすることができます。1つの例として、image_viewというROSで共通して使われるプログラムがあります。これは、imageトピックに送られたライブのビデオの画像を表示するプログラムです。少なくとも、それが、image_viewプログラムのソースコードに描かれていることです。リマッピングを使えば、ソースコードを修正することなしに、image_viewプログラムにright/imageトピックやleft/imageトピックをレンダリングさせることができます。

ROSのデザインパターンではソフトウェアの再利用を推奨しており、名前のリマッピングは、ROSソフトウェアを開発したり、配置したりする際に非常によく使われます。この操作を単純化するために、ROSはコマンドラインでノードを起動したときに、名前をリマップする標準の構文を提供しています。例えば、作業ディレクトリにimage_viewプログラムがあった場合、以下を入力することでimageをright/imageにマップすることができます。

```
user@hostname$ ./image_view image:=right/image
```

このコマンドラインのリマッププピングにより、**図2-9**のグラフが生成されます。

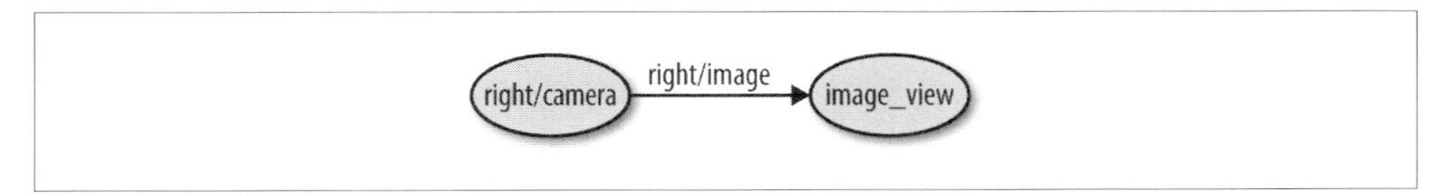

図2-9　コマンドラインのリマッププピングを使ってimageトピックがright/imageとなる

ノードは、特殊な__nsという名前空間（_が2つあることに注意）をリマップするための構文を用いて名前空間を入れ替えることができます。例えば、作業ディレクトリにcameraプログラムがある場合は、以下のシェルコマンドでcameraを名前空間rightで実行することができます。

```
user@hostname$ ./camera __ns:=right
```

ファイルシステムやWebのURLや無限にあるドメインと同様に、ROSの名前は一意でなくてはなりません。同じノードを2回起動した場合は、roscoreが新しいほうのノードのインスタンスを生かすために、古いほうに終了するように指示します。

本書の最初のほうで、talker1とtalker2という2つのノードを持つグラフを示しました。これらのノードはデータをlistenerという名前のノードに送っていました。コマンドラインでノードの**名前**を変更するには、特殊な__name(これも_が2つあることに注意)というリマップ用の構文が使えます。これは起動時にプログラムの名前を変更します。以下の2つのシェルコマンドは、**図2-6**に示すように、talker1とtalker2というtalkerのインスタンスを2つ起動します。

```
user@hostname$ ./talker __name:=talker1
```

```
user@hostname$ ./talker __name:=talker2
```

これまでの例では、ROSトピックがコマンドラインですばやく簡単にリマップ可能なことを示しました。これは、デバッグや、さまざまなアイデアを実験するために、システムの一部を簡易的に変更するときなどに便利です。しかしながら、何度も長々としたコマンドライン用の文字列をタイプするようになったら、自動化するときです! roslaunchツールはこのような目的のものです。

2.6 roslaunch

roslaunchはROSノードの集まりの起動を自動化するために作られたコマンドラインツールです。見た目は、rosrunに非常によく似ており、以下のようにパッケージ名とファイル名を指定して実行します。

```
user@hostname$ roslaunch パッケージ 起動ファイル
```

ここで、roslaunchは、ノードではなく、**launchファイル**(起動ファイル)を引数に取ります。launchファイルは、ノードとそのトピックのリマッピング、パラメーターを一緒に記述したXMLファイルです。慣例的に、これらのファイルは.launchというサフィックスを持っています。例えば、rospy_tutorialsパッケージには、次のようなtalker_listener.launchというファイルがあります。

```
<launch>
  <node name="talker" pkg="rospy_tutorials"
        type="talker.py" output="screen" />
  <node name="listener" pkg="rospy_tutorials"
        type="listener.py" output="screen" />
</launch>
```

それぞれの<node>タグには、そのノードのROSグラフ名を宣言した属性、ノードのパッケージ、ノードの**タイプ**(これは、単に、その実行ファイルのファイル名です)が含まれます。この例では、

output="screen"属性でtalkerとlistenerノードがコンソールへの出力をファイルだけに書き出すのではなく、現在のコンソールにも出力することを示しています。これは、デバッグでよく使われる設定です。デバッグが完了したらコンソールへの出力は不要なので、この属性を削除してかまいません。

roslaunchはこれ以外にもたくさんの重要な機能を持っています。例えば、sshにより他のコンピューター上のプログラムをネットワークを介して起動する機能、ノードがクラッシュしたときに自動的にノードを再起動する機能などです。これらの機能は、本書では、さまざまなタスクを行う際、必要に応じて説明します。roslaunchの最も役に立つ機能の1つはroslaunchを起動しているコンソールでCtrl-Cを押した場合にそれが起動したノードのすべてを終了させる機能です。Ctrl-CはLinux/Unixのコマンドラインでプログラムを強制終了するのによく使う方法で、roslaunchもこれに従い、Ctrl-Cがコンソールで入力されたときには、起動中のノードを終了し、最後にroslaunch自身も終了します。例えば、以下のコマンドにより、roslaunchは、前に示したtalker_listener.launchファイルに書いてあるように2つのノードを起動し、talker-listenerペアを作ります。

```
user@hostname$ roslaunch rospy_tutorials talker_listener.launch
```

そして重要なのは、起動したすべてのノードがCtrl-Cを押すことで終了することです。実際、皆さんがROSを使うときはたいていroslaunch用のターミナルでroslaunchを起動してノードを生成し、最後はCtrl-Cを入力してノードをすべて破棄するという操作を繰り返し行うことになります。

roslaunchは、roslaunchが実行されたときにroscoreが動いていなければ、自動的にroscoreを起動します。しかしながら、このroscoreはroslaunchを起動したウィンドウでCtrl-Cが押されると終了します。ROSのプログラムを起動する際に、2つ以上のターミナルを開いている場合、別のターミナルでroscoreを忘れずに起動するほうが扱いが簡単です。このターミナルは、ROSセッション全体が動いている間は開いたままにしておきます。この場合、roslaunchを実行し、任意のタイミングでこれに対してCtrl-Cを押しても、システム全体を1つに結びつけるroscoreがいなくなってしまう危険はありません。

ROSでコードを書き始める前に、もう1つ説明しておくことがあります。Tabキーによる補完機能です。これは、パッケージ名、ノード名、実行するファイル名を思い出そうする際の時間や苦悩を低減してくれます。

2.7 Tabキー

ROSのコマンドラインツールはTabキーによる補完機能を提供しています。例えば、rosrunを使用しているとき、パッケージ名を入力している途中でTabキーを押すとパッケージ名を自動的に補完してくれます。補完される候補が複数ある場合は、Tabキーをもう1回押すと、補完候補のリストを表示してくれます。他のLinuxのコマンドと同様に、ROSのTabキーによる補完機能を使うことで、長いパッケージ名やメッセージ名を入力する際に、大量の入力やスペルミスを減らす手助けをしてくれます。例えば、以下のように入力すると、

```
user@hostname$ rosrun rospy_tutorials ta[TAB]
```

次のように自動補完してくれます。

```
user@hostname$ rosrun rospy_tutorials talker
```

これは、rospy_tutorialsパッケージ内にtaで始まるプログラムがこれ以外にないからです。さらに、rosrunは（実質他のすべてのROSコアツールと同様に）パッケージ名も自動補完します。例えば、次のように入力すると

```
user@hostname$ rosrun rospy_tu[TAB]
```

次のように自動補完されます。

```
user@hostname$ rosrun rospy_tutorials
```

これは、現在読み込まれているパッケージにはrospy_tuで始まるものが他にないからです。

ROSの主要なツールを使う場合や他のUnixの標準のコマンドラインツールを使う場合はTabキーを頻繁に押してください。Tabキーは著しく時間を節約します。どれだけ強調しても強調しすぎではないほど便利です。

2.8　tf：座標変換

「2.1 ROSグラフ」で説明した「物を拾う」タスクは、解決すべき問題がたくさんあり、ロボット工学や人工知能のほぼすべての側面を網羅しています（このようなすばらしい難問がROSの設計を推し進める理由の1つなのです）。このような問題の解決の中で、すぐには明らかになりませんが、非常に重要な問題の1つが、**座標系**の管理です。座標系はロボット工学において最も重要な要素の1つです。

2.8.1　姿勢、位置、向き

ごくごく普通のものでも、物を拾うロボットにはたくさんのサブシステムがあります。移動台座、実世界の探索を可能にするため台座に取り付けられたレーザースキャナー、拾うアイテムを見つけるために台座に取り付けられた（視覚または奥行を認識する）カメラ、物をつかむための手を持つマニピュレーターアームなどです。実際には、物を拾うロボットでよくできたものはさらにたくさんの機

能を持っていますが、これだけでも、座標系が重要な問題であることを理解するには十分すぎるほどです。

台座に取り付けたレーザーから始めましょう。レーザーから作り出されるレンジスキャンを正しく解釈するには、レーザーが台座の**どこ**に取り付けられているかを正確に知る必要があります。台座の前に取り付けられているのでしょうか？ 後ろでしょうか？ 向きは後ろを向いているのでしょうか？ 逆さまに取り付けられている（これは珍しいことではありません）のでしょうか？ より一般的には、次のような質問ができます。台座に対してレーザーの位置と向きはどうなっているのでしょうか？

実際には、もう少し注意が必要です。すなわち、レーザーの**原点**の位置と向きは、台座の**原点**に対してどうなっているのかです。ロボットのコンポーネント間の物理的な関係に関する話をする前に、それぞれのコンポーネントに対して座標の基準系、つまり、**原点**を取り上げる必要があります。一般的には、原点は任意の位置に設定することができますが、幅広く使われている作法に従うべきです。例えば移動台座の場合は、原点を台座の幾何的な重心に置いて、x軸の正を前、y軸の正を左、z軸の正が上を向くように設定します（z軸の方向は右手系から推測できます）。このような標準的なルールに従うことも重要ですが、同様に重要なことは、各コンポーネントの原点がどこかということが（通常は文書で）説明されており、すべての人が理解し同意できているということです。

いくつかの用語を決めておきましょう。私たちがいる3次元世界では、**位置**はx, y, zの3つの数字からなるベクトルで、ある原点に対し各軸に沿ってどれくらい並進移動したかを記述します。同様に、**向き**はオイラー角（ロール、ピッチ、ヨー）の3つの数字からなるベクトルで、ある原点に対して、各軸に関してどれくらい回転したかを記述します[*1]。これらを一緒にした（位置, 向き）の組は、**姿勢**と呼ばれます。明確化のために、この種の姿勢は、6次元（3つの並進移動＋3つの回転）で変わるので、**6次元の姿勢**（6D pose）と呼ばれることがあります。あるものの別のものに対する姿勢が与えられると、それらの基準系間のデータを**座標変換**することができます。この処理にはいくつかの行列の掛け算が含まれます。

最初のほうの質問に戻りましょう。知りたいのは、台座の（原点の）**姿勢**に対して、レーザーの（原点の）**姿勢**はどうなっているかです。もちろん、これがすべてとはかぎりません。台座に取り付けたカメラを使って環境内にあるものを見つけようとする場合は、台座に対するカメラの姿勢を知る必要があるでしょう。手を目標にしてカメラが見つけたものの場所を扱う場合は、さらに、手に対するカメラの位置を知る必要があるでしょう。この場合、興味深いのは、カメラと手の関係は腕が動くにつれて常に変わっていくということです。さらに、その台座が（例えば、地図で定義されている）環境内で動き回る場合には、台座と環境との関係も常に変化します。

先に進む前にここまでのポイントを明確にしましょう。最終的には、皆さんはロボットのすべての

＊1　さまざまな理由から、実際には向きは**四元数**を使って表します。これは、4つの数字からなりますが、ここでの説明ではこの点は無視して考えることができます。

コンポーネントの姿勢が他の姿勢に対してどうなっているかを計算できるようになる必要がでてきます。いくつかの関係は静的(例えば、レーザーが台座にねじ止めされている場合)ですが、他の関係は動的(例えば、物を持つために伸びる手など)です。理想的には、これらの関係すべてを、センサーからのデータを、アクチュエーターへのコマンドに簡単に変換できるようなやり方で、解析可能で、組み合わせることができるようになっていることが求められます。そしてこれは、できるだけそれぞれが個別に数学的な計算を行うことなく実現できることが求められます(というのは、このような数学を自分たちで行うと間違えるだけだからです)。tfに進みましょう。

2.8.2 tf

座標系を管理する方法はたくさんあり、その間での座標変換もたくさん存在します。ROSでは、物事をより小さくモジュール性を持たせるようにするという考え方のもと、分散的なアプローチをとり、トピックを使って座標変換データを共有します。どのノードでも座標変換に関する現在の情報を配信する権限を持ち、どのノードも座標変換データを購読する権限を持ちます。そして、これらの各ノードからの情報を統合することでロボットの全体像を構築することができます。このシステムは、tf(transformの短縮名)パッケージで実装されています。これは、ROSソフトウェア全体で非常に幅広く使われています。

このアプローチは、与えられた座標変換に関する情報が簡単に手に入ったり、計算できるような場所が1つは存在する場合に、大いに意味があります。例えば、ロボットの腕と通信し、その関節のエンコーダーデータに直接アクセスするドライバーは、アームの先からもう1つの端にある手への座標変換に関する情報を配信するのに最も適切なノードとなるでしょう[*1]。同様に、地図に対して台座の位置を決める処理を実行するノードは、台座からワールド座標への変換の最も良いノードになるでしょう。

それぞれの座標系にはそれぞれ名前が必要です。tfではこれに文字列を使います。台座に付けられたレーザーの座標系はlaserと呼ばれるか、設置場所によってはfront_laserと呼ばれます。これは皆さんの好きな名前を使えますが、一意でなくてはなりません(また、それらがどこにあっても、取り決めた名前付けのルールに従うようにしてください)。

また、座標変換に関する情報を配信するのに使用するメッセージフォーマットも必要です。tfでは、tf/tfMessageを使い、これは/tfトピックに送られます。皆さんはこのメッセージの詳細については知る必要はありません。というのは、手でこのメッセージを操作することはほとんどないからです。tf/tfMessageメッセージはそれぞれが座標変換のリストを含み、それぞれに対して関連する座標系の名前(parentとchildで参照される)と、その相対位置や相対的な向き、またそれらが計測され、計算された時間を保有しているということさえ知っていれば十分です。

---

*1 アームのドライバーが関節のエンコーダーデータだけを配信し、robot_state_publisherに全6次元の座標変換を計算させるという例が「18.6 座標変換を確認する」で説明されています。

時間は、センサーデータと座標系との関係性を考慮する必要がある場面で非常に重要な情報になります。1秒前のレーザースキャンと5秒前のレーザースキャンを組み合わせたい場合は、そのレーザーが時間とともにどこにあったかを追跡し、その1秒前の姿勢と5秒前の姿勢との間でスキャンデータを変換できないと困ったことになります。

座標変換データを扱うすべてのノードが、都度、座標変換データを配信したり、他のノードから読み取ったり、記憶したり計算したりする処理を開発しなければならないという状況は避けたいものです。tfは、こういった座標変換に伴う共通的な処理が行えるライブラリを提供しています。これはどのノードからでも実行することができます。例えば、ノード内にtfの**リスナー**を作成することにより、その裏では、そのノードは/tfトピックを購読し、そのシステムの他のノードが配信するtf/tfMessageのデータすべてのバッファーを維持するようになります。これにより、このノードはtfに次のように尋ねることができるようになります。台座に対してレーザーはどこにあるか？ 2秒前にハンドは地図上のどこにあったか？ 深度カメラから得られた3次元の点群はレーザーの座標系ではどのように見えるかなどです。それぞれのケースで、tfライブラリは必要なすべての行列の掛け算を処理し、座標変換を連鎖させ、必要に応じて、そのバッファーを通して時間を巻き戻してくれるのです。

高機能なシステムの場合にはよくあることですが、tfは比較的複雑であり、うまく動かなくなってしまう可能性がたくさんあります。このため、何が起きているかを理解する手助けをしてくれるようなtf固有の内部を見るツールやデバッグツールがたくさんあります。コンソールに座標変換を1つだけ出力するものから、座標変換の階層全体をグラフィカルに表示するものまであります。

tfシステムに関しては知るべきことはまだまだ多くありますが、本書の残りの部分で行う作業に関連して、tfシステムの中で何が起きているかを理解するという点では、ここで説明した内容で十分でしょう。座標変換を自分で配信したり操作したりし始めたくなったときは、tfのドキュメント（http://wiki.ros.org/tf?distro=indigo）を読むことから始めてみてください。

2.9 まとめ

本章では、ROSのグラフアーキテクチャーについて説明しました。そしてcatkin、rosrun、roslaunchなどROSグラフとやり取りするのに使用するツールを紹介しました。また、ROSの名前空間について説明し、名前の衝突を防ぐためのリマッピングの方法を示しました。さらに、座標変換の重要性や、それがROS内でtfシステムによってどのように扱われるかを説明しました。

ROSシステムを支えるアーキテクチャーが理解できたので、次はノードがどのようなメッセージを送るのか、これらのメッセージがどのように組み立てられて送受信されるのか、またこれらを使ってノードがどのような処理するのか見ていきます。次章では、ROSの通信に関する基本的な仕組みである**トピック**について説明します。

3章
トピック

前の章で見てきたように、ROSのシステムは、たくさんの独立した**ノード**からできていて、それらが1つの**グラフ**を構成しています。これらのノードは、通常、それぞれ単体ではそれほど役には立ちませんが、ノード同士が相互に通信し、情報やデータの交換をして初めて役に立つものになります。このようなノード間での通信を行う最も一般的な方法がトピックです。トピックは、ある定義された型を持つメッセージストリームの名前です。例えば、レーザーレンジファインダーからのデータは、`LaserScan`型のメッセージとして`scan`という名前のトピックに送られたり、カメラからのデータは、`Image`型のメッセージとして`image`という名前のトピックに送られたりします。

トピックは、分散システムにおけるデータ交換でよく使われる**配信/購読**（publish/subscribe）型の通信メカニズムを実装しています。トピックを介してデータを送る前に、ノードは、まず、トピックの名前とこれから送るメッセージの型をアナウンス、すなわち**公開**（advertise）しなくてはなりません。その後、ノードはトピックに実際のデータを付けて送信、すなわち**配信**（publish）を始めることができるのです。あるトピックのメッセージを受け取りたいノードは、`roscore`に要求することでそのトピックを**購読**（subscribe）することができます。購読すると、そのトピックに配信されるすべてのメッセージがノードに届けられるようになります。ROSを利用する主な利点の1つは、ノードがトピックの公開や購読を行う際に必要な接続に関する煩雑な手続きすべてを下位の通信メカニズムで処理してくれることで、皆さんはこれらの実装方法について何も心配する必要はありません。

ROSでは、1つのトピックを通るメッセージは常に同じデータ型で**なくてはなりません**。特にROSが強制しているわけではありませんが、トピックの名前はメッセージ型を表すことが多く、例えば、PR2ロボットでは、`/wide_stereo/right/image_color`というトピックは、広角のステレオペアの右側のカメラからのカラー画像のために使われています。

それでは、ノードがどのようにトピックを公開して、データを配信するのかを見ることから始めていきましょう。

本章とこれ以降の章では、皆さんがワークスペースやパッケージの作り方、ファイルをどのように配置するべきかをすでに知っているものとします。どうするか思い出せないのであれば、「2.3 catkin、ワークスペース、ROSパッケージ」をもう一度読んでください。確信が持てなくなったら、本書で提供しているソースコード（https://github.com/osrf/rosbook）を参考にしてください。

3.1 トピックを配信する

例3-1に、トピックを1つ公開し、そのトピック上にメッセージを配信する、という基本的なコードを示します。このノードは、counterという名前のトピックに連続する整数を2Hzの頻度で配信します。

例3-1 topic_publisher.py

```
#!/usr/bin/env python

import rospy

from std_msgs.msg import Int32


rospy.init_node('topic_publisher')

pub = rospy.Publisher('counter', Int32)

rate = rospy.Rate(2)

count = 0
while not rospy.is_shutdown():
    pub.publish(count)
    count += 1
    rate.sleep()
```

1行目は、**シバン**（shebang）として知られている記述です[*1]。

```
#!/usr/bin/env python
```

これを書くことで、オペレーティングシステムは、このファイルがPython用のファイルであり、Pythonのインタープリターに渡すべきものであることがわかります。ここでは、作成したノードを

*1 訳注：https://github.com/osrf/rosbookからダウンロードできる本書のサンプルコードで、先頭の1行目が「# BEGIN ALL」で始まる場合はこの行を取り除く必要があります。

プログラムとして実行しようとしているので、Linuxのchmodコマンドで、このファイルに**実行権限**を与える必要があります。

```
user@hostname$ chmod u+x topic_publisher.py
```

このようにすると、chmodで指定されたファイルを所有者が実行することができるようになります。時間をとってchmodのドキュメントを少し読んでみてこのようなパーミッションやその設定方法を理解しておいてください。Linuxのmanページや、Webでchmodを検索した結果を参考にしてください。

2行目は、Pythonで書かれるすべてのROSのノードに書かれるもので、後で必要になる基本的な機能をすべて読み込んでいます。

```
import rospy
```

その次の行では、トピックに送るメッセージの定義を読み込んでいます。

```
from std_msgs.msg import Int32
```

ここでは、ROSの標準メッセージパッケージであるstd_msgsで定義されている32ビット整数型を利用します。これは、<パッケージ名>.msgから読み込む必要があります。これがパッケージの定義が格納されている場所だからです（これについては後述します）。ここでは他のパッケージで定義されたメッセージを使おうとしているので、package.xmlファイルに**依存関係**を追加することで、このことをROSのビルドシステムに伝える必要があります。

```
<depend package="std_msgs" />
```

この依存関係の記述がないと、ROSはメッセージ定義を探す場所がわからず、ノードを実行することができません。

ノードを初期化した後、Publisher関数でノードを公開します。

```
pub = rospy.Publisher('counter', Int32, queue_size=10)
```

これは、トピックに名前（counter）を与え、そのトピックを介して送るメッセージの型を指定しています（Int32）。裏では、roscoreとの接続を確立し、必要な情報を送っています。他のノードがこのcounterトピックを購読しようとすると、roscoreは、配信者（publisher）と購読者（subscriber）のリストを提供します。そして、そのノードは、このリストを使って、それぞれのトピックに対するすべての配信者と購読者とを直接接続します。

この時点で、このトピックは公開されるので、他のノードが購読することができます。それではトピックを使って実際にメッセージを送る方法を見ていきましょう。

```
rate = rospy.Rate(2)
```

```
count = 0
while not rospy.is_shutdown():
    pub.publish(count)
    count += 1
    rate.sleep()
```

まず、配信する周期をHz（ヘルツ）単位で設定します。この例では、1秒間に2回配信しています。is_shutdown()関数はノードがシャットダウンする準備ができたときにTrueを返し、それ以外のときにはFalseを返すので、これを使ってwhileループを抜けるタイミングを決めることができます。

whileループの中では、最新のカウンター値を配信したら、値を1増やし、しばらくスリープします。rate.sleep()を呼ぶことで、whileループの内側が約2Hzで実行されるように、十分な時間スリープします。

これで完了です。counterトピックを公開し、そのトピックに整数を配信するという、最小構成のROSのノードが手に入りました。

3.1.1 すべてが期待どおりに動作していることを確認する

これでノードのセットアップが終わりました。正しく動作しているか確認していきましょう。rostopicコマンドを使うことで現在利用可能なトピックを詳しく知ることができます。新しいターミナルを1つ開いて、roscoreを起動してください。起動したら、もう1つ別のターミナルでrostopic listコマンドを実行すると、利用可能なトピックの一覧が見られます。

```
user@hostname$ rostopic list
/rosout
/rosout_agg
```

これらのトピックは、ログの記録とデバッグ用にROSが使用しているものです。皆さんは、特に気にする必要はありません。rostopicの引数を知りたかったら、-hフラグで表示することができます。このやり方は、他のROSコマンドラインツールでも同じです。

```
user@hostname$ rostopic -h
rostopic is a command-line tool for printing information about ROS Topics.
rostopicは、ROSのトピックに関する情報を表示するためのコマンドラインツールです。

Commands:
    rostopic bw     display bandwidth used by topic
                    トピックで使用されている帯域を表示する
    rostopic echo   print messages to screen 画面にメッセージを出力する
    rostopic find   find topics by type メッセージの型でトピックを探す
    rostopic hz     display publishing rate of topic トピックの配信頻度を表示する
    rostopic info   print information about active topic
                    アクティブなトピックの情報を出力する
    rostopic list   list active topics アクティブなトピックを一覧表示する
```

```
    rostopic pub     publish data to topic トピックへデータを配信する
    rostopic type    print topic type トピックの型を出力する

Type rostopic <command> -h for more detailed usage, e.g. 'rostopic echo -h'
詳細な使用方法については、rostopic <コマンド> -hと入力してください。例)'rostopic echo -h'
```

それでは、さらに別のターミナルで先ほど紹介したノードを実行してみましょう。ワークスペースの設定ファイルの読み込みが完了し、このワークスペースの中にbasicsという名前のパッケージがあり、プログラムがこの配下に配置されていることとして次を実行します（パッケージの作り方、ファイルの配置の仕方について思い出せない場合、「2.3 catkin、ワークスペース、ROSパッケージ」をもう一度読んでください。また確信が持てなくなったら、本書で提供しているソースコードを参考にしてください。すべてのファイルが正しく配置されているはずです）。

```
user@hostname$ rosrun basics topic_publisher.py
```

パッケージのためのbasicsディレクトリがcatkinワークスペースになくてはいけないことと、basicsディレクトリの中のsrcディレクトリの中にノードのソースコードがあること、chmodコマンドを使ってそのファイルに実行権限を与えなくていけないこと、を覚えておいてください。ノードが起動したら、rostopic listをもう一度実行して、counterトピックが公開されていることを確認してください。

```
user@hostname$ rostopic list
/counter
/rosout
/rosout_agg
```

さらに、rostopic echoでトピックから配信されたメッセージを見ることができます。

```
user@hostname$ rostopic echo counter -n 5
data: 681
---
data: 682
---
data: 683
---
data: 684
---
data: 685
---
```

-n 5オプションは、rostopicに5個だけメッセージを出力するように指定しています。これを指定しないとCtrl-Cを押して止めるまで、永遠にメッセージが出力され続けます。また、rostopicで私たちが想定した周期でメッセージが配信されていることを確認することもできます。

```
user@hostname$ rostopic hz counter
subscribed to [/counter]
average rate: 2.000
    min: 0.500s max: 0.500s std dev: 0.00000s window: 2
average rate: 2.000
    min: 0.500s max: 0.500s std dev: 0.00004s window: 4
average rate: 2.000
    min: 0.500s max: 0.500s std dev: 0.00006s window: 6
average rate: 2.000
    min: 0.500s max: 0.500s std dev: 0.00005s window: 7
```

rostopic hzはCtrl-Cで止めなくてはいけません。同じように、rostopic bwでこのトピックで使っている帯域の情報を知ることもできます。

rostopic infoで公開中のトピックに関する情報を知ることができます。

```
user@hostname$ rostopic info counter
Type: std_msgs/Int32

Publishers:
 * /topic_publisher (http://hostname:39964/)

Subscribers: None
```

この出力から、counterトピックがstd_mst/Int32型のメッセージを運んでいること、topic_publisherによって公開されていること、今は誰も購読していないことがわかります。ROSでは、複数のノードが1つのトピックに対して配信することも、複数のノードが1つのトピックを購読することもできるので、このコマンドを使えば、皆さんが考えたとおりにノードが接続できているかを確認することができます。また、topic_publisherという名前の配信者が、hostnameという名前のコンピューター上で実行されていて、39964番のTCPポート[*1]を介して通信していることがわかります。rostopic typeも同じようなコマンドですが、指定されたトピックのメッセージ型を表示するだけです。

また、rostopic findで特定のメッセージ型を配信しているすべてのトピックを探すこともできます。

```
user@hostname$ rostopic find std_msgs/Int32
/counter
```

パッケージの名前（std_msgs）とメッセージ型（Int32）の両方を指定する必要があることに注意してください。

＊1 TCPポートが何であるかを知らなくても心配する必要はありません。通常は、それを意識しなくてもよいように、ROSがすべて適切に処理してくれています。

ここまでで、連続する整数を配信し続けるノードを作成して、それが期待どおりに動作していることが確認できました。続いて、このトピックを購読し、受け取ったメッセージを利用する側のノードを見ていきましょう。

本書を読み進めていくと、さまざまなLinuxコマンドの使用やTCPポートの利用といったLinuxの基本メカニズムに関する話題に触れていることに気づかれるでしょう。これらについてはその概要だけ知っていればROSを使うことはできます。しかし、皆さんがROSを使い込もうと思っているのであれば、Linuxを少し詳しく勉強し、内部で何が起きているのかを知っておくとよいでしょう。オペレーティングシステムについて少し知って、コマンドラインツールを使いこなせるようになることで、作業は効率的になるでしょうし、ROSシステムで起きる問題を**さらに**早く解決することができるようになるはずです。

3.2 トピックを購読する

例3-2に、counterピックを購読して、メッセージを受け取るたびにその数字を出力する最小構成のノードを示します。

例3-2　topic_subscriber.py

```
#!/usr/bin/env python


import rospy
from std_msgs.msg import Int32


def callback(msg):
    print msg.data


rospy.init_node('topic_subscriber')

sub = rospy.Subscriber('counter', Int32, callback)

rospy.spin()
```

このコードの最初に興味深い部分は**コールバック**（callback）です。コールバックではメッセージを受け取るたびにそのメッセージに対して処理をします。

```
def callback(msg):
    print msg.data
```

ROSはイベント駆動型のシステムなのでコールバック関数を多用します。トピックの購読手続きが完了すると、そのトピックにメッセージが来るたびに、関連づけられたコールバック関数が、そのメッセージを引数に呼び出されます。この例では、コールバック関数は、メッセージの中に入っているデータを単に出力しているだけです（メッセージに関する詳細とメッセージが何を持っているかについては、「3.4 独自のメッセージ型を定義する」を参照してください）。

前の例と同じようにノードを初期化した後、counterトピックを購読します。

```
sub = rospy.Subscriber('counter', Int32, callback)
```

ここでは、トピックの名前とトピックのメッセージ型、そして、コールバック関数の名前を引数に指定しています。裏では、この情報はroscoreに送られ、このトピックの配信者との直接接続を試みます。指定されたトピックが存在しなかったり、型が違ったりしていてもエラーは表示されません。このノードは単にトピックにメッセージが配信され始めるまで待っているだけです。

購読手続きが完了したら、rospy.spin()を呼ぶことでROSに制御を渡します。この関数は、ノードのシャットダウンの準備が完了したときだけ戻ってきます。これは、**例3-1**で書いたwhileループを避けるための便利なショートカットです。ROSでは必ずしもメインスレッドの実行を「乗っ取る」必要はありません。

3.2.1 すべてが期待どおりに動作していることを確認する

まず、配信者ノードが実行されていて、counterトピックにメッセージを配信し続けているかを確認してください。その後、別のターミナルで購読者ノードを起動します。

```
user@hostname$ rosrun basics topic_subscriber.py
355
356
357
358
359
360
```

配信者ノードからcounterトピックに配信された整数が出力され始めるはずです。おめでとうございます！ 皆さんは初めての自分で作成したROSシステムの実行に成功したのです。**例3-1**が**例3-2**にメッセージを送っています。rqt_graphを起動することで配信者と購読者の論理的な関係を図示することができ、システムの全体像を可視化することができます。

rostopic pubを使うと、コマンドラインからトピックにメッセージを配信することもできます。次のコマンドを入力して、購読者ノードの出力を見てください。

```
user@hostname$ rostopic pub counter std_msgs/Int32 1000000
```

もう一度rostopic infoを使って、期待どおりになっていることを確認してみてください。

```
user@hostname$ rostopic info counter
Type: std_msgs/Int32

Publishers:
 * /topic_publisher (http://hostname:46674/)

Subscribers:
 * /topic_subscriber (http://hostname:53744/)
```

ここまでで、皆さんは基礎的なトピックがどのように動作しているか理解できるようになりました。次に、データをたまにしか配信しないノードのために設計された特殊なトピックについて説明していきます。**ラッチトピック**（latched topic）と呼ばれています。

3.3　ラッチトピック

ROSのメッセージはあっという間になくなってしまいます。メッセージが配信されたときにトピックを購読していなければ、そのメッセージを受け取ることはできず、次のメッセージを待たなければなりません。これは、配信者が頻繁にメッセージを送っている場合は、次のメッセージが来るまでさほど時間はかからないので問題ないかもしれません。しかし、メッセージを頻繁に送ることがあまりよくない場合もあります。

例えば、map_serverノードは地図情報（nav_msgs/OccupancyGrid型）をmapトピックに公開します。この地図情報は、**図3-1**に示すように、その世界の地図を表現しており、ロボットが今どこにいるのかを特定するのに使用されます。地図は変わらないことが多いので、map_serverが記憶装置から読み出したときに1回だけ配信されます。これは、他のノードでその地図が必要な場合でも、map_serverが地図を配信した後に起動したノードではそのメッセージを受け取れないということです。

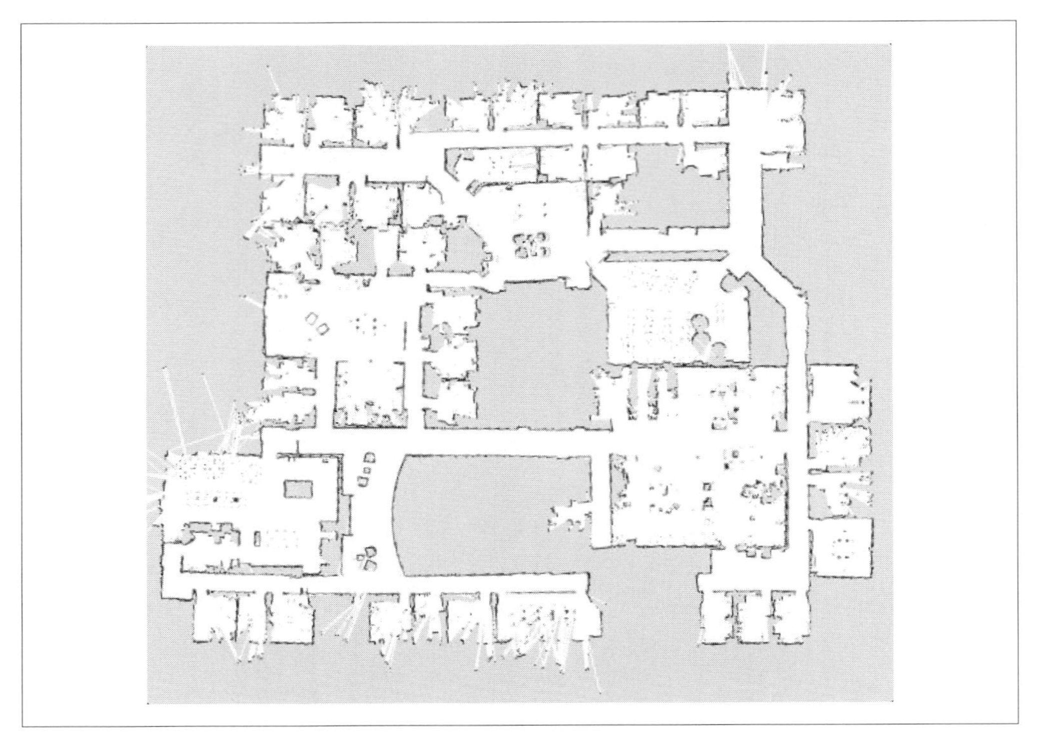

図3-1 地図情報の例

地図情報を定期的に配信することもできますが、地図は巨大なことが多いので、必要以上の頻度でメッセージを配信することは避けるべきです。再配信することを決めた場合には、適切な頻度を決める必要がありますが、正しく決めるのは難しいでしょう。

ラッチトピックは、この問題に対する解決策を提供します。トピックを公開するときにラッチトピックとして指定しておくと、新しい購読者は、トピックに接続したときに**最後に配信されたメッセージ**を自動的に受け取ることができます。先ほどのmap_serverの例では、トピックをラッチトピックに指定して地図を一度配信すればよいだけです。トピックは、latchオプション引数を指定することでラッチトピックにすることができます。

```
pub = rospy.Publisher('map', nav_msgs/OccupancyGrid, latch=True)
```

これでトピックを介してメッセージを送る方法がわかりました。次に、ROSが定義していないメッセージ型を送りたくなった場合に何をするべきかを考えていくことにしましょう。

3.4 独自のメッセージ型を定義する

ROSは豊富な組み込みのメッセージ型を提供しています。std_msgsパッケージには**表3-1**に示す基本型が定義されています。これらの詳細な説明はROS wikiのmsgページに載っています（http://wiki.ros.org/msg#Field_Types?distro=indigo）。Pythonでは、これらの型の配列は、固定長配列と可変長配列のどちらの場合も、（低レベル通信のデシリアライズ関数から）タプルとして返され、代入はタプル、リストいずれの場合も可能です。

表3-1　ROSの基本のメッセージ型、シリアライズ化方法、対応するC++およびPythonの型

ROSの型	シリアライズ化	C++の型	Pythonの型	備考
bool	8ビット符号なし整数	uint8_t	bool	
int8	8ビット符号付き整数	int8_t	int	
uint8	8ビット符号なし整数	uint8_t	int	uint8[]はPythonではstringとして扱われる
int16	16ビット符号付き整数	int16_t	int	
uint16	16ビット符号なし整数	uint16_t	int	
int32	32ビット符号付き整数	int32_t	int	
uint32	32ビット符号なし整数	uint32_t	int	
int64	64ビット符号付き整数	int64_t	long	
uint64	64ビット符号なし整数	uint64_t	long	
float32	32ビット浮動小数点数	float	float	
float64	64ビット浮動小数点数	double	float	
string	ASCII文字列	std::string	string	ROSはUnicode型文字列はサポートしていないので、UTF-8エンコーディングを利用すること
time	secs/nsecs 32ビット符号なし整数	ros::Time	rospy.Time	
duration	secs/nsecs 32ビット符号付き整数	ros::Duration	rospy.Duration	

Pythonに比べて、C++はより多くのネイティブのデータ型を持っており、このことが、C++で書かれたノードとPythonで書かれたノードがデータをやり取りする際に、微妙な問題に発展する可能性があります。例えば、ROSのuint8は、C++の8ビットの符号なし整数として表現され、期待どおりの振る舞いをするでしょう。しかしながら、Pythonでは通常の整数型として表現されてしまうので、負の数や255より大きな値を代入することができてしまいます。この範囲外の値をROSのメッセージとして配信すると、8ビットの符号なし整数として解釈されます。これは、多くの場合、受け取り側では不定値となり、見つけにくいエラーを引き起こすことになるでしょう。ROSの型で範囲制限があるものをPythonで扱うときには注意してください。

ROSで使用されるすべてのメッセージは、これらの基本型を元にして作られています。基本型はstd_msgsパッケージ（http://wiki.ros.org/std_msgs?distro=indigo）に、また汎用的なメッセージ型

はcommon_msgsパッケージ（http://wiki.ros.org/common_msgs?distro=indigo）に入っています。これらの数多くのメッセージ型が、ROSを強力にしている1つの要因です。（ほとんどの）レーザーレンジファインダーセンサーは、sensor_msgs/LaserScanメッセージを配信しているので、特定のレーザーレンジファインダーのハードウェアに関する詳細を知らなくても、ロボットを制御するコードを書くことができます。さらに、ほとんどのロボットは自分で推定した自己位置を標準的な方法で配信しています。レーザースキャンした情報と推定自己位置に標準化されたメッセージ型を利用することで、多種多様なロボット用にナビゲーションと（数ある中でとりわけ）地図作成機能を提供するノードを書くことができるのです。

しかし、組み込みのメッセージ型だけでは十分でない場合があり、そのような場合は、独自のメッセージ型を定義する必要があります。独自に定義したメッセージも、ROSでは「第1級市民」として扱われ、ROSのコアで定義されたメッセージ型と区別されることはありません。

3.4.1 新しいメッセージを定義する

ROSのメッセージは、パッケージ内のmsgディレクトリにある専用のメッセージ定義ファイルに定義します。これらの定義ファイルは、各言語用にコンパイルされ、皆さんのコードで利用できるようになります。つまり、独自のメッセージ型を定義する場合には、Pythonのようなインタープリター言語を使用していたとしても、catkin_makeを実行する必要があるということを意味します。そうしないと、各言語用の実装が生成されないため、Pythonは定義されたメッセージ型を見つけることができません。さらに、そのメッセージ型を変更した場合は再びcatkin_makeを実行しなければ、Pythonは古いバージョンのメッセージ型を使い続けてしまいます。この方法は、単に複雑さが増すだけのようにも感じられますが、妥当な理由もあります。この方法のおかげで、メッセージを1回だけ定義すれば、ROSがサポートするすべての言語で自動的に利用することができるようになり、ネットワークを超える際にメッセージを「圧縮」したり「復元」する（極度に煩わしい）コードを自分で書かなくても済むのです。

メッセージ定義ファイルは通常とても単純で短いものです。1行に型とフィールド名を書きます。型には、ROSの組み込みの基本型、他のパッケージで定義されたメッセージ型、型の配列（基本型や他のパッケージで定義された型、固定長の型もしくは可変長の型）や、特殊なHeader型を書くこともできます。

メッセージ定義ファイルは、そのメッセージを構成する型のリストが書かれており、これらの型は、std_msgsパッケージに定義されているROSの組み込みの型でも、皆さんが自分で定義した独自の型でもかまいません。

具体的な例として、**例3-1**を修正して整数の代わりにランダムな複素数を配信するようにしてみましょう。複素数は、2つの数字、実装と虚数を持ちこれらはともに浮動小数点数です。このComplex

という名前の新しい型に対するメッセージ定義ファイルを**例3-3**に示します。

例3-3　Complex.msg

```
float32 real
float32 imaginary
```

Complex.msgファイルはbasicsパッケージのmsgディレクトリの下に作ります。2つの値、realとimaginaryを同じ型（float32）で定義しています[*1]。

メッセージを定義したら、catkin_makeを実行して、言語固有のコードを生成し、メッセージを使えるようにする必要があります。このコードには、型の定義とトピックで通信するための直列化と非直列化のためのコードが含まれます。これによりこのメッセージをROSがサポートする全言語で使うことができるようになります。すなわち、ある言語で書かれたノードが、別の言語で書かれたノードのトピックを購読することができるのです。さらに言えば、アーキテクチャーの異なるコンピューター間でさえシームレスにメッセージをやり取りすることができるようにもなります。

メッセージの言語固有のコードをROSに生成させるためには、ビルドシステムに新しいメッセージ定義を伝える必要があります。

package.xmlファイルに以下の行を追加してください。

```
<build_depend>message_generation</build_depend>
<run_depend>message_runtime</run_depend>
```

次に、CMakeLists.txtファイルを少し編集する必要があります。まず、find_package()関数の最後にmessage_generationを追加します。こうすることでcatkinはmessage_generationパッケージを探す必要があることがわかります。

```
find_package(catkin REQUIRED COMPONENTS
   roscpp
   rospy
   std_msgs
   message_generation   # 他のパッケージの最後にmessage_generationを追加する
)
```

次に、catkin_package()関数にmessage_runtimeを加え、メッセージを実行時に使うことをcatkinに伝える必要があります。

```
catkin_package(
  CATKIN_DEPENDS message_runtime   # これ以外にも依存するものは書く
)
```

---

*1　float32とfloat64という浮動小数点型は共にPythonのfloat型に対応します。

add_message_files()関数にメッセージファイルを追加することでcatkinにどのメッセージファイルをコンパイルしてほしいかを伝えます。

```
add_message_files(
  FILES
  Complex.msg
)
```

最後に、CMakeLists.txtファイルで、generate_messages()関数がコメントアウトされていないことと、そのメッセージに必要なすべての依存関係が含まれていることを確認してください。

```
generate_messages(
  DEPENDENCIES
  std_msgs
)
```

これで、先ほど定義したメッセージに関して、必要な情報をすべてcatkinに伝えることができ、コンパイルする準備ができました。catkinワークスペースのルートディレクトリに移動し、catkin_makeを実行してください。メッセージ定義ファイルから.msg拡張子を除いた名前のメッセージ型が生成されます。規約によりROSの型は単語ごと大文字で始まり、単語の連結ではアンダースコア(_)を含まない形式で命名をします。

皆さんがROSのコードで利用する場合、catkin_makeが生成したPythonクラスの詳細を知る必要はないでしょう。しかし、本書の完全性のために、先ほど紹介した複素数のサンプル用に生成されたクラス(~/catkin_ws/devel/lib/python2.7/dist-packages/basics/msg/_Complex.pyの一部)を**例3-4**に示します。

例3-4　複素数のサンプル用にcatkin_makeが生成したPythonメッセージ定義の一部

```
"""autogenerated by genpy from basics/Complex.msg. Do not edit."""
"""basics/Complex.msgよりgenpyが自動生成。編集禁止。"""
import sys
python3 = True if sys.hexversion > 0x03000000 else False
import genpy
import struct


class Complex(genpy.Message):
  _md5sum = "54da470dccf15d60bd273ab751e1c0a1"
  _type = "basics/Complex"
  _has_header = False #flag to mark the presence of a Header object
                      #ヘッダーオブジェクトの有無を示すフラグ
  _full_text = """float32 real
float32 imaginary
"""
```

```
  __slots__ = ['real','imaginary']
  _slot_types = ['float32','float32']

  def __init__(self, *args, **kwds):
    """
    Constructor. Any message fields that are implicitly/explicitly
    set to None will be assigned a default value. The recommend
    use is keyword arguments as this is more robust to future message
    changes.  You cannot mix in-order arguments and keyword arguments.
    コンストラクター。明示的/暗黙的にかかわらずメッセージのフィールドのうちNoneになっている
    ものにはすべてデフォルト値が代入されます。将来のメッセージの変更にロバストに対応するために
    キーワード引数の利用を推奨します。通常の引数とキーワード引数を混在させることはできません。

    The available fields are: 利用可能なフィールド
       real,imaginary

    :param args: complete set of field values, in .msg order
                 .msgに定義された順の全フィールドの値
    :param kwds: use keyword arguments corresponding to message field names to set specific fields.
                 特定のフィールドに値を設定するには、メッセージのフィールド名に対応するキーワード引数を利用
    """
    if args or kwds:
      super(Complex, self).__init__(*args, **kwds)
      #message fields cannot be None, assign default values for those that are
      #メッセージのフィールドがNoneであることは禁止されているため、デフォルト値を代入
      if self.real is None:
        self.real = 0.
      if self.imaginary is None:
        self.imaginary = 0.
    else:
      self.real = 0.
      self.imaginary = 0.

  def _get_types(self):
    """
    internal API method 内部APIメソッド
    """
    return self._slot_types

  def serialize(self, buff):
    ...

  def deserialize(self, str):
    ...

  def serialize_numpy(self, buff, numpy):
    ...
```

```
def deserialize_numpy(self, str, numpy):
  ...
```

ここで注意すべき重要なことは、クラス内の変数を、コンストラクターのパラメーターを通して初期化することができるということです。それには2つの方法があります。1つ目の方法は、クラス内の各変数（この例ではrealとimaginary）にメッセージ定義ファイルに列挙された順番で値を与える方法です。この場合、**すべての**フィールドの値を指定する必要があります。もう1つの方法は、次に示すように、フィールドの一部にキーワード引数を使って値を設定する方法です。

```
c = Complex(real=2.3)
```

この場合は、残りのフィールドにはデフォルトの値が設定されます。

自動生成されたメッセージ定義はMD5のチェックサムを含みます。これはROSが正しいバージョンのメッセージを使うことを保証するために使われます。皆さんがメッセージ定義ファイルを修正してcatkin_makeを実行したら、そのメッセージを利用するすべてのコードに対してもcatkin_makeを実行して、チェックサムが一致するようにしてください。これは、このチェックサムが実行ファイルの中に含まれているためで、Pythonの場合というよりはC++の場合に問題になります。しかしながら、Pythonでもコンパイル済みのバイトコード（.pycファイル）を利用する場合には問題となります。

3.4.2 独自の新しいメッセージを利用する

メッセージを定義してコンパイルが終わったら、**例3-5**に示すようにROSの他のメッセージと同じように使うことができます。

例3-5 message_publisher.py

```
#!/usr/bin/env python

import rospy

from basics.msg import Complex

from random import random


rospy.init_node('message_publisher')

pub = rospy.Publisher('complex', Complex)
```

```
rate = rospy.Rate(2)

while not rospy.is_shutdown():
    msg = Complex()
    msg.real = random()
    msg.imaginary = random()

    pub.publish(msg)
    rate.sleep()
```

皆さんが定義した新しいメッセージ型を読み込む方法は、ROS標準のメッセージ型を読み込むのとまったく同じですし、インスタンスの作成も他のPythonクラスとまったく同じです。インスタンスを作成したら、個々のフィールドに値を設定することができます。明示的に値を設定しなかったフィールドには、未定義の値が入っていると考えてください。

例3-6に示すように、新しいメッセージを購読して使うのも同じく簡単です。

例3-6　message_subscriber.py

```
#!/usr/bin/env python


import rospy
from basics.msg import Complex


def callback(msg):
    print 'Real:', msg.real
    print 'Imaginary:', msg.imaginary
    print


rospy.init_node('message_subscriber')

sub = rospy.Subscriber('complex', Complex, callback)

rospy.spin()
```

rosmsgコマンドでメッセージ型の内容を見ることができます。

```
user@hostname$ rosmsg show Complex
[basics/Complex]:
float32 real
float32 imaginary
```

このメッセージが他のメッセージを含んでいたら、rosmsgが再帰的に表示してくれます。例えば、

PointStampedは、HeaderとPointを持っており、それぞれROSが提供する型です。

```
user@hostname$ rosmsg show PointStamped
[geometry_msgs/PointStamped]:
std_msgs/Header header
  uint32 seq
  time stamp
  string frame_id
geometry_msgs/Point point
  float64 x
  float64 y
  float64 z
```

rosmsg listはROSで利用可能なメッセージをすべて表示します。rosmsg packagesはメッセージを定義しているパッケージをすべて表示してくれます。最後に、rosmsg packageは特定のパッケージで定義されているメッセージを表示します。

```
user@hostname$ rosmsg package basics
basics/Complex

user@hostname$ rosmsg package sensor_msgs
sensor_msgs/CameraInfo
sensor_msgs/ChannelFloat32
sensor_msgs/CompressedImage
sensor_msgs/FluidPressure
sensor_msgs/Illuminance
sensor_msgs/Image
sensor_msgs/Imu
sensor_msgs/JointState
sensor_msgs/Joy
sensor_msgs/JoyFeedback
sensor_msgs/JoyFeedbackArray
sensor_msgs/LaserEcho
sensor_msgs/LaserScan
sensor_msgs/MagneticField
sensor_msgs/MultiEchoLaserScan
sensor_msgs/NavSatFix
sensor_msgs/NavSatStatus
sensor_msgs/PointCloud
sensor_msgs/PointCloud2
sensor_msgs/PointField
sensor_msgs/Range
sensor_msgs/RegionOfInterest
sensor_msgs/RelativeHumidity
sensor_msgs/Temperature
sensor_msgs/TimeReference
```

3.4.3 いつ新しいメッセージ型を作るべきか?

簡単な答は「絶対にそうしなければいけない場合だけ」です。ROSはすでに豊富なメッセージ型を持っているので、できるだけそれらを使うようにしてください。ROSの強みの1つは、複雑なシステムを作り上げるために、複数のノードを組み合わせることができることです。これは、それらのノードが同じ型のメッセージを送受信している場合にだけ可能となります。したがって、新しいメッセージ型を作ろうとする前に、rosmsgコマンドで使えるものが何かないかを探してみてください。ROSのメッセージはノード間で公開されるパブリックなインタフェースを定義しています。ノードが同じメッセージ型を使っていれば、稼働中のシステムに簡単に組み込むことができます。一方で、個々のノードが同じようなデータに対して異なるメッセージを使っている場合、正しく動作させるためには、これらのメッセージ間の変換を行うためにたくさんの(無意味な)作業をする必要があります。可能なかぎり既存のメッセージ型を利用することで、皆さんのコードがよりシームレスに既存のROSコードと適合するようになるでしょう。また、同様の理由で、可能なかぎりSI単位系(メートル、キログラム、秒など)を使うべきです。なぜならROSの他の部分ではSI単位系を使っているからです。

3.5 配信者と購読者を混合する

先ほどの例では配信者のノードと購読者のノードという、2つのノードの例を示しました。しかし、1つのノードが配信者と購読者の両方の機能を持ったり、また、複数の配信と購読が行えたりしない理由もありません。事実、ROSのノードで最も一般的な処理の1つはデータに何らかの処理を加えて変換することです。例えば、あるノードは、カメラの画像を含むトピックを購読して、その画像から顔を検出し、顔の位置を他のトピックで配信するかもしれません。**例3-7**に、このようなノードの例を示します。

例3-7 doubler.py

```
#!/usr/bin/env python

import rospy

from std_msgs.msg import Int32


rospy.init_node('doubler')


def callback(msg):
    doubled = Int32()
    doubled.data = msg.data * 2
```

```
    pub.publish(doubled)


sub = rospy.Subscriber('number', Int32, callback)
pub = rospy.Publisher('doubled', Int32)

rospy.spin()
```

ここでの購読者と配信者は前の例と同じように設定されていますが、今回は、データを周期的にではなく、コールバックの中で配信しようとしています。これは、このノードの目的がデータを変換する（このケースでは、購読しているトピックからやってきた数を2倍にする）ことなので、新しいデータが入ってきたときにだけデータを配信したいという考えが背景にあります。

3.6　まとめ

本章では、ROSの基本的な通信メカニズムであるトピックについて紹介しました。これで、皆さんは、トピックを公開してトピック上にメッセージを配信する方法、トピックを購読してそこからメッセージを受け取る方法、独自のメッセージを定義する方法、トピックと相互作用するシンプルなノードの書き方がわかったと思います。また、トピックから来たデータを変換し、他のトピックに再配信する方法もわかりました。ある種類のデータを処理して他のデータに変換するというノードは、多くのROSシステムの重要な要素となっており、本書ではたびたび例を見ることになるでしょう。

おそらくトピックは、皆さんがROSの中で最も頻繁に利用する通信メカニズムです。皆さんのノードが他のノードで利用可能なデータを生成したときはいつでも、トピックを使ってそのデータを配信することを考えてください。あるデータ型から他のデータ型に変換する必要があるときは、**例3-7**で紹介したようなノードを使うことをお勧めします。

本章では、トピックを使ってできることをたくさん紹介しましたが、すべてを紹介したわけではありません。もっと詳しく知りたい方は、トピックのAPIドキュメントを参照してください（http://wiki.ros.org/Topics?distro=indigo）。

トピックが理解できたので、トピックに次いで重要なROSの通信メカニズムである**サービス**について次章で説明します。

4章 サービス

サービスはROSのノード間でデータを渡すもう1つの方法です。サービスは単なる同期型リモートプロシージャーコールであり、あるノードから別のノードで実行される関数を呼び出すことを実現するものです。この関数の入力と出力の定義は、新しいメッセージ型を定義するのと似たような方法で行います。サーバー（サービスを提供する）側ではサービスリクエストを扱うコールバックを定義し、そのサービスを公開します。クライアント（そのサービスを呼び出す）側ではローカルプロキシーを介してこのサービスにアクセスします。

サービスコールは、たまにしか行う必要がないもので、比較的短い一定の時間内で処理が終わるものに適しています。他のコンピューターに分散させたいような共通の計算はその良い例です。センサーをオンにしたり、カメラで高解像度の写真を撮ったりするといったようなロボットが行う個別の動作もサービスコールで実装したほうがよいものの候補です。

すでにいくつかのサービスがROSのパッケージで定義されていますが、ここでは、自分でサービスを定義し、実装する方法を見ていきましょう。こうすることで、サービスコールの下位メカニズムがある程度わかるようになります。この章では具体的な例として、文字列中の単語数を数えるサービスの作り方を示します。

4.1 サービスを定義する

新しいサービスを作成するための最初のステップは、サービスコールの入力と出力を定義することです。これは、**サービス定義ファイル**で行います。このファイルは以前に見たメッセージ定義ファイルと似たような構造を持っています。しかしながら、サービスコールには入力と出力の両方があるので、メッセージ定義より少し複雑です。

ここでのサービスの例は、文字列中の単語数を数えるものです。これは、そのサービスへの入力が`string`であり、出力が整数であることを意味しています。この例では、入出力に`std_msgs`のメッセージを使っていますが、ROSのメッセージであれば**どのような**ものでも使うことができます。もちろん、皆さんが自分で定義したものも可能です。**例4-1**はこの例題用のサービス定義です。

例4-1 WordCount.srv

```
string words
---
uint32 count
```

メッセージ定義ファイルと同様に、サービス定義ファイルもメッセージ型からなる単なるリストです。メッセージ型には、std_msgsパッケージに定義されているような組み込みのものも自分で定義したものも使用できます。

サービス定義ファイルでは、サービスコールへの入力の定義を最初に書きます。今回は、ROSの組み込みのメッセージ型であるstringを入力として定義しています。3つのダッシュ記号（---）は入力の終わりを示し、出力の定義の開始を示します。出力では、32ビットの符号なし整数（uint32）を定義しています。この定義を書いたファイルをWordCount.srvという名前で、メインとなるパッケージのディレクトリ内のsrvディレクトリに置きます（ただし、厳密には別の場所でもかまいません）。

定義ファイルを所定の場所に置いたら、新しいメッセージ型を定義したときと同じように、今回作成するサービスとやり取りする際に必要となるコードとクラス定義をcatkin_makeを実行して生成する必要があります。catkin_makeにこれらのコードを生成させるには、新しいメッセージ型を生成する際と同様にCMakeLists.txt内のfind_package()の呼び出しにmessage_generationが含まれている必要があります。

```
find_package(catkin REQUIRED COMPONENTS
   roscpp
   rospy
   message_generation    # 他のパッケージの最後にmessage_generationを追加する
)
```

さらに、rospyおよびメッセージシステムへの依存関係を反映させるために、package.xmlファイルにも変更を加える必要があります。ここではビルド時に依存関係を持つmessage_generationと、ランタイム時に依存関係を持つmessage_runtimeを追加します。

```
<build_depend>rospy</build_depend>
<run_depend>rospy</run_depend>

<build_depend>message_generation</build_depend>
<run_depend>message_runtime</run_depend>
```

次に、どのサービス定義ファイルをコンパイルする必要があるかをcatkinに指示する必要があります。これにはCMakeLists.txt内のadd_service_files()を使います。

```
add_service_files(
  FILES
  WordCount.srv
)
```

最後に、CMakeLists.txtファイルで、generate_messages()関数がコメントアウトされていないことと、そのメッセージに必要なすべての依存関係が含まれていることを確認してください。

```
generate_messages(
  DEPENDENCIES
  std_msgs
)
```

これらが準備できたら、catkin_makeを実行してください。WordCount、WordCountRequest、WordCountResponseという3つのクラスが生成されます。これらのクラスはサービスとのやり取りするために使われるもので、これから具体的に使い方を見ていきます。メッセージの場合と同様に、生成されたクラスの中身について詳細を見る必要はないでしょう。しかしながら、皆さんがもし興味を持たれた場合のために、WordCountの例で生成されたクラス（~/catkin_ws/devel/lib/python2.7/dist-packages/basics/srv/_WordCount.pyの一部）を**例4-2**に示します。

例4-2　サンプルプログラムWordCount用にcatkin_makeが生成したPythonのクラス（関数内のコードはわかりやすくするため削除した）

```
"""autogenerated by genpy from basics/WordCountRequest.msg. Do not edit."""
import sys
python3 = True if sys.hexversion > 0x03000000 else False
import genpy
import struct

class WordCountRequest(genpy.Message):
  _md5sum = "6f897d3845272d18053a750c1cfb862a"
  _type = "basics/WordCountRequest"
  _has_header = False #flag to mark the presence of a Header object
  _full_text = """string words
"""
  __slots__ = ['words']
  _slot_types = ['string']

  def __init__(self, *args, **kwds):
    """
    Constructor. Any message fields that are implicitly/explicitly
    set to None will be assigned a default value. The recommend
    use is keyword arguments as this is more robust to future message
    changes.  You cannot mix in-order arguments and keyword arguments.
```

```
    The available fields are:
       words

    :param args: complete set of field values, in .msg order
    :param kwds: use keyword arguments corresponding to message field names
    to set specific fields.
    """
    if args or kwds:
      super(WordCountRequest, self).__init__(*args, **kwds)
      #message fields cannot be None, assign default values for those that are
      if self.words is None:
        self.words = ''
    else:
      self.words = ''

  def _get_types(self):
    ...

  def serialize(self, buff):
    ...

  def deserialize(self, str):
    ...

  def serialize_numpy(self, buff, numpy):
    ...

  def deserialize_numpy(self, str, numpy):
    ...

class WordCountResponse(genpy.Message):
  ...

class WordCount(object):
  ...
```

WordCountResponseとWordCountの定義はWordCountRequestに似ています。これらはすべて単なるROSのメッセージです。

このサービスコールの定義が期待したとおりかはrossrvコマンドを使って確認することができます。

```
user@hostname$ rossrv show WordCount
[basics/WordCount]:
string words
```

```
---
uint32 count
```

rossrv listで使用可能なすべてのサービスを確認することができます。また、rossrv packagesでサービスを提供しているすべてのパッケージを確認でき、rossrv packageである特定のパッケージが提供するすべてのサービスを確認することができます。

4.2 サービスを実装する

さて、これでサービスコールの入力と出力の定義はできたので、サービスを実装するコードを書く準備ができました。トピックと同様に、サービスはコールバックベースのメカニズムです。サービスプロバイダー側は、そのサービスコールが行われたときに実行されるコールバックを指定し、リクエストが届くのを待ちます。**例4-3**に単語を数えるサービスコールを実装したシンプルなサーバーを示します。

例4-3 service_server.py

```
#!/usr/bin/env python

import rospy

from basics.srv import WordCount,WordCountResponse


def count_words(request):
    return WordCountResponse(len(request.words.split()))


rospy.init_node('service_server')

service = rospy.Service('word_count', WordCount, count_words)

rospy.spin()
```

最初にcatkinで生成されたコードを読み込む必要があります。

```
from basics.srv import WordCount,WordCountResponse
```

WordCountとWordCountResponseの両方を読み込む必要があることに注意してください。これらは両方ともパッケージ名と同じ名前に、拡張子で.srvを加えたPythonモジュール内（今回の例では(basics.srv)に定義されています。

このコールバック関数は、WordCountRequest型の引数を1つ取り、WordCountResponse型の戻り値を1つ返します。

```
def count_words(request):
    return WordCountResponse(len(request.words.split()))
```

WordCountResponseのコンストラクターはサービス定義ファイル内のパラメーターと一致するパラメーターを取ります。このサンプルの場合は、符号なし整数です。慣例により、サービスが処理に失敗した場合、理由によらずNoneを返すようにしてください。

ノードの初期化を行った後、名前（word_count）と型（WordCount）を与え、サービスを実装するコールバックを指定し、サービスを公開します。

```
service = rospy.Service('word_count', WordCount, count_words)
```

最後にrospy.spin()を実行します。これにより、このノードの制御をROSに渡し、ノードに終了の要求があるまで処理を継続します。実際のところ、C++ API を使う場合と異なりPythonではコールバックはそれ自身のスレッドで実行されるのでrospy.spin()を実行して制御をROSに渡すことは必須ではありません。他に何かする必要があるなら、自分でループを用意することもできます。ただしノードの終了確認を忘れないでください。rospy.spin()を使うと便利なのは終了する準備ができるまでノードをアクティブにしておくことができることです。

4.2.1　すべてが期待どおりに動作していることを確認する

さてこれで、サービスの定義と実装が終わったので、rosserviceコマンドを使ってすべてが期待したとおりに動くかを確認することができます。roscoreを起動し、次にサービスノードを実行してください。

```
user@hostname$ rosrun basics service_server.py
```

まず、作成したサービスが存在するかを確認してみましょう。

```
user@hostname$ rosservice list
/rosout/get_loggers
/rosout/set_logger_level
/service_server/get_loggers
/service_server/set_logger_level
/word_count
```

ROSが提供するログ処理のサービスに加えて、作成したサービスが表示されます。rosservice infoでさらに詳しい情報を得ることができます。

```
user@hostname$ rosservice info word_count
Node: /service_server
URI: rosrpc://hostname:60085
Type: basics/WordCount
Args: words
```

サービスを提供しているノード、それが実行されている場所、使用する型、サービスコールに渡す引数の名前が表示されます。また、これらの情報のいくつかは、rosservice type word_countやrosservice args word_countでも確認することができます。

4.2.2 サービスから値を返す他の方法

前の例では、明示的にWordCountResponseオブジェクトを作成し、それをサービス用のコールバックから返していました。サービス用のコールバックから値を返す方法は他にもいくつかあります。まず戻り値が1つの場合は、単純にその値を返すこともできます。

```
def count_words(request):
    return len(request.words.split())
```

戻り値が複数ある場合にはタプルかリストで返すことができます。リスト内の値はサービス定義内の値に順に代入されます。この方法は戻り値が1つの場合でも大丈夫です。

```
def count_words(request):
    return [len(request.words.split())]
```

また、辞書型で返すこともできます。この場合は、引数名（文字列で与えられる）が辞書のキーになります。

```
def count_words(request):
    return {'count': len(request.words.split())}
```

どちらの場合も、ROSの下位のサービスコールのコードは、これらの戻り値をWordCountResponseオブジェクトに変換し、呼び出したノードに返します。つまり、最初に示した例のコードと同じように動きます。

4.3 サービスを使用する

サービスを使用する最も簡単な方法は、rosserviceコマンドで呼び出すことです。今回作成した単語の数を数えるサービスを呼び出す場合、以下のようになります。

```
user@hostname$ rosservice call word_count 'one two three'
count: 3
```

コマンドにはサブコマンド名としてcall、次に呼び出すサービス名、サービスへの引数を渡します。この方法はサービスを呼び出して、意図したとおりに動いているかを確認するような場面で使えます。ノードからサービスを呼び出すことにより、さらにさまざまなことができます。**例4-4**に、作成したサービスをプログラムから使用する方法を示します。

例4-4 service_client.py

```
#!/usr/bin/env python

import rospy

from basics.srv import WordCount

import sys


rospy.init_node('service_client')

rospy.wait_for_service('word_count')

word_counter = rospy.ServiceProxy('word_count', WordCount)

words = ' '.join(sys.argv[1:])

word_count = word_counter(words)

print words, '->', word_count.count
```

まず、サーバーがサービスを公開するのを待ちます。

```
rospy.wait_for_service('word_count')
```

公開される前に、サービスを使おうとすると、失敗して例外を出します。これがトピックとサービスの大きな違いです。トピックは公開されていなくても購読することができますが、サービスは公開されたものしか使用できません。サービスが公開されると、ローカルプロキシーをセットアップすることができます。

```
word_counter = rospy.ServiceProxy('word_count', WordCount)
```

ここではサービス名（word_count）と型（WordCount）を指定します。こうすることで、word_counterをローカルな関数のように使うことができるようになり、これが呼び出されたときに、実際にサービスコールが行われます。

```
word_count = word_counter(words)
```

4.3.1 すべてが期待どおりに動作していることを確認する

さて、これでサービスが定義でき、catkinでサポートコードがビルドされ、サーバーとクライアントの両方の実装ができました。すべてが期待どおりに動いているか確認しましょう。まずサーバーがまだ動いているかを確認し、クライアントノードを実行してください（クライアントノードを実行するシェルでワークスペースのセットアップファイルを実行するのを忘れないようにしてください。そうしないと動きません)。

```
user@hostname$ rosrun basics service_client.py these are some words
these are some words -> 4
```

それではサーバーを停止させてもう一度クライアントノードを実行してみましょう。今度は、クライアントはサービスが公開されるまで待ちます。サーバーノードを開始し、サービスが利用可能になると、クライアントは正常に完了します。これは、ROSのサービスの限界の1つを示しています。つまり、サービスクライアントはサービスが何らかの理由で利用できないと、永遠に待ち続ける可能性があるのです。サービスサーバーが突然異常終了するかもしれませんし、クライアントから呼び出す際にサービス名を間違えるかもしれません。いずれにせよ、サービスクライアントは立ち往生してしまうのです。

4.3.2　別の方法でサービスを呼び出す

クライアントノードでは、プロキシーを介してサービスをローカルな関数のように呼び出しています。この関数の引数はサービスリクエストの要素を順に埋めるのに使われます。この例では、引数を1つ(words)使っています。このため、このプロキシー関数に渡せる引数も1つだけです。同様に、サービスコールからの出力も1つなので、このプロキシー関数は1つの値を返します。一方で、サービス定義が次のようになされている場合は、

```
string words
int min_word_length
---
uint32 count
uint32 ignored
```

このプロキシー関数は2つ引数を取り、2つの値を返します。

```
c,i = word_count(words, 3)
```

これらの引数はこのサービス定義で定義された順で渡されます。また、サービスリクエストオブジェクトを明示的に作成し、それを使ってサービスを呼び出すことも可能です。

```
request = WordCountRequest('one two three', 3)
count,ignored = word_counter(request)
```

この方法を選んだ場合、クライアントコード内にWordCountRequest用の定義を次のように読み込む必要があることも忘れないようにしてください。

```
from basics.srv import WordCountRequest
```

最後に、複数個ある引数のうちいくつかだけを設定したい場合は、キーワード引数を使ってサービス呼び出しを行うことができます。

```
count,ignored = word_counter(words='one two three')
```

この方法は便利ですが、注意して使ってください。指定しなかった引数は未定義のままになるからです。そのサービスの実行に必要な引数を省略した場合は、おかしな戻り値が返る場合があります。このような呼び出しスタイルは、本当に必要にならないかぎり使用を避けるべきでしょう。

4.4 まとめ

さて、ROSにおける2番目の重要なコミュニケーションのメカニズムであるサービスについて説明しました。サービスは実際には同期型のリモートプロシージャーコールにすぎず、ノード間での双方向の通信を可能にするものです。また、ROSの他のパッケージで提供されているサービスを使うこともできますし、自分で実装することも可能です。

繰り返しになりますが、本章の内容はサービスの詳細のすべてをカバーしているわけではありません。より詳細な使い方に関しては、サービスのAPIドキュメントを参照してください（http://wiki.ros.org/Services?distro=indigo）。

サービスは、たまに実行する必要がある処理や、同期してリプライする必要がある場合に使うようにしてください。サービス用のコールバックで行う処理は短く、一定時間内に完了するようにしましょう。処理に長い時間がかかったり、処理時間が大きく変動する場合には、**アクション**の使用を考えてください。これは次の章で説明します。

5章 アクション

前の章では、ROSのサービスを説明しました。サービスは、非同期型のROSのトピックでは対応しにくい、同期型のリクエスト／レスポンスのやり取りに便利です。しかし、サービスがいつも最適というわけではありません。特にリクエストが「Xの値の取得（もしくは設定）」といった単純な命令ではない場合です。

サービスは、状態の問い合わせや構成の管理といった単純なデータ取得や設定には便利ですが、長時間にわたるタスクにはうまく機能しません。例えば、ロボットを少し離れた場所に移動させるタスク（ここではgoto_positionと名付けます）を想像してみましょう。ロボットが移動を完了するには、相当な時間（数秒、数分、ときにはもっと長い時間）が必要でしょう。しかも、その時間を事前に正確に知ることは不可能です。途中に障害物があって想定していたより長い経路になるかもしれないからです。

もし、goto_positionのタスクにサービスを使うとしたら、呼び出し側でどのように使うことになるかを考えてみましょう。まず、ゴールの位置を入力したリクエストを送ります。その後は、何かが起こったことを通知するレスポンスを受け取るまで、ずっと待ち続けなくてはなりません。しかも、それはいつ送られてくるかすらわからないのです。レスポンスを待っている間、呼び出し側のプログラムは強制的にブロックさせられ、ゴールまでの進捗具合をまったく知ることもできず、ゴールの場所を変更したり、タスクを中断したりすることもできません。サービスのこれらの欠点を補うために、ROSでは**アクション**を提供しています。

ROSの**アクション**は、goto_positionのように、時間のかかるゴール指向のタスクを実装するのに最も適した方法です。サービスは同期であるのに対して、アクションは非同期です。サービスにおけるリクエストとレスポンスと同じように、タスクの開始に**ゴール**を受け取り、タスクの実行が完了したときには**リザルト**（result）を送ります。アクションには、これらに加えて**フィードバック**が用意されており、これはゴールに対する進捗状況の更新に使われ、またゴールを取り消す仕組みも用意されています。アクションの仕組み自体はトピックを使って実装されています。つまり、アクションは、複数のトピック（ゴール、リザルト、フィードバックなど）をどのように組み合わせて使うかを示した高レベルなプロトコルの1つと考えてください。

goto_positionのタスクにアクションを使うと、ゴールを送ってしまえば、ロボットが移動している間は他のタスクに移ることもできます。ロボットの移動中は、定期的に進捗状況（移動距離、ゴールまでの予想時間など）を受け取り、最後にリザルトのメッセージ（ロボットがゴールに到達したか、強制的にギブアップさせられたか）を受け取ります。もし、もっと重要なことが起きれば、いつでもゴールを取り消してロボットを別の状態に移すことができます。

アクションは、サービスに比べて使うために必要な定義や作業が少し多いのですが、とても多くの機能と自由度を提供してくれます。それでは、アクションの使い方を見ていきましょう。

5.1 アクションを定義する

新しいアクションを作るための最初のステップ は**ゴール**、**リザルト**、**フィードバック**のメッセージフォーマットを**アクション定義ファイル**に定義することです。アクション定義ファイルの拡張子は規約で.actionと決められています。.actionファイルの書き方は、サービス定義の.srvファイルとほとんど同じで、単にいくつかフィールドが追加されているだけです。サービスと同じように、.actionファイルのそれぞれのフィールドはそれぞれ1つのメッセージになります。

単純な例として、タイマーとして振る舞うアクションを定義してみましょう（本格的なgo_positionの例は「10章 世界を動き回る」で説明します）。このタイマーは、時間をカウントダウンして、指定された時間が経過したら皆さんに通知します。また、カウントダウン中にも定期的に残り時間を通知し、終了時には実際にどれだけの時間が経過したかを報告するものとします。

ここではアクションの単純な例としてタイマーを自作していますが、実際のロボットでタイマー機能が必要な場合はrospy.sleep()のように通常、ROSのクライアントライブラリで定義された機能を利用することになるでしょう。

例5-1にタイマーの要求を満たすためのアクション定義ファイルの例を示します。

例5-1 Timer.action

```
# これはアクション定義ファイルです。
# 3つの部分（ゴール、リザルト、フィードバック）で構成されています。
#
# Part 1：ゴール（クライアントが送る）
#
# タイマーで待ちたい時間
duration time_to_wait
---
# Part 2：リザルト（完了後にサーバーが送る）
```

```
#
# 実際に待った時間（経過時間）
duration time_elapsed
# 更新を送った回数
uint32 updates_sent
---
# Part 3：フィードバック（実行中サーバーから定期的に送られる）
#
# タイマー開始からの経過時間
duration time_elapsed
# 完了までの残り時間
duration time_remaining
```

サービス定義ファイルと同じように定義の区分けには3つのダッシュ記号（---）を利用します。サービス定義ファイルには2つの部分（リクエストとレスポンス）がありましたが、アクション定義ファイルには3つの部分（ゴール、リザルト、フィードバック）があります。

このアクションファイルTimer.actionは、ROSパッケージの中にactionというディレクトリを作り、この中に置いてください。これまでの例ですでに作成したbasicsパッケージの中にこれを作ります。

定義ファイルを所定の場所に置いたら、新しいサービスを定義したときと同じように、catkin_makeを実行して、このアクションとやり取りするためのコードとクラス定義を生成します。catkin_makeにコードを生成させるには、CMakeLists.txtファイルにいくつかの行を追加する必要があります。まず、actionlib_msgsをfind_package()に追加します（他にも追加されているパッケージがあれば、それにさらに追加する形で書いてください）。

```
find_package(catkin REQUIRED COMPONENTS
  # 他のパッケージがここに書かれています
  actionlib_msgs
)
```

次に、コンパイルしたいアクションファイルをadd_action_files()に書いて、catkinに伝えてください。

```
add_action_files(
  DIRECTORY action
  FILES Timer.action
)
```

アクションが依存するものをすべて列挙してください。アクションを正しくコンパイルするためにはactionlib_msgsを依存関係として明示的に追加する必要があります。

```
generate_messages(
```

```
  DEPENDENCIES
  actionlib_msgs
  std_msgs
)
```

catkinが依存するものとしてactionlib_msgsを最後に追加します。

```
catkin_package(
  CATKIN_DEPENDS
  actionlib_msgs
)
```

さらに、アクションへの依存関係を反映させるために、package.xmlファイルにも変更を加える必要があります。ここではビルド時および実行時それぞれに依存関係を持つactionlibとactionlib_msgsを追加します。

```
<build_depend>actionlib</build_depend>
<build_depend>actionlib_msgs</build_depend>
<run_depend>actionlib</run_depend>
<run_depend>actionlib_msgs</run_depend>
```

これらの情報の準備がすべて整ってcatkinワークスペースの最上位階層でcatkin_makeを実行すると、関連するいくつかの処理が実行されます。先ほどのTimer.actionファイルからメッセージ定義ファイルが生成されます。この例では、TimerAction.msg、TimerActionFeedback.msg、TimerActionGoal.msg、TimerActionResult.msg、TimerFeedback.msg、TimerGoal.msg、TimerResult.msgです。これらのメッセージは、このアクションにおけるクライアント／サーバー間のプロトコルを実装するのに使われます。このプロトコルは、前に触れたとおり、ROSのトピックで構築されているのです。生成されたこれらのメッセージ定義は、次に、メッセージ生成プログラムを通して、それぞれのメッセージに対応するクラス定義を生成します。この後の例で見るように、ほとんどの場合は、これらのクラスのほんの一部だけを使うことになります。

5.2 基礎的なアクションサーバーを実装する

これでタイマーアクション用のゴール、リザルト、フィードバックの定義が準備できたので、タイマーを実装するコードを書き始めることができます。トピックやサービスと同じように、アクションもコールバックを基本としたメカニズムなので、皆さんが作成したコードは他のノードからメッセージを受け取ったときに呼び出されることになります。

アクションサーバーを実装する最も簡単な方法は、actionlibパッケージのSimpleActionServerクラスを使うことです。まず、アクションクライアントから新しいゴールを受け取ったときに呼び出されるコールバックを定義することから始めましょう。このコールバックは、タイマーとして機能し、終了したらリザルトを返します。フィードバックについては、次のステップで追加することにします。**例5-2**に、皆さんにとって始めてのアクションサーバーの例を示します。

例5-2 simple_action_server.py

```
#! /usr/bin/env python
import rospy

import time
import actionlib
from basics.msg import TimerAction, TimerGoal, TimerResult

def do_timer(goal):
    start_time = time.time()
    time.sleep(goal.time_to_wait.to_sec())
    result = TimerResult()
    result.time_elapsed = rospy.Duration.from_sec(time.time() - start_time)
    result.updates_sent = 0
    server.set_succeeded(result)

rospy.init_node('timer_action_server')
server = actionlib.SimpleActionServer('timer', TimerAction, do_timer, False)
server.start()
rospy.spin()
```

このコードの主な部分を順に見ていきましょう。最初に、Pythonの`time`パッケージを読み込みます。これはサーバーのタイマーの機能を実現するためのものです。続いてROSの`actionlib`パッケージも読み込みます。これは`SimpleActionServer`クラスを提供しています。最後に`Timer.action`ファイルから自動生成したメッセージクラスのうちのいくつかを読み込みます。

```
import time
import actionlib
from basics.msg import TimerAction, TimerGoal, TimerResult
```

次に`do_timer()`の定義です。この関数は新しいゴールを受け取ったときに呼び出されます。関数の中では、その場で新しいゴールを処理し、リザルトに値をセットして返します。`do_timer()`に渡される`goal`引数の型は`TimerGoal`型で、これは`Timer.action`定義ファイルのゴール部分に書いたものに対応します。Python標準の`time.time()`関数を使って現在時刻を保持しておき、ゴールで要求された時間だけスリープします。このとき、`time_to_wait`フィールドをROSの期間を示す型(`Duration`)の値から秒に変換する必要があります。

```
def do_timer(goal):
    start_time = time.time()
    time.sleep(goal.time_to_wait.to_sec())
```

次のステップではTimerResult型のリザルトメッセージを作成しています。この型はTimer.action定義ファイルのリザルト部分に対応します。現在時刻から先ほど保持しておいた開始時間を引いた結果をROSの期間を示す型に変換して、time_elapsedフィールドに代入します。また、ここで更新回数を示すupdates_sentを一旦ゼロにしておきます（この部分については後で追加します）。

```
        result = TimerResult()
        result.time_elapsed = rospy.Duration.from_sec(time.time() - start_time)
        result.updates_sent = 0
```

コールバック関数の最後のステップは、先ほどのリザルトを引数としてset_succeeded()を呼び出すことで、SimpleActionServerにゴールを達成したことを伝えることです。この単純なサーバーは必ず成功します。失敗する場合の取り扱いについては、この章の後半で説明します。

```
        server.set_succeeded(result)
```

コールバック関数の下にあるグローバルスコープの部分を見ていきましょう。まず、いつものように新しく作るノードに名前を付けて初期化します。続いて、SimpleActionServerを生成しています。SimpleActionServerのコンストラクターの第1引数はサーバー名です。サーバーを構成するトピック群の名前空間はこの名前で決まります。ここではtimerとしています。第2引数は、このサーバーが扱うアクションの型で、ここではTimerActionです。第3引数は、ゴール用のコールバック関数で、先ほど定義したdo_timer()関数を指定しています。最後に、サーバーの自動起動を無効にするためにFalseを指定しています。アクションサーバーの生成が終わったら、明示的にstart()を呼びます。その後、いつものROSのspin()のループに入り、到達すべきゴールが送られてくるのを待ちます。

```
    rospy.init_node('timer_action_server')
    server = actionlib.SimpleActionServer('timer', TimerAction, do_timer, False)
    server.start()
    rospy.spin()
```

アクションサーバーの自動起動は複雑なバグにつながる競合状態を許すことになるので、**常に**無効にしておいてください。自動起動がデフォルトとなっているのは、当初actionlibが実装されたときの見通しが不十分だったためですが、問題が発覚したときには、このデフォルトの挙動に依存した既存のコードがあまりにも多すぎて変更することができなくなっていたからです。

5.2.1 すべてが期待どおりに動作していることを確認する

アクションサーバーの実装が完了したので、期待どおりに動作をしていることを確認するために、いくつかの確認をしてみます。roscoreを起動してアクションサーバーを実行してください。

```
user@hostname$ rosrun basics simple_action_server.py
```

期待しているトピックが表示されていることを確認しましょう。

```
user@hostname$ rostopic list
/rosout
/rosout_agg
/timer/cancel
/timer/feedback
/timer/goal
/timer/result
/timer/status
```

うまく動作しているように見えます。timerという名前空間の下に5つのトピックがあります。これらのトピックは、このアクションを管理するために内部的に使われているトピックです。rostopicを使って/timer/goalトピックをもう少し詳しく見ていきましょう。

```
user@hostname$ rostopic info /timer/goal
Type: basics/TimerActionGoal

Publishers: None

Subscribers:
 * /timer_action_server (http://localhost:63174/)
```

TimerActionGoalとは何でしょう？ さらに詳しく調べてみましょう。今度はrosmsgを使います。

```
user@hostname$ rosmsg show TimerActionGoal
[basics/TimerActionGoal]:
std_msgs/Header header
  uint32 seq
  time stamp
  string frame_id
actionlib_msgs/GoalID goal_id
  time stamp
  string id
basics/TimerGoal goal
  duration time_to_wait
```

興味深いことに、皆さんがゴールとして定義したgoal.time_to_waitフィールド以外に、皆さんが定義していないフィールドがいくつか追加されています。これらのフィールドは、アクションサーバーとクライアントの間で何が起きているかを管理するために内部的に使われます。幸運なことに、この管理のため情報は、皆さんのサーバー側のコードがゴールメッセージとして受け取る前に自動的に削除されます。トピック上にはTimerActionGoalメッセージが送られますが、皆さんが実際に受け取るのは.action定義ファイルで定義したTimerGoalメッセージそのものです。

```
user@hostname$ rosmsg show TimerGoal
[basics/TimerGoal]:
duration time_to_wait
```

皆さんがactionlibパッケージの中のライブラリを使っているかぎり、一般的には、型名にActionと付いている自動生成メッセージにアクセスする必要はありません。Goal、Result、Feedbackメッセージだけで十分です。

もちろん、自動生成されたActionメッセージ型を使ってアクションサーバーのトピックに直接配信したり、トピックを購読したりすることもできます。これはROSのアクションの特徴です。アクションがROSのメッセージで構築された単なる上位プロトコルだからできることです。しかし、多くのアプリケーション（この本で触れるすべての例も）では、actionlibライブラリが裏で必要なメッセージの処理をすべて行ってくれます。

5.3 アクションを使用する

アクションを利用する最も簡単な方法はactionlibパッケージにあるSimpleActionClientクラスを使うことです。**例5-3**にアクションサーバーにゴールを送って結果を待つだけの簡単なクライアントの例を示します。

例5-3 simple_action_client.py

```
#! /usr/bin/env python
import rospy

import actionlib
from basics.msg import TimerAction, TimerGoal, TimerResult

rospy.init_node('timer_action_client')
client = actionlib.SimpleActionClient('timer', TimerAction)
client.wait_for_server()
goal = TimerGoal()
goal.time_to_wait = rospy.Duration.from_sec(5.0)
client.send_goal(goal)
client.wait_for_result()
print('Time elapsed: %f'%(client.get_result().time_elapsed.to_sec()))
```

このコードの主な部分を順に見ていきましょう。通常の読み込みとROSノードの初期化に続いて、

SimpleActionClientを生成しています。コンストラクターの第1引数はアクションサーバー名です。これはクライアントがサーバーと通信するときにトピックを特定するために使われます。この名前はサーバーの作成をするときに使った名前と一致しなければなりません。この例の場合はtimerです。第2引数はアクションの型で、これもサーバー側で使うもの、すなわちTimerActionと一致している必要があります。

クライアントの生成が完了したら、アクションサーバーが起動するのを待つように指示します。これは、先ほどサーバーの動作確認で紹介したサーバー側の5つのトピックの起動が完了するのを確認することで行っています。サービスの準備が完了するのを待つために利用したrospy.wait_for_service()と同じようにSimpleActionClient.wait_for_server()はサーバーの準備が完了するまでブロックします。

```
client = actionlib.SimpleActionClient('timer', TimerAction)
client.wait_for_server()
```

次に、TimerGoal型のゴールを作成し、タイマーに設定したい時間を代入します。ここでは5秒としました。その後、ゴールメッセージを送ります。これでサーバーにゴールメッセージが送られます。

```
goal = TimerGoal()
goal.time_to_wait = rospy.Duration.from_sec(5.0)
client.send_goal(goal)
```

次に、サーバーからのリザルトが返ってくるのを待ちます。タイマーが正しく機能していたら、ここで約5秒間ブロックされるはずです。リザルトが返ってきた後、get_result()を使ってクライアントオブジェクトの中からリザルトを取り出し、サーバーが報告してきたtime_elapsedフィールドを出力しています。

```
client.wait_for_result()
print('Time elapsed: %f'%(client.get_result().time_elapsed.to_sec()))
```

5.3.1 すべてが期待どおりに動作していることを確認する

アクションクライアントが実装できたので動作させてみましょう。roscoreとアクションサーバーがまだ実行されていることを確認したら、アクションクライアントを実行してください。

```
user@hostname$ rosrun basics simple_action_client.py
Time elapsed: 5.001044
```

クライアントを起動してからリザルトのデータが出力されるまで、指定したとおりおよそ5秒間の遅延があるはずです。経過時間として画面に出力された時間は5秒よりほんの少しだけ長いはずです。これはtime.sleep()が、通常、要求した時間より多少長くなるからです。

5.4 より洗練されたアクションサーバーを実装する

ここまでの例では、アクションはサービスより多くの設定とセットアップが必要なだけで、サービスととてもよく似ていました。ここからサービスとの大きな違いであるアクションの非同期の側面を見ていきましょう。まずは、サーバー側から始めていきます。具体的には、先ほどのコードを改良し、ゴールを強制終了させたり、ゴールの中断要求を処理したり、ゴールに向かう途中でフィードバックを提供する方法を紹介します。**例5-4**に、改良したアクションサーバーのコードを示します。

例5-4 fancy_action_server.py

```
#! /usr/bin/env python
import rospy

import time
import actionlib
from basics.msg import TimerAction, TimerGoal, TimerResult, TimerFeedback

def do_timer(goal):
    start_time = time.time()
    update_count = 0

    if goal.time_to_wait.to_sec() > 60.0:
        result = TimerResult()
        result.time_elapsed = rospy.Duration.from_sec(time.time() - start_time)
        result.updates_sent = update_count
        server.set_aborted(result, "Timer aborted due to too-long wait")
        return

    while (time.time() - start_time) < goal.time_to_wait.to_sec():

        if server.is_preempt_requested():
            result = TimerResult()
            result.time_elapsed = \
                rospy.Duration.from_sec(time.time() - start_time)
            result.updates_sent = update_count
            server.set_preempted(result, "Timer preempted")
            return

        feedback = TimerFeedback()
        feedback.time_elapsed = rospy.Duration.from_sec(time.time() - start_time)
        feedback.time_remaining = goal.time_to_wait - feedback.time_elapsed
        server.publish_feedback(feedback)
        update_count += 1

        time.sleep(1.0)
```

```
    result = TimerResult()
    result.time_elapsed = rospy.Duration.from_sec(time.time() - start_time)
    result.updates_sent = update_count
    server.set_succeeded(result, "Timer completed successfully")

rospy.init_node('timer_action_server')
server = actionlib.SimpleActionServer('timer', TimerAction, do_timer, False)
server.start()
rospy.spin()
```

例5-2から変更した点を順に見ていきましょう。フィードバックを提供するためにTimerFeedbackを読み込むべきメッセージ型のリストに追加します。

```
from basics.msg import TimerAction, TimerGoal, TimerResult, TimerFeedback
```

do_timer()コールバックにフィードバックを配信した回数を保持しておくための変数を追加しています。

```
    update_count = 0
```

次にエラーチェックを1つ追加しています。このタイマーを長い時間待つために使ってほしくないので、要求されたtime_to_waitが60秒より大きい場合には、set_aborted()を呼ぶことでゴールを明示的に強制終了することにしました。この関数の呼び出しによりクライアントに対してゴールが強制終了されたことを通知するメッセージが送られます。set_succeeded()のときと同じように、結果の情報も一緒に送るようにしてください。これは必須ではありませんが、可能なときはいつでもそうすべきです。ここでは、クライアント側で何が起きたのかを理解するために役立つ情報として、サーバーの状態を表す文字列も一緒に送っています。この例では、要求された時間が長すぎたために強制終了した、ということを伝えています。最後に、このゴール自体は完了したので、コールバックからリターンしています。

```
    if goal.time_to_wait.to_sec() > 60.0:
        result = TimerResult()
        result.time_elapsed = rospy.Duration.from_sec(time.time() - start_time)
        result.updates_sent = update_count
        server.set_aborted(result, "Timer aborted due to too-long wait")
        return
```

エラーチェックを通過したら、要求された時間を一度にスリープするのではなく、ループを使ってスリープします。ループで少しずつスリープすることで、ゴールに向かう途中に、割り込みを確認したり、フィードバックを提供したりといった処理ができるようになります。

```
    while (time.time() - start_time) < goal.time_to_wait.to_sec():
```

ループの中では、まず、サーバーのis_preempt_requested()を確認することで割り込みを確認します。この関数はクライアントがゴールの中断を要求したときにTrueを返します（また、別のクライアントが新しいゴールを設定したときにも発生します）。割り込みが確認された場合、強制終了の場合と同じように、結果、また状態を示す文字列を返します。ここではset_preempted()を呼び出して通知し、処理を終了しています。

```
if server.is_preempt_requested():
    result = TimerResult()
    result.time_elapsed = \
        rospy.Duration.from_sec(time.time() - start_time)
    result.updates_sent = update_count
    server.set_preempted(result, "Timer preempted")
    return
```

次に、TimerFeedback型を使ってフィードバックを送ります。この型は、Timer.action定義ファイルのフィードバック部分に対応します。time_elapsedとtime_remainingのフィールドに値を代入し、publish_feedback()を呼んでクライアントに送っています。また、update_countをインクリメントする（1つ増やす）ことで、フィードバックを送ったことを記録しています。

```
feedback = TimerFeedback()
feedback.time_elapsed = rospy.Duration.from_sec(time.time() - start_time)
feedback.time_remaining = goal.time_to_wait - feedback.time_elapsed
server.publish_feedback(feedback)
update_count += 1
```

その後、少しスリープします。ここで一定の時間スリープするのは本物のタイマーの実装としては正しくありません。要求された時間より長くスリープしてしまうことになるからです。しかし、単純な例としてはこれで十分です。

```
time.sleep(1.0)
```

このループを抜けたら、要求された時間のスリープに成功したということなので、クライアントに終了を通知します。このステップは、updates_sentに値を代入すること以外は単純なアクションサーバーの例とほぼ同じです。

```
result = TimerResult()
result.time_elapsed = rospy.Duration.from_sec(time.time() - start_time)
result.updates_sent = update_count
server.set_succeeded(result, "Timer completed successfully")
```

ノードの初期化、アクションサーバーの生成と開始、ゴールの待ち受けなど、コードの残りの部分については**例5-2**から変更はありません。

5.5 より洗練されたアクションを使用する

それでは、アクションサーバーに加えた新しい機能を試すためにアクションクライアントも改良してみましょう。フィードバックを処理したり、ゴールを中断したり、強制終了を引き起こしたりしてみます。**例5-5**に改良したアクションクライアントのコードを示します。

例5-5 fancy_action_client.py

```
#! /usr/bin/env python
import rospy

import time
import actionlib
from basics.msg import TimerAction, TimerGoal, TimerResult, TimerFeedback

def feedback_cb(feedback):
    print('[Feedback] Time elapsed: %f'%(feedback.time_elapsed.to_sec()))
    print('[Feedback] Time remaining: %f'%(feedback.time_remaining.to_sec()))

rospy.init_node('timer_action_client')
client = actionlib.SimpleActionClient('timer', TimerAction)
client.wait_for_server()

goal = TimerGoal()
goal.time_to_wait = rospy.Duration.from_sec(5.0)
# サーバー側での強制終了をテストするには次の行のコメントアウトを外してください。
#goal.time_to_wait = rospy.Duration.from_sec(500.0)
client.send_goal(goal, feedback_cb=feedback_cb)

# ゴールの中断をテストするには次の2行のコメントアウトを外してください。
#time.sleep(3.0)
#client.cancel_goal()

client.wait_for_result()
print('[Result] State: %d'%(client.get_state()))
print('[Result] Status: %s'%(client.get_goal_status_text()))
print('[Result] Time elapsed: %f'%(client.get_result().time_elapsed.to_sec()))
print('[Result] Updates sent: %d'%(client.get_result().updates_sent))
```

例5-3から変更した点を順に見ていきましょう。フィードバックのメッセージを受け取ったときに呼び出される新しいコールバック関数`feedback_cb()`を定義しました。このコールバック関数はフィードバックの中身を単に出力するだけのものです。

```
def feedback_cb(feedback):
    print('[Feedback] Time elapsed: %f'%(feedback.time_elapsed.to_sec()))
```

```
    print('[Feedback] Time remaining: %f'%(feedback.time_remaining.to_sec()))
```

フィードバック用のコールバック関数は、send_goal()関数のfeedback_cbキーワード引数に指定しています。

```
client.send_goal(goal, feedback_cb=feedback_cb)
```

リザルトを受け取った後、何が起こったかを知るために、もう少し情報を出力しています。get_state()関数は、ゴールの状態を返します。ゴール状態はactionlib_msgs/GoalStatusに列挙型で定義されています。全部で10個の状態がありますが、この例ではそのうちの3つだけが出てきます。PREEMPTED=2、SUCCEEDED=3、ABORTED=4です。また、サーバーからのリザルトに含まれている状態の文字列も表示しています。

```
print('[Result] State: %d'%(client.get_state()))
print('[Result] Status: %s'%(client.get_goal_status_text()))
print('[Result] Time elapsed: %f'%(client.get_result().time_elapsed.to_sec()))
print('[Result] Updates sent: %d'%(client.get_result().updates_sent))
```

5.5.1 すべてが期待どおりに動作していることを確認する

それでは新しいサーバーとクライアントを試してみましょう。前と同じように、roscoreを起動してからサーバーを実行します。

```
user@hostname$ rosrun basics fancy_action_server.py
```

もう1つのターミナルでクライアントを実行します。

```
user@hostname$ rosrun basics fancy_action_client.py
[Feedback] Time elapsed: 0.000044
[Feedback] Time remaining: 4.999956
[Feedback] Time elapsed: 1.001626
[Feedback] Time remaining: 3.998374
[Feedback] Time elapsed: 2.003189
[Feedback] Time remaining: 2.996811
[Feedback] Time elapsed: 3.004825
[Feedback] Time remaining: 1.995175
[Feedback] Time elapsed: 4.006477
[Feedback] Time remaining: 0.993523
[Result] State: 3
[Result] Status: Timer completed successfully
[Result] Time elapsed: 5.008076
[Result] Updates sent: 5
```

すべてが期待どおり動いています。タイマーを待っている間に、1秒に1回ずつフィードバックを受け取り、最後に成功したことを示すリザルト（SUCCEEDED=3）を受け取っています。

ここでゴールの中断を試してみましょう。クライアント側のコードでsend_goal()の呼び出しの後の2行のコメントアウトを外してください。クライアントはほんの少しスリープした後、サーバーにゴールを中断するようにリクエストを送るようになります。

```
# ゴールの中断をテストするには次の2行のコメントアウトを外してください。
#time.sleep(3.0)
#client.cancel_goal()
```

もう一度、クライアントを実行してください。

```
user@hostname$ rosrun basics fancy_action_client.py
[Feedback] Time elapsed: 0.000044
[Feedback] Time remaining: 4.999956
[Feedback] Time elapsed: 1.001651
[Feedback] Time remaining: 3.998349
[Feedback] Time elapsed: 2.003297
[Feedback] Time remaining: 2.996703
[Result] State: 2
[Result] Status: Timer preempted
[Result] Time elapsed: 3.004926
[Result] Updates sent: 3
```

これが期待した挙動です。サーバーは、皆さんが取り消しの要求を送るまではゴールに向かって進み、フィードバックを提供し続けています。そして、取り消し要求を送った後に、皆さんは中断(PREEMPTED=2)したことを確認するメッセージを受け取ります。

次にサーバー側の強制終了を試してみましょう。クライアントで次のコメントアウトを外して待機時間を5秒から500秒に変更します。

```
# サーバー側での強制終了をテストするには次の行のコメントアウトを外してください。
#goal.time_to_wait = rospy.Duration.from_sec(500.0)
```

もう一度、クライアントを実行します。

```
user@hostname$ rosrun basics fancy_action_client.py
[Result] State: 4
[Result] Status: Timer aborted due to too-long wait
[Result] Time elapsed: 0.000012
[Result] Updates sent: 0
```

期待したとおり、サーバーは即座にゴールを強制終了しています(ABORTED=4)。

5.6 まとめ

この章では、ROSのシステムでよく使われる強力な通信ツールである**アクション**について紹介しました。これまでの章で紹介したトピックとサービス、この章で紹介したアクションの比較を**表5-1**

に示します。サービスと同じように、アクションでもリクエスト（アクションでは**ゴール**）とレスポンス（アクションでは**リザルト**）を実現することはできます。しかし、サービスに比べて、アクションはクライアントとサーバーの両方をより細かく制御することができます。サーバーはリクエストを実行中にフィードバックを返すことができますし、クライアントは前に送ったリクエストを取り消すことができます。また、アクションはROSのメッセージで構築されていているため、非同期で、クライアントとサーバーの両側でノンブロッキングのプログラミングが可能です。

表5-1　トピック、サービス、アクションの比較

種類	最適な応用対象
トピック	片方向通信、特に複数のノードが購読する必要がある場合（例：センサーデータのストリーム）
サービス	単純なリクエスト／レスポンスのやり取り、ノードの最新の状態の問い合わせなど
アクション	ほとんどのリクエスト／レスポンスのやり取り、特に要求に応えるのに時間を要する場合（ゴール位置までのナビゲーションなど）

アクションのこのような特徴により、アクションはロボットプログラミングの多くの側面によく適したものになっています。ロボットのアプリケーションでは`goto_position`や`clean_the_house`など、時間をかけて、目標を探索しながら到達するような振る舞いを実装することがよくあります。このような行動をさせようと考えたとき、おそらくアクションが最も適切なツールでしょう。実際に、皆さんがサービスを使っているときに、アクションで置き換えできないか考えてみる価値はあります。アクションを使うには追加で少しコードを書く必要がありますが、サービスに比べてより強力で拡張性の高い実装が可能になります。本書の後の章で、かなり複雑な行動に対してリッチだが使いやすいインタフェースを提供しているアクションの例を紹介します。

これまでと同様に、本章でアクションのすべてのAPIを紹介できたわけではありません。アクションにはさらに洗練された使い方があり、それらはシステムの挙動をさらに細く制御する必要がある場合に役に立つでしょう。例えば、クライアントが複数存在したり、同時に達成しなければならないゴールが複数存在したりする場合などです。詳細は、`actionlib`のAPIドキュメントを参照してください（http://wiki.ros.org/actionlib?distro=indigo）。

ここまでで、皆さんはROSの基礎的な内容はすべて知ることができました。ノードがどのようにグラフを構成するか、基礎的なコマンドラインツールの使い方、単純なノードを書く方法、ノード間の相互通信の方法などです。この後、「7章 Wander-bot（ワンダーボット）」では皆さんにとって初めてとなる完全なロボットアプリケーションを紹介します。しかし、その前に少し時間をとって、ロボットのシステムのさまざまな部分について紹介します。本物のロボットとシミュレーションのロボットの両方について、そして、それらがROSとどう関係するかについて説明します。

6章 ロボットとシミュレーター

これまでの章では、ROSの基本的な概念について説明をしてきました。それらはかなり曖昧で抽象的なものに思われたかもしれませんが、これらの概念は、ROSの中でデータがどのように流れ、ソフトウェアシステムがどのように構成されているのかを説明するために必要でした。本章では、共通して使われるロボットサブシステムについて紹介し、ROSのアーキテクチャーがそれらをどのように扱うかを説明します。そして、本書を通して利用するロボットを紹介し、これを最も簡単に試すことができるシミュレーターについて説明します。

6.1 サブシステム

すべての複雑な機械と同様に、ロボットも、1つ1つのサブシステムに分けて考えることで、非常に簡単に設計、解析することができます。この節では、本書で紹介するロボットで共通に利用する主要なサブシステムについて紹介します。大まかには、それらのサブシステムは、**アクチュエーション**、**センシング**、**コンピューティング**の3つのカテゴリーに分類されます。ROSでは、アクチュエーションサブシステムは、ロボットの車輪や腕をどのように動かすかに直接関わるサブシステムです。センシングサブシステムは、センサーのハードウェア、例えばカメラやレーザーセンサーなどと直接やり取りをします。最後に、コンピューティングサブシステムは、アクチュエーションサブシステムとセンシングサブシステムとを結ぶものであり、何らかの（理想的には）知能的な処理を行い、結果としてロボットに私たちの役に立つ何らかの仕事ができるようにさせます。これらのサブシステムについて、それぞれこの後の節で説明していきます。ただし、それぞれについて包括的に説明するつもりではなく、それぞれのサブシステムについて、ソフトウェア開発の立場から、それらを扱うときに直面する典型的な課題を理解するのに十分な範囲で詳しく説明します。

6.1.1 アクチュエーション：移動プラットフォーム

移動をする能力は多くのロボットの基本的な機能です。それは想像以上に特別な意味を持っており、それについてだけ書かれた本もたくさんあります。大まかに言うと、移動用の車台はアクチュエーターの集まりであり、ロボットが動き回れるようにするものです。それらアクチュエーターは、驚くほどさまざまな形と大きさがあります。

ロボット研究の学会のいくつかの分野では歩行がポピュラーで、写真映えする歩行ロボットは近年大きく進歩してきましたが、大部分のロボットは車輪を使って移動します。これには主に2つの理由があります。第1に、車輪付きのプラットフォームは設計、製造するのが他より簡単なことが多いからです。2つ目は、人工的な環境（例えば、屋内の床や屋外の歩道）では滑らかな地表が一般的であり、車輪が最もエネルギー効率が良い移動方法だからです。

車輪で移動するロボットの中で最も簡単に実現できる構成は**差動駆動**と呼ばれるものです。それは2つの独立した駆動輪で構成され、円形のロボットの中心線上に配置されることが多いです。この構成では、両方の車輪が前方に回転するとロボットが前進し、片方の車輪が前方にもう片方が後方に回転するとロボットはその場でくるくる回ります。差動駆動のロボットは、多くの場合、1つ以上の**キャスター**を持っています。キャスターは駆動されていない車輪で、自由に回転して、ロボットの前後を支えます。これは、ちょうど普通のオフィスチェアの下に付いている車輪と同じようなものです。これらによって構成されたロボットは**静的に安定した**ロボットの一例です。つまり、上から見たときに、重心がそれぞれの車輪の接地点を結んだ多角形の内側にあるということです。静的に安定したロボットは製作や制御が単純であり、いつ電源を切っても、倒れることがありません。このことはこのタイプのロボットの長所の1つです。

しかしながら、**動的に安定した**あるいは**バランス式**の車輪型移動ロボットも実現可能です。ここで、**動的**とは、安定を保つために、アクチュエーターが（ほんの少しかも知れませんが）常に動作していないといけないということです。最も単純な動的に安定した車輪型ロボットはセグウエイプラットフォームに似ています。それは、大きな2つ一組の差動駆動の車輪を持ち、その上の背の高いロボットを支えるものです。バランス式の車輪型移動台座の利点は、地面に接している車輪の直径を大きくすることで、小さな障害の上をスムーズに移動できることです。オフィスチェアの車輪と自転車の車輪とで小石の上を走る場合の違いを想像してください（実際、これが自転車の車輪が大きい理由です）。バランス式の車輪型移動ロボットのもう1つの利点は、ロボットの占有面積を小さく保てるため、狭い場所で便利なことです。

差動駆動方式は車輪を3つ以上にすることも可能で、それは多くの場合**スキッドステアリング**と呼ばれています。4輪や6輪が一般的です。ロボットの左側の車輪はすべて一緒に動き、右側の車輪もすべて一緒に動きます。車輪が6輪より多くなる場合は、一般的に車輪の外側に**キャタピラー**が敷かれます。パワーショベルや戦車がその例です。

工学の世界ではよくあることですが、スキッドステアリングにはトレードオフがあり、いくつかの用途では有効な手法ですが、すべてではありません。1つの利点は、スキッドステアリングは、機構をシンプルに保ったままで（したがってコストをコントロールしたままで）、最大のトラクション（駆動力）を提供します。それは、乗り物と地面の接地面がすべてアクティブに駆動されるからです。しかしながら、スキッドステアリングは、名前が表すように、まっすぐに前進あるいは後退していないときは車輪の一部が常に横滑り（スキッド）します。

いくつかの状況では、駆動力と大きな障害物を乗り越える能力はかなり高く評価されているので、スキッドステアリングプラットフォームは広く使われています。しかしながら、この駆動力はいくつかの犠牲の上で成り立っています。つまり、横滑りするのはとても非効率であり、ロボットが低速で向きを変えると、そのたびに埃をまき散らしたり、タイヤを磨耗させたりする形で多くのエネルギーを無駄に費やしています。最もひどい状況が、その場で回転するために一方の車輪を前方向に動かし、他方の車輪を逆方向に動かすときで、このとき車輪は激しくスリップしています。これは、滑らかな地面を傷だらけにし、タイヤを急激にすり減らします。これが、パワーショベルが通常、建設現場までトレーラーで運ばれる理由です。

乗用車がスキッドステアリングプラットフォームを用いないのは、このように、非効率で磨耗が激しく騒々しいというのがその理由で、これらを回避するために、より複雑で（高価な）仕組みが用いられています。それは、普通、**アッカーマン**プラットフォームと呼ばれています。このプラットフォームでは、後輪は常にまっすぐであり、前輪の向きが左右一緒に変わります。車輪はできるだけ乗り物の隅に配置して、プラットフォームを支える多角形の面積を最大にします。これが、自動車が急なコーナーを転倒することなく曲がり、さらに（アクション映画の運転でなければ）曲がるときに横滑りしない理由です。しかしながら、アッカーマンプラットッフォームの不都合な点は、横向きに進めないことです。それは、後輪が常にまっすぐになっているためです。これが、縦列駐車が運転免許試験の難関の1つであることの理由であり、アッカーマンプラットフォームを横向きに動かすには、入念に計画して、連続的にアクチュエーターを操作することが必要です。

これまで説明してきたプラットフォームはすべて**非ホロノミック**（non-holonomic）としてまとめることができます。非ホロノミックは、プラットフォームがいつでも**どの**方向にでも動くことができるわけではないという意味です。例えば、差動駆動プラットフォームやアッカーマンプラットフォームはどちらも横方向には動けません。横方向に動くには、**ホロノミック**（holonomic）プラットフォームが必要です。それは**方向を制御できる車輪**を使って実現することができます。方向を制御できる車輪はそれぞれのアクチュエーターが2つのモーターを持っており、1つのモーターがホイールを正転、逆転させ、もう1つが垂直軸の周りで車輪を進行方向に回転させます。これによりプラットフォームは、どの方向にでも動くことができるようになります。このプラットフォームは、製造やメンテナンスが非常に複雑になりますが、移動計画が簡単になります。もし、横方向に動ければ、縦列駐車がどれほど簡単になるかを想像してみてください！

特別な場合として、ロボットが非常に滑らかな地面の上だけを移動すればよいときは、**メカナム**

ホイールを使って低価格のホロノミックプラットフォームを作ることができます。このホイールは巧妙に工夫された機構で、それぞれの車輪がそのリムの上に車輪平面に対して45度の角度を持った一連のローラーを備えています。この機構を使うと、4つのアクチュエーターだけを使い、いつでも、横滑りすることなく、任意の方向への移動が（任意の回転率で）可能になります。しかしながら、ローラーホイールの直径が小さいので、硬い床や毛足の短いパイルカーペットのような非常に滑らかな地面に対してのみ適合します。

ROSの設計ゴールの1つは、さまざまなロボットでソフトウェアを再利用できるようにすることなので、ROSソフトウェアは、移動プラットフォームとのやり取りには事実上、常にTwistメッセージを使います。**ツイスト**（twist）では3次元で線形と回転の速度を表現します。車輪の速度で移動プラットフォームの動きをシンプルに表現するほうが簡単そうに見えますが、車体の中心の線形と回転の速度を使うことで、ソフトウェアを車体の運動学から切り離し、抽象化することができます。

例えば、上位レベルのソフトウェアは、車体に時計方向に0.1ラジアン/秒で回転しながら0.5m/秒で前進するよう指示できます。上位レベルのソフトウェアから見れば、変速比や車輪の直径が動作の指示を出す場面において重要でないのと同様に、移動プラットフォームのアクチュエーターが差動駆動なのか、アッカーマンプラットフォームなのか、メカナムホイールなのかは通常重要ではありません。

本書で説明するロボットは、平面、つまり2次元の地面を移動するだけの、一般に**平面ロボット**（planar robot）と呼ばれるものです。しかしながら、速度を3次元で表すと、経路計画や障害物回避のソフトウェアを、空中や水中そして宇宙空間のロボットまで、より幅広い動きができるものにも使うことができるようになります。また、2次元のナビゲーション用に設計された車体向けでさえ、グリッパーなど、多くの種類のアクチュエーターに期待される、あるいは実際の動作を示すためには、一般的な3次元のツイスト方式のような表現が必要であるということは重要なポイントです。それは、移動台座が床面に固定されているときでもマニピュレーターアームの先端が空中を動くとき、3次元の動きができるからです。マニピュレーターは、ロボットのアクチュエーターの他の主要な応用領域を含みます。マニピュレーターは、次節で説明します。

6.1.2 アクチュエーター：マニピュレーターアーム

多くのロボットは自身が設置された環境の中で何らかの物体を**操る**ことをタスクとしています。例えば、梱包したり、パレットに載せたりするロボットは生産ラインの最後に設置され、ラインから流れてくる物をつかみ、箱の中やスタックの上に載せます。**ピック&プレース**（pick and place）と呼ばれる、ロボットが物体を操るタスクの全域に関わる領域があります、これはマニピュレーターアームが物をつかみ、これを別のところに置くという動作です。セキュリティーロボットのタスクには、不審物の処理などがあり、このため、丈夫なマニピュレーターアームが必要とされることがあります。**パーソナルロボット**という新しい分野では、家庭やオフィスでの利用で便利であることが望まれています。それは、掃除したり、物を持ってきたり、食事を準備するなどのマニピュレーションタスクを実行します。

移動台座と同様に、マニピュレーターアームのサブシステムには驚くほどさまざまな種類があります。価格を考慮した上で特定の利用領域をサポートするため、そこには多くのトレードオフが存在します。

例外はありますが、マニピュレーターアームの大多数は、剛体の**リンク**を**関節**で**つないで**構成されています。最も単純な関節は、単軸の回転関節（「ピン」ジョイントとも呼ばれます）で、一方のリンクがシャフトを持ち、このシャフトの軸を回転させることで、つながっているもう一方のリンクを回転させます。これは普通の住宅のドアがヒンジを軸にして回転するのと同じ方法です。また、**リニア**関節（または**直動関節**とも呼ばれています）も一般的です。このタイプの関節は、1つのリンクが**スライド**かチューブを持ち、それに沿ってもう1つのリンクが移動します。これは、引き戸が溝に沿って左右に動くのと同じ方法です。

ロボットマニピュレーターの設計上の基本的な特性は**自由度**（degrees of freedom：DOF）として説明されます。多くの場合、関節の数とアクチュエーターの数は同じです。それらの数が異なる場合、通常は2つの数字のうち小さいほうを自由度とします。いずれにせよ、自由度の数は、マニピュレーターの大きさ、重さ、器用さ、コスト、信頼性を決定づける最も重要な要素の1つです。ロボットアームの**先端**（遠いほう）に自由度を増やすと通常アームの重量が増えます。そのため、**体に近いほう**の関節に、より大きなアクチュエーターが必要となり、それはさらにマニピュレーターの重量を増やします。

それぞれの関節がそれぞれ360度回転可能であるとした場合、一般に、マニピュレーターの手首を**作業空間**内の任意の位置と向きに置くためには6つの自由度が必要です。ここで言う**作業空間**には正確な意味があります。それは、ロボットマニピュレーターが届くことができる空間領域のことを意味します。このロボットの作業空間のサブセットで、**デクストラウス作業空間**（dextrous workspace）と呼ばれるものがあります。この空間内では、ロボットはいかなる方向も向くことができます。一般的に言って、大きなデクストラウス作業空間を持つことはロボットにとって良いことです。しかし、残念なことに6関節を持つロボットの全6可動域がすべて360度の回転方向を持つことは、機械の構造や電気配線などの制約のため現実的なコストで実現するが難しくなります。その結果、7自由度のアームがよく使われます。7番目の自由度は特別な自由度で、手首の位置と向きを保持したままアームのリンクを動かすのに使われます。それはちょうど人間の肘が、手首を同じ位置に保ったまま、円弧状に動かせるのと同じです。「余分な」自由度により、それぞれの関節の可動域が制限されていても、相対的に大きなデクストラウス作業空間が確保できます。

人と同じ作業環境で作業を行わせることを目的とした研究用ロボットは、人とほぼ同じ大きさで、7自由度のアームを持つものが多く、それは、その作業空間が、家庭やオフィス環境でのテーブルやカウンターのような面で、人が作業をするのに最適な大きさで構成されるからという単純な理由です。自由度を追加することはコストと信頼性に影響します。このため工業向けのロボットは対照的に、多種多様な大きさで、実行するタスクに応じて関節の構成もさまざまです。

これまで主要な2種類のロボットのアクチュエーターについて見てきました。1つは移動するためのもので、もう1つは物を操るためのものです。ロボットハードウェアで次に重要なものはセンサーです。まず、共通のマウント方法であるセンサーヘッドから始め、次に多くのセンサーヘッドに見られるサブコンポーネントについて説明します。

6.1.3 センサー

ロボットは、タスクや環境の変化に反応できるようになるために自身の周辺の状況を感知できなければなりません。センサーは、すぐにインストールできるように設計された必要最低限度の構成から、非常に精巧でとても高価なセンサー装置まで多種多様です。

活躍している工業用ロボットの多くは、驚くほど少しのセンシングしか行っていません。非常に多くの複雑で込み入ったものを操るタスクが、巧妙な機構と**リミットスイッチ**の組み合わせにより実現されています。リミットスイッチは、メカニカルなレバーやプランジャーを押すと電気回路を閉じたり、開いたりするものです。これにより、あらかじめプログラムしておいたロボットのマニピュレーションシーケンスの実行を開始させることができます。精妙な機構の組み合わせとチューニングによって、これらのシステムは驚異的なレベルのスループットと信頼性を達成します。ロボットのセンシングの世界を列挙するとき、これらのバイナリーセンサーの存在は重要です。これらのセンサーは、通常「オン」か「オフ」の状態を示します。メカニカルなリミットスイッチに加えて、**バイナリー**センサーは光学リミットスイッチやバンプセンサーなどがあります。**光学リミットスイッチ**は、メカニカルな「旗」を使って光線を遮ることで「オン」か「オフ」を切り替えるものです。**バンプセンサー**は、機械的な圧力を一定の距離を経て単体のメカニカルなスイッチに導くことで「オン」か「オフ」を切り替えるものです。これらの比較的単純なセンサーは現代の工業オートメーション用の装置の重要な部品です。その重要性はいくら言っても言いすぎではありません。

その他の種類のセンサーとして、読み取った**スカラー値**を返すものがあります。例えば、圧力センサーは機械的な圧力や気圧を推定し、それぞれの製品で定められた感度の範囲でスカラー値を出力します。距離センサーは多く物理現象（音や光など）をセンシングすることにより実現され、通常、ある範囲のスカラー値を返します。ゼロや無限大が含まれることはめったにありません！

それぞれのセンサーの種類にはそれぞれの特性があり、現実の世界をその特性をもって認識するため、センサー処理のアルゴリズムではこれを考慮する必要があります。センサーの特性を理解することはきわめて重要です。例えば、距離センサーには「最小距離」という制約があります。つまり、物体が最小距離より近いと感知しません。このような特性のため、1つのロボットシステムにいくつかの異なる種類のセンサーを組み合わせると有益なことが多いです。

ここまでバイナリー値を返すセンサーと、スカラー値を返すセンサーを見てきましたが、本書で説明する多くのアプリケーションはより「リッチ」なセンサーのデータに依存しています。リッチなとは曖昧な表現ですが、ロボットの知覚アルゴリズムが少数のバイナリーセンサーやスカラーセンサーの値よりも、より多くのデータを扱うことを意味します。センサーハードウェアの構成はどんなものでも可能ですが（そしていろいろ試されてきていますが）、利便性と見た目の良さ、そして視線を作業空間の中心に保持するために、ロボットが**センサーヘッド**をプラットフォームの一番上に持つことが多くあります。センサーヘッドは同じ筐体にいくつかのセンサーを集約したもので、**パン／チルト**機構の上に設置されることが多く、そのため、特定の方向に回転させたり、必要に応じて上下を見たりすることができます。この後のいくつかの節では、ロボットのセンサーヘッドでよく見られるセンサーについて説明し、ボディの他の部分のセンサーについても説明します。

6.1.3.1 視覚カメラ

高等動物は、自身の周辺環境の認知において、より視覚に頼る傾向があります。ロボットが動物と同じように賢ければよかったのですが！ 本書の後のほうの章で説明しますが、残念ながら、カメラのデータを周辺環境理解のためにデータ処理し扱うのは非常に複雑で、困難です。しかし、カメラは安価で、また遠隔操作において有効なことが多いのでセンサーヘッドよく見られるセンサーの1つです。

ロボットのタスクと環境を3次元情報として扱うことは、2次元のカメラ画像を扱う場合より数学的にロバストな場面が多くあります。これは、3次元の形態で表現されるタスクや環境は、環境光や影、視点からの重なり状況などに対して**不変**であるためです。実際のところ、非常に多くの応用領域において、アルゴリズムは3次元データに興味があり、視覚データはほとんどの場合無視されています。結果として、ロボットの前に広がるシーンを3Dデータとして生成するための研究には多くの時間と努力が費やされています。

2つのカメラを共通の機械構造物に固定すると、**ステレオカメラ**として扱うことができるようになります。それぞれのカメラが映し出す映像は少しだけ異なっており、この違いを利用して、映像の中のいろいろな物の距離を推測することができます。これは簡単に聞こえますが、いつも悪魔は細部に宿ります。ステレオカメラの性能は多くの要因によって左右されます。例えば、カメラの機械的な設計の質、解像度、レンズのタイプと品質などです。また、撮影されるシーンの質も性能を左右します。ステレオカメラはシャープでコントラストの高いコーナーのような数学的に識別可能な**特徴**を持った物への距離を推定することができます。のっぺりした壁までの距離を推定することは難しいのです。しかし、その壁の隅や端が、天井や床、あるいは、色の違う壁と接していれば、多くの場合、そこまでの距離を推定することができます。多くの自然なアウトドアのシーンは十分なテクスチャーを持ち、2つの画像からなるステレオビジョンによる距離の予測はかなりうまくいきます。しかしながら、整頓された屋内のシーンでの距離の予測はとても難しいことが多いです。

カメラの取り扱いについてROSコミュニティーの中で何度か話し合いが行われました。画像のための標準のROSメッセージ型は`sensor_msgs/Image`で、画像のサイズ、ピクセルのエンコード方式、ピクセルそのものの情報等を含みます。レンズとセンサーのアラインメントが原因となるカメラの**内部歪み**を記述するためには`sensor_msgs/CameraInfo`を使います。これらのROS画像をOpenCVに送ったり、受け取ったりする必要があることがよくあります。OpenCVはポピュラーなコンピュータービジョンのライブラリです。`cv_bridge`パッケージはこの操作を簡単にするためのものであり、本書の中でも使っていきます。

6.1.3.2 深度カメラ

前節で説明したように、視覚カメラデータは直感的には好ましく、便利に思われるにもかかわらず、多くの知覚アルゴリズムは3次元のデータを使ったほうが、よりよく動作します。幸運にも、ここ数年低価格の**深度カメラ**に大きな進歩がありました。前節で説明した、ただシーンから視覚情報を受け取るといった受動的な働きをするステレオカメラと違って、深度カメラは**アクティブな**デバイスです。これらはいろいろな方法でシーンを照らし、これによりシステムの性能を著しく向上させています。例えば、完全にのっぺりした屋内の壁や表面をステレオビジョンで検出するのはその動作原理からして困難です。これに対し、多くの深度カメラは測定表面にテクスチャーパターンを投影し、このテクスチャーをカメラで撮影することで距離を測定することから、このような状況でも距離を測定することができます。テクスチャーパターンは通常、近赤外線で照射され、専用のカメラでこれをとらえます。近赤外線を使う理由は、システムが物体の色に影響されないようにすることと、テクスチャーパターンが視界に入ってきて、人の物体に対する視覚を阻害しないためです。

Microsoft Kinectのようなよく使われる深度カメラは、**構造化された光**の画像を投影します。この装置は、正確にわかっているパターンをシーンに投影し、その光がシーンのいろいろな物や表面に映るとどのくらい歪むかをカメラで観測します。そして、最後に**再構成アルゴリズム**でこのデータからシーンの3次元構造を推定します。Kinectが現代のロボットに与えたインパクトについていくら言っても言いすぎではありません。それはゲーム市場向けに設計されましたが、ゲーム市場はロボットのセンサー市場より桁違いに大きく、センサーの開発と製造に大きな費用をかける正当な理由となりました。売り出し価格が150ドルというのは、多くの有用なデータを出力する能力を持ったセンサーと比べて信じられないほど安いのです。多くのロボットはKinectを付けられるようすぐに改造され、そのセンサーは研究から産業まで幅広く使われ続けています。

Kinectはロボット工学で最も有名で（きっと最も広く使われている）深度カメラですが、他にも多くの方法で、深度を感知することが可能です。例えば、**構造化されていない光**を利用した深度カメラでは、ある種のプロジェクターを使ってランダムなテクスチャーをシーンに投影し、それに対して「標準的な」ステレオ視覚アルゴリズムを利用します。この方法は、多くの屋内のシーンのように特徴が不足する環境で、通常のステレオシステムよりずっとよく機能することが示されてきました。

別のアプローチとしてTOF方式（**光の到達時間**）の深度カメラがあります。これらのカメラは赤外

LEDやレーザー発光器をすばやく点滅させます。そして、光パルスがシーンから反射してカメラに戻るまでの必要な時間を推定できるように特別に設計されたピクセルの構造を持ったイメージセンサーが到達時刻を計測し、この光が行き来する時間を推定すれば、その時間を光速（定数）を使って**深度画像**に変換することができます。

この分野では、激しい研究と開発が行われています。それは、テレビゲームやその他ユーザーインタラクションの用途において、深度カメラに莫大な市場が現在あり、今後もさらに広がる可能性があるからです。ここで説明した方式のうち（もしあったとして）どの方式が、最終的にロボットのアプリケーションに最もよく合うかはまだはっきりしません。本書の執筆時点では、紹介したいずれの方式もロボット工学の実験の場においては同じように広く使われているものです。

視覚カメラとまったく同じように、深度カメラも非常に多くのデータを生成します。このデータは通常**3次元点群**（point cloud）の形式で、それは、カメラの向かいにある面を3次元の点で構成したものです。この基本的な3次元点群は`sensor_msgs/PointCloud2`で定義されたメッセージです（こう名付けられたのは単に歴史的な理由によるものです）。このメッセージは構造化されていない3次元点群データも許容しています。これは多くの場合に好都合です。なぜなら、深度カメラはその画像の全ピクセルに対して有効な深度を返すことができないことが多いからです。したがって、深度画像には多くの場合たくさんの「穴」があり、処理アルゴリズムはその穴をうまく扱わなければなりません。

6.1.3.3 レーザースキャナー

深度カメラは、その簡単さと価格の安さでここ数年、深度のセンシングの市場を大幅に変革してきましたが、いくつかのアプリケーションでは、**レーザースキャナー**が、その優れた精度と長距離のセンシング性能ゆえいまだに広く使われています。さまざまなレーザースキャナーがありますが、ロボットで最もよく使われる方式の1つは、光っているレーザー光線を毎秒10から80回転（通常600から4,800RPM）する鏡に当てるものです。鏡の回転に従ってレーザー光は高速のパルスとなります。この鏡を通して出力された光と、その放たれた光が物体に反射して戻ってきた光とのパルスを比較し、スキャナーの周りのそれぞれの方向に対してレーザーパルスの伝搬時間を推定します。

自律走行車で使われるレーザースキャナーは、屋内やゆっくり移動するロボットで使われるものとはかなり異なっています。Velodyne社などの企業が作っている車両用レーザースキャナーは、自動車の環境に共通する、空気抵抗、振動、温度の著しい変化に耐えなければなりません。自動車は通常小型ロボットよりずっと速く移動するので、十分な反応時間を確保するために、車のセンサーは非常に長距離の範囲を感知しなければなりません。さらに、自動運転のための多くのソフトウェアのタスク、例えば、他の車や障害物を検出するタスクは、デバイスの回転ごとに受け取る**スキャンライン**が、1つだけでなく、複数のときによりよく動作します。これらの追加のスキャンラインは、樹木と歩行者のようなオブジェクトの種類を識別するときに非常に役に立ちます。複数のスキャンラインを作るため、自動車のレーザースキャナーは複数のレーザーを単純な回転鏡ではなく1つの回転機構に一緒にマウントします。これらの追加の特徴は、当然ながらレーザースキャナーの複雑さや重量、大きさを増大させるので、コストも跳ね上がります。

距離推定を行うために必要な複雑な信号処理は、通常レーザースキャナー自体のファームウェアで行われています。デバイスは距離ベクトルを、観測の開始と終了の角度とともに、毎秒数十回出力します。ROSでは、レーザースキャンは、`sensor_msgs/LaserScan`メッセージに保持されます。これはレーザースキャナーの出力から直接マップしたものです。もちろん、それぞれのメーカーは独自の生のメッセージフォーマットを持っていますが、多くのポピュラーなレーザースキャナーメーカーの生の出力を`sensor_msgs/LaserScan`メッセージのフォーマットに変換するROSドライバーが存在します。

6.1.3.4 シャフトエンコーダー

ロボットの動きを推定する機能は、実際上すべてのロボットシステムにおいて重大な要素であり、低レベルの制御からハイレベルの地図作成、ロボットの位置の推定、操作アルゴリズムまで、広範囲に及びます。動きの推定はさまざまな情報から行うことができますが、最も簡単で、しばしば最も正確なのは、単にモーターや車輪が回転した回数を数えることから得られるものです。

シャフトエンコーダーはこの目的のために設計されたもので、さまざまな種類があります。典型的なシャフトエンコーダーは、シャフトに目印を付け、ロボットのシャーシやマニピュレーターアームの1つ前のリンクといった別の座標系に対する相対的な動きが測定できるように構成されています。シャフトエンコーダーには、磁石、光学ディスク、可変抵抗や可変キャパシタなど多くの選択肢がありますが、大きさ、コスト、精度、反応速度、電源を入れたときの位置に対して**絶対的**あるいは**相対的**に測定されるかなどのトレードオフを考慮して実装されます。いずれの場合も基本原理は同じです。つまり、シャフトのマーカーの角度を、隣接する**座標系**に対して相対的に測定するということです。

ちょうど自動車のスピードメーターや走行距離計と同じように、シャフトエンコーダーはロボットの車輪の正確な回転数を数えるのに使われます。それによって、車両がどのくらい移動したかやどのくらい回転したかを推定します。ここで留意すべきなのは、**オドメトリ**と呼ばれるこの計測法では単に駆動輪が何回回転したかを数えるだけであるということです。分野によってはこれは**自律航法**（または**デッドレコニング**）として知られています。それは、車両の位置を直接測定するものでは**ありません**。車輪の直径、タイヤの空気圧、カーペットの毛足の向き（本当です！）、車軸のアライメントのずれ、ちょっとしたスリップ、その他の無数の誤差を生み出す要因によって、ごくわずかな違いが徐々に累積されます。結果として、**どの**ロボットでも生のオドメトリのデータから推定する位置情報にはずれによる誤差が含まれ、長距離を移動すると、そこにはその誤差が累積されます。例えば、ロボットが長くてまっすぐな通路を進んでいった場合のオドメトリは**常に**わずかな曲線になります。言い換えれば、差動駆動式ロボットの両方のタイヤが、正確に同じ速度で同じ方向に回転しても、ロボットは正確にまっすぐなラインの上を走行できません。これが、移動型のロボットが、地図の構築や移動のための追加のセンサーと賢いアルゴリズムを必要とする理由です。

シャフトエンコーダーは、ロボットマニピュレーターでも広く使われています。大部分のマニピュレーターアームには、回転関節ごとに少なくとも1つのシャフトエンコーダーが付いています。そして、シャフトエンコーダーから読み出されるベクトル値は、多くの場合**マニピュレーターの姿勢**に活用されます。マニピュレーターアームのそれぞれのリンクの幾何学的なモデルと組み合わせると、シャフトエンコーダーにより、ハイレベルな衝突回避、計画、軌道追従アルゴリズムを用いたロボットの制御ができるようになります。

移動と操縦でシャフトエンコーダーの活用方法は大きく異なるので、それぞれに対するROSでの扱い方の慣例、規則も大きく異なっています。エンコーダーの生のカウント値も移動台座のデバイスドライバーから通知されますが、`geometry_msgs/Transform`メッセージによって示される**空間の座標変換**を報告するオドメトリの推測値が最も使い勝手が良いです。この概念は本書を通して詳しく議論しますが、一般的に空間の座標変換は1つの座標系と相対的な別の座標系の変換を表します。この場合、オドメトリの変換は、通常、ロボットを起動した位置、すなわち、エンコーダーを最後にリセットした位置に対する相対的なシャフトエンコーダーの走行距離の推定を表します。

対照的に、マニピュレーターアームのエンコーダーの読み取り値は、通常ROSマニピュレーターのデバイスドライバーによって`sensor_msgs/JointState`メッセージとしてブロードキャストされます。`JointState`メッセージは、角度のベクトル（ラジアン）と角速度（ラジアン/秒）を含んでいます。典型的なシャフトエンコーダーは旋回状態を連続した値で示すのではなく、エンコーダーが計測可能な精度で計測された値で示すため、マニピュレーターアーム用のROSデバイスドライバーは、必要に応じて、これに減速比とリンク機構を考慮して、`JointState`ベクトルに適用できる標準単位の値にスケールする必要があります。このメッセージはROSソフトウェアパッケージで広く使われています。このメッセージはマニピュレーターの状態を最小限、かつ、完全に記述できているからです。

ロボットシステムの物理的部分に対してカバーしてきました。次に、センサーデータを解釈し、体をどのように動かすかを決定づける「頭脳」に注意を向けてみましょう。この「頭脳」に関する内容は本書で最も時間を割く部分になります。

6.1.4 コンピューティング

さまざまな優れたロボットシステムが作られてきましたが、それらが利用するコンピューターリソースは巨大なラックサーバーから非常に小さくて効率の良い8ビットマイクロコントローラーまで多様です。安定していて有用なロボットの動作を作り出すのに正確にどのくらいコンピューターの処理能力が必要かに関する激しい議論がロボット工学の歴史を通して繰り広げられてきました。例えば、昆虫の脳は非常に小さくて、エネルギー効率が良く、今のところ、地球上で最も成功した生命体と言えるでしょう。生物の脳のデータ処理は、システム工学的なアプローチにおける「メインストリーム」と言える手法とは大きく異なっており、それゆえ生物の模倣による計算アーキテクチャーの構築に関する研究は大規模かつ長期に渡って続けられています。

ROSはロボット工学の計算アーキテクチャーに対してもっと伝統的なソフトウェア工学のアプローチをとります。つまり、本書の初めの何章かで説明したように、ROSは動的なメッセージパッシンググラフを使ってソフトウェアノード間でデータを受け渡しします。そしてそれらのノードは、通常POSIXのプロセスモデルで分離されています。これにはコストがかかります。1つのノードからのメッセージをシリアライズし、それをプロセス間通信やネットワーク通信を介して他のノードに送り、他のノードでデシリアライズするには追加のCPUサイクルが必要です。しかしながら、筆者らは、このアーキテクチャーがもたらしてくれるラピッドプロトタイピングとソフトウェアの統合のしやすさがその計算のオーバーヘッドより価値があると考えています。

ROSは、モジュールが分離できることに重きが置かれ、またメッセージ処理には上記のようなオーバーヘッドがあることから、現状極度に小さいマイクロコントローラーなどで走らせることは意図されていません。ROSは、エミュレートとラピッドプロトタイピングを必要最小限の処理で実現したいようなパラダイムで使うことができ、そして使われてきました。またROSは多くの知覚情報の入力と複雑な処理アルゴリズムを含むようなシステムにも向いています。モジュール単位で管理ができ、動的に拡張可能な構造はシステムの設計と操作をシンプルにしてくれるからです。

現状ROSは、LinuxやMacといったフル機能のオペレーティングシステムの上で走らせなければなりません。幸運にも、ムーアの法則に従うようにCPUの性能は引き続き向上し、またバッテリー駆動デバイスに対するニーズの広まりは、より小型で、よりエネルギー効率の良いプラットフォームをもたらし、これらでフル機能のオペレーティングシステムを走らせることを可能にしました。ROSは、Gumstix、Raspberry PiやBeagleBoneのような小型組み込みコンピューター上でも走らせることができます。性能と消費電力の条件次第で、ROSはノートパソコン、デスクトップパソコン、サーバーと多種多様な種類のコンピューターで幅広く稼働してきました。人間サイズのロボットは、多くの場合、Linuxを搭載した標準的なパソコンのマザーボードをディスプレイを持たない形で複数搭載しており、それらのボードへの操作はネットワークでつなげて行うような構成をとっています。

6.2 完成しているロボット

前の節ではROSが稼働しているロボットに共通して見られるサブシステムについて説明してきました。研究用途のロボットの多くは、特定の研究課題を研究するために特注で作られています。しかしながら、研究や開発、その他さまざまな業務領域で利用でき、箱から出してすぐに使える標準的な製品も増えてきています。これらのプラットフォームをこれからいくつか紹介します。これらのプラットフォームは今後、本書の中でたびたび例として引用されるロボットです。

6.2.1 PR2

PR2ロボットはROS開発当初のターゲットプラットフォームの1つでした。いろいろな意味で、PR2ロボットは、2010年リリース当初において、サービスロボットソフトウェアの「究極」の研究プラットフォームでした。その移動台座は4個の可動キャスターで駆動され、ナビゲーションのためのレーザースキャナーを1つ搭載しています。このロボットは、移動台座の上に伸縮式の胴体を持ち、7つの自由度を持つ、人と同じサイズの2つの腕を持っています。この腕は、ユニークな機械式の釣合い重りを持ち、人と同じサイズの腕としては驚くほどローパワーなモーターでも駆動することを可能にしています。

PR2はさまざまなセンサーを備えたパン／チルト型の頭部を持っています。この中には頭部とは独立して上下に動かすことができるレーザースキャナー、短距離と長距離用の2組のステレオカメラ、そして、Kinectの深度カメラを備えています。またロボットのそれぞれの前腕にはカメラがあり、物をつかむことができる指先には触覚センサーがあります。総合すると、PR2には、レーザースキャナーが2個、カメラが6個、深度カメラ1個、触覚アレイ4個、そしてエンコーダーからの1kHzの周期でのフィードバックがあります。このデータすべては、ロボットの台座にある2台のコンピューターで処理されます。このコンピューターはボードに搭載されたギガバイトネットワークでWiFiにつながっています。

低価格で製造できるよう設計されていたわけではなかったので、これらの機能をすべて搭載したPR2は安くはありませんでした。PR2が売り出されたとき、定価は約400,000ドルでした[*1]。価格面での高いハードルがあったにもかかわらず、完全に統合された「箱から出してすぐ使える」体験は研究用ロボットでは画期的な出来事であり、PR2は世界中の研究所で活発に活用されています。**図6-1**はGazeboシミュレーターで動いているPR2を示します。シミュレーターについては本章の後のほうで説明します。

＊1　すべての価格は執筆時の概算で、単位はUSドルです。

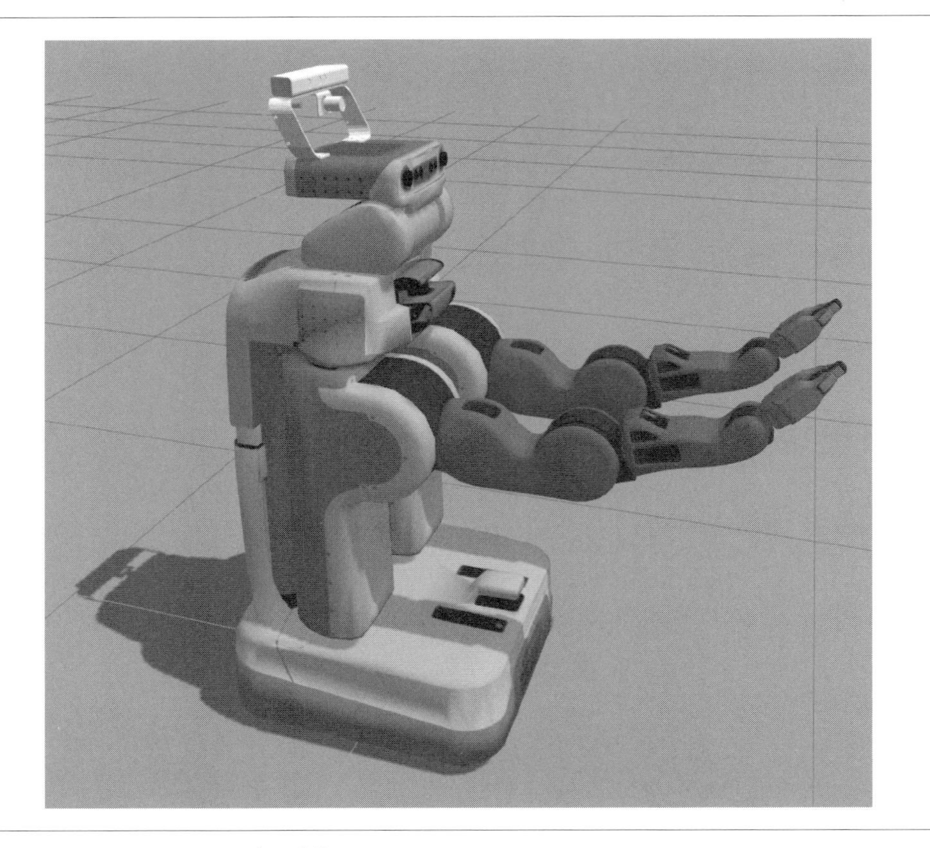

図6-1 Gazeboシミュレーター中で動作しているPR2

6.2.2 Fetch（フェッチ）

Fetchは移動作業ロボットで、倉庫での業務向けです。Fetch Robotics, Inc.の設計チームにはPR2ロボットの設計者の多くがいます。PR2と比較して、Fetchロボットはより小さく見え、より実用的で費用効率が良く、PR2の「設計思想を受け継いだ後継者」と言えます。**図6-2**に示す腕が1本のロボットは、完全にROSベースで作られ、深度カメラを取り囲むようにしてコンパクトなセンサーヘッドを搭載しています。差動駆動式の移動台座にはナビゲーション用のレーザースキャナーがあり、この移動台座の上に伸縮式の胴体が載っています。本書の執筆時には、このロボットの価格は公式にリリースされていませんでした。しかし、PR2よりずっと手ごろな価格であると期待されています。

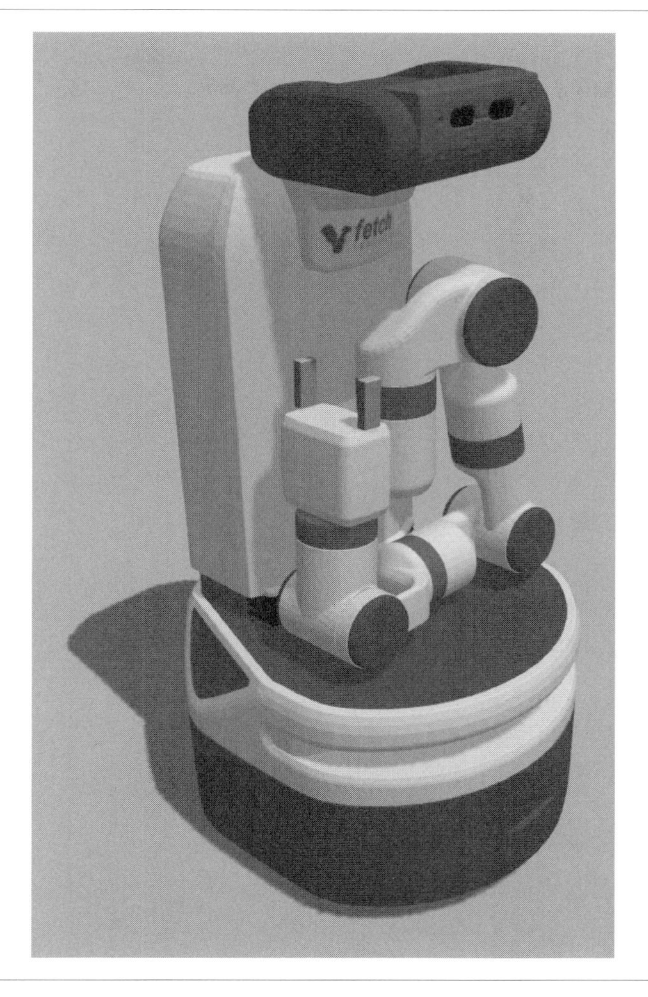

図6-2 Gazeboシミュレーター内で動作しているFetchロボット

6.2.3 Robonaut 2

NASA/GM Robonaut 2は人間サイズのロボットで、国際宇宙ステーションの中での作業に必要なきわめて高い信頼性と安全システムを念頭に置いて設計されています（**図6-3**）。本書の執筆時点では、宇宙ステーションに搭載されたRobonaut 2（別名、R2）はハイレベルのタスク制御用にROSを活用しています。詳しくはhttp://robonaut.jsc.nasa.govを参照してください。

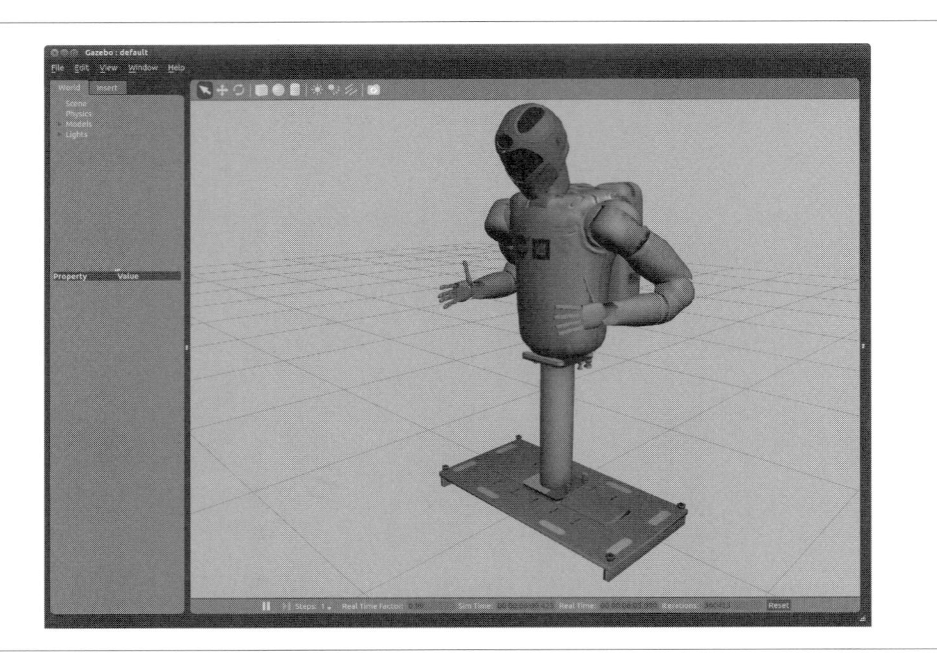

図6-3 Gazeboシミュレーター中で動作するNASA R2

6.2.4 TurtleBot（タートルボット）

TurtleBotはROSベースの移動ロボットの教育とプロトタイプのための最小限のプラットフォームとして2011年に設計されました。それは、バッテリーを内蔵し、電力レギュレーター、充電用接点を持った小さな差動駆動方式の移動台座です。この台座の上に、レーザーカットされた「棚」を積み重ねて、ノートパソコンと深度カメラを置く場所とプロトタイピング用のさまざまなものを設置するためのたくさんのスペースを提供します。コストを抑えるため、TurtleBotは深度カメラを距離のセンシングに利用します。これにもかかわらず、地図作成とナビゲーションは屋内のスペースできわめてよく動作します。TurtleBotはいくつかの製造業者から2,000ドル以下で販売されています。詳しい情報はhttp://turtlebot.orgにあります。

TurtleBotの棚（**図6-4**）には複数の取り付け穴が空いており、多くのTurtleBotオーナーはそこに小さな操作アーム、追加のセンサー、アップグレードしたコンピューターなどの追加のサブシステムを取り付けています。しかしながら、「標準の」TurtleBotは、屋内移動ロボット研究の出発点としては十分に優れています。同じようなシステムが他のベンダーからも数多く出ています。例えば、PioneerやErraticロボット、世界中の数多くの特注の移動ロボットなどです。本書の例ではTurtleBotを使いますが、それらの例は他の小型の差動駆動プラットフォームに簡単に置き換えることができます。

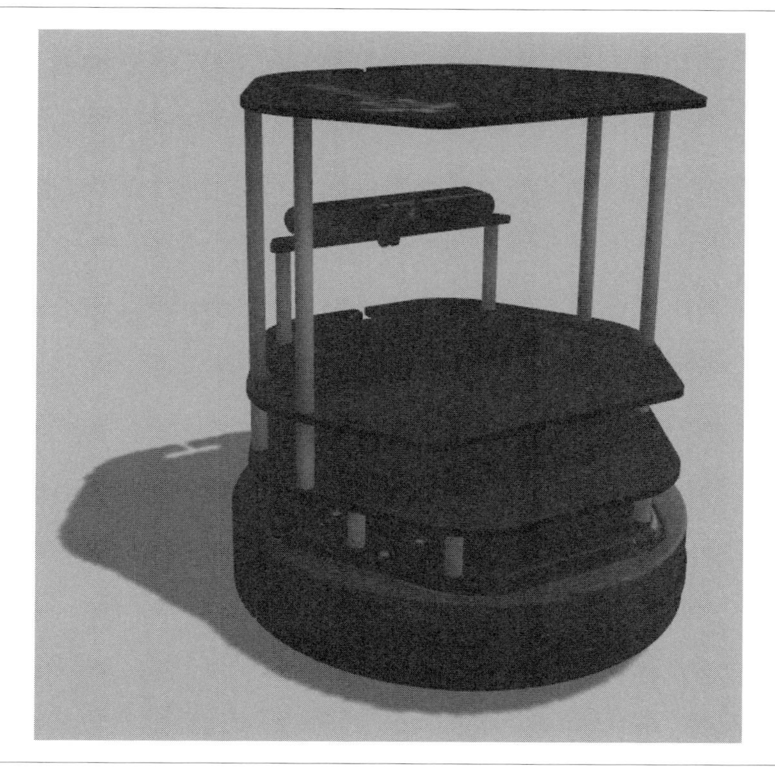

図6-4　Gazeboシミュレーターの中で動くTurtleBot

6.3 シミュレーター

これまでに紹介したロボットは、同等の機能を持った従来のロボットに比べればきわめて低価格ですが、それでもまだ非常に大きな投資を伴います。加えて、実際のロボットは、実験スペースやバッテリーの充電、ロボットの操作を行う際の癖に関する理解の蓄積などを必要とします。残念ながら最も優れたロボットでも操縦エラー、環境条件、製造や設計の欠陥などのさまざまな理由によりときどき壊れます。

これらの頭痛の種の多くは、**シミュレートされた**ロボットを使うことで回避できます。一見したところ、これは環境を理解し、また操作するというロボットの本来の目的から大きく外れているように思われます。しかしながら、ソフトウェアロボットにはとても優れた点が多くあります。シミュレーターでは、現実に可能なかぎり近づけた環境も、より簡素化した環境もモデル化することができます。センサーやアクチュエーターは理想的な値を出力するデバイスとしてモデル化もできますし、さまざまなレベルの歪み、エラーや予想外の欠陥を組み込むこともできます。自動テストスイートはデータのログを使って、センシングのアルゴリズムが期待どおりの結果を生成しているかを検証することができますが、制御アルゴリズムの自動テストは通常シミュレートされたロボットを必要とします。なぜなら、テストされるアルゴリズムは行動からくる結果を経験できる必要があるからです。

シミュレートされたロボットは究極の低コストのプラットフォームです。無料なのです！ それは複雑な操作手順を必要としません。`roslaunch`スクリプトを単に起動し、数秒待てば輝く新品のロボットが作られます。試行が終わったら、Ctrl-Cを入力するだけでロボットは消えてなくなります。実際のロボットを操縦するために何日も長い夜を過ごさなければならなかったような苦痛を経験したことのある人々にとって、シミュレートされたロボットはとにかく魔法です。

ROSのメッセージングインタフェースによって分離されるため、非常に多くのロボットソフトウェアグラフは、それが実際のロボットを制御するかシミュレーションのロボットを制御するかにかかわらず、まったく同じように実行することができます。実行時に、それぞれのノードが立ち上がり、それらはつながるべき相手のノードを発見して接続します。シミュレーションの入力と出力ストリームは、実際のロボットのデバイスドライバーの代わりにこのグラフに接続されます。若干のパラメーターの調整が必要となりますが、理想的にはソフトウェアの**構造**は同じであり、そして、多くの場合、シミュレーションを調整することで、シミュレーションを現実に移すときに必要な微調整のパラメーターの数を減らすことができます。

このように、アルゴリズムの開発からソフトウェアの自動検証まで、シミュレーションロボットには多くのユースケースがあります。これにより、たくさんのロボットシミュレーターが作られ、その多くはROSとうまく統合されています。以降の節では本書で扱われている2つのシミュレーターについて説明します。

6.3.1 Stage

何年にもわたって、2次元の**SLAM**（Simultaneous localization and mapping）の問題はロボット工学の研究者の間で最も盛んに取り組まれたトピックの1つでした。無限に続くオフィスの廊下でロボットを移動させる実験を繰り返し行い、データセットを集めなければならないといった苦痛、これらの軽減の要請に応えるため、多くの2次元のシミュレーターが開発されました。ここでは基準となるレーザーレンジファインダーと差動駆動ロボットがモデル化され、そのロボットは2次元平面に張り付いていて、レンジセンサーは垂直の壁だけを認識するというような単純な**運動力学**モデルがよく使われます。それは、例えば、**パックマン**の世界となんとなく似ている世界を作ります（**図6-5**）。適用できる範囲は限られますが、これらの2次元のシミュレーターは計算が非常に速く、一般的に使うのが非常に簡単です。

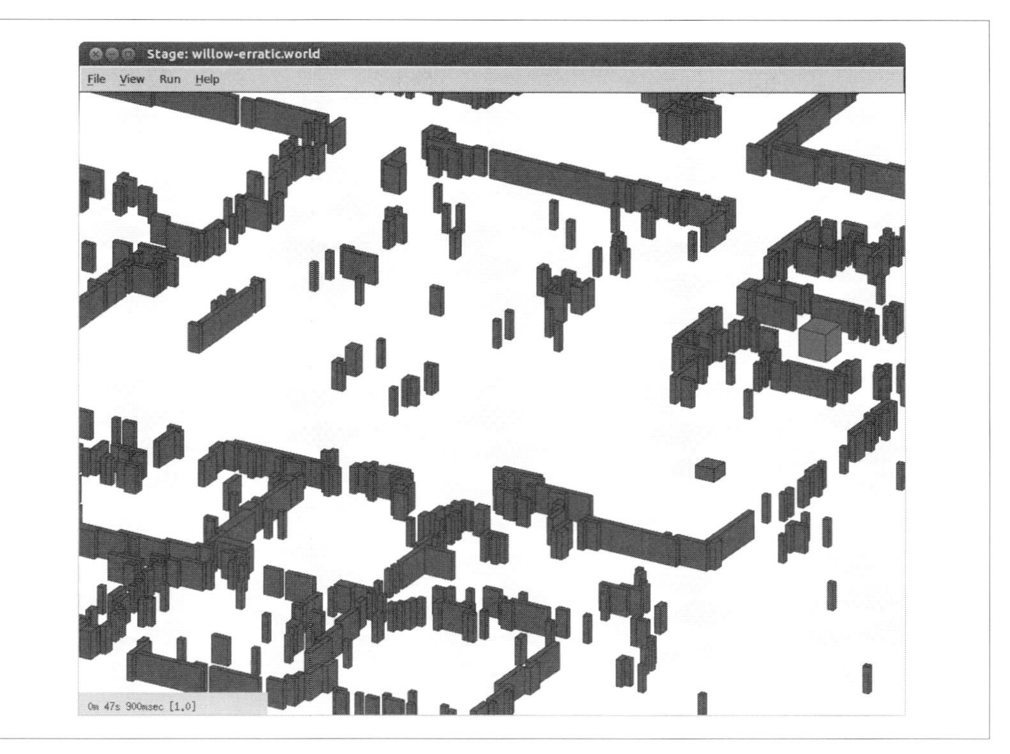

図6-5　典型的なStageシミュレーターのスクリーンショット

Stageはこの種の2次元のシミュレーターの非常に良い例です。比較的シンプルなモデリング言語を用いて、単純なオブジェクトを組み合わせて平面に広がる世界を構築できます。Stageは、複数のロボットが同時に同じ世界でやり取りできるようにさせようとするところから設計が始まりました。StageはROSの統合パッケージでラップされ、これによりROSからの速度コマンドを受け付け、移動量を出力し、またシミュレーターのロボットのレーザーレンジファインダーの値を得ることができます。

6.3.2 Gazebo

Stageなどの2次元のシミュレーターは計算的に効率が良く、オフィスのような環境での平面のナビゲーションをシミュレートするのには優れていますが、注意が必要なのは、平面ナビゲーションはロボット工学の1つの領域にすぎないということです。ロボットのナビゲーションだけを考えても、屋外を走る車から空中、水中そして宇宙空間のロボットまで、非常に多くの環境が非平面的な動作を要求します。これらのソフトウェアの開発には3次元のシミュレーターが必要です。

一般に、ロボットの動作は、**移動**と**操作**に分けることができます。移動は2次元、あるいは3次元シミュレーターで扱うことができます。ここではロボットの周りの環境は**静的**です。しかしながら、操作のシミュレーションは、かなり複雑なシミュレーターを必要とし、ロボットだけでなく、シーンにおける**動く**モデルの動力学を扱います。例えば、シミュレートされた家庭用ロボットが手で持てる物体を持ち上げた瞬間、接触したときの力が、ロボットと物体、そして、物体が置いてあった表面の間で計算されなければなりません。

シミュレーターは**剛体**力学をよく使用します。剛体力学ではすべての物体は収縮するこがないこととし、まるで巨大なピンボールマシンのような世界として物理現象を扱います。この仮定は、シミュレーターの計算パフォーマンスを劇的に向上させます。しかし、安定して現実的なシミュレーションを実現するにはさまざまな巧みなトリックが必要となります。というのは、剛体力学では多くの剛体の相互作用は**点接触**で扱われますが、これは実際の物理現象を正確にモデル化できているとは言えないからです。計算性能と物理的なリアリズムとの間のバランスをいかに保つかということはきわめて重要です。このトレードオフに対するアプローチはたくさんあり、それぞれが特定の領域でのみ有効で、ある領域ではうまく働かなかったりします。

すべてのシミュレーターと同様に、Gazebo（**図6-6**）も多くの設計と実装のトレードオフが含まれている製品です。歴史的には、GazeboはOpen Dynamics Engineを剛体物理用に使ってきました。しかし、最近は起動時に物理エンジンを選択できるようになっています。本書では、GazeboをOpen Dynamics EngineかBullet Physicsライブラリと一緒に使います。どちらも、比較的シンプルな世界とロボットのリアルタイムのシミュレーションができ、一定の配慮により、物理的にもっともらしい振る舞いを生成できます。

図6-6　典型的なGazeboシミュレーターのスクリーンショット

ROSは`gazebo_ros`パッケージを介してGazeboと密接に統合することができます。このパッケージは、Gazeboの**プラグイン**モジュールを提供しています。このモジュールは、GazeboとROSの双方向通信を可能にします。シミュレーションされたセンサーと物理データはGazeboからROSにストリームで送られ、アクチュエーターのコマンドはROSからGazeboに送ることができます。実際、それぞれのストリームの名前とデータ型を正しく設定することで、GazeboはロボットのROS APIと**正確**に一致させることができます。これができると、デバイスドライバーのレベルより上のすべてのロボットソフトウェアは実際のロボット上でも（パラメーターを調整した後の）シミュレーター上でもまったく同じように動作します。これは非常に強力なコンセプトであり、本書全体で広く使われています。

6.3.3 他のシミュレーター

ROSと一緒に使われるシミュレーターは他にも数多くあります。例えばMORSEやV-REPなどです。Gazebo、Stage、MORSE、V-REP、turtlesimといったシミュレーターはそれぞれがそれぞれ異なるトレードオフによりその機能が実装されています。ここで言うトレードオフとは、スピードや正確性、グラフィックスの品質、次元（2次元対3次元）、サポートしているセンサーの種類、ユーザビリティー、サポートしているプラットフォームなどです。これらの属性すべてを同時に最大にしたシミュレーターはありません。そのため、特定のタスクに最適なシミュレーターを選ぶには、多くの要因を考慮する必要があります。

6.4 まとめ

本章では、典型的なロボットのサブシステムを紹介し、移動と操作というROSが最も着目しているタイプのロボットを詳しく見ていきました。今では、皆さんはロボットがどういうものなのかをよく理解し、ROSがセンサーからのデータを読んで、どのようにデータを扱い、そしてロボットを動かすためにどのように命令をアクチュエーターに送るのかということについて理解し始めたと思います。

次の章では、これまでに説明したすべての内容を結びつけて、ロボットを歩き回らせるコードを書く方法を示します。本章で説明したように、本書で作成するすべてのコードは実際のロボットとシミュレーションのロボットのどちらもターゲットにできます。進みましょう。

7章 Wander-bot（ワンダーボット）

本書の最初のほうの章では、モジュール間の通信で使われるROSの抽象的な概念の多くを紹介してきました。トピック、サービス、アクションなどです。そして、前の章では、現代のロボットに一般的に搭載されているセンシングやアクチュエーションのサブシステムの多くを紹介しました。本章では、これらの概念を組み合わせることで、環境の中を動き回る能力を持つロボットを作ってみます。それはあっと驚くような能力には思えないかもしれませんが、実際には、この能力を持ったロボットは、多くの有意義な仕事ができるようになります。ロボットが環境の中を動き回ることで実現されるタスクはたくさんあります。例えば、掃除や床拭きのタスクは、清掃道具を持たせたロボットに環境の中をある程度ランダムに動き回るように賢く設計したアルゴリズムを搭載し、それをていねいに調整することによって実現されています。ロボットが環境の中を隅々までくまなく動き回ることで、最終的にそのタスクが完了するのです。

本章では、ROSで最小構成のロボット制御ソフトウェアを書くプロセスを順を追って説明していきます。実際にROSのパッケージを作ってシミュレーションでテストする部分についても説明します。

7.1 パッケージを作成する

まず、ワークスペースを作成します。ここでは~/wanderbot_wsとします。

```
user@hostname$ mkdir -p ~/wanderbot_ws/src
user@hostname$ cd ~/wanderbot_ws/src
user@hostname$ catkin_init_workspace
```

これだけです！ 次にこのワークスペースに新しいパッケージを作ります。これはコマンドを1つ実行するだけです。catkin_create_pkgコマンドで、wanderbotという名前のパッケージを作ってみます。このパッケージはrospy（PythonのROSクライアント）とROSの標準的なメッセージパッケージをいくつかを使います。

```
user@hostname$ cd ~/wanderbot_ws/src
user@hostname$ catkin_create_pkg wanderbot rospy geometry_msgs sensor_msgs
```

第1引数、wanderbot、は、作成しようとしている新しいパッケージの名前です。後に続く引数は、この新しいパッケージが依存するパッケージの名前です。依存するパッケージ名を指定する必要があるのは、ROSのビルドシステムにパッケージの依存関係を伝えておく必要があるからです。これにより関連するソースファイルが変更されたときに効率的にビルドを最新に保つことができ、パッケージを公開するときにインストールに必要な依存関係を作成することができます。

catkin_create_pkgコマンドを実行すると、ワークスペース内にwanderbotという名前のパッケージディレクトリができます。その中には次のファイルがあるはずです。

~/wanderbot_ws/src/wanderbot/CMakeLists.txt
: このパッケージのビルドスクリプトへのインプットです。

~/wanderbot_ws/src/wanderbot/package.xml
: パッケージに関してコンピューターが読める形式で記述された情報。パッケージの名前、説明、著者、ライセンス、ビルドと実行に必要な依存パッケージなどが含まれています。

これでwanderbotパッケージができたので、その中に最小のROSノードを作成してみます。前の章では、ノードの間で文字列や整数など一般的なメッセージを送っていただけでした。今回は、ロボットならではの情報を送ってみます。以下のコードは1秒間に10回の頻度で動作コマンド送り続けるもので、3秒ごとに移動と停止を切り替えて、移動の間は秒速0.5mの前進コマンドを送り、停止の間は秒速0mのコマンドを送っています。実際のプログラムを**例7-1**に示します。

例7-1　赤信号！青信号！（red_light_green_light.py）

```
#!/usr/bin/env python
import rospy
from geometry_msgs.msg import Twist

cmd_vel_pub = rospy.Publisher('cmd_vel', Twist, queue_size=1) # ❶
rospy.init_node('red_light_green_light')

red_light_twist = Twist() # ❷
green_light_twist = Twist()
green_light_twist.linear.x = 0.5 # ❸

driving_forward = False
light_change_time = rospy.Time.now()
rate = rospy.Rate(10)

while not rospy.is_shutdown():
```

```
if driving_forward:
  cmd_vel_pub.publish(green_light_twist) # ❹
else:
  cmd_vel_pub.publish(red_light_twist)
if light_change_time > rospy.Time.now(): # ❺
  driving_forward = not driving_forward
  light_change_time = rospy.Time.now() + rospy.Duration(3)
rate.sleep() # ❻
```

❶ queue_size=1という引数は、rospyがバッファリングする配信メッセージの数の指定であり、この例の場合は1つです。メッセージを送信する側のノードが受信する側のノードが受け取れる頻度より高い頻度でメッセージを送った場合には、rospyはqueue_sizeを超えるメッセージを単に捨てることになります。

❷ このメッセージコンストラクターは、すべてのフィールドをゼロに設定します。したがって、red_light_twistメッセージは、すべての速度成分がゼロなので、ロボットにストップを指示することになります。

❸ Twistメッセージの並進速度のx成分は、慣例によってロボットの直進方向に沿った方向となります。したがって、この行は「秒速0.5mで直進」という意味になります。

❹ ほとんどの移動ロボットのドライバーは、最低でも1秒間にいくつかのメッセージを受け取らないとタイムアウトして、ロボットを停止させるように設計されています。そのため、速度コマンドのメッセージを継続的に配信し続ける必要があります。

❺ この分岐でシステム時間を確認して、定期的に赤信号と青信号を切り替えます。

❻ このrospy.sleep()がなくてもコード自体は動作しますが、必要以上に膨大なメッセージを送ってしまい、CPUをすべて使い果たしてしまうでしょう。

例7-1のコードの大部分は、単にシステムとデータ構造を設定するコードです。このプログラムで最も重要な機能は、3秒ごとに移動と停止の動作を切り替えることです。これは以下に再掲した3行のコードによって実現されています。ここではrospy.Timeを使って最後に動き変えた時点からの経過時間を計測しています。

```
if light_change_time < rospy.Time.now():
  driving_forward = not driving_forward
  light_change_time = rospy.Time.now() + rospy.Duration(3)
```

他のPythonスクリプトと同じように、このスクリプトをコマンドラインから直接起動できるように、スクリプトを実行可能にしておくと便利です。

```
user@hostname$ chmod +x red_light_green_light.py
```

このプログラムを使えば、シミュレーション用のロボットを制御することができるはずです。しかし、まずはその前にTurtlebot用のシミュレーションスタックをインストールしてください（場合によってはsudo apt-get updateする必要があるかもしれません）。

```
user@hostname$ sudo apt-get install ros-indigo-turtlebot-gazebo
```

これでシミュレーターでTurtlebotを使うための準備が整いました。新しいターミナルで次のように入力すると、簡単な仮想環境を使い始めることができます（ROSのシェルコマンドの入力時に、Tabキーを押すと、自動補完できることを覚えておいてください）。

```
user@hostname$ roslaunch turtlebot_gazebo turtlebot_world.launch
```

図7-1は、Turtlebotを開始した時点の仮想環境の様子です。いくつかの障害物がバラバラと置かれているだけです。

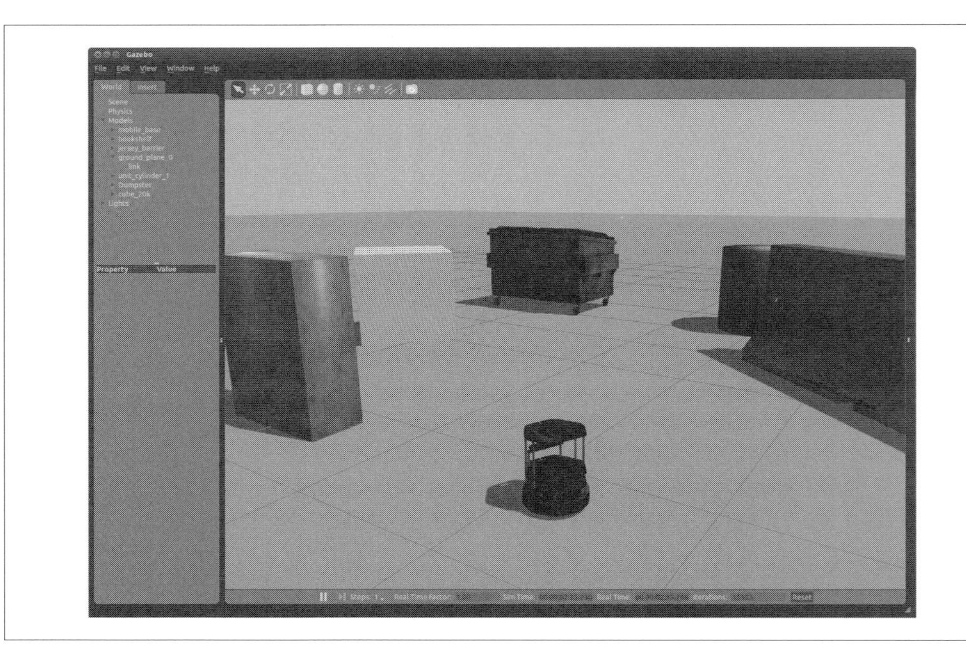

図7-1　GazeboのTurtlebotにおける世界の初期状態

それでは、別のターミナルウィンドウで、先ほど作成した制御ノードを起動してみましょう。

```
user@hostname$ ./red_light_green_light.py cmd_vel:=cmd_vel_mux/input/teleop
```

先ほどのノードで作成したTwistメッセージをTurtlebotのソフトウェアスタックが想定しているトピックに配信できるように、cmd_velをリマップする必要があります。当然、red_light_green_light.pyのソースコードでcmd_vel_pubを宣言する際に、このトピックを直接的に指定することもできますが、ROSノードはできるだけ汎用的に書いておくことを心がけておいてください。そうしておけば、cmd_velを、他のロボットソフトウェアで要求されるどんなトピックにでも簡単にリマップすることできます。

red_light_green_light.pyを実行すると、Turtlebotが前進と停止を3秒ごとに切り替えている様子が表示されるはずです。だいぶん進展しましたね！ このプログラムに見飽きたら、ノードとTurtlebotのシミュレーターをCtrl-Cで停止してください。

7.2 センサーデータを読む

周りを見ずに盲目的に動き回るロボットを見ているのも楽しいですが、普通はロボットにセンサーデータを使わせるようにします。幸運なことに、ROSのノードでセンサーのストリームデータを受け取るのはとても簡単です。ROSのトピックで何かの情報を受け取るときには、まず初めにコンソールでその情報をエコー表示させてみるのがよいでしょう。そうすることで、皆さんが受け取りたい情報が本当に想定したトピック名で配信されていることと、データ型の理解が正しいことを確認することができます。

今回の例では、レーザースキャンのようなセンサーデータを扱いたいと思います。レーザースキャンは、ロボットの周囲のいろいろな方向に対してロボットから最も近い障害物までの距離を格納した線形ベクトルです。残念ながらコスト削減のため、Turtlebotには本物のレーザースキャナーは搭載されていませんが、Kinectの深度カメラを搭載しています。このため、Turtlebotのソフトウェアスタックでは、Kinectの深度画像から中央の数列を取り出して、少しフィルタリング処理を施し、そのデータをscanトピックのsensor_msgs/LaserScanメッセージとして配信しています。このセンサーデータは、ソフトウェア的にはとても高価なロボットに搭載されている「本物」のレーザースキャンとまったく同じデータであると言うことができます。違いは、視野が少し狭いことと、計測可能な最長距離が典型的なレーザースキャナーよりかなり短いことだけです。視野の違いを説明するために、**図7-2**のGazeboシミュレーション上での様子と、**図7-3**のその環境下で実際にシミュレーションされたレーザースキャンストリームからの出力の結果を見比べてみてください。Turtlebotは、真正面にある障害物を検知できていますが、右側にある障害物の大半は視野の外となり検知できていません。これが低コストの深度カメラをナビゲーション用のセンサーとして利用することによるトレードオフなのです！

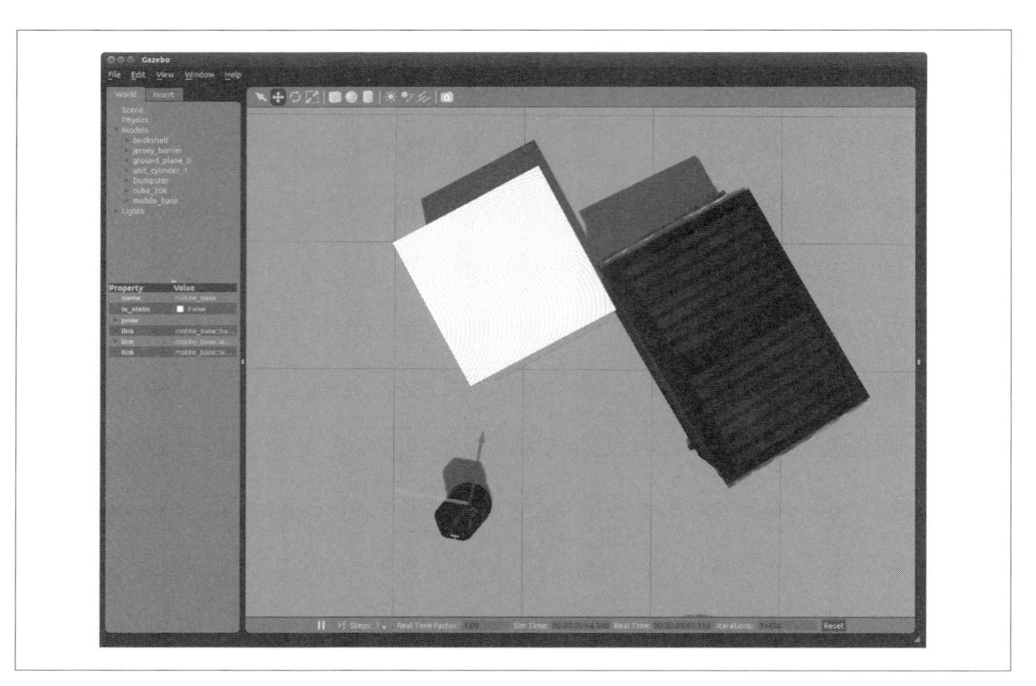

図7-2 2つの障害物の前にいるTurtlebotを表示したGazeboの鳥瞰図

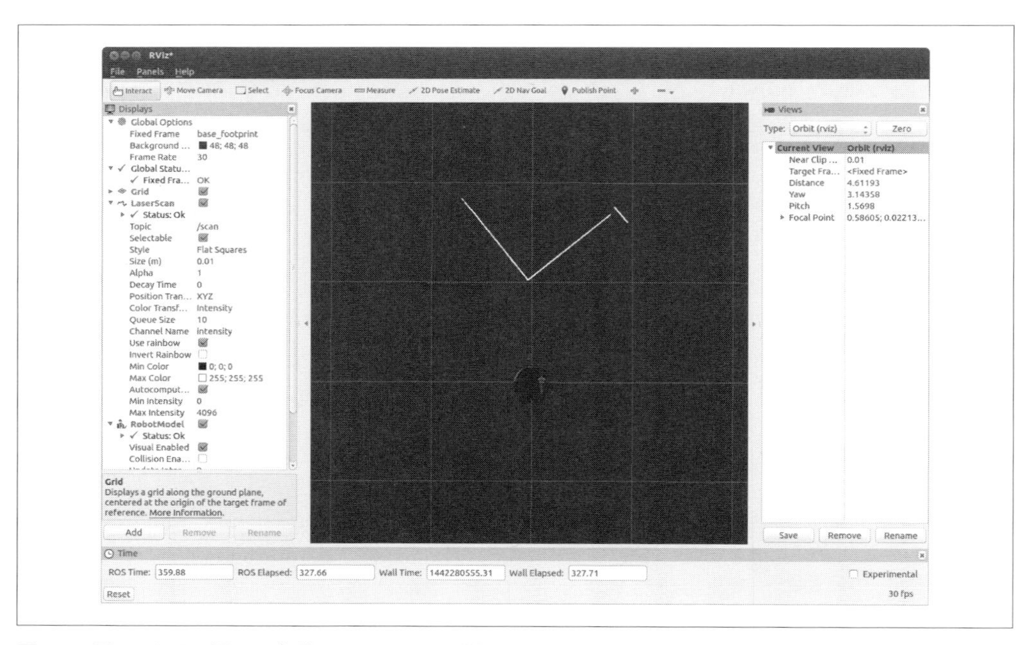

図7-3 図7-2と同じ場面の鳥瞰図にTurtlebotに搭載されているKinectをシミュレートしたセンサーデータから作り出されたレーザースキャンを重ねて表示──ロボットの前にある物は見えているが、ロボットの右側にある物の大部分は視野外となり検知できていない

センサーデータを使い始めるため、まず、scanトピックのデータをコンソールに表示してみて、シミュレートされたレーザースキャナーが動作していることを確認してみてください。まだ起動していなければ、Turtlebotのシミュレーターを起動してください。

```
user@hostname$ roslaunch turtlebot_gazebo turtlebot_world.launch
```

次に、他のコンソールでrostopicを使ってそのトピックをエコー表示してください。

```
user@hostname$ rostopic echo scan
```

LaserScan型のメッセージを表すテキストが出力され続けるでしょう。飽きたら、Ctrl-Cを押して止めてください。出力されたテキストのほとんどが、LaserScanメッセージのrangesメンバーで、この例での関心の中心となるデータです。このranges配列は、Turtlebotから最も近い障害物までの距離を円周方向ごとに格納した配列で、それぞれの方向はranges配列のインデックスから簡単に計算することができます。具体的には、メッセージのインスタンス名がmsgで、ranges配列のインデックスをiとすると、その方向は次の式で計算できます。

```
bearing = msg.angle_min + i * msg.angle_max / len(msg.ranges)
```

ロボットの真正面にある一番近い障害物までの距離を得るには、ranges配列の中央の要素を選択します。

```
range_ahead = msg.ranges[len(msg.ranges)/2]
```

また、スキャナーで検出した一番近い障害物までの距離を取得するには、次のようにします。

```
closest_range = min(msg.ranges)
```

ここでの信号の流れは見かけによらずとても複雑です。**シミュレーションされた**レーザースキャンの要素からデータを選んで取り出しているだけなのですが、このレーザースキャンデータは、Turtlebotに搭載されたKinectの深度カメラの情報列から数行分を取り出すことで生成されていて、さらにその深度カメラのデータは、Gazeboの仮想環境の中で光線追跡によって光線を環境内へ逆投影することで生成されているのです！　ロボットソフトウェア開発においてシミュレーションの有用性は、いくら強調しても足りません。

例7-2は、ロボットの真正面の障害物までの距離を表示する完全なROSノードです。

例7-2　range_ahead.py

```
#!/usr/bin/env python
import rospy
from sensor_msgs.msg import LaserScan

def scan_callback(msg):
  range_ahead = msg.ranges[len(msg.ranges)/2]
```

```
  print "range ahead: %0.1f" % range_ahead

rospy.init_node('range_ahead')
scan_sub = rospy.Subscriber('scan', LaserScan, scan_callback)
rospy.spin()
```

この小さなプログラムは、ROSでデータストリームに接続して、それをPythonで処理することがいかに簡単であるかを示しています。scanトピックに新しいメッセージが到着するたびに、scan_callback()関数が呼び出されます。コールバック関数の中では、ロボットの真正面の障害物までの距離を出力しています。真正面の障害物までの距離はLaserScanメッセージのrangesフィールドの真ん中の要素に入っています。

```
def scan_callback(msg):
  range_ahead = msg.ranges[len(msg.ranges)/2]
  print "range ahead: %0.1f" % range_ahead
```

Gazeboの中でこのプログラムを試してみることができます。Turtlebotを移動させたり回転させてみましょう。Gazeboツールバーで、Translation（移動）アイコンをクリックして移動モードにしてから、Turtlebotをクリックしてシーンの中で動かしてみてください。range_ahead.pyを実行しているターミナルに、（もしあれば）Turtlebotの真正面にある一番近い障害物までの距離を示す数字（メートル単位）が表示され続けるはずです。

Gazeboには回転ツールもあり（デフォルトでは）モデルをその垂直軸周りで回転させることができます。モデルを移動したり回転している間もシミュレーションは（デフォルトでは）動いたままなので、すぐにrange_ahead.pyプログラムの出力結果が変わるはずです。

7.3 センシングとアクチュエーション：Wander-bot！

さて、これでTurtlebotを**オープンループ**で移動させるred_light_green_light.pyと、Turtlebotのセンサーを使ってロボットの真正面にある最も近い障害物までの距離を測定することができるrange_ahead.pyを作ることができました。この2つの機能を合わせると**例7-3**に示すwander.pyを書くことができます。このプログラムは、Turtlebotが障害物を0.8m以内に発見するか30秒経過してタイムアウトするまでTurtlebotをまっすぐに直進させます。その後、Turtlebotは停止して、新しい方向に回転します。これらの2種類の動作を時間切れになるかCtrl-Cが送られるまで続けます。

例7-3　wander.py

```
#!/usr/bin/env python
import rospy
from geometry_msgs.msg import Twist
```

```
from sensor_msgs.msg import LaserScan

def scan_callback(msg):
  global g_range_ahead
  g_range_ahead = min(msg.ranges)

g_range_ahead = 1 # 初期値
scan_sub = rospy.Subscriber('scan', LaserScan, scan_callback)
cmd_vel_pub = rospy.Publisher('cmd_vel', Twist, queue_size=1)
rospy.init_node('wander')
state_change_time = rospy.Time.now()
driving_forward = True
rate = rospy.Rate(10)

while not rospy.is_shutdown():
  if driving_forward:
    if (g_range_ahead < 0.8 or rospy.Time.now() > state_change_time):
      driving_forward = False
      state_change_time = rospy.Time.now() + rospy.Duration(5)
  else: # driving_forwardがTrueでない場合
    if rospy.Time.now() > state_change_time:
      driving_forward = True # 回転を終え、直進に戻る！
      state_change_time = rospy.Time.now() + rospy.Duration(30)
  twist = Twist()
  if driving_forward:
    twist.linear.x = 1
  else:
    twist.angular.z = 1
  cmd_vel_pub.publish(twist)

  rate.sleep()
```

いつものROSのPythonプログラムと同じように、まずrospyと必要なROSメッセージのモジュールを読み込むことから始めます。この例ではTwistとLaserScanのメッセージのモジュールです。このプログラムはとても簡単なので、（シミュレーションの）レーザースキャナーが検出した距離の最小値を格納する変数として、g_range_aheadというグローバル変数を使います。scan_callback()関数は、単にグローバル変数にその距離をコピーするだけのとても簡潔なものになっています。もちろん、この方法は複雑なプログラムではあまり良いやり方ではありませんが、この簡単な例では問題ないことにします。

実際のプログラムの処理は、これまでと同じように、scanの購読者（subscriber）とcmd_velの配信者（publisher）を作ることから始まります。続いて、ロボットをコントロールするロジックで使用する2つの変数state_change_timeとdriving_forwardもセットアップしています。rate変数は

rospyから構築できる便利な機能を保有しています。それは一定の周期で動作するループを作るときに使います。この例の場合、コントローラーを10 Hzで動作させたいので、rospy.Rateのコンストラクターに10を渡しています。その後、rate.sleep()をメインループの最後で呼ぶことで、そこを通るたびに、rospyはスリープする時間を調整して平均して10 Hzに近づくようにしてくれます。実際にスリープする時間は、このコントロールループで行う処理の内容とコンピューターの処理能力に依存して変わりますが、私たちは、rospy.Rate.sleep()を呼べばよいだけで、それを気にする必要はありません。

制御ループの内部はできるだけ単純にしています。ロボットはdriving_forwardかnot driving_forwardという2つの状態のいずれかの状態にあります。driving_forward状態のときには、ロボットは0.8mより近い場所に障害物を発見するか、30秒が経過するまで直進して、その後、not driving_forward状態に移行します。

```
if (g_range_ahead < 0.8 or rospy.Time.now() > state_change_time):
  driving_forward = False
  state_change_time = rospy.Time.now() + rospy.Duration(5)
```

ロボットがnot driving_forward状態のときには、その場で5秒間回転し、driving_forward状態に戻ります。

```
if rospy.Time.now() > state_change_time:
  driving_forward = True # 回転を終え、直進に戻る！
  state_change_time = rospy.Time.now() + rospy.Duration(30)
```

前と同じように、Turtlebotのシミュレーションでこのプログラムをすぐにテストすることができます。やってみましょう。

```
user@hostname$ roslaunch turtlebot_gazebo turtlebot_world.launch
```

そして、別のコンソールでwander.pyを実行可能にして、実行します。

```
user@hostname$ chmod +x red_light_green_light.py
user@hostname$ ./wander.py cmd_vel:=cmd_vel_mux/input/teleop
```

Turtlebotが、障害物との衝突を避けながら、目的もなく動き回っているでしょう。やりましたね！

7.4 まとめ

本章では、最初にred_light_green_light.pyで、単純なタイマーでTurtlebotが動いたり、止まったりするだけのオープンループの制御システムを作りました。次に、Turtlebotの深度カメラから情報を読み取る方法を学びました。そして最後のWander-botプログラムwander.pyでは、センシングとアクチュエーションの両方を使うことでTurtlebotが障害物を避けながらランダムに環境内を動き回らせることに成功しました。このプログラムは、ROSのストリームデータ通信メカニズム、ロボットのセンサーとアクチュエーターの議論、Gazeboのシミュレーションフレームワークなど、これまで本書で紹介してきた多くのことの集大成でもありました。次の章では、ユーザーからの入力を待ち、より複雑な処理を行うTeleop-botを作ります。

第Ⅱ部

ROSを使って動き回る

8章 Teleop-bot（テレオペボット）

第I部ではROSにおける基礎的なコンセプトを扱い、多くのロボットに共通のサブシステムについて概要を説明してきました。そして第I部の最後ではWander-botを作りました。これは、Turtlebotを目的なく動き回らせるプログラムでした。これ以降の第II部では、ロボットの動きを徐々に洗練していき、最先端の2次元のナビゲーションシステムまでの一連のロボットの作り方を解説します。第II部の最後では、標準的なROSパッケージを使ってマニピュレーターアームを動かす方法を説明します。

本章では、ロボットを**遠隔操作**でどのようにして動かすかについて説明します。**ロボット**という用語は、どのような状況でも自分自身で判断し行動できる**完全自律型**のロボットのイメージを思い起こさせます。しかし、多くの領域では、さまざまなことに起因し、近くにいる人間がガイドするというのが普通です。一般的に、遠隔操作システムは、自律システムより簡単なので、そこから始めるのが自然です。本章では、徐々に複雑な遠隔操作システムを作っていきます。

前章に引き続き、`Twist`メッセージを配信してTurtlebotを動かします。`Twist`メッセージは完全な3次元の動きを記述することができますが、差動駆動の平面ロボットを操作する場合には、2つのメンバーを与えるだけで十分です。並進速度（前進／後退）と鉛直軸周りの回転角速度です。その回転角速度は、**ヨーレート**とも呼ばれ、どのくらい速くロボットが回転できるかの簡単な尺度です。これら2つのフィールド情報をもとに、実際に動かさなければならない各車輪の速度が、車輪の間隔と車輪の直径から求められます。この計算は、通常、ソフトウェアスタックの低レベル、つまり、ロボットのデバイスドライバーかオンボードのマイクロコントローラーのファームウェアで行われます。遠隔操作ソフトウェアの観点からは、それぞれm/sとラジアン/sで表した並進速度と回転角速度を単に命令すればよいのです。

ロボットを移動させるために移動速度に関する命令のストリームを生成する必要があることがわかりました。次の疑問はロボットの操縦者からどのようにそれらのコマンドを引き出すかです。この問題に対してはさまざまなアプローチがあります。まず最も簡単なアプローチから始めましょう。キーボード入力です。

8.1 開発パターン

本書の残りの部分では、可能なかぎりROSのデバッギングツールを活用するような開発パターンを推奨していきます。ROSはトピックベースで通信を行う分散システムなので、デバッグを手助けするテスト環境をすぐに作ることができます。これにより、コードを少し変更するたびに、システムの一部だけを起動したり停止したりすることができます。ソフトウェアを非常に小さなメッセージパッシングを行うプログラムの集まりとして構成することで、そのメッセージの流れの中に簡単にROSのデバッグツールを挿入できるようになり、より生産的になります。

今回のようにTeleop-botの速度コマンドを生成する場合には、次の2つのプログラムを書きます。1つ目のプログラムはキー入力を受け取り、それをROSのメッセージとしてブロードキャストします。もう1つのプログラムは、そのキー入力のROSメッセージを受け取って、レスポンスとして`Twist`メッセージを出力します。この迂回路的なレイヤーは、本システムを2つの機能で分離する助けをします。こうすることにより、私たち自身やオープンソースコミュニティーの誰か他の人がそれぞれの機能を別のシステムで再利用しやすくします。また、小さなROSノードの集まりを作ることは、手動の、もしくは（特に）自動のソフトウェアテストの作成を簡単にしてくれます。例えば、キー入力メッセージとしてあらかじめ準備されたシーケンスをノードに送ることができます。ノードはこのキー入力を動作コマンドに変換します。例えば、あらかじめ定義された「正しい」レスポンスがあったとして、これと実際の出力の動作を比較することができます。このようにして、自動テストをセットアップし、ソフトウェアの開発が進む中で、期待する動作が正しく維持されているかを自動検証する仕組みが設置できるのです。

タスクをどのようなROSノードに分割すべきかという最もハイレベルの設計方針が決まれば、次はそれらを書くことです！ ソフトウェア設計のアプローチとして、期待するシステムの**スケルトン**（コンソールメッセージを表示したり、システム中の他のノードにダミーメッセージを配信するもの）を作るのは役に立つことがあります。しかしながら、お勧めのアプローチは、新しいROSノードに必要な機能を手早く、少しずつ作っていくというアプローチです。また1つ1つのノードはなるべく**小さく**することを強く推奨しています。

8.2 キーボードドライバー

キーボード版Teleop-bot用に最初に書く必要のあるノードはキーボードドライバーです。このドライバーはキーボード入力を監視し、それを`keys`トピック上の`std_msgs/String`メッセージとして配信します。これを行う方法はたくさんあります。**例8-1**はPythonの`termios`と`tty`ライブラリを使い、ターミナルをrawモードにし、キー入力を受け取り、それを`std_msgs/String`メッセージとして配信します。

例8-1 key_publisher.py

```
#!/usr/bin/env python
import sys, select, tty, termios
import rospy
from std_msgs.msg import String

if __name__ == '__main__':
  key_pub = rospy.Publisher('keys', String, queue_size=1)
  rospy.init_node("keyboard_driver")
  rate = rospy.Rate(100)
  old_attr = termios.tcgetattr(sys.stdin)
  tty.setcbreak(sys.stdin.fileno())
  print "Publishing keystrokes. Press Ctrl-C to exit..."
  while not rospy.is_shutdown():
    if select.select([sys.stdin], [], [], 0)[0] == [sys.stdin]:
      key_pub.publish(sys.stdin.read(1))
    rate.sleep()
  termios.tcsetattr(sys.stdin, termios.TCSADRAIN, old_attr)
```

このプログラムはtermiosライブラリを使って、生のキーストロークを受け取っています。生のキーストロークを受け取るにはUnixコンソールの挙動を変更する必要があります。通常は、コンソールはテキスト1行まるごとをバッファリングし、ユーザーがEnterキーを押したときだけ、テキストをプログラムに送信するからです。今回の場合、ユーザーがキーを押したらすぐにそれをプログラムの標準入力として受け取りたいのです。コンソールの挙動を変えるために、まずは現在の設定を保存しておきます。

```
old_attr = termios.tcgetattr(sys.stdin)
tty.setcbreak(sys.stdin.fileno())
```

これでstdinストリームをポーリングして何かキーが押されていないかいつでも確認することができるようになりました。単にstdinをブロックして新しいキーが押されるまで待つこともできますが、これではプロセスがROSのコールバックを呼ばないようになってしまい、キーボード入力を送る以外の何の機能も付け加えられなくなってしまいます。このため、0秒でタイムアウトするように指定してselect()を代わりに呼び出すようにします。select()はすぐにリターンします。後は、rate.sleep()で残りの時間をスリープすればよいのです。これを以下に示します。

```
if select.select([sys.stdin], [], [], 0)[0] == [sys.stdin]:
  key_pub.publish(sys.stdin.read(1))
rate.sleep()
```

最後に、コンソールを標準モードに戻してからプログラムから抜ける必要があります。

```
termios.tcsetattr(sys.stdin, termios.TCSADRAIN, old_attr)
```

このキーボードドライバーノードが期待どおりに動いているかどうかをテストするには、3つのターミナルが必要です。最初のターミナルでは、roscoreを実行します。2番目のターミナルでは、key_publisher.pyノードを実行します。3番目のターミナルではrostopic echo keysを実行し、keysトピックで受信するメッセージをすべてコンソールに表示します。次に、2番目のターミナルをクリックするか、ウィンドウマネージャーのAlt-Tabのようなターミナルを切り替えるショートカットを使って、フォーカスを2番目のターミナルに戻してください。このターミナルでキーを入力するとstd_msgs/Stringメッセージが生成され、3番目のターミナルに表示されます。うまくいきましたか！ 一通り確認できたら、すべてのターミナルでCtrl-Cを押し、すべてを終了させます。

普通のキー、例えば文字や数字、単純な句読点などは、期待どおりの挙動をしますが、「拡張」キー、例えば矢印キーなどのstd_msgs/Stringメッセージは、特殊な記号や複数のメッセージ（またはその両方）からなっていることに気づくでしょう。これは想定どおりの挙動です。先ほどの最小構成のkey_publisher.pyノードはstdinから1文字ずつ文字を引き出すだけなのです —— このkey_publisher.pyをよりよくするのは意欲のある読者のために練習問題としましょう！ 以下ではアルファベットの文字だけを使うことにします。

8.3 動作の生成

本節では、標準的なキーボードのマッピングを使うことにします。すなわち、キーボードの「W」「X」「A」「D」「S」キーを、それぞれロボットの「前進」「後退」「左回転」「右回転」「停止」に割り当てます。

この問題の最初の試みとして、std_msgs/Stringメッセージを受け取り、その最初の文字があらかじめ決めておいた文字であれば、Twistメッセージを出力するというノードを作ってみます（**例8-2**参照）。

例8-2 keys_to_twist.py

```
#!/usr/bin/env python
import rospy
from std_msgs.msg import String
from geometry_msgs.msg import Twist

key_mapping = { 'w': [ 0, 1], 'x': [0, -1],
                'a': [-1, 0], 'd': [1,  0],
                's': [ 0, 0] }

def keys_cb(msg, twist_pub):
  if len(msg.data) == 0 or not key_mapping.has_key(msg.data[0]):
    return # 知らないキー
  vels = key_mapping[msg.data[0]]
  t = Twist()
```

```
  t.angular.z = vels[0]
  t.linear.x  = vels[1]
  twist_pub.publish(t)

if __name__ == '__main__':
  rospy.init_node('keys_to_twist')
  twist_pub = rospy.Publisher('cmd_vel', Twist, queue_size=1)
  rospy.Subscriber('keys', String, keys_cb, twist_pub)
  rospy.spin()
```

このプログラムでは、キーストロークとターゲットの速度のマッピングを格納するのにPythonの辞書を使っています。

```
key_mapping = { 'w': [ 0, 1], 'x': [0, -1],
                'a': [-1, 0], 'd': [1,  0],
                's': [ 0, 0] }
```

keysトピック用のコールバック関数の中で、入力されたキーをこの辞書で調べます。キーが見つかれば、ターゲットの速度を辞書から取り出します。

```
if len(msg.data) == 0 or not key_mapping.has_key(msg.data[0]):
  return # 知らないキー
vels = key_mapping[msg.data[0]]
```

ロボットが制御不能のまま走り去ってしまわないように、ほとんどのロボットのデバイスドライバーは、数百ミリ秒の間メッセージを受信しなければ、自動的にロボットを停止させます。したがって、このプログラムは機能はしますが、ロボットを継続的に動かすためにはTwistメッセージを送り続ける必要があり、このためにはキー押下に対するストリームが継続的に流れていなければなりません。これでは数秒間は楽しいですが、「おお、ロボットが動いている」という幸福感は徐々に薄れていくことでしょう。改善点を探しましょう！

ロボットのファームウェアのタイムアウトのような問題は、デバッグするのが難しくなりがちです。よくある複雑なシステムと同様、ROSでもデバッグのための鍵はシステムをより小さな部分に分割し、問題がどこにあるかを発見する方法を見つけることです。rostopicツールはこのような場面で役に立ちます。前節と同様に3つのターミナルを起動します。1つはroscoreで、もう1つはkey_publisher.py、最後にkey_to_twist.pyです。そして、rostopicのさまざまな使い方を試すため4番目のターミナルを起動します。

まず初めに、どんなトピックが利用可能か見てみます。

```
user@hostname$ rostopic list
```

これは以下を出力します。

```
/cmd_vel
/keys
/rosout
/rosout_agg
```

最後の2つの項目/rosoutと/rosout_aggは汎用のROSログシステムの一部であり、常に動いています。他の2つ、/cmd_velと/keysはここでのプログラムが配信しているものです。それでは、cmd_velのデータストリームをコンソールに出力してみましょう。

```
user@hostname$ rostopic echo cmd_vel
```

key_publisher.pyのコンソールで有効なキーを押されるたびに、rostopicコンソールはkey_to_twist.pyが配信した結果のTwistメッセージの内容を出力します。うまくいきましたか！ うまくいったらCtrl-Cを押して終了します。次に、rostopic hzを使って、メッセージの平均配信周期を求めましょう。

```
user@hostname$ rostopic hz cmd_vel
```

rostopic hzコマンドは、あるトピックに流れるメッセージの平均配信周期を毎秒計算し、コンソールにその結果を出力します。keys_to_twist.pyでは、この値は、キーボードドライバーのコンソール上でキーが入力されるたびにほんの少しだけ上下しますが、常にほとんど0です。

rostopicツールは皆さんの相棒です。実際にほとんどすべてのROSプログラミングと（特に）デバッグの場面において、開発しているシステムの内容をすばやく確認したり、データが期待どおりに流れていることを確認するなど、何らかの形でrostopicを利用することになります。

このノードを、規則的な周期で速度コマンドが送られてくることを期待しているロボットで使えるようにするために、Twistメッセージを100ミリ秒ごと、すなわち10Hzの周期で出力するようにします。新しいキーが押されなければ、最後のコマンドを単に繰り返すことにします。whileループの中でsleep(0.1)を呼び出すことでも実現できそうですが、sleepを使うとループが10Hzよりは「速くならない」ことを保証してくれるだけです。つまり、ループ自体のスケジューリングと実行時間を考慮していないので、このループのタイミングは結果としてかなりの変動が発生することになります。コンピューターはさまざまなクロックスピードで動き、計算速度もさまざまなので、特定の更新レートを維持するのにどれぐらいスリープすればいいのかということを事前に知ることはできません。したがって、**例8-3**に示すように、ループをするタスクはROSのRateを使って実現するようにしてください。これはループを処理するのに消費される時間を常に計算し、より安定した周期での繰り返し処理を実現します。

例8-3　keys_to_twist_using_rate.py

```
#!/usr/bin/env python
import rospy
from std_msgs.msg import String
from geometry_msgs.msg import Twist

key_mapping = { 'w': [ 0, 1], 'x': [0, -1],
                'a': [-1, 0], 'd': [1,  0],
                's': [ 0, 0] }
g_last_twist = None

def keys_cb(msg, twist_pub):
  global g_last_twist
  if len(msg.data) == 0 or not key_mapping.has_key(msg.data[0]):
    return # 知らないキー
  vels = key_mapping[msg.data[0]]
  g_last_twist.angular.z = vels[0]
  g_last_twist.linear.x  = vels[1]
  twist_pub.publish(g_last_twist)

if __name__ == '__main__':
  rospy.init_node('keys_to_twist')
  twist_pub = rospy.Publisher('cmd_vel', Twist, queue_size=1)
  rospy.Subscriber('keys', String, keys_cb, twist_pub)
  rate = rospy.Rate(10)
  g_last_twist = Twist() # 0に初期化
  while not rospy.is_shutdown():
    twist_pub.publish(g_last_twist)
    rate.sleep()
```

keys_to_twist_using_rate.pyノードを実行した状態で、rostopic hz cmd_velを実行してみると、常に10Hzでメッセージストリームが流れていることを確認することができます。メッセージ自体も、前節のように別のコンソールでrostopic echo cmd_velを実行することで見ることができます。このプログラムと前のプログラムの主な差は、rospy.Rate()を使っているあたりです。

```
rate = rospy.Rate(10)
g_last_twist = Twist() # 0に初期化
while not rospy.is_shutdown():
  twist_pub.publish(g_last_twist)
  rate.sleep()
```

ロボットに送られる速度コマンドのような低次元のデータをデバッグする場合に役に立つのが、データストリームの時系列によるプロットです。ROSはrqt_plotと呼ばれるコマンドラインツールを提供しています。rqt_plotは、数値データからなるメッセージストリームを受け取り、リアルタイムでグラフィカルにプロットします。数値データは**どのようなもの**でもかまいません。

rqt_plotで可視化するには、プロットしたいメッセージフィールドの名前をrqt_plotに知らせる必要があります。このフィールド名を見つけるためにはいくつかの方法あります。最も簡単な方法はrostopic echoの出力を見ることです。これは常にYAML形式で出力されます。YAML形式は単純な空白ベースのマークアップフォーマットです。例えば、rostopic echo cmd_velは次のような出力を表示します。

```
linear:
  x: 0.0
  y: 0.0
  z: 0.0
angular:
  x: 0.0
  y: 0.0
  z: 0.0
```

ネスト構造は、空白による字下げで示されています。最初に、x、y、zという名前のフィールドを持つlinearフィールドの構造があります。続いて、同じメンバーを持つangularフィールドが続きます。

また、rostopicを使ってトピックの中のデータ型を見つけることもできます。

```
user@hostname$ rostopic info cmd_vel
```

これは、そのトピックの配信者と購読者に関する非常に多くの情報を出力します。また、cmd_velトピックがgeometry_msgs/Twist型であることもわかります。データ型がわかったので、rosmsgコマンドを使ってその構造を表示することができます。

```
user@hostname$ rosmsg show geometry_msgs/Twist
geometry_msgs/Vector3 linear
  float64 x
  float64 y
  float64 z
geometry_msgs/Vector3 angular
  float64 x
  float64 y
  float64 z
```

このコンソールの出力から、Twistメッセージのlinearとangularのメンバーが、x、y、zというフィールド名を持つgeometry_msgs/Vector3型であるということがわかります。確かに、このことはrostopic echoの出力ですでにわかっていました。しかし、rosmsg showは、コンソールに出力するデータストリームがない状況で、このような情報を取得したい場合に便利です。

さて、トピックの名前とそのフィールドの名前がわかったので、ここで配信している並進速度のストリームをプロットすることができます。スラッシュを使うことで、メッセージ構造の中に降りていき、興味のあるフィールドを選びます。前に説明したように、平面差動駆動型のロボットでは、Twistメッセージの0でないフィールドは、x軸方向の並進速度（前進／後退）とz軸（yaw）の回転角速度だけです。次のコマンドで、これらのフィールドのストリームをプロットし始めることができます。

```
user@hostname$ rqt_plot cmd_vel/linear/x cmd_vel/angular/z
```

このプロットは**図8-1**のようなものです。キーを押すと速度のストリーミングのコマンドが変化します。

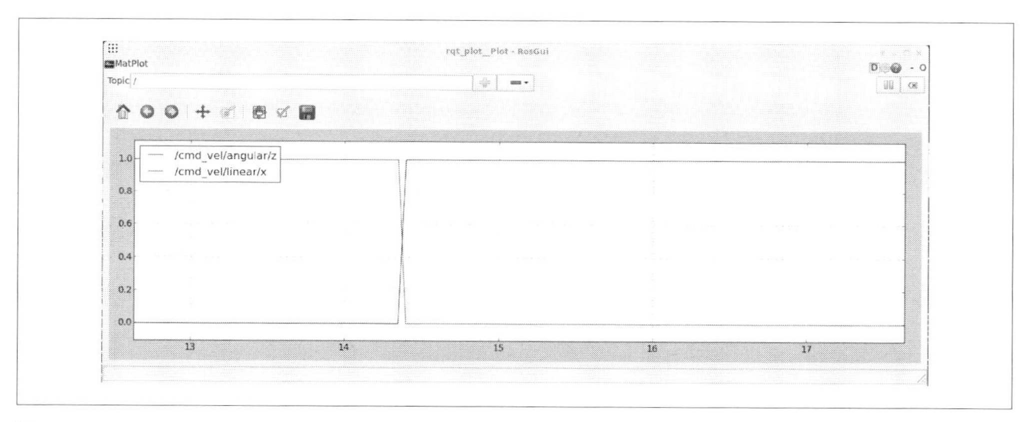

図8-1　rqt_plotによって描画された並進速度と回転角速度コマンドのライブプロット

キーボードで文字を押すことで、速度コマンドをロボットに送り、その速度をライブプロットで見ることができる一連のパイプラインができました。すばらしい！ しかし、改良の余地はたくさんあります。まず、先ほどのプロットで、速度が常に0、－1、＋1のいずれかであることに注意してください。ROSは常にSI単位を使います。これはロボットに対して、秒速1メートルで前進あるいは後退し、秒速1ラジアンで回転するよう要求しているということです。悩ましいことに、ロボットはそれが活用される場面によって動く速度もさまざまです。自動運転車にとっては、秒速1メートルは非常に遅いですが、廊下を移動する小型の屋内用ロボットにとっては、秒速1メートルは実際ところきわめて速いのです。このプログラムが複数のロボットを扱えるようになるためには、このプログラムに**パラメーター化**できる機能が必要です。次の節ではこのパラメーター化を行います。

8.4 パラメーターサーバー

ROSの**パラメーター**を使ってkeys_to_twist_using_rate.pyプログラムを改良し、並進速度と回転角速度のスケールを指定できるようにします。プログラムにパラメーターを与える方法は無数にあります。ロボットシステムの開発時には、いろいろな方法でパラメーターが設定できると便利です。例えば「デバッグ時にコマンドラインで」「roslaunchファイルの中で」「グラフィカルインタフェースから」「他のROSノードから」あるいは「複数のプラットフォームや環境向けに明確に動作を定義したパラメーターファイルから」などです。ROSマスター機能などを含むroscoreには**パラメーターサーバー**としての機能が含まれており、すべてのROSノードとコマンドラインツールはここからパラメーターを読み出したり、書き込んだりすることができます。このパラメーターサーバーの機能は、非常に洗練されたやり取りをサポートしていますが、本章では、遠隔操作ノードの実行時に、コマンドラインでパラメーターを設定することのみを実際に試してみます。

パラメーターサーバーは一般的なキー／バリューの形式でデータを格納します。パラメーター名の付け方にはたくさんの方法がありますが、今回の遠隔操作ノードでは、**プライベートな**パラメーター名を付けることにします。ROSでは、プライベートなパラメーター名であっても、パブリックにアクセスすることができます。ここでの「プライベート」とはパラメーターの完全な名前がノード名の後にパラメーター名を加えるという形式を成すパラメーターのことを示しています。ノード名は常に一意ですので（「2.5 名前、名前空間、リマッピング」参照）、こうすることで名前が衝突しません。例えば、ノード名がkeys_to_twistであれば、keys_to_twist/linear_scaleやkeys_to_twist/angular_scaleといった名前のプライベートパラメーターを持つことができます。

ノードの起動時にコマンドラインでプライベートパラメーターを設定する場合は、次のように、パラメーター名の先頭にアンダースコア（_）を付け、:=構文を使って値を設定します。

```
./keys_to_twist_parameterized.py _linear_scale:=0.5 _angular_scale:=0.4
```

これにより、ノードの起動直前に、keys_to_twist/linear_scaleパラメーターは0.5に設定され、keys_to_twist/angular_scaleパラメーターは0.4に設定されます。これらのパラメーターの値は**例8-4**に示すようにhas_param()やget_param()で取得できます。

例8-4　keys_to_twist_parameterized.py

```
#!/usr/bin/env python
import rospy
from std_msgs.msg import String
from geometry_msgs.msg import Twist

key_mapping = { 'w': [ 0, 1], 'x': [0, -1],
                'a': [-1, 0], 'd': [1, 0],
                's': [ 0, 0] }
g_last_twist = None
g_vel_scales = [0.1, 0.1] # デフォルトは非常に遅い

def keys_cb(msg, twist_pub):
  global g_last_twist, g_vel_scales
  if len(msg.data) == 0 or not key_mapping.has_key(msg.data[0]):
```

```
      return # 知らないキー
    vels = key_mapping[msg.data[0]]
    g_last_twist.angular.z = vels[0] * g_vel_scales[0]
    g_last_twist.linear.x  = vels[1] * g_vel_scales[1]
    twist_pub.publish(g_last_twist)

if __name__ == '__main__':
  rospy.init_node('keys_to_twist')
  twist_pub = rospy.Publisher('cmd_vel', Twist, queue_size=1)
  rospy.Subscriber('keys', String, keys_cb, twist_pub)
  g_last_twist = Twist() # 0に初期化する
  if rospy.has_param('~linear_scale'):
    g_vel_scales[1] = rospy.get_param('~linear_scale')
  else:
    rospy.logwarn("linear scale not provided; using %.1f" %\
                  g_vel_scales[1])

  if rospy.has_param('~angular_scale'):
    g_vel_scales[0] = rospy.get_param('~angular_scale')
  else:
    rospy.logwarn("angular scale not provided; using %.1f" %\
                  g_vel_scales[0])

  rate = rospy.Rate(10)
  while not rospy.is_shutdown():
    twist_pub.publish(g_last_twist)
    rate.sleep()
```

起動時に、このプログラムはrospy.has_param()とrospy.get_param()を使ってパラメーターサーバーに問い合わせ、指定したパラメーターが設定されていなければ、警告を出力します。

```
if rospy.has_param('~linear_scale'):
  g_vel_scales[1] = rospy.get_param('~linear_scale')
else:
  rospy.logwarn("linear scale not provided; using %.1f" %\
                g_vel_scales[1])
```

この警告は、ROSのロギングシステムを使って出力されます。これは、Python標準のprint()よりもいくつか優れた点があります。例えばlogwarn()やloginfo()やlogerror()は、色分けしたテキストをコンソールに表示します。ささいなことに感じるかもしれませんが、ノイズの多いコンソールで実際に警告やエラーを探してスクロールするときにこれは非常に役立ちます。また、（追加の作業をすれば）警告とエラーに関するROSのロギング呼び出しを1つのコンソールに統合することもできます。これにより、巨大で複雑なノードの集まりが投げてくる警告とエラーをより簡単に監視することができるのです。

rospy.logwarn()で生成される警告メッセージの先頭にはタイムスタンプも付きます。

```
[WARN] [WallTime: 1429164125.989] linear scale not provided. Defaulting to 0.1
[WARN] [WallTime: 1429164125.989] angular scale not provided. Defaulting to 0.1
```

get_param()関数は、オプションで2つ目のパラメーターを持つことができます。このパラメーターは、パラメーターサーバーにパラメーターキーがないときに、デフォルトのパラメーターとして利用されます。多くの場合、この第2パラメーターを使うことで、コードを短くしつつ適切な機能を提供できます。明示的に定義されたパラメーターを必要とし、かつ汎用的な利用を意図しているkeys_to_twist.pyのようなノードでは、has_param()を使って明示的にパラメーターの定義が存在するかを調べるとよいでしょう。

keys_to_twist_parameterized.pyを明示的なコマンドラインパラメーターで使う場合の構文は以下のようになります。

```
./keys_to_twist_parameterized.py _linear_scale:=0.5 _angular_scale:=0.4
```

これによりTwistメッセージの結果のストリームは、期待どおりにスケールされます。例えば、key_publisher.pyが実行しているコンソールでWキー（前進）を押すと、rostopic echo cmd_velの出力は次のようなメッセージストリームを表示するでしょう。

```
linear:
  x: 0.5
  y: 0.0
  z: 0.0
angular:
  x: 0.0
  y: 0.0
  z: 0.0
```

これでkeys_to_twist_parameterized.pyを起動するたびに、ロボットの最大速度を指定することができるようになりました。これらのパラメーターをlaunchファイルに書いておき、自動的に読み込ませ、より使いやすくすることもできます。こうすればパラメーターをいちいち覚えておく必要はありません！ しかし、その前に、有限の加速度という物理的な問題を扱う必要があります。この問題は次の節で説明します。

8.5 速度の増減

不運にも、質量を持った多くの物体と同じように、ロボットも瞬時にスタートしたりストップしたりはできません。ロボットの移動を物理学でとらえると、時間とともにだんだん加速していく物体です。ロボットの車輪のモーターに急激な負荷がかかると、たいていは何か悪いことが起きます。例えば、横滑りしたり、ベルトがスリップしたり、（ロボットが繰り返し最大電流の上限を超えるため）「振動」が起きたり、メカニカルな駆動系で何かが壊れる可能性があります。この問題を避けるために、ある一定の時間内で移動コマンドを**増減**させます。多くの場合、ロボットファームウェアの低レベルの部分がこのようなことを行っています。しかし、一般的にロボットが処理できないコマンドは送らないほうがよいでしょう。**例8-5**は出力する速度ストリームにこのような増減処理を適用したものです。モーターに要求しても瞬間的に加速するのを防ぎます。

例8-5 keys_to_twist_with_ramps.py

```
#!/usr/bin/env python
import rospy
import math
from std_msgs.msg import String
from geometry_msgs.msg import Twist

key_mapping = { 'w': [ 0, 1], 'x': [ 0, -1],
                'a': [ 1, 0], 'd': [-1,  0],
                's': [ 0, 0] }
g_twist_pub = None
g_target_twist = None
g_last_twist = None
g_last_send_time = None
g_vel_scales = [0.1, 0.1] # デフォルトは非常に遅い
g_vel_ramps = [1, 1] # 単位はm/s

def ramped_vel(v_prev, v_target, t_prev, t_now, ramp_rate):
  # 最大の速度ステップを計算する
  step = ramp_rate * (t_now - t_prev).to_sec()
  sign = 1.0 if (v_target > v_prev) else -1.0
  error = math.fabs(v_target - v_prev)
  if error < step: # この時間ステップ内にそこに到達できる---到達した
    return v_target
  else:
    return v_prev + sign * step  # ターゲットに向けてステップを進める

def ramped_twist(prev, target, t_prev, t_now, ramps):
  tw = Twist()
  tw.angular.z = ramped_vel(prev.angular.z, target.angular.z, t_prev,
                            t_now, ramps[0])
  tw.linear.x = ramped_vel(prev.linear.x, target.linear.x, t_prev,
                           t_now, ramps[1])
  return tw

def send_twist():
  global g_last_twist_send_time, g_target_twist, g_last_twist,\
         g_vel_scales, g_vel_ramps, g_twist_pub
  t_now = rospy.Time.now()
```

```
  g_last_twist = ramped_twist(g_last_twist, g_target_twist,
                              g_last_twist_send_time, t_now, g_vel_ramps)
  g_last_twist_send_time = t_now
  g_twist_pub.publish(g_last_twist)

def keys_cb(msg):
  global g_target_twist, g_last_twist, g_vel_scales
  if len(msg.data) == 0 or not key_mapping.has_key(msg.data[0]):
    return # 知らないキー
  vels = key_mapping[msg.data[0]]
  g_target_twist.angular.z = vels[0] * g_vel_scales[0]
  g_target_twist.linear.x  = vels[1] * g_vel_scales[1]

def fetch_param(name, default):
  if rospy.has_param(name):
    return rospy.get_param(name)
  else:
    print "parameter [%s] not defined. Defaulting to %.3f" % (name, default)
    return default

if __name__ == '__main__':
  rospy.init_node('keys_to_twist')
  g_last_twist_send_time = rospy.Time.now()
  g_twist_pub = rospy.Publisher('cmd_vel', Twist, queue_size=1)
  rospy.Subscriber('keys', String, keys_cb)
  g_target_twist = Twist() # 0に初期化する
  g_last_twist = Twist()
  g_vel_scales[0] = fetch_param('~angular_scale', 0.1)
  g_vel_scales[1] = fetch_param('~linear_scale', 0.1)
  g_vel_ramps[0] = fetch_param('~angular_accel', 1.0)
  g_vel_ramps[1] = fetch_param('~linear_accel', 1.0)

  rate = rospy.Rate(20)
  while not rospy.is_shutdown():
    send_twist()
    rate.sleep()
```

このコードはやや複雑ですが、ポイントとなる行はramped_vel()関数の中にあります。このコードでは、パラメーターとして与えられた加速度の制約の中で速度を計算します。この関数は呼ばれるたびに、目標の速度に向かって、1ステップずつ速度を変化させ、目標の速度がこの1ステップ以内なら、直接目標の速度にします。

```
def ramped_vel(v_prev, v_target, t_prev, t_now, ramp_rate):
  # 最大の速度のステップを計算する
  step = ramp_rate * (t_now - t_prev).to_sec()
```

```
sign = 1.0 if (v_target > v_prev) else -1.0
error = math.fabs(v_target - v_prev)
if error < step: # この時間ステップ内にそこに到達できる---到達した
  return v_target
else:
  return v_prev + sign * step  # ターゲットに向けてステップを進める
```

以下のように、呪文のようになったteleopプログラムをコマンドラインで実行すると、Turtlebotは適切な振る舞いをするようになります。

```
user@hostname$ ./keys_to_twist_with_ramps.py _linear_scale:=0.5\
    _angular_scale:=1.0 _linear_accel:=1.0 _angular_accel:=1.0
```

Turtlebotに送っているモーションコマンドは、**図8-2**に示すように、物理的に実行可能です。なぜなら、加速と減速に一定の時間をかけているからです。前に示したrqt_plotプログラムを使ってこのシステムをリアルタイムでプロットすることができます。

```
user@hostname$ rqt_plot cmd_vel/linear/x cmd_vel/angular/z
```

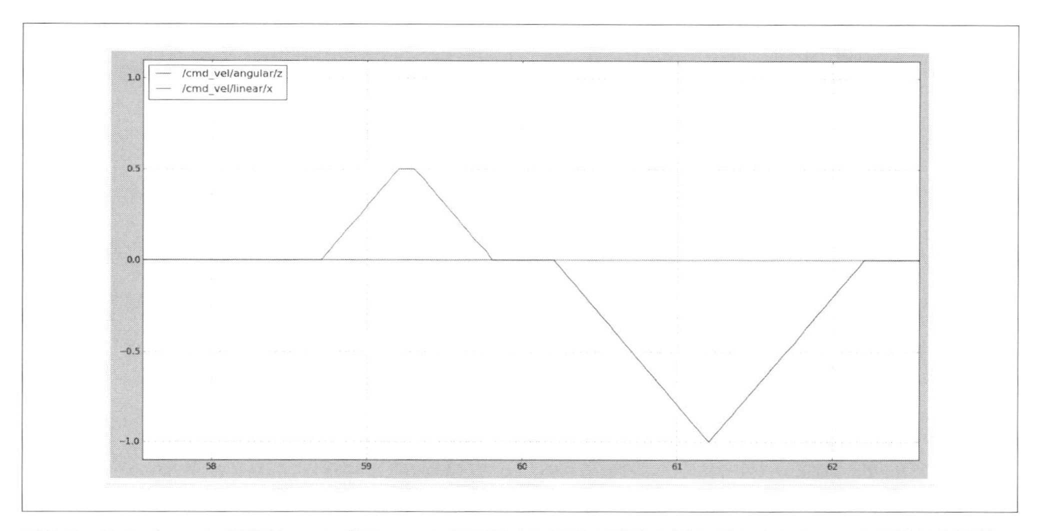

図8-2　このプロットの速度コマンドは、一定の時間での加速や減速の傾きがあるため、この軌道は物理的に達成可能

繰り返しになりますが、たとえ、Turtlebotに急な変更コマンドを送ったり、「ステップ」コマンドを実行しようとしても、信号経路、すなわち、メカシステムの物理的な側面のどこかで、これらのステップコマンドは傾きに合わせてゆっくりになってしまうでしょう。このような処理を上位のソフトウェアで行う場合の利点は、何が起きているかがわかりやすくなることです。これにより、システムの動作をより正確にとらえることができます。

8.6 操縦しよう！

さて、teleopプログラムは`cmd_vel`トピックを介して適切な`Twist`メッセージストリームを出力するようになりました。これで、さまざまなロボットを操縦できるようになりました。まずTurtlebotを操縦するところから始めましょう。ロボットシミュレーションという魔法のおかげで、コマンド1つでTurtlebotを起動し走らせることができます。

```
user@hostname$ roslaunch turtlebot_gazebo turtlebot_world.launch
```

これによりGazeboのインスタンスが**図8-3**に示すようなシミュレーター空間を起動します。同様に裏ではTurtlebotのソフトウェアとファームウェアがエミュレートされています。

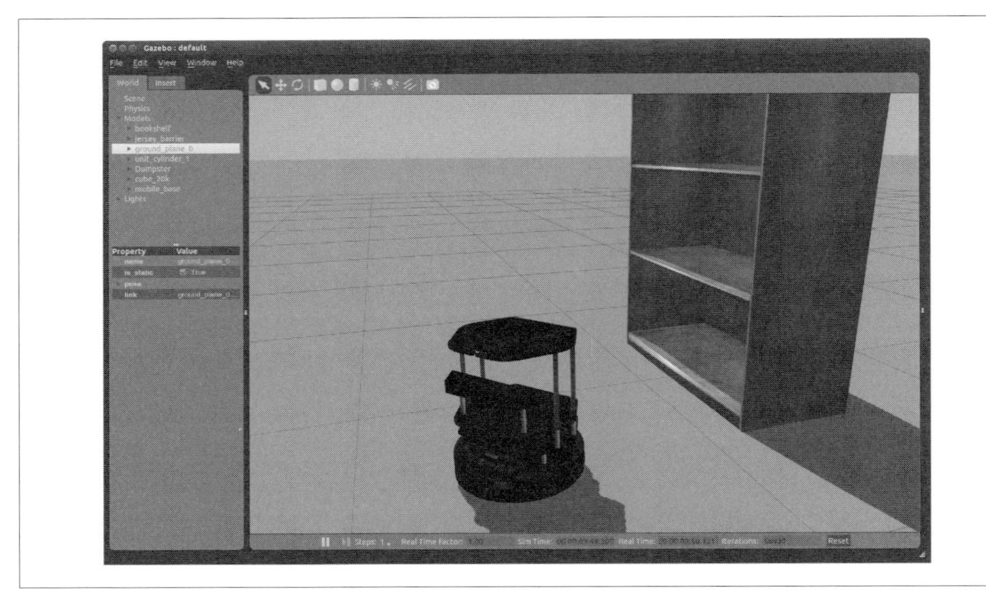

図8-3　Gazeboシミュレーター中で本棚の前にいるTurtlebotのシミュレーションのスナップショット

次に、作成したteleopプログラムを走らせましょう。これは、`cmd_vel`で`Twist`メッセージをブロードキャストします。

```
user@hostname$ ./keys_to_twist_with_ramps.py
```

残念なことに、これを実行しても、動かないでしょう。どうしてでしょうか？ Turtlebotは別のトピックの`Twist`メッセージを探しているからです。これは、分散ロボットソフトウェアシステム、つまり、ついでに言えば、大規模ソフトウェアシステムにおけるデバッグで共通する問題です。後の章でこの種の問題をデバッグするさまざまなツールについて説明します。ここでは、Turtlebotシミュレーターを動かすには、`cmd_vel_mux/input/teleop`という名前のトピックで`Twist`メッセージを配信する必要があります。つまり、そうなるようにcmd_velメッセージを**リマップ**する必要がありあます。コマンドラインでROSのリマッピング用の構文を使えば、ソースコードを変更せずにリマップすることができます。

```
user@hostname$ ./keys_to_twist_with_ramps.py cmd_vel:=cmd_vel_mux/input/teleop
```

さて、キーボードのW（前進）、X（後退）、A（左回転）、D（右回転）、S（停止）キーを使ってGazeboの中でTurtlebotを操縦できます。やりましたね！

このスタイルの遠隔操縦はリモートコントロールされた自動車が動くのと同じ仕組みです。すなわち、遠隔操作のオペレーターは、ロボットを視覚の中にとらえ、動作コマンドを送信し、それがどのようにロボットやその環境に影響するかを観測し、それに応じて何らかの操作を行います。しかしながら、ロボットを視覚の中にとらえ続けるのは不可能、もしくは、やっかいな場合が多いです。そこで遠隔操作のオペレーターはロボットのセンサーデータを可視化し、ロボットの**目**を通して世界を見ることが必要になります。ROSは、このようなシステムの開発を簡単にするツール（rvizなど）をいくつか提供しています。これらについては次の節で説明します。

8.7　rviz

rvizはROS visualization（ROS可視化）の略です。これは、ロボットやセンサー、アルゴリズム向けの汎用の3次元可視化環境です。ほとんどのROSツールと同様に、どのロボットにも使うことができ、特定のアプリケーションに対してすぐに設定できます。遠隔操作用に、ロボットのカメラ入力を見られるようにしましょう。まず、前の節で構築した構成を開始します。ターミナルを4つ開き、1つはroscore、もう1つはキーボードドライバー、そして、keys_to_teleop_with_rates.py、最後の1つはroslaunchスクリプトで、GazeboとシミュレートされたTurtleBotを起動します。次に、5つ目のコンソールが必要となります。このコンソールではrvizを実行します。これはrvizと呼ばれるパッケージに入っています。

```
user@hostname$ rosrun rviz rviz
```

rvizはROSシステムから送られてくるいろいろなデータ型をプロットすることができ、データの3次元での性質を理解しやすく表示してくれます。ROSでは、構成されるすべてのデータは、それぞれ1つの参照座標系に紐付けられます。例えば、Turtlebotのカメラは、Turtlebotの移動台座の中心から相対的に定義された参照座標系に付けられます。**オドメトリ**の参照座標系は、odomと呼ばれますが、習慣上、ロボットの電源を入れた場所、あるいは、距離計が最後にリセットされた場所を原点に持ちます。これらの座標系それぞれは、遠隔操作に役に立ちます。加えてロボットを「追跡する」ような視界が欲しくなることはよくあります。この場合の視界はロボットのすぐ後ろに付けられ、ロボットを「肩越し」に見ることになります。これは、カメラの視野は多くの場合人間より非常に狭く、ロボットのカメラ画像だけを頼りにしていると、遠隔操作では、コーナーを曲がるときになどに、気づかずにロボットの肩をぶつけてしまうようなことが簡単に起こるからです。追跡型の視界を生成するよう設定したrvizのサンプルビューを**図8-4**に示します。センサーデータをロボットの形状を描画しているのと同じ3次元のビューで見ることができると、遠隔操縦をもっと直感的に行うことができます。

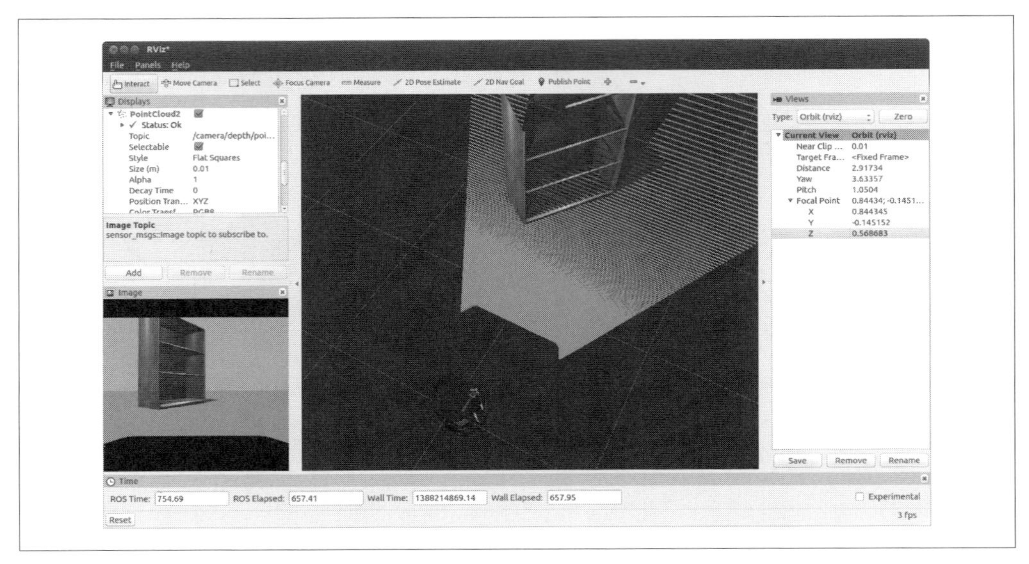

図8-4　深度カメラと2次元の画像データと同様に、Turtlebotの形状を描画するよう設定したrviz

多くのGUIツールと同じようにrvizはたくさんの**パネル**と**プラグイン**を持っており、与えられたタスクを行うためにそれぞれを設定します。rvizの設定には少し時間と労力がかかるので、現在の設定の**状態**をファイルに保存し再利用できるようになっています。また、rvizは標準では閉じる際に、そのときの設定を特別なローカルファイルに保存し、次にrvizを走らせるとき、同じパネルとプラグインが作成されて配置されるようになっています。

何も設定されていないデフォルトのrvizのウィンドウは、**図8-5**のような見た目になります。何もないので最初は面くらうかもしれませんが、次の2、3ページで、いろいろなデータストリームをrvizに加える方法を示し、最終的に**図8-4**に示すような見た目にしていきます。

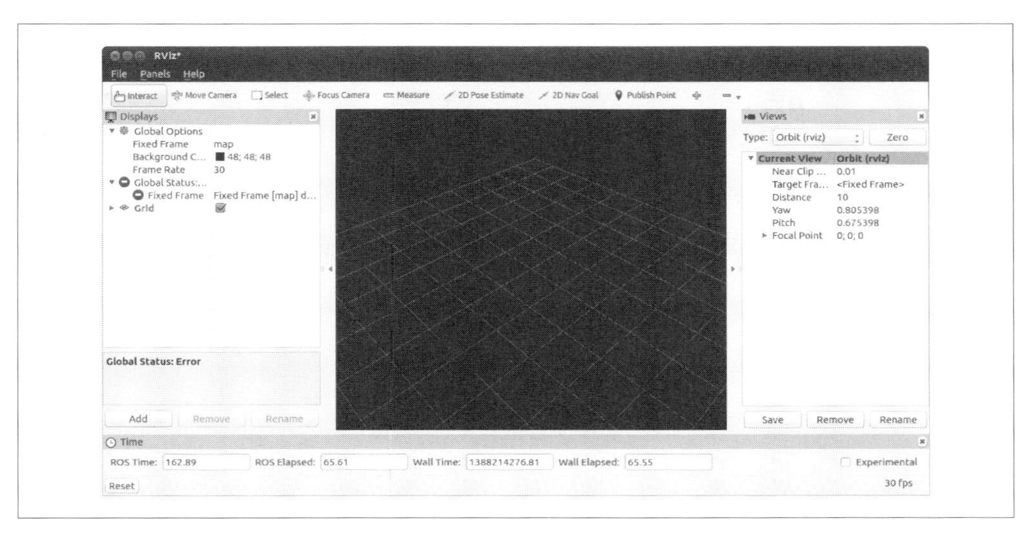

図8-5　rvizの最初の状態。ビジュアルパネルを何も設定していない状態

最初のタスクは可視化する座標系を選ぶことです。今回私たちは、ロボットの移動についてくるロボットの視点を可視化した視界を必要としています。どんなロボットでも、選択できる参照座標系はたくさんあります。移動台座の中心やロボットの構造が持つさまざまなリンク、あるいは車輪（この座標系は絶えずに180度ひっくり返るので、rvizの視点とするとめまいがするので注意してください）などが選択できます。今回は遠隔操作を目的として、Turtlebot上のKinectの深度カメラの光学中心が持つ座標系を選びます。rvizの左のパネル上部にある［Fixed Frame］（固定座標系）行の右側のセルをクリックしてください。**図8-6**のスクリーンショットに示すメニューがポップアップします。このメニューには、ROSシステムが現在ブロードキャストしている座標変換の全座標系が含まれています。ここでは、メニューからcamera_depth_frameを選んでください。可視化のための固定座標系を選択するのは、rvizの設定で最も重要なステップの1つです。

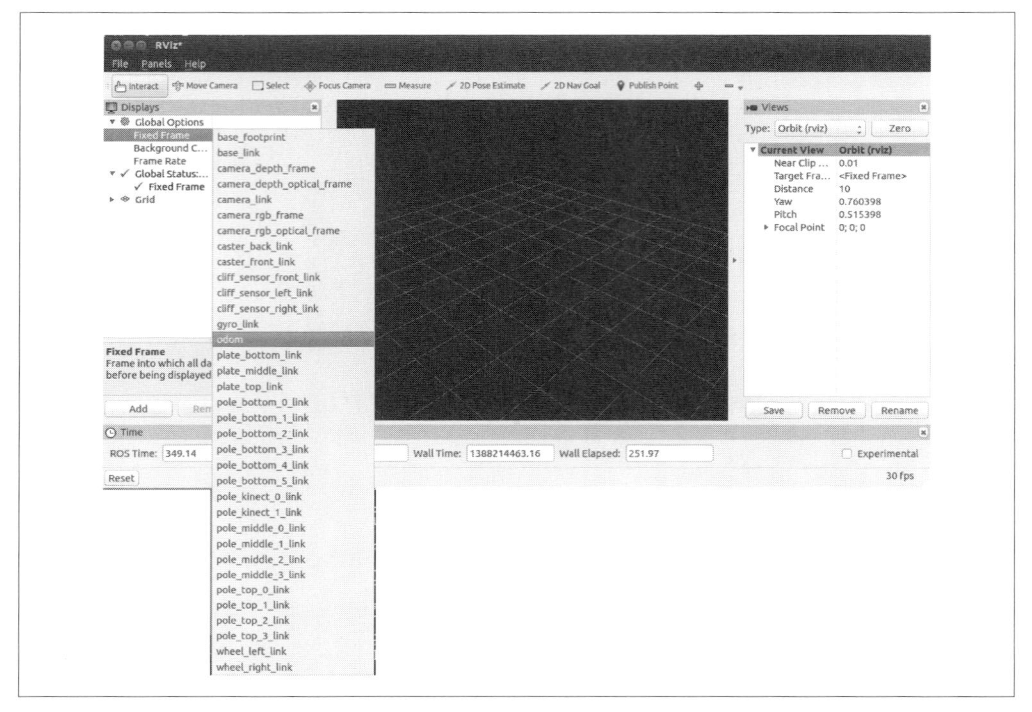

図8-6　固定座標系のポップアップメニュー

次にロボットの3次元モデルが見えるようにします。これを行うためには、**RobotModel**プラグインを入れます。Turtlebotでは可視化の必要がある動くパーツは（車輪を除いて）ありませんが、ロボットを可視化することで、遠隔操作の状況をよりよく理解し、大きさを感じ取ることができるようになります。ロボットのモデルをrvizのシーンに加えるためには、rvizの左のパネル下部にある［Add］ボタンをクリックします。クリックすると**図8-7**に示すダイアログボックスが現れ、さまざまなデータ型で利用できるrvizプラグインが表示されます。

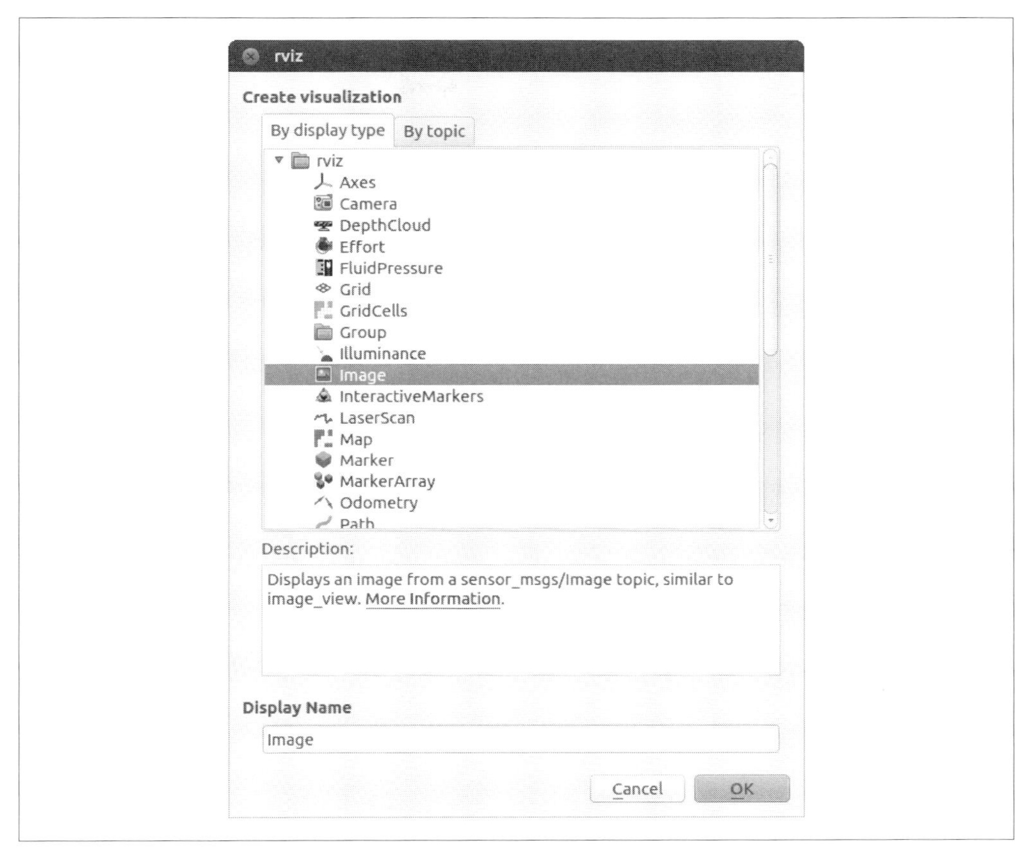

図8-7　rvizのダイアログボックス。可視化に使われるデータ型を選択する

このダイアログボックスで［RobotModel］を選択し［OK］をクリックすると、プラグインのインスタンスが`rviz`ウィンドウの左にあるツリービューコントロールに表示されます。ツリービューを開くとそのプラグインで設定可能なパラメーターが編集可能な状態で表示されます。RobotModelプラグインの場合、通常必要とされるのは、そのロボットモデルの名前をパラメーターサーバーに入力することです。しかしながら、ROSの規約によりこれは`robot_description`となるので、自動的に入力され単一のロボットアプリケーション用に正しく機能します。**図8-8**のように可視化され、`rviz`のウィンドウの中央にモデルが置かれます。

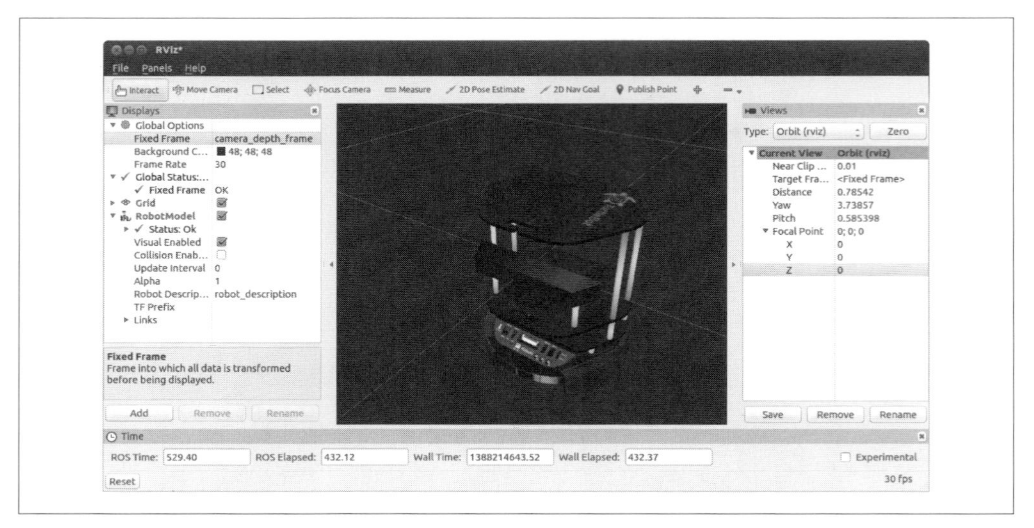

図8-8　Turtlebotモデルをrvizに加える

Turtlebotを適切に遠隔操作するために、ロボットの持つ各センサーからの情報をプロットする必要があります。TurtlebotのKinectカメラからの深度画像をプロットするために、［Add］をクリックし、次にrvizのプラグインダイアログボックスから［PointCloud2］を選択します。PointCloud2プラグインは、rvizの左のペインのツリービューで設定しますが、設定のオプションはほんの少しだけです。その中で最も重要なのは、このプラグインにどのトピックをプロットさせるのかを指定するところです。［Topic］ラベルの右のスペースをクリックしてドロップダウンリストを表示すれば、現在のシステムで利用可能なPointCloud2のトピックを見ることができます。ここでは`/camera/depth/points`を選択します。すると**図8-9**に示すような3次元点群が見えるようになります。

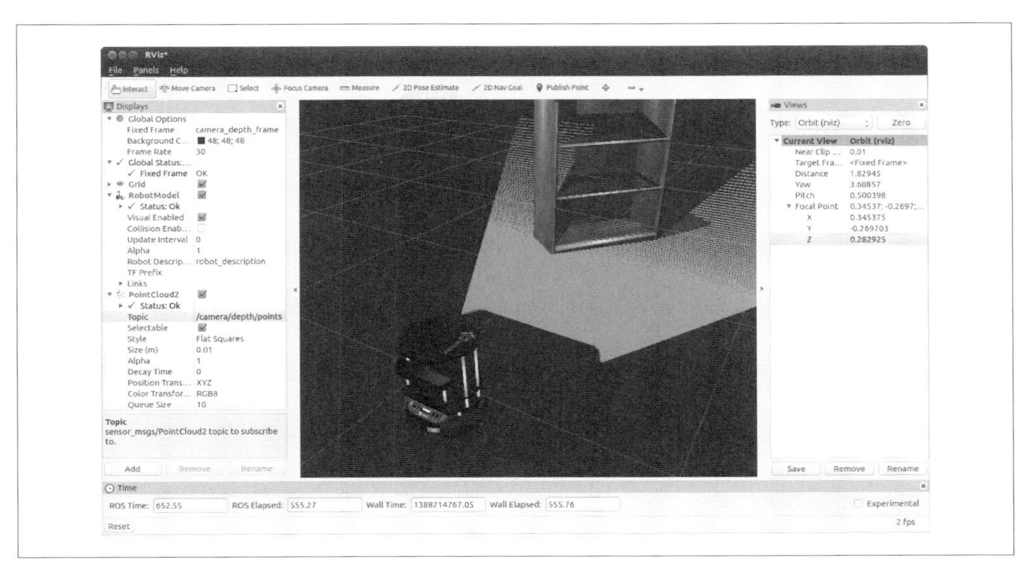

図8-9　Turtlebotの深度カメラデータを可視化

TurtlebotのKinectカメラは、深度画像に加えて、カラー画像も出力します。画像と3次元点群の両方を描画すると遠隔操作で便利です。rvizは画像用のプラグインを提供しています。rvizの左下隅の近くにある［Add］をクリックし、プラグインのダイアログボックスから［Image］を選択します。これまでと同様、プラグインが起動するので、まずはその設定を行います。画像プラグインのプロパティツリーの［Image Topic］ラベルの右のスペースをクリックしてドロップダウンリストを表示し、/camera/rgb/image_rawを選択します。Turtlebotからのカメラストリームは、**図8-10**に示すようにrvizの左パネルにプロットされます。

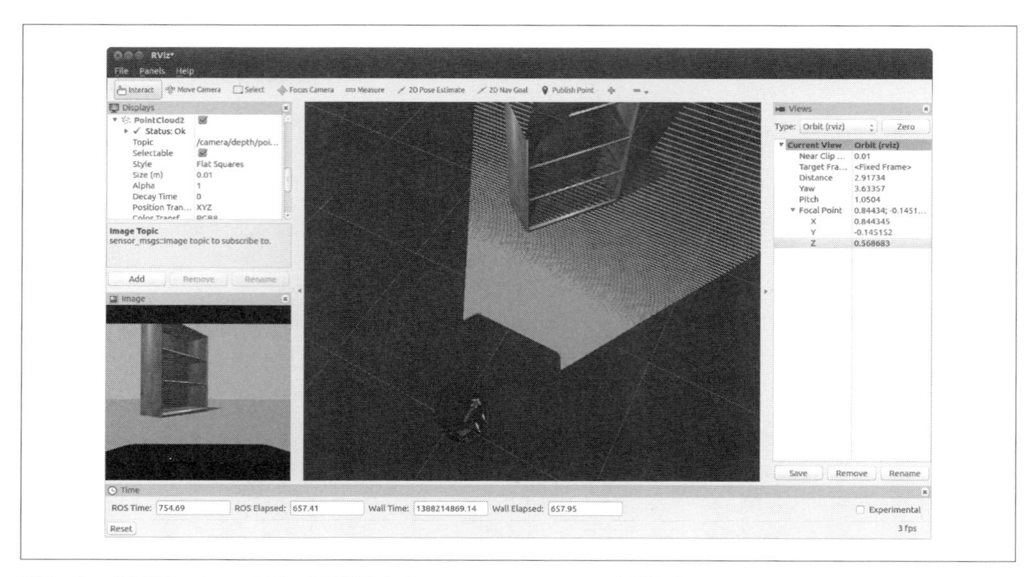

図8-10　左下隅にカメラ画像が可視化されており、これにより遠隔操作のオペレーターはメインウィンドウの第三者視点に加えて、ロボットの視点でも見ることができるようになる

rvizのインタフェースはパネル化されており、アプリケーションの必要性に合わせて簡単に変更できます。例えば、Imageパネルをドラッグしてrvizウィンドウの右カラムに置き、リサイズします。そうすると、深度画像とカメラ画像はほとんど同じサイズになります。次に、3次元で可視化されたものを回転させることで側面から3次元点群を見ることもできます。これは、役に立つ場合があります。パネルの設定例を**図8-11**に示します。

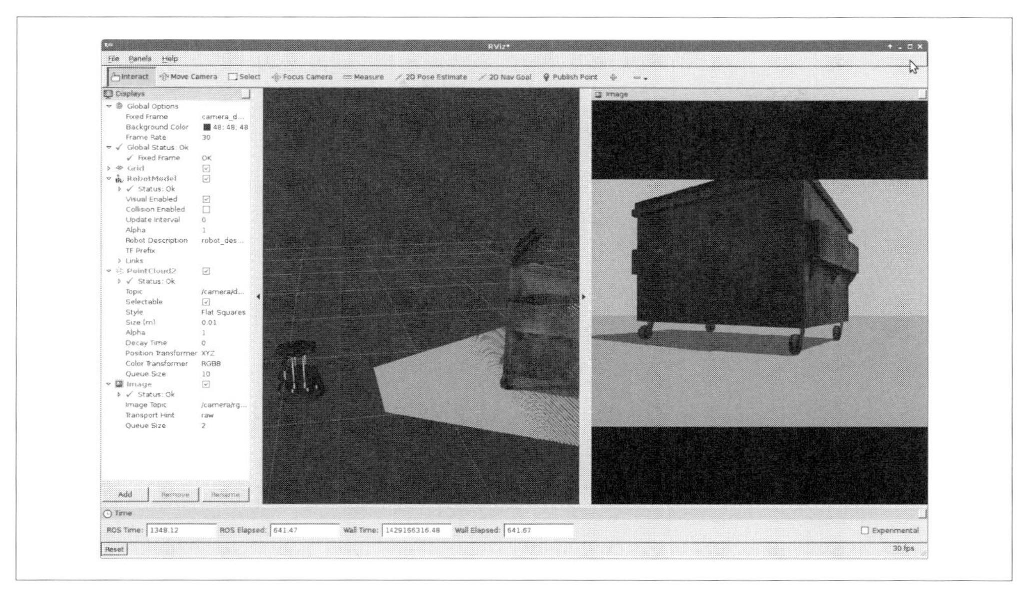

図8-11　rvizパネルはドラッグでき、配置を変えることができる。ここでは、左パネルは深度カメラのデータを第三者の視点から描画したものであり、視覚カメラからのデータは右のパネルに表示される

また、3次元のシーンを回転させることで、上から眺めるような視野にできます。これは狭い部屋で操作するのに便利です。この鳥瞰的な視野の例を**図8-12**に示します。

これらの例はrvizが持つ機能の一部にすぎません。rvizはきわめて柔軟なツールで、本書ではずっと使っていきます。

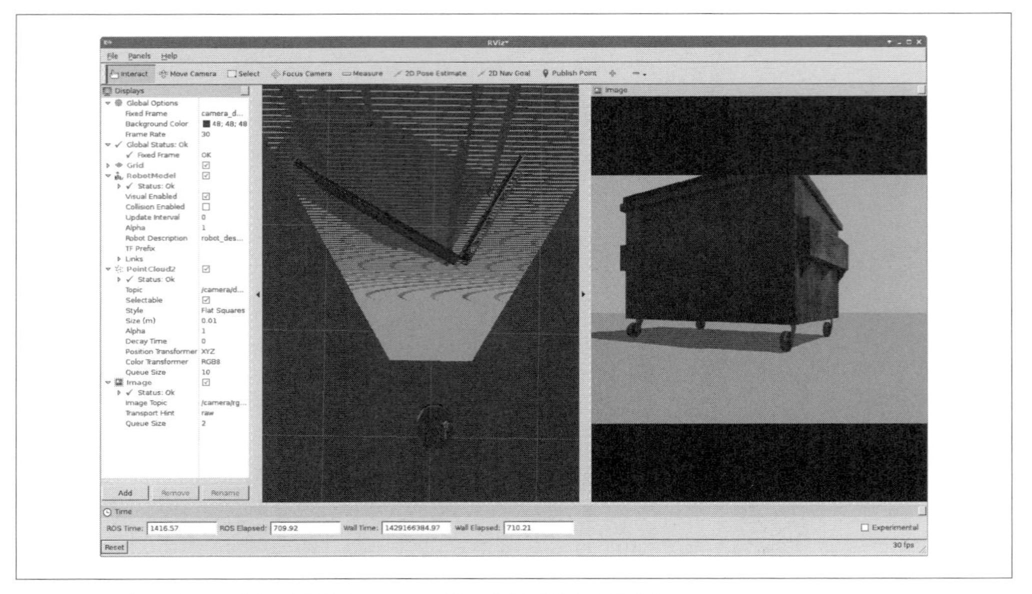

図8-12　3次元ビューの視野を回転させて、環境の鳥瞰図的な表示を作る

8.8　まとめ

本章では、複雑なキーボードベースの遠隔操作方法を少しずつ開発し、次に、動作コマンドをTurtlebotに送る方法を示しました。本章の最後では、rvizを紹介し、rvizを設定し、3次元点群とカメラデータを表示し、移動ロボット用の遠隔操作インタフェースを作る方法を説明しました。

遠隔操作されるロボットにはさまざまな重要な応用分野がありますが、ロボットが自律走行すればさらに、便利だったり、経済的だったりします。次の章では、2次元の地図を作るための方法を説明します。これは、ロボットが自律走行をするために必要なステップなのです。

9章
環境の地図を作る

皆さんは今、ROSがどのように動作しているかを知り、ロボットを少しだけ操縦することもできました。それでは、次に、どうすればロボットが自律的に環境内を動き回ることができるようになるのかを見ていくことにしましょう。ロボットが自律的に動き回るためには、ロボットは自分自身がどこにいるのか、また、皆さんがどこに行かせようとしているかを知ることが必要になります。典型的には、これはロボットが周辺環境の地図を持っていて、自分がその地図の中のどこにいるかを知っている必要があることを意味します。本章では、皆さんのロボットに搭載されたセンサーのデータを使って、質の高い環境地図を作る方法について見ていくことにします。作成した地図は、次章でロボットを環境内のあちこちに移動させる方法について説明するときに利用します。

もし仮に、皆さんのロボットが完璧なセンサーを搭載していて、どこにいるかを完全に把握できているのであれば、地図を作るのは簡単です。センサーで物体を検出し、それらを（ロボットの位置といくつかの幾何学情報を使って）世界座標系に変換して、（その世界座標系の）地図に記録するだけです。残念ながら、現実の世界はそれほど簡単ではありません。ロボットは、不確かな環境と干渉し合っているので、自分自身がどこにいるかを完全に把握できているわけではありません。また、どんなセンサーも完璧ではないので、ノイズを含んだ観測をうまく扱わなければなりません。このエラーだらけの情報をどう組み合わせれば、使える地図を作ることができるのでしょうか？

幸運なことに、ROSには地図を作成するためのいろいろなツールがあります。かなり最先端の数学理論に基づいたツールですが、幸い、使うだけであれば内部で何が起きているかをすべて知っている必要はありません。これらのツール群について、本章で解説します。しかし、その前にまず、ここで言う「地図」が具体的に何を意味しているのかについて説明しておきましょう。

9.1 ROSにおける地図

ROSでは、ナビゲーション用の地図は2次元格子として表現されます。格子の各セルには、そこが障害物で占有されている確率を示す値が入っています。**図9-1**は、ロボットに搭載されたセンサーの情報を使って作った地図の一例を示しています。白い部分が障害物で占有されていない場所、黒い部分が障害物で占有されている領域、灰色の部分が未知の領域を表しています。

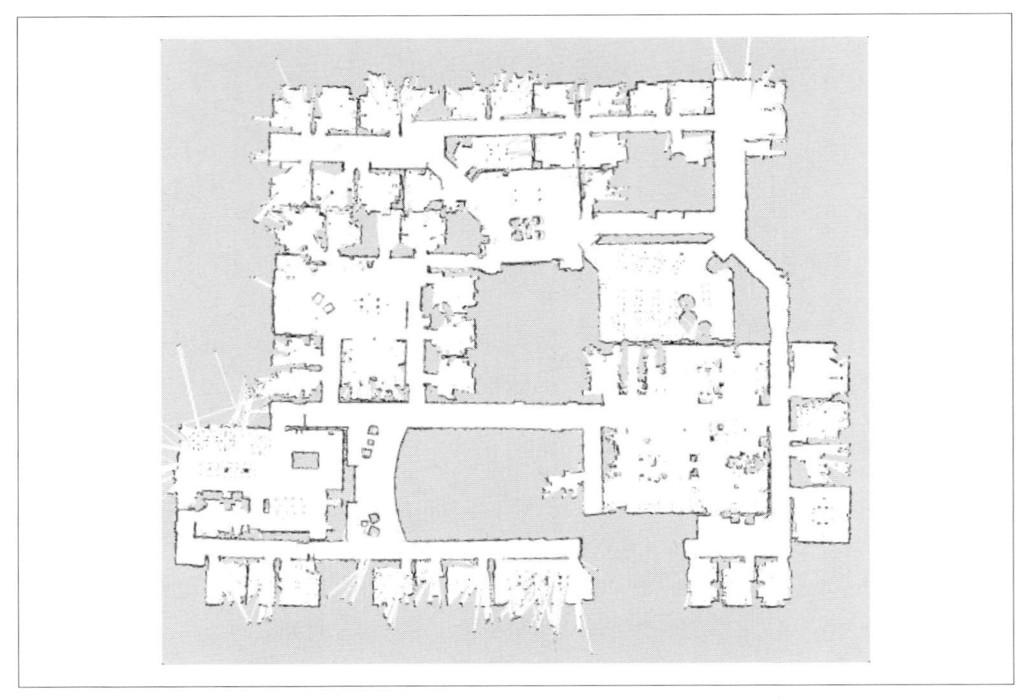

図9-1 ROSで使用される地図の一例

地図のファイルは画像ファイルとして保存されていて、一般に使われているさまざまな画像形式（PNG、JPG、PGM等）がサポートされています。カラーの画像を使うこともできますが、ROSで処理される前にグレースケールの画像に変換されます。地図は画像ファイルなので、いろいろな画像描画プログラムで表示することができます。それぞれの地図には、その地図の付加的な属性情報が書かれたYAMLファイルが関連づけられていて、解像度（各格子セルのメートル単位での大きさ）、地図の原点の場所、セルが障害物で占有されているか、占有されていないかを決めるための閾値などが書かれています。**例9-1**にYAMLファイルの一例を示します。

例9-1 map.yaml

```
image: map.pgm
resolution: 0.1
origin: [0.0, 0.0, 0.0]
occupied_thresh: 0.65
free_thresh: 0.196
negate: 1
```

ここで指摘しておくべきことは、画像と地図で座標系や値の解釈が違うことです。画像では、画像の左上を座標原点として下方向に y 座標が伸びていきます。一般的には0から255の整数の値が格納されていて、高い値（例えば255）は白色、低い値（例えば0）は黒色です。一方、地図ではYAMLファイルに指定すれば任意の場所を原点にすることができます。地図は障害物の存在確率を表現しているので、高い値はそこに何か障害物がある領域、低い値はそこに障害物がない領域を示しています。私たちは紙を使うことに慣れているので、多くの人は地図を見たときに黒色からはそこに何か障害物のある領域、白色からはそこに障害物がない領域を連想します。

ROSを使ったロボットアプリケーション開発では、ほとんどの場合、皆さんがこのことを特に意識する必要はありません。しかし、皆さんが画像編集ソフトで地図を編集する場合には、画像のファイル形式とその画像ファイルが表現している地図の意味の違いを理解しておくと、とても役に立つでしょう。

この地図は`map.png`ファイルに保存されています。各セルが一辺10cmの正方形の領域に相当し、この地図の原点は (0,0,0) です。各セルは、セルの値がこの画像形式で許容される範囲の65%以上の値であれば占有領域（障害物で占有されている領域）、19.6%を下回る値であれば非占有領域（障害物で占有されていない領域）を意味します。つまり、占有領域は高い値となり画像としては明るく見えることになります。逆に、非占有領域は低い値となり暗く見えるでしょう。人にとっては、非占有領域を白、占有領域を黒で表現したほうが直感的なので`negate`フラグを使って、ROSで処理する前にセルの値を反転しています。したがって、もし仮に**例9-1**で各セルが符号なしの1バイト（0から255の整数）を持つと仮定すると、各セルの値は、まず、255から引くことで反転されます。次に、49（255 × 0.196 = 49.98）より小さい値を持つセルは非占有領域として、165（255×0.65 = 165.75）より大きい値を持つセルは占有領域として分類されます。それ以外のすべてのセルは「未知」として分類されます。これらの分類は、ROSがこの地図上でロボットの経路を計画するときに利用されます。

地図は画像ファイルとして保存されているので、皆さんの好きな画像編集ソフトで修正することができます。センサーデータから作った地図を自分で綺麗に修正することもできるので、そこにあるはずのない物を消したり、偽の障害物を追加して経路計画に影響を与えたりすることができます。一般的な使い方は、例えば、**図9-2**に示すように、ロボットに通ってほしくない通路に線を描くことで、地図上の特定の領域を通る経路をロボットが生成するのを防ぐことができます。ナビゲーションシステム（これについては次章で紹介します）は、この線を通り抜ける経路を計画できません。つまり、地図を直接修正することで、ロボットが動き回るときに、ロボットが通ってよい場所とそうでない場所を自由に制御することができるようになるのです。

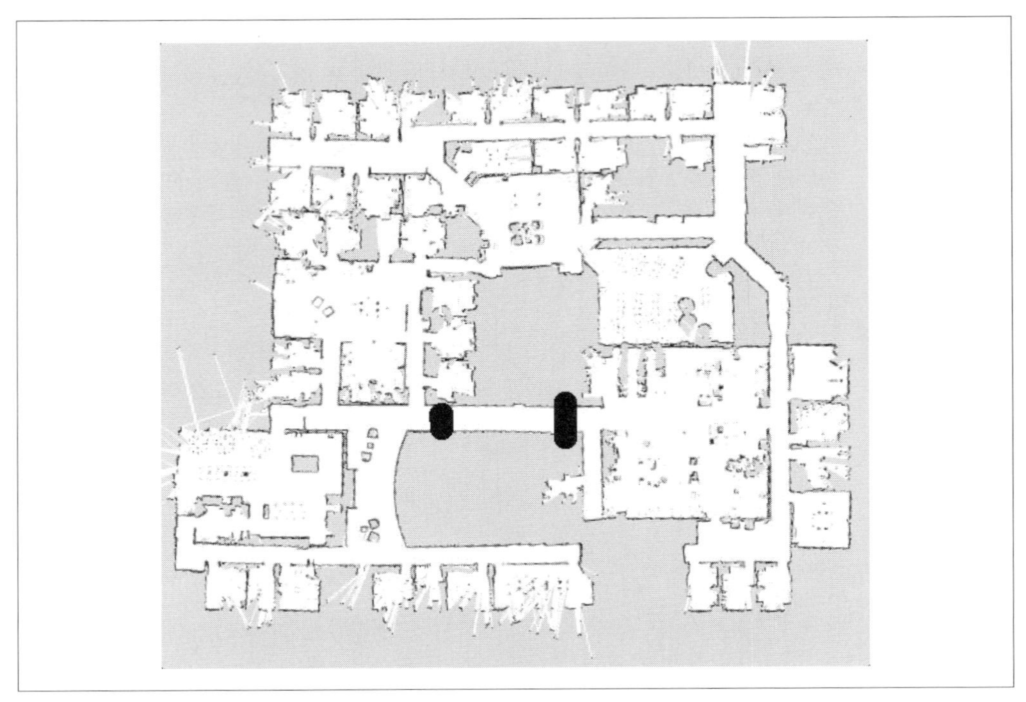

図9-2 手書きで修正した地図。地図の中央の通路を通る経路を計画させないように黒い線が追加されている

ROSで地図を作る方法を説明する前に、rosbagについて簡単に説明しておきます。このツールは、配信されているメッセージの記録と再生ができます。大きな環境の地図を作るときに特に便利です。

9.2 データをrosbagで記録する

rosbagは、メッセージの記録と再生をするためのツールです。このツールは、新しいアルゴリズムをデバッグするときにとても役立ちます。アルゴリズムに同じデータを何度でも入力することができるので、バグの特定や修正が簡単になります。また、いつも本物のロボットを使わなくてもアルゴリズム開発ができるようにもなります。rosbagを使ってロボットのセンサーデータをいくつか記録しておき、記録したデータを使って開発します。rosbagは、データの記録と再生以外のこともできますが、今はこの機能だけに特化して説明することにします。

メッセージの記録にはrecord機能を使います。メッセージを記録したいトピック名を列挙します。例えば、scanトピックとtfトピックに送られてきたメッセージをすべて記録するには、次のように実行します。

```
user@hostname$ rosbag record scan tf
```

このコマンドですべてのメッセージがファイルに保存されます。ファイル名はrosbagが実行された時間に対応する*YYYY-MM-DD-HH-mm-ss*.bagとなります。1秒に2回以上rosbagを実行しないかぎり、すべてのbagファイルは固有の名前になるはずです。出力ファイルの名前は-Oか--output-nameフラグで変更することができます。-oか--output-prefixフラグでファイル名に接頭語を付けることができます。例えば、次のコマンドでは、

```
user@hostname$ rosbag record -O foo.bag scan tf
user@hostname$ rosbag record -o foo scan tf
```

それぞれ、foo.bagとfoo_2015-10-05-14-29-30.bag、という名前のbagファイルが作られることになります(もちろん、実行したときの日時となります)。また、-aフラグを付けると、そのときに配信されている**すべての**トピックを記録することができます。

```
user@hostname$ rosbag record -a
```

これはとても便利ですが、特にPR2のように多くのセンサーを搭載したロボットでは、**大量の**データを記録してしまうことになります。他にも正規表現に合致したトピックだけを記録するためのフラグもあります。正規表現の詳細は(http://wiki.ros.org/rosbag?distro=indigo)に載っています。rosbagはCtrl-Cで止められるまでデータを記録し続けます。

データが記録されたbagファイルを再生するにはplay機能を使います。再生速度やファイルの開始位置、その他にもたくさんのコマンドラインのパラメーターがありますが(すべてwikiに書かれています)、基本的な使い方は簡単です。

```
user@hostname$ rosbag play --clock foo.bag
```

foo.bagというbagファイルに記録されたメッセージが、まさに今、ROSのノードが実際に生成したかのように再生されます。複数のbagファイルを指定した場合には、それらのファイルが順番に連続して再生されます。--clockフラグを付けるとrosbagは時刻データを配信するようになります。この時刻データは地図を作るときに重要になります。

--clockフラグを付けると、rosbagはそのbagファイルが記録されたときの時刻データを配信するようになります。Gazeboシミュレーターなど、他にも時刻データを配信しているものがある場合には、このフラグは多くの問題を引き起こします。2つの物が(違う)時刻データを配信していると、時間が進んだり戻ったりすることになり、地図の作成アルゴリズムを(おそらく他の多くのノードも)混乱させることになります。したがって、rosbagに--clock引数を付けるときには、他に時刻データを配信しているものがないことを確認してください。一番簡単な方法は、実行しているすべてのシミュレーターを停止することです。

info機能でbagファイルの情報を調べることができます。

```
user@hostname$ rosbag info laser.bag
path:        laser.bag
version:     2.0
duration:    1:44s (104s)
start:       Jul 07 2011 10:04:13.44 (1310058253.44)
end:         Jul 07 2011 10:05:58.04 (1310058358.04)
size:        8.2 MB
messages:    2004
compression: none [11/11 chunks]
types:       sensor_msgs/LaserScan [90c7ef2dc6895d81024acba2ac42f369]
topics:      base_scan   2004 msgs    : sensor_msgs/LaserScan
```

このbagファイルに記録されている時間、記録の開始時刻と終了時刻、ファイルの大きさ、メッセージ数、メッセージ（とトピック）の内容などを知ることができます。これは、皆さんが記録したbagファイルに、期待した情報が記録されているかを確認するのに便利です。

皆さんがロボットの新しいアルゴリズムのデバッグをするときに、rosbagはとても便利なツールです。アルゴリズムのデバッグのとき、生のセンサーデータを使う代わりに、rosbagで記録しておいた代表的なデータセットを再生することでアルゴリズムにセンサーデータを与えるようにします。こうすることで、皆さんのアルゴリズムは、実行のたびに毎回、まったく同じデータを処理することができるようになります。この再現性は、デバッグの効率を上げてくれるでしょう。ロボットの動作の変化は、新しく観測された未知のセンサーデータ入力によるものではなく、すべて皆さんがコードを変えたことによるものであることが保証されているからです。もし仮に、環境もセンサーもまったく変えていないとしてもセンサーの観測値には誤差が含まれるため、まったく同じデータのストリームをセンサーから再び取得することはほぼ不可能で、このことはデバッグを難しくします。特に複雑なアルゴリズムを開発するときには顕著です。

9.3　地図を作る

それでは、ROSのツールを使って**図9-1**に示したような地図を作る方法を見ていきましょう。**図9-1**の地図について1つ注意すべきことは、この地図がとても「散らかっている」ということです。この地図は、ロボットに搭載されたセンサーデータから作られたため、皆さんが期待していないものもいくつか含まれています。地図の下の境界部分に沿って壁に穴が空いているように見えます。これらの穴は、質の悪いセンサー情報に起因するもので、おそらく、部屋にある机の下に散乱している物の影響と考えられます。中央の上のほうの大きな部屋にある奇妙な影は、ビリヤードの台です。右下のさらに大きい部屋にある灰色の穴は、椅子の足です（ここは会議室です）。壁はいつも完全な直線というわけではありませんし、部屋の真ん中付近にはセンサーが観測できなかった「未知」の領域があります。これから皆さんが自分で地図を作るときにも、地図はこんな感じに見えることを想定しておいてください。一般的に、より多くのデータを利用すれば、結果としてよりよい地図が得られます。しかし、どんな地図も完璧にはなりません。皆さんにとってすばらしい地図に見えなくても、この後で紹介するように、ロボットにとっては十分に使えるものなのです。

地図は、gmappingパッケージのslam_gmappingノードを使って作ることができます。slam_gmappingノードは、GMappingというアルゴリズムの実装を使っています。GMappingはGiorgio Grisetti、Cyrill Stachniss、Wolfram Burgardによって開発されました。このアルゴリズムは、Rao-Blackwellの定理に基づくパーティクルフィルターを利用し、それまでに作られた部分的な地図と観測されたセンサーデータに基づいて、ロボットが最もいそうな位置を追跡し続けます。このアルゴリズムの詳細に興味がある方は、以下の2つの論文を参照してみてください。

- Giorgio Grisetti, Cyrill Stachniss, and Wolfram Burgard, "Improved Techniques for Grid Mapping with Rao-Blackwellized Particle Filters," *IEEE Transactions on Robotics* 23 (2007): 34–46.
- Giorgio Grisetti, Cyrill Stachniss, and Wolfram Burgard, "Improving Grid-based SLAM with Rao-Blackwellized Particle Filters by Adaptive Proposals and Selective Resampling," *Proceedings of the IEEE International Conference on Robotics and Automation* (2005): 2432–2437.

まず、地図を作るのに使うデータを生成します。もちろん、ロボットが環境の中を動き回るときに取得される生のセンサーデータを使って地図を作ることもできますが、ここでは別の方法を採用することにします。ロボットを動き回らせて、その間のセンサーデータをrosbagを使ってbagファイルに一旦保存します。その後、そのセンサーデータを再生しながらslam_gmappingを使って地図を作るのです。地図を作るときに一度bagファイルにデータを保存することは良い方法です。ロボットに環境の中を何度も行ったり来たりさせなくても、slam_gmappingノードのパラメーターを調整して質の良い地図を作ることができるようになるからです。この方法は、特に地図作成のノードのパラメーターを何度も微調整しないといけない場合に、本当に時間の節約になります。

ここではStageシミュレーターを使って環境の中を動くTurtlebotをシミュレートします。まずはTurtlebot用のStageシミュレーションスタックと、キーボードからTurtlebotをコントロールするために用意されているturtlebot_teleopパッケージをインストールします。

```
user@hostname$ sudo apt-get install ros-indigo-turtlebot-simulator \
    ros-indigo-turtlebot-teleop
```

では、実際にデータを記録してみましょう。Turtlebotのシミュレーターを起動してください[*1]。

```
user@hostname$ roslaunch turtlebot_stage turtlebot_in_stage.launch
```

このlaunchファイルは、Stageロボットシミュレーター（Stage Robot Simulator）とrvizのインスタンスを起動します。（マウスのホイールを使って）少しズームアウトしてみると**図9-3**のような場面が見えるはずです。

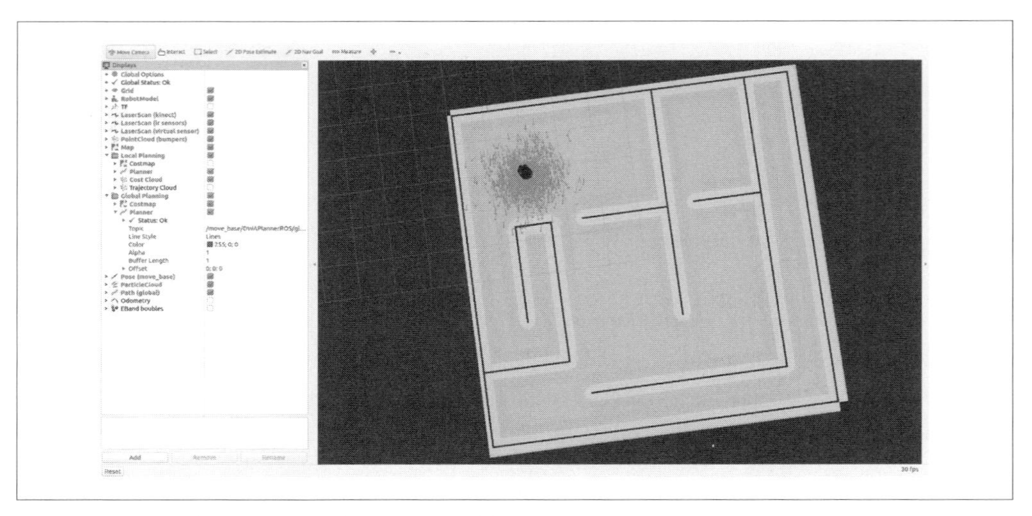

図9-3 rvizに表示されたTurtlebotとサンプルの環境

次に、turtlebot_teleopパッケージのkeyboard_teleopノードを起動してください。

```
user@hostname$ roslaunch turtlebot_teleop keyboard_teleop.launch
```

キーボードを使って仮想環境の中でロボットを動かすことができるようになります。キーの操作方法は、ノードの起動時に表示されます。

```
Control Your Turtlebot! Turtlebotの制御する！
//---------------------------
Moving around: 移動:
   u    i    o
   j    k    l
```

*1 訳注：/opt/ros/indigo/share/turtlebot_navigation/launch/includes/amcl.launch.xmlが存在しない旨のエラーが表示された場合は、launchファイルを修正します。roscd turtlebot_stage/launch/を実行するとlaunchファイルがある場所（/opt/ros/indigo/share/turtlebot_stage/launch/）に移動するのでturtlebot_in_stage.launchを編集します。具体的には、71行目のパスを<include file="$(find turtlebot_navigation)/launch/includes/**amcl/**amcl.launch.xml">に変更します（スーパーユーザーの権限が必要です）。

```
   m    ,    .

q/z : increase/decrease max speeds by 10% q/z : 最大速度を10%増加/減少させる
w/x : increase/decrease only linear speed by 10% w/x : 並進速度を10%増加/減少させる
e/c : increase/decrease only angular speed by 10% e/c : 回転速度を10%増加/減少させる
space key, k : force stop spaceキー, k : 強制停止
anything else : stop smoothly その他 : ゆっくり止まる

CTRL-C to quit 終了するにはCtrl-Cを押す

currently:  speed 0.2   turn 1 現在値: 速度 0.2  回転 1
```

ロボットの操作方法を少し練習してみてください。慣れてきたらデータの収集を始めましょう。slam_gmappingは、レーザーレンジファインダーからデータとtfトピックに配信されるオドメトリシステムのデータを使って地図を作ります。Turtlebotは実際にはレーザーレンジファインダーを搭載していませんが、KinectのデータからLaserScanメッセージを生成して、それをscanトピックに送っています。シミュレーターがまだ動いているはずなので、新しいターミナルウィンドウで、データを記録してみましょう。

```
user@hostname$ rosbag record -O data.bag /scan /tf
```

それでは、しばらくの間、ロボットを環境の中で動き回らせてください。できるだけ地図の中を隅々まで広く動き回るようにしてください。また、同じ場所に何度か行くようにしてください。こうすることで、最終的によりよい地図を作ることができます。もし、この節の最後までいっても、できあがった地図の質があまりよくなければ、もっと長い時間環境の中を動き回らせたり、もう少しゆっくりとロボットを動かしたりするようにしながら、新しいデータを記録してみてください。

しばらくロボットを動かしたら、Ctrl-Cでrosbagを停止してください。data.bagと名付けられたbagファイルができているはずです。rosbag infoコマンドで、このbagファイルの中に何が入っているかを確認することができます。

```
user@hostname$ rosbag info data.bag
path:        data.bag
version:     2.0
duration:    3:15s (195s)
start:       Dec 31 1969 16:00:23.80 (23.80)
end:         Dec 31 1969 16:03:39.60 (219.60)
size:        14.4 MB
messages:    11749
compression: none [19/19 chunks]
types:       sensor_msgs/LaserScan [90c7ef2dc6895d81024acba2ac42f369]
             tf2_msgs/TFMessage    [94810edda583a504dfda3829e70d7eec]
topics:      /scan   1959 msgs    : sensor_msgs/LaserScan
             /tf     9790 msgs    : tf2_msgs/TFMessage    (3 connections)
```

十分なデータを記録したbagファイルが手に入ったら、roslaunchを実行したターミナルでCtrl-Cを押して、シミュレーターを停止してください。地図作成のプロセスを開始する前にシミュレーターを停止しておくことが重要です。これは、シミュレーターが配信するLaserScanメッセージがrosbagから再生されるメッセージと競合するためです。では、いよいよ地図を作ることにします。ターミナルの1つでroscoreを起動してください。もう1つのターミナルで、ROSにbagファイルに記録されたタイムスタンプを使うように指示して、slam_gmappingノードを起動してください。

```
user@hostname$ rosparam set use_sim_time true
user@hostname$ rosrun gmapping slam_gmapping
```

皆さんのロボットのレーザースキャン用のトピック名がscanでない場合は、slam_gmappingノードを起動するときにscan:=*laser_scan_topic*というようにトピック名を指定する必要があります。地図作成ツールが起動して、データが来るまで待機しています。

rosbag playを使ってシミュレーター上のロボットで記録したデータを再生します。

```
user@hostname$ rosbag play --clock data.bag
```

slam_gmappingがデータを受け取り始めたら、ログが出力され始めるはずです。rosbagがデータの再生を完了して、slam_gmappingのログが止まるまでゆっくりと待っていてください。ログが止まったら地図の作成は終わっていますが、ディスクへの保存がまだ終わっていません。map_serverパッケージのmap_saverノードを使ってslam_gmappingに地図を保存するように指示しましょう。slam_gmappingを起動したままで、別のターミナルでmap_saverを起動してください。

```
user@hostname$ rosrun map_server map_saver
```

これで2つのファイルが保存されたはずです。1つは地図の情報を格納したmap.pgm、もう1つはその地図のメタデータ（付加的な属性情報）を格納したmap.yamlです。これらのファイルが正しく保存されていることを確認してください。この地図のファイルは、eogのような標準的な画像閲覧ソフトで見ることができます。

図9-4の地図は、Turtlebotをシミュレーターの開始位置から動かさないで、その場でゆっくりと一周と少し回転させて作ったものです。この地図を見て最初に気がつくことは、実際に地図ができている部分は、地図の残りの部分に比べてほんのわずかということです。これは、ROSのデフォルト（初期設定）の地図サイズが200m×200mで、それぞれのセルの大きさが5cmだからです（つまり、画像のサイズは2,000×2,000ピクセルとなります）。**図9-5**は、実際に地図が作られた部分だけを拡大して表示したものです。この地図はあまり良いものではありません。壁はお互いに正しい角度で向き合っておらず、1つの壁の後ろにはオープンな空間が広がっていますし、いくつかの壁には顕著な段差が見受けられます。**図9-5**を見てわかるように、質の良い地図を作ることは、過去に取ったデータに対して単にslam_gmappingを実行すればよいだけ、というような単純な問題ではありません。質の良い地図を作ることは難しく、場合によってはとても時間がかかる仕事ですが、投資に値する

作業です。次章で紹介するように、質の良い地図があれば環境をナビゲーションしたり、自分が今どこにいるのかを簡単に知ることができるようになります。

図9-4　Turtlebotがその場を回転して作成した地図

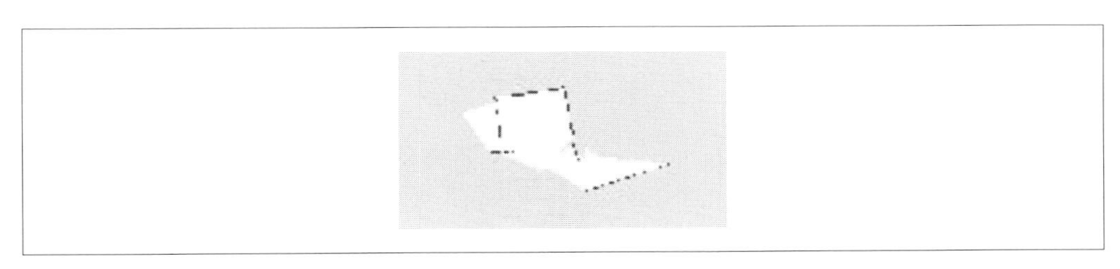

図9-5　Turtlebotがその場を回転して作った地図の拡大図

`slam_gmapping`が生成したYAMLファイルは以下のようなものです。

```
image: map.pgm
```

```
resolution: 0.050000
origin: [-100.000000, -100.000000, 0.000000]
negate: 0
occupied_thresh: 0.65
free_thresh: 0.196
```

なぜこの地図は**こんなに**質が悪いのでしょう？ 理由の1つとして、Turtlebotに搭載されているセンサーが地図を作る目的に対してあまり向いていないことがあげられます。slam_gmappingはLaserScanメッセージを期待していますが、以前述べたように、Turtlebotはレーザーレンジファインダーを搭載していないので、代わりにMicrosoft Kinectのセンサーデータからslam_gmappingで利用できるようにLaserScanのメッセージを合成して作り出しています。問題は、この偽物のレーザーレンジファインダーが典型的なレーザーセンサーに比べて短い距離しか測れないことと、視野角が狭いことです。slam_gmappingは、レーザーのデータを使ってロボットの動き方を推定しており、より広い距離のレンジと、より広い視野が得られたほうがその推定の精度は良くなります。

gmappingのパラメーターのいくつかを変更することで、地図の質を改善することができます。

```
user@hostname$ rosparam set /slam_gmapping/angularUpdate 0.1
user@hostname$ rosparam set /slam_gmapping/linearUpdate 0.1
user@hostname$ rosparam set /slam_gmapping/lskip 10
user@hostname$ rosparam set /slam_gmapping/xmax 10
user@hostname$ rosparam set /slam_gmapping/xmin -10
user@hostname$ rosparam set /slam_gmapping/ymax 10
user@hostname$ rosparam set /slam_gmapping/ymin -10
```

この例では、新しいスキャンデータを地図に取り込むまでにロボットが動かないといけない回転移動の量（angularUpdate）と並進移動の量（linearUpdate）、LaserScanメッセージを処理するときに飛ばして読む光線の数（lskip）、地図の広さ（xmin、xmax、ymin、ymax）を変更しています。

また、ロボットをゆっくり動かすことで、地図の質を改善することもできます。特に回転のときに、ゆっくり回るようにすると効果があります。先ほどあげたパラメーターを設定して、ロボットをゆっくり動かしながら新しいデータを集めれば、**図9-6**のような地図を作ることができるでしょう。この地図も完璧ではありませんが（センサーから作られた地図が完璧であることはありえません）、前回の地図に比べればかなり良いものです。このパラメーターの修正はslam_gmappingだけに影響を与えることに注意してください。ロボットをもう一度動き回らせることをしなくても、前に記録したデータに対して新しいパラメーターを試すことができます。先ほども書きましたが、これが地図を作るときに記録済みのデータを利用する利点の1つです。

slam_gmappingで地図を作るときには、rosbagを使って必要な情報を記録してください。そうすることで、よりよい地図を作るために、slam_gmappingのパラメーターの値をいろいろと試すことができるようになります。

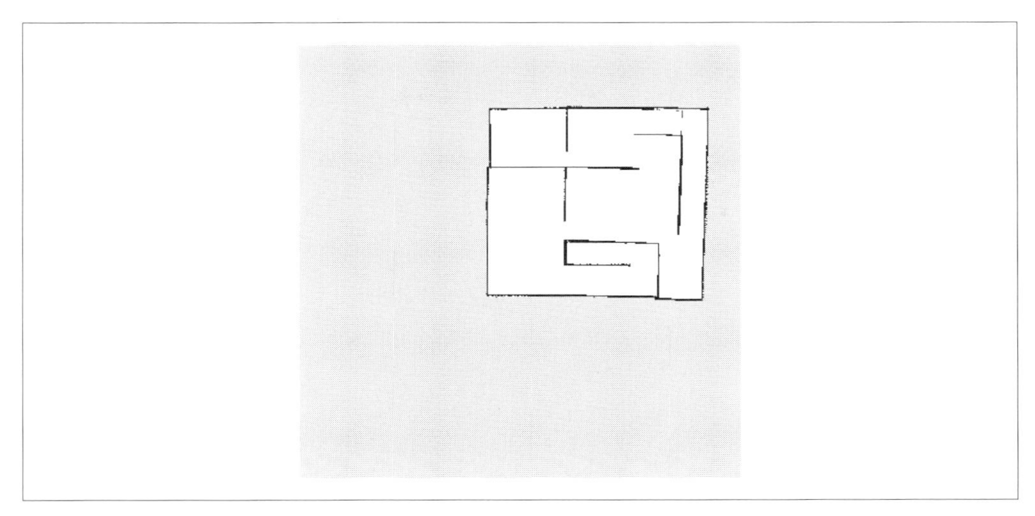

図9-6　慎重に集めたデータと修正したパラメーターで作った質の良い地図の例

配信されているメッセージを、bagファイルに一旦保存せずにメッセージから直接地図を作ることも可能です。その場合には、ロボットを動かしているときにslam_gmappingを起動するだけです。ロボットが動いているときのロボットの計算負荷を減らすために、データを一旦記録することをお勧めします。しかし、rosbagでデータを保存するかどうかにかかわらず、結果的には同じような地図ができるはずです。

9.4　地図サーバーを開始し、地図を見る

地図ができたらROSで使えるようにする必要があります。これにはmap_serverパッケージのmap_serverノードを使います。事前に作った地図のYAMLファイルを指定してノードを実行します。前に説明したようにYAMLファイルには地図を表現した画像のファイル名に加えて、解像度（1ピクセルあたりのメートル数）、原点の場所、占有領域と非占有領域の閾値、画像の白色が障害物に占有されていない非占有領域（オープン空間）を示すのか、障害物に占有されている占有領域を示すのかなど、その地図に関連する付加的な属性情報が含まれています。roscoreが実行されていれば、次のように地図サーバーを起動することができます。

```
user@hostname$ rosrun map_server map_server map.yaml
```

ここでmap.yamlは地図のYAMLファイルです。地図サーバーを起動すると、2つのトピックが配信されます。mapトピックは、nav_msgs/OccupancyGrid型のメッセージで、地図そのものに対応しています。map_metadataトピックは、nav_msgs/MapMetaData型のメッセージで、YAMLファイルのデータに対応しています。

```
user@hostname$ rostopic list
/map
/map_metadata
/rosout
/rosout_agg

user@hostname$ rostopic echo map_metadata
map_load_time:
  secs: 1427308667
  nsecs: 991178307
resolution: 0.0250000003725
width: 2265
height: 2435
origin:
  position:
    x: 0.0
    y: 0.0
    z: 0.0
  orientation:
    x: 0.0
    y: 0.0
    z: 0.0
    w: 1.0
```

この地図は、2,265×2,435個のセルで構成されて、1つのセルが2.5 cmに相当する解像度です。環境の座標系の原点は地図の原点と同じで向きも同じです。rvizを使って実際にこの地図に何が入っているか見ることができます。例えば次のようにして地図サーバーを起動し[*1]、

```
user@hostname$ roscd mapping/maps
user@hostname$ rosrun map_server map_server willow.yaml
```

もう1つのターミナルで、rvizのインスタンスを起動してください。

```
user@hostname$ rosrun rviz rviz
```

Map型の表示を追加し、トピック名に/mapを指定してください。/mapにも固定座標系が設定されていることを確認してください。**図9-7**のような地図が表示されます。

この地図はレーザーレンジファインダーが搭載されたPR2ロボットとslam_gmappingを使って作られた地図です。センサーデータから作られた地図によく見かけられる多くの特徴が現れています。まず1つ目は、地図が軸に沿っていないことです。地図を作るためにロボットでデータを収集したと

---

*1　訳注：roscd mapping/mapsで移動するためには、本書のサンプルコードのmappingパッケージをワークスペースにコピーしておく必要があります（「2.3 catkin、ワークスペース、ROSパッケージ」参照）。ダウンロードした本書のサンプルのディレクトリに移動（例えばcd ~/rosbook-master/code/mapping/mapsなど）し、そこでrosrunを実行してもかまいません。

きに、オドメトリデータの座標系はロボットの開始位置に沿うことになるので、最終的な地図は少し回転することになります。YAMLファイルを編集して修正することもできますが、ロボットのナビゲーションの能力には関係ありません。

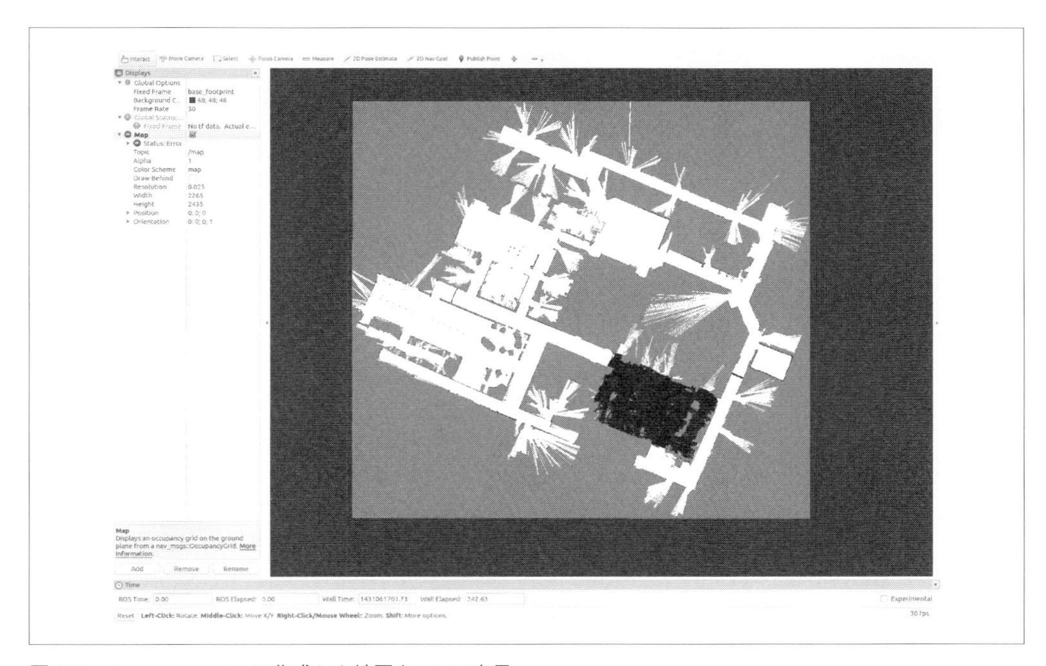

図9-7　slam_gmappingで作成した地図をrvizで表示

2つ目は、地図がとても散らかっていることです。廊下や障害物のないオープンな空間はかなり綺麗なのですが、そのオープン空間から飛び出すように長くて細いオープン空間がたくさんあるように見えます。これらは、実際には、ロボットが入らなかった部屋です。ロボットが部屋の前を通ったときに、レーザーレンジファインダーが部屋の中の一部を計測したものの、部屋をまともに再構成するには不十分なデータしか得られなかったからです。このこともロボットが自己位置を推定する能力には、何の影響もありません。しかし、これらの部屋は地図上は存在しないことになるので、ロボットを自動的にナビゲーションして、部屋に入れることはできないかもしれません。

最後に、地図の右下の角に大きな黒い塊があります。これは、地図の中でロボットが入ってはいけない部屋です。地図が作られた後、誰かがこの画像ファイルをgimpなどの画像編集プログラムで読み込み、この部屋の中のピクセルを黒色に塗りつぶしています。ロボットがこの地図を使って経路を計画するとき、この領域は障害物で占有されている占有領域として扱われるので、ここを通る経路は計画されません。この修正はロボットが自己位置を推定する能力に少し影響を与えます。特に、これらの部屋の戸口に近づいたときに影響します。自己位置の推定は、現在のセンサーデータと地図とを比較して、ロボットがその場所で観測すると期待しているものが観測されることを確認しています。地図の中には、現実の世界とは一致しない大きな障害物（大きな黒い塊）があるので、ロボットの推定位置の確信度は低くなります。しかし、地図と**一致する**領域が十分に観測できているかぎり（このケースでは、PR2に搭載されたレーザーレンジファインダーを利用していて、広い視野角があるので、そうなります）、自己位置の推定アルゴリズムは十分にロバストな推定を行うことができます。

9.5 まとめ

本章では、slam_gmappingパッケージを使ってロボットの周辺環境の質の良い地図を作る方法を見てきました。また、配信されたメッセージを一旦ファイルに保存して、後で再生するためのrosbagも紹介しました。rosbagはとても便利なツールなので本書の中でもまた出てきます。

地図の作成に関して覚えておく必要がある重要なことの1つは、多くのロボット開発者が地図の作成を「解決済みの問題」と考えていますが、実際に作成するのは、たいていの場合、難しい作業であるということです。安いロボットと性能の悪いセンサーを使う場合には特にそうです。

ここではROSの地図作成システムのほんの表層に触れたにすぎません。地図作成の振る舞いを変えるために設定可能なパラメーターは大量に存在します。それらのパラメーターはgmappingのwikiページ（http://wiki.ros.org/gmapping?distro=indigo）にすべて載っていますし、先ほど紹介した論文にも書かれています。しかし、それらのパラメーターの変更による影響を把握できていないかぎり、パラメーターをあまりいじくり回しすぎないようにしてください。皆さんのロボットに都合の良い設定を一度見つけ出したら、それ以降は変更しないようにしてください。

何度か地図を作ってみて感覚がつかめれば、新しい環境に対して新しい地図を作るのにそれほど長い時間を必要としなくなるでしょう。地図を手に入れることができたので、ロボットを自動でナビゲーションさせるための準備が整いました。それが次章のテーマです。

10章 世界を動き回る

ロボットができる最も基本的なことの1つは世界を動き回ることです。これを効率的に行うには、ロボットが自分がどこにいるか、どこに向かっているかを知る必要があります。これは、通常は、その世界の地図、出発地、目的地を与えることで達成されます。前の章では、センサーデータから世界の地図を構築する方法を見ました。ここでは、ロボットが世界のある場所から別の場所に地図とROSのナビゲーションパッケージを用いて自律的に動いていけるようにします。まずは、ロボットがどこにいるかを見つけ出す手助けをすることから始めましょう。

10.1 ロボットが地図のどこにいるかを推定する

この節では、ROSのamclパッケージを用いて、どのようにしてロボットが地図の中のどこにいるかを推定するかを見ていきます。amclノードは確率に基づく位置推定アルゴリズムを実装しています。このアルゴリズムは**適応型モンテカルロ位置推定法**（Adaptive Monte Carlo Localization）として知られており、Sebsastian Thrun、Wolfram Burgard、Dieter Foxによる『Probabilistic Robotics』[*1]（MIT Press）で説明されています。特に、これは、sample_motion_model_odometry、beam_range_finder_model、likelihood_field_range_finder_model、Augmented_MCL、KLD_Sampling_MCLといったアルゴリズムを用います。位置推定パッケージを使用するだけあれば、これらのアルゴリズムがどのように動いているかに関する技術的な詳細すべてを知る必要はありませんが、その高いレベルで詳細のいくつかを理解しておくと、位置推定の作業を行おうとする際に楽になります[*2]。

ロボットの場所（**姿勢**とも呼ばれる）は、**地図座標系**（**ワールド座標系**とも呼ばれる）における位置

*1 訳注：邦題『確率ロボティクス』（毎日コミュニケーションズ）。

*2 これはROSの多くのことに当てはまります。下位のアルゴリズムがわかっていなくても使うことはできますが、その内部で何が起きているかを知っておくとロボットのおかしな振る舞いをデバッグしなくてはならないときにも役に立ちます。

と向きで表されます。amclは、ロボットがいると思われるこの姿勢の集合を保持します。これらの**候補となる姿勢**はそれぞれ、確率を持ちます。確率が高くなればなるほど、そのロボットが実際にいそうな場所となります。ロボットが世界を動き回るにつれて、センサーからの信号は、候補となる姿勢それぞれに対して、地図に従って期待される信号と比較されます。候補となる姿勢それぞれに対して、信号が地図と一致している場合は、その姿勢の確率が上がります。一致していない場合は、確率は下がります。時間が経過すると、低い確率の姿勢（すなわち、ロボットは実際にはその姿勢であることはほぼない）は消えていき、高い確率を持つものが残ります。ロボットが世界を動き回ると、候補となる姿勢は、ロボットのオドメトリの推定に従って、ロボットと一緒に移動します。

amclは、私たちがロボットがいると考えている場所を中心とした姿勢の候補を評価することから始めます。この姿勢の候補は、時間が経ち、ロボットが動き回り、世界に関するセンサーの計測値が得られるにつれて、ロボットの実際の姿勢に収束していきます。ロボットが最もしていそうな姿勢は、常に、最も高い確率を持つ姿勢となり、それが経路計画で用いられます。しかしながら、ここで注意すべき重要なことはこの姿勢はロボットの実際の姿勢ではないことです。これは実際の姿勢に近いものではありますが、実際の姿勢**そのもの**であることはほとんどないのです。実際問題として、これが意味するのは、ナビゲーションシステムを用いてロボットを世界の特定の場所に移動させると、ロボットは近くまで行くのですが、正しい場所には行かないということです。位置推定システムがそこにいると言っていたとしてもです。これは確率的アルゴリズムを用いる場合のトレードオフの1つです。すなわち、このアルゴリズムは実際にはロバストであり、ほとんどの場合うまく機能するのですが、完全に正確であることは保証できないのです。しかし、このアルゴリズムは経路計画では十分に正確ですし、センサーベースの局所的な経路追跡アルゴリズムと組み合わることでナビゲーションでは十分に使えるものなのです。

さて、これで位置推定システムがどのように機能するかが少しわかったので、動いているところを見てみましょう。まず地図サーバーが動いていないことを確認してください。確認できたら次に以下のlaunchファイルを実行してください。

```
user@hostname$ roslaunch turtlebot_stage turtlebot_in_stage.launch
```

これは、Turtlebotがいる迷路の世界のシミュレーションを起動し、この世界をもとに作られた地図を用いて地図サーバーを起動、amclノードを起動し、さらに何が起きているかわかるようにrvizを起動します。起動したrvizのウィンドウは**図10-1**のようになります。他にもいくつかのウィンドウが表示されます（シミュレーター用のものなので、今は無視してください）。

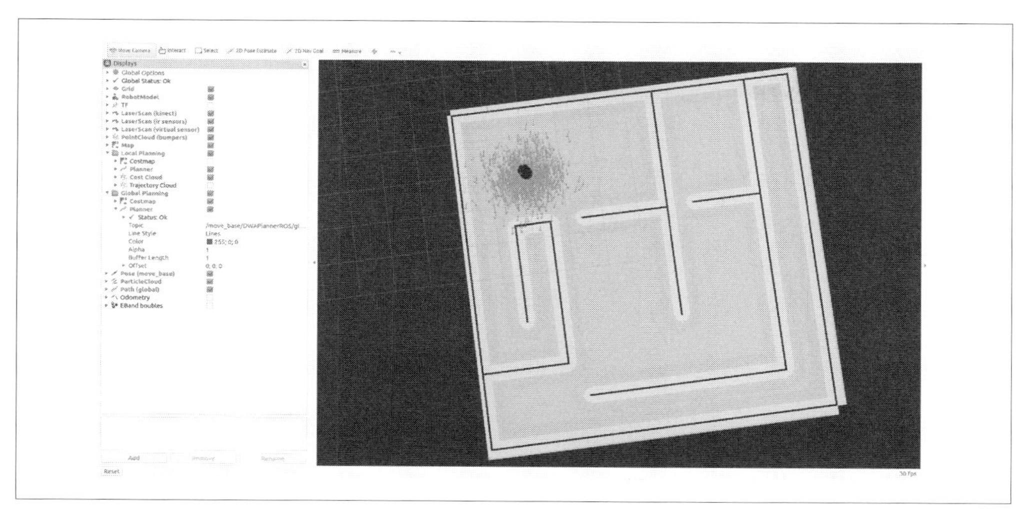

図10-1　Stageでシミュレートされているturtlebot2をrvizで見たもの

rvizに表示されているもののうちRobotModel、Map、ParticleCloud以外のものすべてのチェックを外してください。非表示にした項目については、後でROSのナビゲーションシステムがどのように機能しているかを説明するときに取り上げます。ここでは、ロボット、地図（センサーデータから得られたものではなく手で描いたもの）、緑の矢印の集合が表示されます（**図10-2**）。この緑の矢印は、amclから得られた姿勢の推定値、すなわち、位置推定アルゴリズムがロボットがいると考えた場所です。このlaunchファイルを使えば、これらは自動的に生成されますが、状況によっては、初期位置の推定値を自分で与えなければいけない場合もあります。これは［2D Pose Estimation］（2次元姿勢の推測）ボタンをクリックし、rvizウィンドウ内をクリックし、そのままドラッグすることで行えます。表示される矢印は、皆さんが地図中でロボットがいると推定する場所を示すものであり、これはamclアルゴリズムに渡されます。すると、このアルゴリズムは、その初期位置の推定値のまわりに、考えうる姿勢を確率的に生成します。これをやってみましょう。ロボットの初期姿勢は地図中のどこにでも設定できます。実際にロボットがいる場所でなくてもかまいません。推定値を設定したら、ロボットの表示がその場所に移動する様子に注意してください。これは、ロボットが実際にどこにいるのかをStage（シミュレーター）が知っていても、rvizは姿勢の推定値に基づいて地図内にロボットを配置するからです。

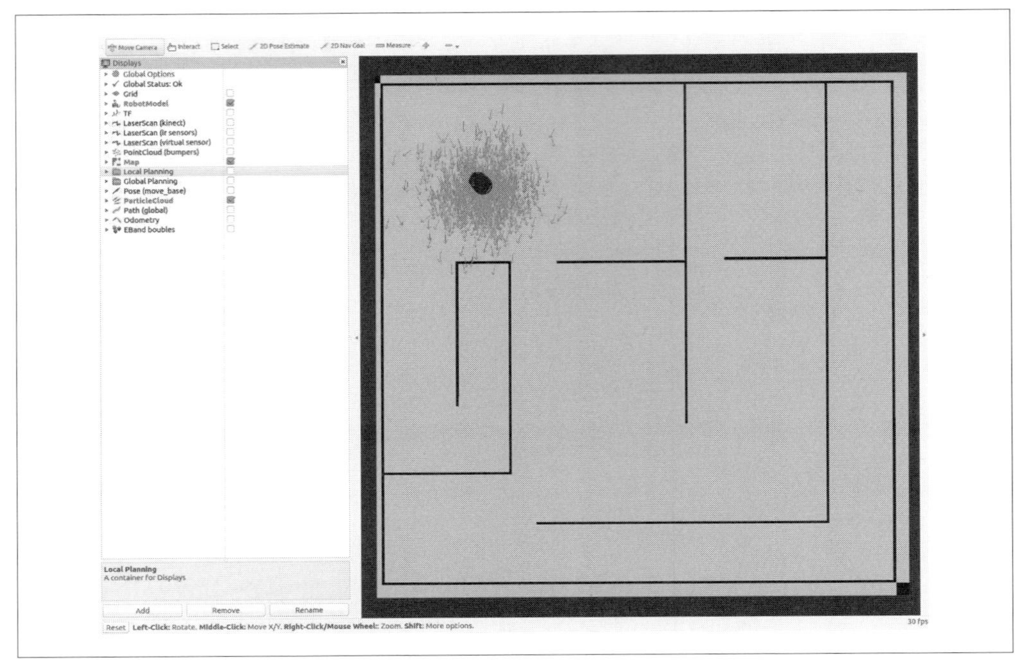

図10-2　ロボット、地図、amclによる位置推定結果を表示するrviz

10.1.1　良い初期位置を得る

どうすれば、ロボットの良い初期位置が推定できるのでしょうか？ `rviz`を用いた姿勢の推定値を与えるコツがわかったら、ロボットの実際の位置を表す姿勢の推定値を与えてみてください。これは、Stageのシミュレーションウィンドウで確認できます。大まかな推定値を得るのは非常に簡単ですが、それが実際にどれくらい良いかはどのようにして伝えればよいのでしょうか？

このような推定値を良くする1つの方法は、ロボットのセンサーデータと比較することです。[LaserScan (kinect)]（レーザースキャン）の表示をオンにしてください。Turtlebotの疑似レーザーレンジファインダーからのデータが表示されます。このデータは、このロボットの位置推定がうまくいっていれば、地図とうまく合うはずです。**図10-3**はうまくいっていない例です。レーザーの接触点が壁とまったく合っていません。

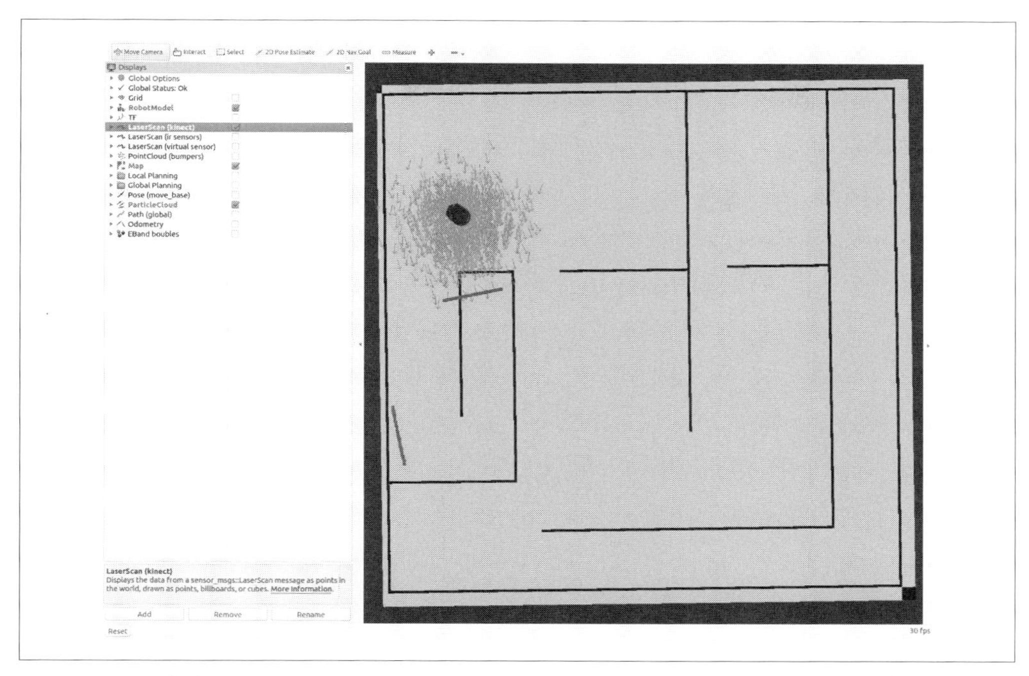

図10-3　うまく推定されていない例。センサーデータが地図と合っていない

さらにいくつか初期の姿勢の推定値を与えてみて、センサーデータが地図に合っているかどうかを確認してください。rvizは、透視投影で奥行きを持った3次元で環境を表示し、レーザーデータは床より少し上に表示されていることに注意してください。したがって、位置が完璧に推定されたロボットであっても、レーザーは地図のぴったり上にあるようには見えません。ロボットの位置が十分によく推定されてしまえば、世界の中を動き回らせることができます。正確に正しい場所にない場合でも気にしないでください。大まかに位置が推定されていれば、ROSがうまく対処してくれます。

10.1.2 裏では何が行われているか

rvizでロボットの位置を推定する方法を見てきましたが、その裏では実際には何が起こっているのでしょうか？ ROSの他のものと同様に、トピックで送られるメッセージがすべてなのです。

rvizはinitialposeというトピックを、geometry_msgs/PoseWithCovarianceStampedという型で購読します。このトピックでメッセージを受け取ると、rvizは現在保持している候補となる姿勢の集合をリセットし、メッセージで受け取った姿勢を中心に正規分布に基づいてランダムに姿勢の候補を生成します。また逆にrvizで初期の姿勢を設定した場合は、このトピックにrvizからメッセージを配信するのです。

正規分布した初期姿勢を用いる代わりに、地図全体に広がる、均一な姿勢の集合をamclに使わせることができます。これは、ロボットがどこにいるかが本当にわからない場合に用いることがあります。しかし、この方法は、アルゴリズムが正しい姿勢推定値に収束させることを（はるかに）難しくさせるので、ロボットが出発した場所が「本当」にわからない場合にのみ行うようにしてください。これは、global_localizationサービスに空のリクエスト（型はstd_srvs/Empty）を使ってサービスコールを行うだけで実行できます。

amclは、もともとsensor_msgs/LaserScanメッセージを発生するレーザーレンジファインダーを持つロボットを扱うように設計されていました。これはscan（レーザー用）、map（地図用）、initialpose（姿勢の推定用）、tf（座標変換されたロボットのオドメトリ情報用）のトピックを購読し、tfトピックにodom座標系からmap座標系への座標変換を配信します。この座標変換は、地図の座標系内で正しく自身の位置を特定するために、オドメトリによる推測値に対して適用される補正のようなものです。通常はROSが対処してくれているので、皆さんはこれらに関して心配する必要はまったくありません。しかしながら、これらを支えるメカニズムを理解しておくと、どのようにしてシステムが失敗し、どうすれば修正できるかを理解する際に役に立ちます。

10.1.3 よりよい初期姿勢を設定するためのヒント

良いナビゲーションは、ロボットの良い位置推定で決まります。ロボットの初期姿勢をよりよくする1つの方法は、rvizでセンサーの信号を見て、前にやったように、それらが地図によく合うようにすることです。これは、レーザーレンジファインダーがある場合には特にうまくいきます。そのデータが局所的な地図のようになるためです。初期の姿勢の推定値をレーザーからの信号が地図とうまく対応するまで動かすことで、良い姿勢の推定ができます。

姿勢推定をさらに良くするには、自律的にナビゲーションさせる前に少しロボットを動き回らせることです。こうすることで、amcl内の候補のパーティクル（粒子）の集合を実際のロボットの位置に収束させることができ、ロボットがどこにいるかの推定値をより信頼性のあるものにできます。少しの実験で、皆さんの使われている特定のロボットやセンサーで、性能を改善する動かし方を見つけ出すことができるでしょう。

10.2 ROSのナビゲーションスタックを使う

さて、これでロボットの位置を推定することが（多かれ少なかれ）できたので少し動き回らせてみましょう。まず、ROSを古くから使っている人には**ナビゲーションスタック**と呼ばれることの多い、ナビゲーションシステムをrvizを通して使うことから始めましょう。まず、ナビゲーションスタックが実際どのようなもので、どのように機能するかから説明しましょう。

10.2.1 ROSナビゲーションスタック

ROSのナビゲーションシステムは非常に複雑なので、ここでは表面的な説明をします。何ができ、どのように設定できるかの詳細はナビゲーションのwikiページ（http://wiki.ros.org/navigation?distro=indigo）にあります。ここでは、すでにナビゲーションスタックが皆さんの扱うロボットで設定されており、正しく動くことができる状態にあるものとして話を進めます。そうでない場合は、wikiを参照し、そこにある指示に従ってください（もしくは、先に「17章 移動ロボット：パート2」を読んでください）。

本質的には、ナビゲーションスタックはROSで動くロボットが世界を動き回り、途中で物にぶつからずに、指定したゴールに効率的に到着することを可能にするシステムです。これは、地図、位置推定システム、センサー、オドメトリからの情報を統合して、現在の場所から目標地点までの良い経路を計画し、そのロボットの機能でできるかぎりその経路をたどるようにします。ロボットが立ち往生する場合は、通常は地図上にない障害物のせいなのですが、その場合には、経路を計画し直し、リカバーすることができます。ほとんどの動くロボットがこの機能を利用しており、ナビゲーションスタックはROSの中で最もよく使われるものの1つです。

ナビゲーションスタックは大まかに、以下のように機能します。

1. **ナビゲーションゴール**がナビゲーションスタックに送られます。これは、アクションの呼び出しで行われ、目的の場所における、ある座標系（通常は`map`座標系）での姿勢（位置と向き）を`MoveBaseGoal`型でアクションのゴールとして与えます。
2. ナビゲーションスタックは、**グローバルプランナー**の経路計画アルゴリズムを用いて、現在の場所からゴールまでの最短経路を地図を用いて計算します。
3. この経路は、**ローカルプランナー**に渡され、ロボットを経路に沿って動かそうとします。ローカルプランナーはセンサーからの情報を使い、地図にはないが、ロボットの前に現れた障害物（例えば、人間）を避けます。ローカルプランナーがお手上げになり、進めなくなると、グローバルプランナーに新しい経路計画を作成するように依頼し、その経路をたどろうとします。
4. ロボットがゴールの姿勢に近づくと、動作が完了します。

`rviz`でこれがどのように行われるかを見ていきましょう。

10.2.2 rvizでのナビゲーション

ロボットの位置が十分によく推定されていれば、世界をナビゲーションさせるのは簡単です。[2D Nav Goal]（2次元のナビゲーションゴール）ボタンをクリックし、`rviz`ウィンドウ内をクリックしドラッグすることで、ロボットに目標とする位置（**ゴール姿勢**）与えることができます。ロボットは途中で他の物にぶつからずに自分自身でゴール姿勢に到着するでしょう。おめでとうございます！ これで、ROSのナビゲーションスタックを使うことができました。

内部で何が行われているのかを見る前に、amclが保持している姿勢を見てみましょう。ロボットが動くにつれて、amclはレーザーレンジファインダーからの信号を、見えるはずのものや与えられた姿勢、地図と比較しています。その信号と予測が特定の候補の姿勢と似ていれば、amclはそれが本当の姿勢であることを表す確率をより高くします。信号と予測が大きく異なる場合は、amclはその姿勢の確率を下げます。確率が非常に低い姿勢は削除され、既存のものに近くより高い確率を持つ新しいものに置き換えられます。時間が経つと、姿勢の集まりは実際のロボットの位置に収束します。

amclでの位置推定は、姿勢が少しずれていても収束します。ロボットの実際の場所から少し離れたところに新しい姿勢の推定値を与えてみて、候補となる姿勢の推定値が再度どのように広がるかに注意してみてください。次に、少しだけ離れた場所をナビゲーションゴールとし、姿勢の候補の集合に何が起こるかに注目してみてください。姿勢の推定値がリカバリーできないほどかけ離れていてナビゲーションが失敗してしまうか、姿勢の推定値がロボットの位置に収束するかのいずれかです。ナビゲーションが失敗した場合、姿勢の推定値を前回よりも実際の位置に少し近づけて再度試行し、ナビゲーションが成功して位置推定が収束するまで続けてみてください。そうすると、どれくらいまで離れることができてリカバリーできるかの感覚がつかめるようになると思います。

ロボットを少し混乱させましたが、あらためて、十分に正確な場所に位置推定を与えてください。これから、ナビゲーションスタックの内部で実際に何が行われているかを見ていきましょう。厳密に言えば、これはナビゲーションスタックを使う上で必ずしも知っておく必要があることではありませんが、ナビゲーションが失敗した場合、状況を理解しようとする際に役に立つことが多いのです。

10.2.3　内部で何が行われているか

ナビゲーションスタックではたくさんのものが動いており、その多くがrvizを使うことで何をやっているかがわかります。この節では、ロボットを動き回らせて、ナビゲーションスタックのさまざまな機能がどのように相互作用しているかを見ていきましょう。

ナビゲーションスタックが最初に行うことは、**グローバルコストマップ**を作ることです。これはロボットが地図の中である特定の場所にいることがどれくらい良いか、悪いかを示すデータ構造です。壁とぶつかっているのは非常に悪いことであり、開けた場所にいるのは良いことです。壁に近づくことは、開けた場所にいるよりも悪いことですが、壁にぶつかるくらいには悪いことではありません。Displaysパネルの［Global Planning］のチェックボックスをクリックし、ツリーを広げてその下の［Costmap］もチェックしてください。こうすることで**図10-4**のようなグローバルコストマップが表示されます。

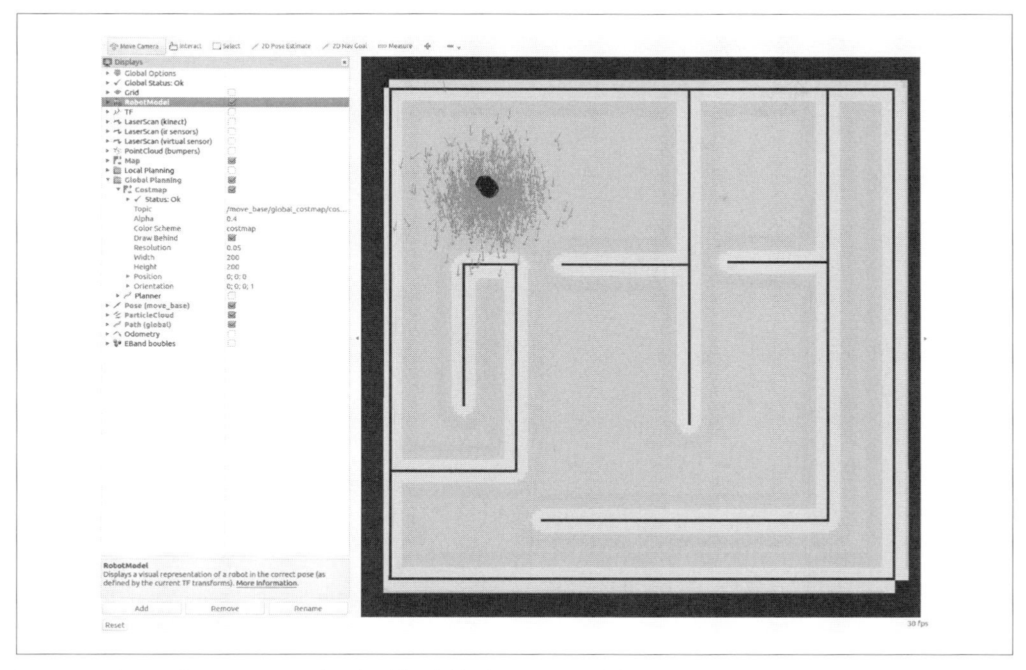

図10-4　グローバルコストマップ。壁に近い領域がよりコストが高いことを示す

ROSの他のものと同様に、コストマップはトピックで利用可能です。この場合、トピックは`/move_base/global_costmap/costmap`で、型は`nav_msgs/OccupancyGrid`です。一般に、このようにノード内の内部データ構造を可視化できるようにしておくと、`rviz`で見ることができるので、デバッグするときや、ロボットが期待どおりに動いてくれない理由を見つけ出すときにとても役に立ちます。

［Path (global)］（経路）を有効にするとROSが計算した大局的な経路が表示され、［Pose (move_base)］（姿勢）を有効にするとゴールの姿勢が表示され、［Global Planning］の［Planner］を有効にすると、直近の経路が表示されます。さて、ロボットにナビゲーションのゴールを与え、何が起こるか見てみましょう。動作を開始すると、**図10-5**のような表示になります。

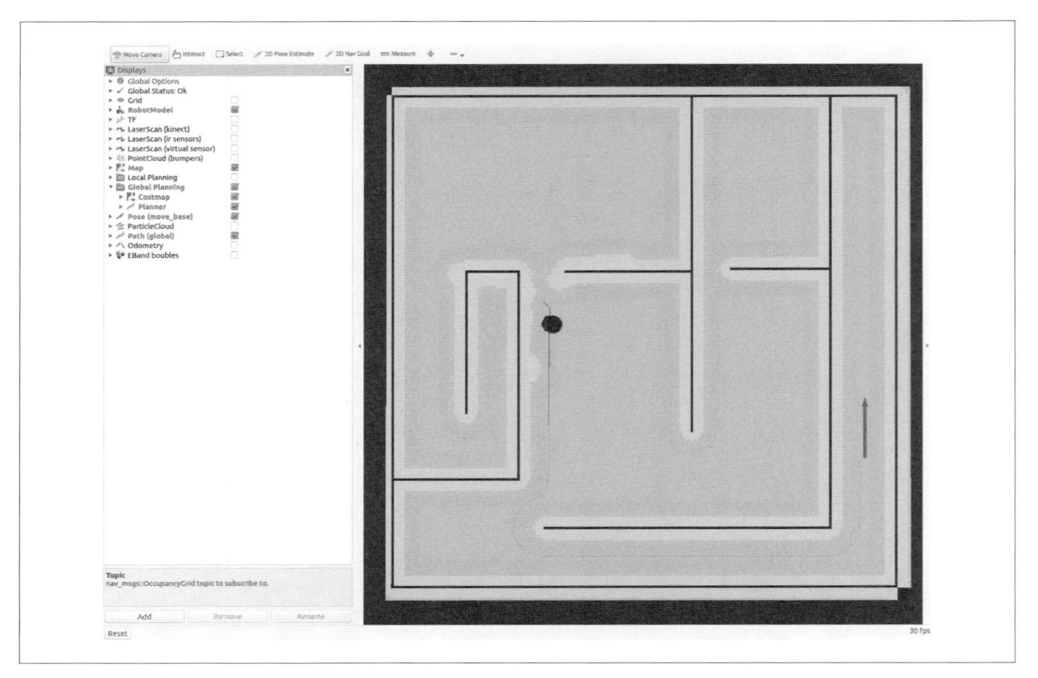

図10-5　動作中のロボット。計算された大局的な経路が表示されている

ゴールの姿勢は地図の右下のほうの赤い矢印で表示されています。ROSが決定した経路は緑の線で示されています。この線は、壁から離れたコストの低い領域にあることに注意してください。ロボットが目指す直近の経路は赤い線で表示されています。

大局的な経路は、ロボットがたどろうとするものですが、ロボットが移動する実際の経路は、ローカルプランナーが決定します。ローカルプランナーは、大局的な経路をたどることと地図上にはないがロボットのセンサーが検出した局所的な障害物を避けることとのバランスをとります。[Local Planning]とその中の[Costmap][Planner][Cost Cloud]を有効にすることでローカルプランナーによるコストマップとプランニング情報を見ることができます（**図10-6**参照）。ローカルプランナーは経路をたどることと、物にぶつからないことを両立し、進むべき場所を「暖色」で示し、進むべきでない場所を「寒色」で示しています。また、ややこしのですが[Costmap]は各セルをどれくらい良いか、悪いかを考えているかを示し、暖色で悪いことを、寒色で良いことを示します。ロボットに2～3個のナビゲーションゴールを与え、移動経路がローカルプランナーを可視化した赤い領域の内にどのように留まっているかを見てみてください。また、ローカルプランナーと局所的なコストマップがどのようにロボットの座標系に結びつけられ、ロボットの移動に追従していくかについても確認してください。

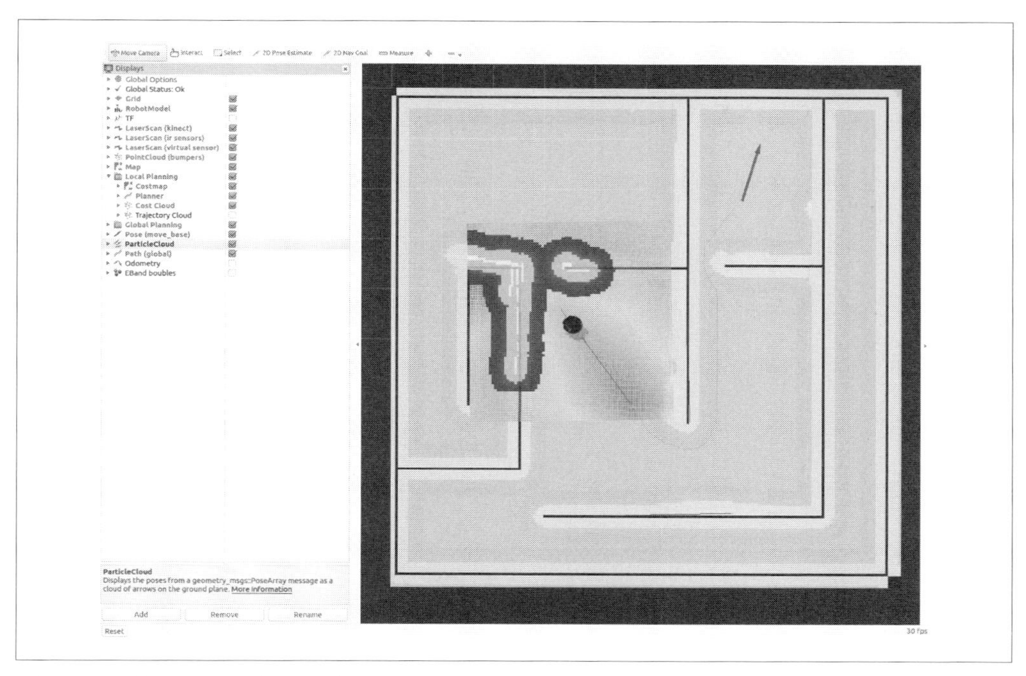

図10-6 ナビゲーションゴールに向かうTurtlebot。すべての表示が有効になっている

これでロボットをrvizを用いて世界をナビゲーションさせる方法がわかったので、同じことをプログラムで行う方法を見てみましょう。

10.3 コードによるナビゲーション

ロボットをコードで動かすのはrvizで動かすのと同じくらい簡単です。自分でアクションを呼び出すだけです。サンプルのpatrolノード*1を用いて、ロボットを巡回させることができます。

```
user@hostname$ rosrun navigation patrol.py
```

このノード（**例10-1**参照）は、ゴールの姿勢のリストを持っており、これを順にmove_baseアクションに送り、終了するのを待つ、ということを繰り返します。

---

*1 訳注：本書のサンプルコードのnavigationパッケージをワークスペースに追加し、chmod u+x patrol.pyで実行権限を与えておく必要があります（「2.3 catkin、ワークスペース、ROSパッケージ」参照）。rosrunを使わなくても、ダウンロードした本書のサンプルディレクトリに移動（例えばcd ~/rosbook-master/code/navigation/srcなど）して、python patrol.pyで実行できます（この場合は実行権限を付与する必要はありません）。

例10-1 patrol.py

```
#!/usr/bin/env python

import rospy
import actionlib

from move_base_msgs.msg import MoveBaseAction, MoveBaseGoal


waypoints = [  # ❶
    [(2.1, 2.2, 0.0), (0.0, 0.0, 0.0, 1.0)],
    [(6.5, 4.43, 0.0), (0.0, 0.0, -0.984047240305, 0.177907360295)]
]


def goal_pose(pose):  # ❷
    goal_pose = MoveBaseGoal()
    goal_pose.target_pose.header.frame_id = 'map'
    goal_pose.target_pose.pose.position.x = pose[0][0]
    goal_pose.target_pose.pose.position.y = pose[0][1]
    goal_pose.target_pose.pose.position.z = pose[0][2]
    goal_pose.target_pose.pose.orientation.x = pose[1][0]
    goal_pose.target_pose.pose.orientation.y = pose[1][1]
    goal_pose.target_pose.pose.orientation.z = pose[1][2]
    goal_pose.target_pose.pose.orientation.w = pose[1][3]

    return goal_pose


if __name__ == '__main__':
    rospy.init_node('patrol')

    client = actionlib.SimpleActionClient('move_base', MoveBaseAction)  # ❸
    client.wait_for_server()

    while True:
        for pose in waypoints:   # ❹
            goal = goal_pose(pose)
            client.send_goal(goal)
            client.wait_for_result()
```

❶ ロボットが巡回する際のウェイポイント（経由地）のリストです。

❷ ウェイポイントをMoveBaseGoalメッセージにするヘルパー関数です。

❸ 簡単なアクションクライアントを作成し、サーバーの準備が完了するのを待ちます。

❹ ウェイポイントを繰り返し処理し、それぞれをアクションのゴールとして送ります。

このコードは、単にアクションのゴールをmove_baseに繰り返し送り、それが完了するのを待っているだけです。ウェイポイントは位置と、回転を表す四元数で指定されます。ウェイポイントの座標系はMoveBaseGoalの属性で指定することができます。この例ではmapの座標系を用いています。ある物体のところに行きたい場合、その物体に独自の座標系があり、その物体の座標系をROSが知っているなら、その座標系をゴールに指定することもできます。座標系については、本書の後のほうで詳しく説明します。

10.4　まとめ

本章では、ロボットを環境内で動き回らせる方法と、ROSのナビゲーションスタックの機能を引き出すコマンドの呼び出し方を見てきました。ロボットが地図中で自身の位置を推定する方法、コードからのアクションの呼び出しやrvizのツール機能を通してナビゲーションコマンドを与える方法についても説明しました。また、ROSのナビゲーションシステムがどのように機能しているのかについてもその概要を説明し、rvizを使って、それを見る方法についても説明しました。

ROSのナビゲーションスタックは複雑で、柔軟なカスタマイズが可能なので、本章ではその表面をなぞっただけです。wiki（http://wiki.ros.org/navigation?distro=indigo）にはナビゲーションスタックの使い方や特定のユースケースでもナビゲーションスタックをうまく機能するように適用させる方法についての詳細な情報がたくさんあります。特に、move_baseのwikiには、ナビゲーションスタックのパフォーマンスを調整するのに使用できる全パラメーターが公開されています。

このナビゲーションシステムがどのように機能するのかを詳しく知りたい場合は、David LuがROSCon 2014で行った講演（http://bit.ly/lu_roscon2014）と以下の論文を参照してください。

- David V. Lu, Dave Hershberger, and William D. Smart, "Layered Costmaps for Context-Sensitive Navigation." *Proceedings of the IEEE/RSJ International Conference on Robots and Systems* (2014): 709–715.

ロボットのナビゲーションについては本書の後半で再度取り上げ、ロボットに建物の中を巡回させて何か役に立つことを行わせる方法を説明します。その前に、ロボットの腕を動かしたり物を操作したりする方法を次章で見ていきましょう。

11章 Chess-bot（チェスボット）

ここまで本書では車輪型の移動ロボットをオフィス風の環境で動かすことを中心に説明してきました。これは平面の床の上を動く車輪型の移動ロボットのナビゲーションが比較的に低価格なハードウェアを使って実現することができたからです。また、この内容がROSを使ったロボット制御の実践的な導入として、十分な価値があり、ちょうどよい複雑さだったからです。しかし、ロボット工学で扱うロボットは、平面上を動く車輪型の移動ロボットだけではありません！ 本章では、これまでとはまったく異なる分野である**マニピュレーション**を扱うことにします。残念ながらロボットマニピュレーターは複雑で高価な機械なので大学や趣味の研究室ではあまり見かけることはありません。しかし、幸いなことに、無償で提供されているオープンソースのGazeboシミュレーターを使えば、ロボットマニピュレーターのソフトウェア開発をすることができます。また、それを強く推奨します！ 本章では、Gazeboを使ってNASAとGMによって開発されたすばらしい最先端のロボットRobonaut 2（別名R2）のソフトウェアを開発する方法を説明します。Robonaut 2の複製が1台、国際宇宙ステーションにも実際に送り込まれています。つまり、本章で皆さんがこれから作成するソフトウェアは、皆さんのコンピューター上のGazeboシミュレーターで動作するだけでなく、宇宙ステーションの本物のR2でも同じように動作するはずなのです！

ロボットマニピュレーターには驚くほどたくさんの形状や大きさがあります。産業用のロボットマニピュレーターは、溶接、塗装、積み重ねといった作業を、超人的な力とスピード、そして忍耐力で行うことができます。しかし、重要なことは、見た目がどうであるかにかかわらず、多くの産業用のロボットの装置は「目が見えていない」ということです。つまり、溶接ロボットや塗装ロボットは、一般に**作業セル**と呼ばれる環境に物が入ってくると、いつでも**完全**に同じ動きをしているだけなのです。作業セルを設計するときの労力の大半は、加工中の製品、例えば部分的に塗装が完了した自動車のボディなどを、ロボットマニピュレーターが事前に決めた所定の動きを始めるよりも前に、必ず、正確に同じ位置に到着させることを保証することにあります。本章で開発するマニピュレーターの機能もこのタイプのものです。本書の後半まで認識技術は扱いません。

本章の目標は、ロボットマニピュレーターを理解して、プログラムをするための基礎的な部分について説明し、ROSのツールチェーンと関連のオープンソースプロジェクトを使って、事前に環境が特定できている状況で、いかにロボットマニピュレーターを動かすかを実際に体験することです。ここでは、ロボットマニピュレーションの理論的な導出については説明しません！ それはそれだけで一冊の本（もしくは、本棚）になってしまうでしょう。本書では、それらのツールの複雑さを理解するのに必要な基本的な原理だけを取り扱います。

11.1 関節、リンク、機構（kinematic chain）

ロボットマニピュレーターは、何らかの構造でお互いに接続された**関節**の集合体です。古典的なロボット工学では、マニピュレーターの関節には主に**回転**と**直動**の2つがあります。回転関節（**ロータリー**、もしくは、**ピン**関節とも呼ばれます）は、1つの**回転軸**の周りに回転します。例えば、皆さんの肘は、回転関節のように動きます。一方で、**直動**関節（**リニア**関節とも呼ばれます）は、動作する軸に沿って直線的に動く関節で引き戸や伸縮式の車のラジオのアンテナがこれに該当します。

直動関節は、電子基板の上に細かい電子部品を配置するロボットや、顕微鏡用のロボット撮影システムなどのように、きわめて高い精度が要求される場合によく使われます。また、「3Dプリンター」もプラスチック押出機を正確に動かす必要があるため典型的には直動関節型のロボットであることが多いです。多くのロボットは、回転関節と直動関節の両方の組み合わせによって構成されていますが、マニピュレーターについて見ていくと、回転関節だけで構成されているものが大半です。ロボットの大きさ、重さ、価格を抑えながら、作業可能な範囲を最大化するためです。したがって、本章の残りの部分では、回転関節だけについて説明していくことにします。

マニピュレーターの専門用語で、**リンク**とは**関節**で結合されたロボットの腕の1つの節のことを指します。例えば、皆さんの上腕も下腕も1つのリンクと言えます。一般的にロボットのリンクはアルミや硬質プラスチックなど比較的に固い材質で作られています。本書では、リンクは完全な剛体であると仮定します。しかし、実際には、多くの場合、この仮定は常に正しいわけではありません。リンクには強い負荷がかかっていたり、高速に動いたりするためです。そのため、ロボットを安定して制御するには、完全な剛体でないことを考慮した複雑な分析が必要となります。しかし、ここではその問題には踏み込みません。この後の説明では、リンクは関節を結合する完全な剛体を指すこととします。これらの基礎的な用語を**図11-1**に示しています。

リンクと関節の連鎖は、**機構**（kinematic chain）と呼ばれます。ロボットマニピュレーターを制御するには、この機構の幾何学的な形状を知ることが必須です。普通、機構の片側は**接地されている**と考えます。これは片側が工場の床やロボットの胴体といった何らか他の座標系に対して固定されていることを意味しています。**オープン**な機構とは、接地されていない側が作業空間を自由に動き回ることができる連鎖のことです。この自由に動けるマニピュレーターの側には、通常、溶接アイロン、塗装ガン、グラインダー、汎用グリッパー、吸着カップなど、何らからの**エンドエフェクター**が取り付けられています。

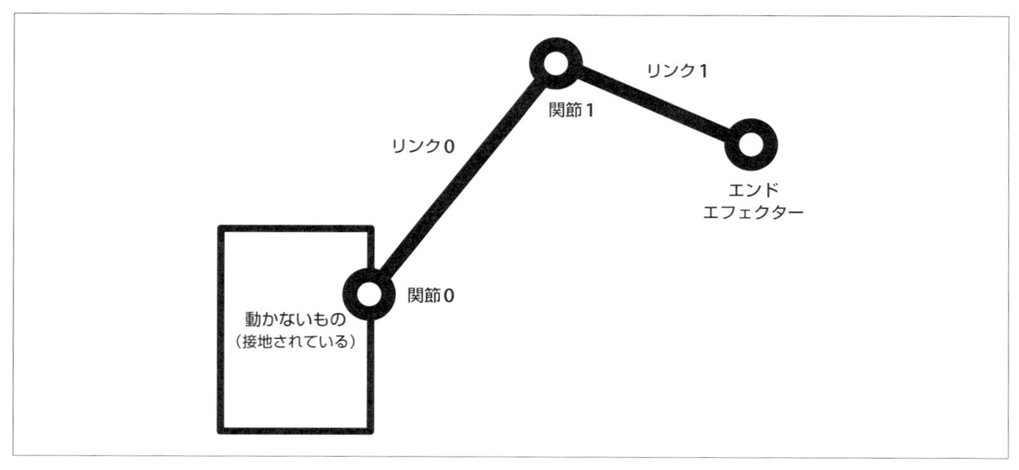

図11-1　ロボットマニピュレーターの基本構成要素：関節とリンク

プログラミングの観点からは、ロボットマニピュレーターのエンドエフェクターを作業空間の中のあらゆる位置と姿勢に動かすことができるようにしたいです。理想的な世界では、これは簡単でしょう。しかし、悲しいことに実世界は、いくつかの理由でもう少し複雑です。まず第1に、多くのロボットでは、各関節の**可動範囲**が限定されています。ワイヤーやホース、機械的な構造物やその他の制約によって、マニピュレーターの関節は無限に回転することはできないのです。第2に、作業空間には普通マニピュレーターが避けなければならない固定構造物などの**障害物**が存在します。第3に、実世界のロボットの関節は、限られた割合でしか加減速できません。**モーションプランニング**は、これらの問題（や他の問題）を扱う学術分野です。それらを理解するために、まず、理論に少しだけ触れてみましょう。

11.1.1　関節空間

2次元の平面を移動する車輪型の移動ロボットのときには、主に2つの座標系を考える必要がありました。すなわち、環境に対して固定されて決して動かない**地図座標系**とロボットに取り付けられてロボットと一緒に動く**ロボット座標系**の2つでした。前の章で書いたように、移動ロボットの**位置推定**アルゴリズムは、この地図座標系とロボット座標系の関係を求めることでした。

マニピュレーションでは、一般的にもっと多くの座標系を扱う必要があります。ロボットマニピュレーターでは、すべてのリンクがそれぞれ直前のリンクとの相対的な関係で表現された座標系を持ちます。幸いにも、これらの座標系の関係は、通常、**関節エンコーダー**と呼ばれるセンサーで高精度に計測することができます。関節エンコーダーは、一般的にマニピュレーターの各関節に取り付けられ関節の回転角度を直接計測しています。センサーのメカニズムはさまざまで、磁気、光、抵抗値や静電容量などの現象を利用しています。そしてほとんどのマニピュレーターは、これらのセンサーのデータが、低位の処理（典型的には高速なファームウェアで実行されます）を経て回転角度に変換され、すべての関節の回転角度を把握しています。この回転角度のベクトルを**関節状態**（joint state）と呼び、ロボットマニピュレーターの解析と制御の基礎となります。

本書で取り扱うマニピュレーターでは、関節状態ベクトルは、マニピュレーターのハードウェアが「魔法のように」作り出してくれた単なる関節角のリストです。ロボットマニピュレーターの制御で、最も単純な方法はこの**関節空間**での制御です。図解のために、2自由度の平面アームを考えみましょう。このアームは2次元の図に簡単に書くことができます。この図のある位置Aから位置Bにアームを永遠に動かすタスクがあるとしましょう。最も単純な制御戦略は、AとBそれぞれの位置での関節角を測って、それらの間を関節空間で補間することです。実際、この方法でマニピュレーターは位置Aから位置Bにきちんと移動します。

しかし、関節空間での軌跡が直線でも「現実の世界」、もしくは、エンドエフェクターの**タスク空間**では直線になりません。このタスク空間は、エンドエフェクターが関節空間ではなく直交座標系の中を動いていることを強調するために**デカルト空間**と呼ばれることもあります。多くの場合、私たちはエンドエフェクターをタスク空間で制御したいのであって、関節空間で制御したいわけではありません。先ほどのエンドエフェクターの場合も、タスク空間で直線上を動くように制御したいのであって、関節空間上で直線に制御したいわけではありません。これを理解するために、ロボットの前にある垂直の窓を掃除させるプログラムを書くことを仮定してみましょう。ロボットはそのエンドエフェクターで窓をやさしく拭く必要があります。もし、窓の上を開始点、窓の下を終点として、簡単な関節空間での補間による制御をすると、**図11-2**の絵にあるように、エンドエフェクターが窓を突き破って壊してしまいます。これはたいへんです！

何が起きているのかを解説するには、**順運動学**を使う必要があります。順運動学は関節空間からタスク空間への変換を行う方法で、ロボットアームの幾何学的、すなわち、**運動学的**な、知識を使って座標変換を行います。ここで言う幾何学な情報とは、各リンクの長さ、各回転軸の間の角度、関節角などです。これらの計算は、手書きではとても複雑になりますが、いくつかの単純化をすると、最後は常に計算機が得意ないくつかの行列の掛け算になります。この順運動学の関数が、マニピュレーターの関節状態をエンドエフェクターのタスク空間での位置に変換します。この順運動学関数は高速で不定性がなく、関節状態を1つ入力すればエンドエフェクターの位置が1つ出力されます。ROSは順運動学のための多くのツールを提供していますが、中でも`tf`パッケージは特筆すべきでこの章の後半で利用します。

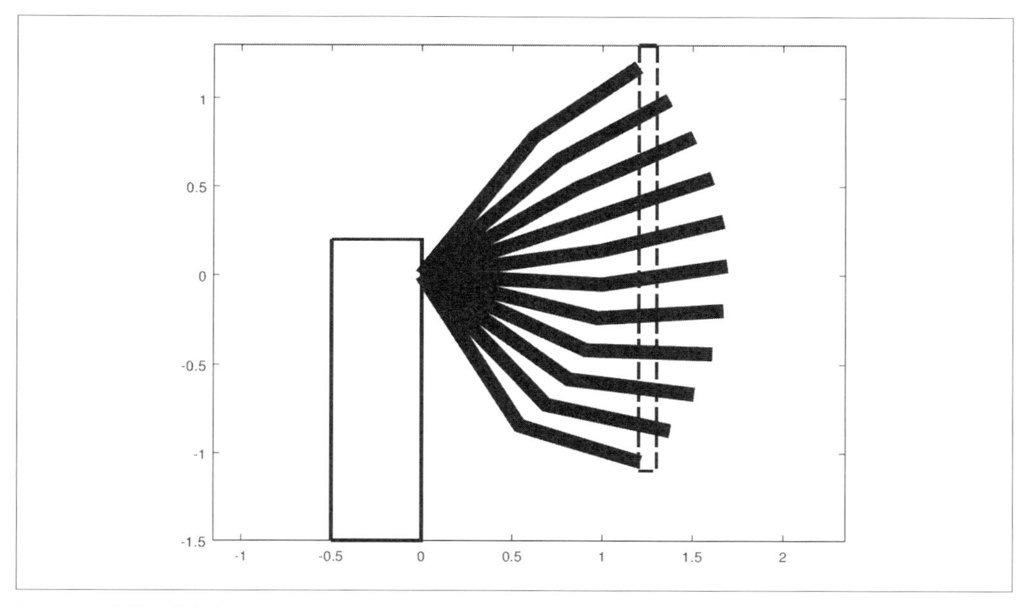

図11-2 貧弱な動作計画によって、左のロボットは右側の窓を掃除するのではなく壊してしまう

順運動学は、アームの先端がロボットの他の部位に対してどこにあるのかを教えてくれます。これは便利なのですが、本当に欲しいのは逆の操作です。すなわち、作業空間において、ある位置(例えば、掃除しようとしている窓の上側など)が与えられた場合に、アームの各関節の角度を何度に制御するべきかを知る操作です。これは**逆運動学**と呼ばれています。

11.1.2 逆運動学

タスク空間のある位置A(窓の上)とタスク空間のある位置B(窓の下)が与えられたとします。それぞれの位置に対する関節状態を計算できれば、それを関節空間で動作するコントローラーに送ってアームを動かすことができるようになります。

この図に書かれた2次元のロボットアームに対する逆運動学の式は、比較的簡単に導き出すことができますが、アームの関節角の数が増えるにつれて逆運動学の式は急速に複雑になっていきます。アームの関節数が6個以上になると、さらに興味深いことが起こります。逆運動学の解が1つには定まらなくなるのです! その代わり解の**組**、つまり、**マニフォールド**が存在し、すべての解が希望のエンドエフェクターの位置を実現するものとなります。皆さんも手を体の前に置いたまま肘を円弧状に動かすことができると思います。これは皆さんの手を特定の位置と姿勢にしたときの逆運動学の解における1次元の部分空間であると言えます。私たちは怠惰で腕が重いので普段は肘は下げた状態の解を選んでいます。しかし、それは手をある位置に固定した状態での多くの可能性のある腕の姿勢の中のたった1つの解なのです。

逆運動学にはもっと複雑な問題もあります。ロボットの「可動範囲外」の領域には逆運動学の解が存在しません。また、ロボットの可動範囲の境界付近には、とても扱いにくい領域があります。その領域ではエンドフェクタの**いくつかの**姿勢は実現できますが、すべての姿勢を実現することはできないのです。この現象を理解するために手が届く**ギリギリ**にある物に対して手を伸ばすことを考えてみてください。1方向からしか、その物をつかむことはできないことに気がつくでしょう。しかし、その物を数cmでも手前に近づけたら、手首や肘を回せば、どんな方向からでもつかむことができるようになります。

繰り返します。逆運動学の問題はとても難しい問題です。与えられたエンドエフェクターの位置と姿勢に対して、無数、もしくは、有限の解が存在することもありますし、1つの解すら存在しないこともあるのです。

幸い、質の良い逆運動学のソフトウェアパッケージがいくつかあり、そのうちのいくつかはROSで使うこともできます。ROSのパラメーターを使ってこれらのパッケージに、アームの幾何学に関する情報を伝えておけば、希望のエンドエフェクターの位置に対する関節状態の解をROSのサービスに問い合わせることができます。このようなパッケージを使って、先ほどの窓拭きロボットを改善することができます。位置Aから位置Bまでの軌跡に沿った「ウェイポイント（経由地）」の列を計算することができます。それらの点はすべてタスク空間でAとBをつなぐ直線上に存在しています。

こういったウェイポイントをたくさん計算すれば、窓を壊すことなく窓を拭くことができるようになるかもしれません。しかし、このやり方では、まだ少し不十分です。この方法では、まだ考慮していないくつかの懸念があるからです。特異点（関節が完全に伸びきったとき）、動きの可動範囲、関節の速度と加速度の限界値、環境内の障害物などです。これらの問題を汎用的に扱うことはとても困難です。これが、**モーションプランナー**と呼ばれる複雑なソフトウェアパッケージが存在している理由です。モーションプランナーはこれらの要因をすべて考慮してくれます。皆さんは、マニピュレーターがどこにあり、どこに動かしたいか、そしてロボットと環境に関する情報を与えさえすればよいのです。あとは、モーションプランナーが複雑な数値演算を行い、関節状態での**軌跡**を返してくれます。この関節状態の軌跡は、そのままマニピュレーターの関節角のコントローラーに与えることができます。すべてがうまくいけば、マニピュレーターのエンドエフェクターは、タスク空間で何も壊すことなく、計算された軌跡をスムーズに追従することになります。

11.2 成功への鍵

ロボットマニピュレーターは複雑な獣です。数多くのモーターと機械的な可動部を持ち、収縮するケーブルや電子機器で覆われていて、さらには、関節の角度や力を計測するための繊細なセンサーを備えています。言い換えると、それは高価で故障しやすい代物です。実際にマニピュレーターを使っていると、最先端技術のすばらしい未来を垣間見ることができる反面、ロボットが動かなくなったときの悲しくはかない現実を経験することがあります。他のロボット工学の分野と同じように、ロボットマニピュレーターのソフトウェア開発を成功させるための鍵は**シミュレーション**です。平面の車輪型の移動ロボットのときには、運用の観点でシミュレーションのメリットを指摘しました。シミュレーターのロボットの電池は一瞬で「充電」することができますし、デバッグのときに通路を追いかけ回す必要もありません。また、数キロメートルに及ぶ実験をする場合でも、現実よりもはるかに高速にシミュレーションすることが可能といったメリットがありました。

マニピュレーターでは、この基本原理はさらに説得力を持ちます。ロボットマニピュレーターははるかに複雑で高価だからです。ロボットマニピュレーターの先端には、比較的繊細なエンドエフェクターを取り付けることがよくありますが、当然、先端はマニピュレーターの中で最速で動き、かつ、最も何かに衝突しやすい場所でもあります。

なので、壊れたレコードのように、繰り返します。ロボットマニピュレーターでの成功の鍵は、他のロボット工学の分野と同様に**シミュレーション**です。本書を通して、シミュレーションのロボットを開発のターゲットとして設定しています。本章では、すばらしい最先端のロボットであるNASA/GMのRobonaut 2のプログラミングが無料でできることを利用します。これは、シミュレーションで使うには楽しいロボットです。なぜなら、R2の複製の1台は実際に国際宇宙ステーションで動いているからです（**図11-3**参照）。

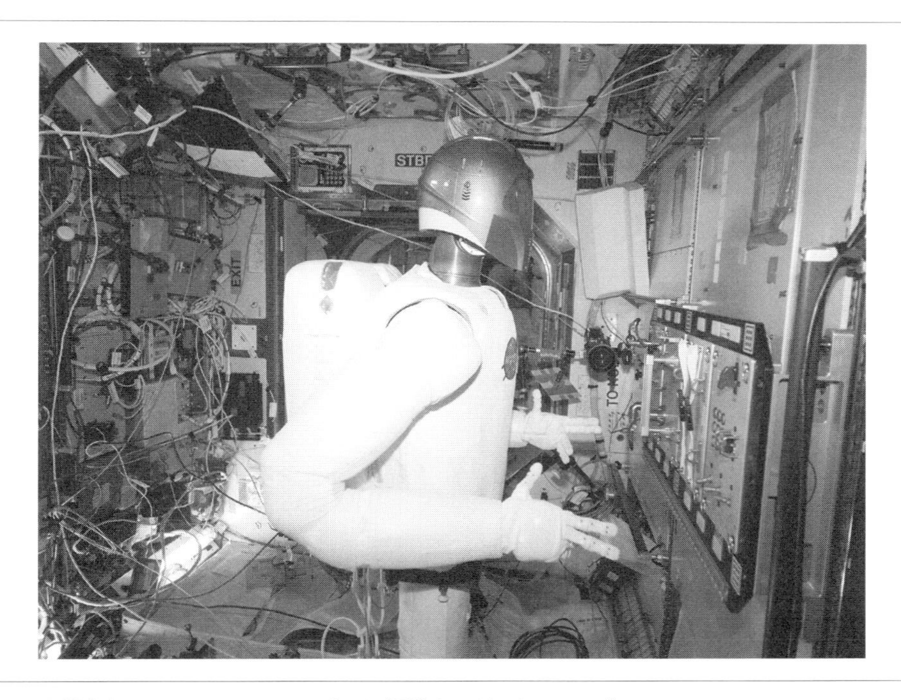

図11-3　国際宇宙ステーションのR2ロボット（画像クレジット：NASA）

皆さんが宇宙での動作保障がされている機械に対して考えるように、R2は非常に信頼性が高く、高い性能と再現性を目指して設計されています。その結果、R2そのものはとても高価で新しいコードを気軽に試せるようなプラットフォームではありません。幸い、NASAはR2のGazeboモデルを公開しており、簡単にインストールできます。Gazeboの中でR2を試すことができるので、自分のソフトウェアを積極的にプロトタイプすることができて、数億円の価値のある装置を台なしにする罪悪感を覚えることもありません。

これから書くロボットのコードは一般的にロボット非依存なのでGazeboのR2の制御のために学んだことは他のロボットにも適用することができます(単にR2のほうが少しカッコよく見えるだけです)。それでは、始めましょう。

11.3 R2シミュレーターのインストールと実行

次のコマンドは、Gazebo向けのR2のシミュレーションモデルとR2の制御器、関連するROSパッケージをビルドファームからチェックアウトしインストールしてくれます[*1]。

```
user@hostname$ sudo apt-get install ros-indigo-ros-control \
  ros-indigo-gazebo-ros-control ros-indigo-joint-state-controller \
  ros-indigo-effort-controllers ros-indigo-joint-trajectory-controller \
  ros-indigo-moveit* ros-indigo-octomap* ros-indigo-object-recognition-*
user@hostname$ mkdir -p ~/chessbot/src
user@hostname$ cd ~/chessbot/src
user@hostname$ git clone -b indigo \
  https://bitbucket.org/nasa_ros_pkg/nasa_r2_simulator.git
user@hostname$ git clone -b indigo \
  https://bitbucket.org/nasa_ros_pkg/nasa_r2_common.git
user@hostname$ cd ..
user@hostname$ catkin_make
```

ここでは本書で必要な環境をセットアップしています。最新版のシミュレーターの完全なインストール手順はhttps://gitlab.com/nasa-jsc-robotics/robonaut2/wikis/R2%20Gazebo%20Simulationを参考にしてください。

これで、新しくビルドしたR2シミュレーションのワークスペースをロードして、Gazebo上でR2を動かすことができるようになりました。

```
user@hostname$ cd ~/chessbot
user@hostname$ source devel/setup.bash
```

---

*1 訳注:翻訳時点ではbitbucket.org配下のコードは古く、入手することができませんでした。本書と同じ環境を構築する最も簡単な方法は、nasa_r2_simulator.git、nasa_r2_common.gitそれぞれについてdeprecated_nasa_r2_simulator.git、deprecated_nasa_r2_common.gitで読み替えることです。

```
user@hostname$ roslaunch r2_gazebo r2_gazebo.launch
```

R2が入ったworldファイルを引数としてGazeboを起動すると**図11-4**のような画面が現れるでしょう。

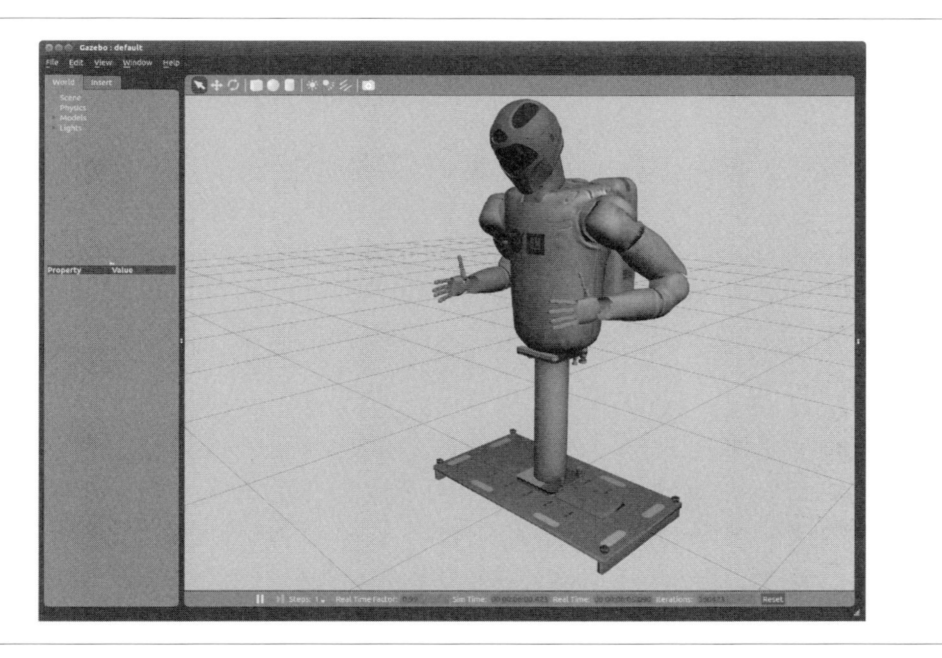

図11-4　R2シミュレーションの初期状態

ロボットシミュレーションとROSの抽象化レイヤーのおかげで、皆さんはR2のシミュレーターでも本物のロボットでもまったく同じように動くソフトウェアを開発することができます。まずは、R2に腕をランダムに振らせてみましょう。これを実現するために、ここではMoveItを使うことにします。MoveItは、ROSと連携しやすい総合的な動作計画パッケージです。幸いMoveItは、R2の詳細な構造に関するすべての情報（全リンクの幾何学情報、関節の位置や姿勢など）をすでに知っています。皆さんは、単にMoveItにエンドエフェクターの目標位置を指定するだけで、あとはMoveItが高次元の幾何学演算を実行して障害物にぶつからずに目標地点にたどり着く経路を生成してくれるはずです。

まず初めに、`robot_state_publisher`ノードを起動する必要があります。このノードは、R2の幾何学情報と関節状態ベクトルを使って、ロボットのすべての座標系を常時計算してくれます（すなわち、順運動学を計算します）。この演算に関するROS標準の実装はロボット非依存なので、単にこれを立ち上げておくだけでR2にとって必要なことをやってくれるでしょう。

```
user@hostname$ rosrun robot_state_publisher robot_state_publisher
```

この時点で、R2のシミュレーター（r2_gazebo）を起動したコンソールとrobot_state_publisherを実行しているコンソール、そして、R2のシミュレーターを表示するグラフィカルウィンドウがあります。さらに、もう1つ新しいターミナルを起動して、R2向けに設定されたMoveItを開始します。

```
user@hostname$ cd ~/chessbot
user@hostname$ source devel/setup.bash
user@hostname$ roslaunch r2_moveit_config move_group.launch
```

このコマンドによって、数多くのプログラムとトピック、サービスを起動し、膨大な数のパラメーターが設定されます。MoveItは、とても複雑なソフトウェアなので、その内部処理を完全に解説することは本書の対象外とします。MoveItは、R2の手の目標位置を与えれば、目的の位置に到達するための滑らかな軌跡の生成と軌跡の追従を実行してくれます。

例11-1に掲載したプログラムは、Robonaut 2の手に対してランダムな位置を生成し続けるので、R2は永遠に手を振り続けるでしょう。しかし、その振る舞いは、完全にランダムではないことに注目してください。それは、このモーションプランナーがロボットの両肘をそれぞれの動作範囲の真ん中付近に保ち続けようといているからです。そうすることによって、ロボットが特異点に近づくことや衝突を避けることができています。肘が胴体に対してまっすぐに伸び切ったり、垂直に上がったりしていると、そういうことが起きる可能性があります。また、関節の速度は、腕の加速と減速の間に滑らかに速くなったり遅くなったりしていることに気づくでしょう。これらはすべて、滑らかで信頼性の高いロボットの軌跡を生成するためにとても重要なことです。

例11-1　r2_mime.py

```
#!/usr/bin/env python
import sys, rospy, tf, moveit_commander, random
from geometry_msgs.msg import Pose, Point, Quaternion
from math import pi

orient = [Quaternion(*tf.transformations.quaternion_from_euler(pi, -pi/2, -pi/2)),
          Quaternion(*tf.transformations.quaternion_from_euler(pi, -pi/2, -pi/2))] # ❶
pose = [Pose(Point( 0.5, -0.5, 1.3), orient[0]),
        Pose(Point(-0.5, -0.5, 1.3), orient[1])] # ❷
moveit_commander.roscpp_initialize(sys.argv) # ❸
rospy.init_node('r2_wave_arm',anonymous=True)
group = [moveit_commander.MoveGroupCommander("left_arm"),
         moveit_commander.MoveGroupCommander("right_arm")]
# ここで腕をランダムに波打たせる
while not rospy.is_shutdown():
  pose[0].position.x =  0.5 + random.uniform(-0.1, 0.1)
```

```
  pose[1].position.x = -0.5 + random.uniform(-0.1, 0.1)
  for side in [0,1]:
    pose[side].position.z =  1.5 + random.uniform(-0.1, 0.1)
    group[side].set_pose_target(pose[side])
    group[side].go(True)

moveit_commander.roscpp_shutdown()
```

❶ quaternion_from_euler()関数は、姿勢を、直感的に理解しやすいオイラー角表現(ロール、ピッチ、ヨー)と、直感的な理解は非常に難しいですが、数値安定性から多くの幾何学演算パッケージが用いている四元数表現の間での変換をします。

❷ 前の行で作られた姿勢をPoseメッセージに代入します。

❸ moveit_commanderはMoveItのモーションプランナーシステムに対するPythonインタフェースです。

ロボットが動きました! 万歳! この小さなプログラムは、ロボットの目の前に垂直平面があるとして、その平面上のランダムな位置が選ばれ、そこにR2の手のひらを置くよう動きます。毎秒、その平面上の新しい点が選ばれ、それぞれの腕を動かして、**図11-5**に示すように、手のひらがその平面に平行になるように移動します。

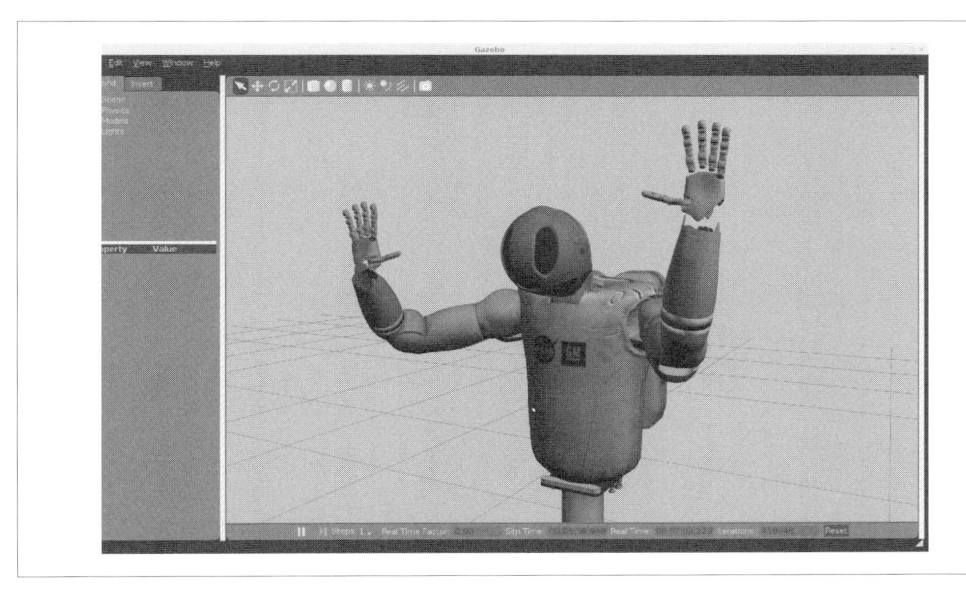

図11-5 R2シミュレーターでパントマイム

MoveItの利点は、この単純で小さなプログラムでも一目瞭然です。注意してほしいのは、関節の可動範囲、リンクの長さ、加減速の能力など、R2に関してまったく何も知る必要がなかった、ということです。ここでは、単に、MoveItに対して、両手を動かしたい位置を与えただけで、それ以外のことはMoveItがすべて解決してくれています。

11.4 R2をコマンドラインから動かす

それでは、MoveItを使って、腕の位置を入力したら、R2が指定された位置に腕を動かすような簡単なインタフェースを作ってみましょう。**例11-2**は、単に先ほどのコード断片を整理したものです。再利用しやすくするためにクラスでラップしています。

例11-2 r2_cli.py

```
#!/usr/bin/env python
import sys, rospy, tf, moveit_commander, random
from geometry_msgs.msg import Pose, Point, Quaternion

class R2Wrapper:
  def __init__(self):
    self.group = {'left': moveit_commander.MoveGroupCommander("left_arm"),
                  'right': moveit_commander.MoveGroupCommander("right_arm")}
  def setPose(self, arm, x, y, z, phi, theta, psi):
    if arm != 'left' and arm != 'right':
      raise ValueError("unknown arm: '%s'" % arm)
    orient = \
      Quaternion(*tf.transformations.quaternion_from_euler(phi, theta, psi)) # ❶
    pose = Pose(Point(x, y, z), orient)
    self.group[arm].set_pose_target(pose)
    self.group[arm].go(True)

if __name__ == '__main__':
  moveit_commander.roscpp_initialize(sys.argv)
  rospy.init_node('r2_cli',anonymous=True)
  argv = rospy.myargv(argv=sys.argv) # ROSで使われる引数を取り除く
  if len(argv) != 8:
    print "usage: r2_cli.py arm X Y Z phi theta psi"
    sys.exit(1)
  r2w = R2Wrapper()
  r2w.setPose(argv[1], *[float(num) for num in sys.argv[2:]])
  moveit_commander.roscpp_shutdown()
```

❶ quaternion_from_euler()関数が、姿勢をオイラー角表現から四元数表現に変換するのに必要な三角法の演算を行います。

この小さなラッパープログラムによって、次の例のように、シェルにコマンドを入力するだけで腕を動かすことができるようになります。

```
user@hostname$ ./r2_cli.py left   0.5 -0.5 1.3 3.14 -1.5 -1.57
user@hostname$ ./r2_cli.py right -0.4 -0.6 1.4 3.14 -1.5 -1.57
user@hostname$ ./r2_cli.py left   0.4 -0.4 1.2 3.14 -1.5 -1.57
```

パッと見た目にはコマンドラインに手当たり次第にランダムな6次元の座標を入力するのは、あまり洗練されたユーザーインタフェースではないように見えるかもしれません。確かにややひどいものです。しかし、このプログラムを基礎的な要素として使うエイリアス命令をいくつか定義することで、R2を動かすシェルを使いやすくすることができます。これらのエイリアスを、シェル（bash）で読み込める単純なテキストファイル`r2.bash`に保存します（**例11-3**）。

例11-3　r2.bash

```
#!/bin/bash
alias r2lhome="./r2_cli.py left   0.5 -0.5 1  1.57 0 -1.57"
alias r2rhome="./r2_cli.py right -0.5 -0.5 1 -1.57 0 -1.57"
alias r2home="r2lhome;r2rhome"
```

これらのエイリアスを現在のシェルに読み込むには、コマンドラインで`source ./r2.bash`と入力してください。以降、これを実行したシェルでは単に`r2home`と入力するだけで、ロボットがホームポジションに戻るための安全な経路を計画し、それを滑らかに実行するようになります。

たいていのロボットには、いろいろな作業に向いている代表的な姿勢がいくつかあります。また、日々の作業やメンテナンスにだけ使える姿勢もあります。この例のように、小さなコマンドラインプログラムと数個のbashエイリアスを作るだけで日々の作業をとても便利にすることができます。

11.5 R2をチェスボードの上で動かす

先ほどの`R2Wrapper`クラスは、目標とする姿勢を6次元の座標系、すなわち3次元のデカルト座標系（x, y, z）での位置と手の角度を表すオイラー角（ロール、ピッチ、ヨー）で受け取っていました。例えば、R2に対して、その手を30cm上、20cm右、10cm胴体の前で、手のひらを外側（ロール0度、ピッチ90度、ヨー0度）に向けて、**ハイタッチ**の動きを準備するように命令することもできます。コマンドを6次元座標系で入力することは、ロボットのマニピュレーターに可能なかぎり汎用的に望みの振る舞いをさせるときには便利な方法です。コマンドラインで6次元の座標を入力することは、最初の数回は楽しいですがすぐに飽きるでしょう。普通は、ロボットが実行すべきタスクの観点でロボットの姿勢を表現するほうが便利なはずです。

このタイプの作業の例として、チェスをプレイするChess-botを作ってみます。この例ではチェス盤の座標系で腕の位置を表現するのが便利でしょう。チェス盤の一般的な表記方法では、横の列に文字（チェスで「ランク」として知られています）を使い、縦の列に数字（チェスで「ファイル」と呼ばれています）を使います。例えば「g2」「a3」「f1」「a8」のようになります。

例11-4は、先ほどの例を使って、コマンドラインからの命令でR2の左腕をチェスボード上の目的のランクとファイル、そして高さに動かす方法の一例を表しています。

例11-4 r2_chessboard_cli.py

```
#!/usr/bin/env python
import sys, rospy, tf, moveit_commander, random
from geometry_msgs.msg import Pose, Point, Quaternion

class R2ChessboardWrapper:
  def __init__(self):
    self.left_arm = moveit_commander.MoveGroupCommander("left_arm")

  def setPose(self, x, y, z, phi, theta, psi):
    orient = \
      Quaternion(*tf.transformations.quaternion_from_euler(phi, theta, psi))
    pose = Pose(Point(x, y, z), orient)
    self.left_arm.set_pose_target(pose)
    self.left_arm.go(True)

  def setSquare(self, square, height_above_board):
    if len(square) != 2 or not square[1].isdigit():
      raise ValueError(
        "expected a chess rank and file like 'b3' but found %s instead" %
        square)
    rank_y = -0.3 - 0.05 * (ord(square[0]) - ord('a'))
    file_x =  0.5 - 0.05 * int(square[1])
    z = float(height_above_board) + 1.0
    self.setPose(file_x, rank_y, z, 3.14, 0.3, -1.57)

if __name__ == '__main__':
  moveit_commander.roscpp_initialize(sys.argv)
  rospy.init_node('r2_chessboard_cli')
  argv = rospy.myargv(argv=sys.argv) # ROSで使われる引数を取り除く
  if len(argv) != 3:
    print "usage: r2_chessboard.py square height"
    sys.exit(1)
  r2w = R2ChessboardWrapper()
  r2w.setSquare(*argv[1:])
  moveit_commander.roscpp_shutdown()
```

このプログラムでR2に対してチェスボードの座標系で腕を動かす命令を送ることができるようになります。例えば以下のように実行します。

```
user@hostname$ ./r2_chessboard_cli.py a2 0.04
```

これは腕をa2のマス目の4cm上に動かすコマンドです。進化しましたね！

ここで一度立ち止まって受け入れなければならないことがあります。この例のように、制御コードの中でかなりの数の定数をハードコードするようなやり方は、きわめて脆弱な方法だということです。私たちはなぜチェスボードが床の1m上、R2の30cm前にあることを知っているのでしょうか？このロボットが騒々しいチェスクラブにいてチェスボードが数cm跳ねたり動いたりしていたらどうなるでしょう。このロボットにはわからないので、チェスの駒を動かそうとして失敗するでしょう。それはとてもバツの悪い失敗です。当然、チェスの試合にも負けるでしょう。

それにもかかわらず、多くの成功しているロボットは、まさにこのようにプログラムされています。例えば、多くの「古典的な」産業用ロボットは、コンセプトとしては先ほどのスクリプトと同じような方法で運用されています。そこでは、ロボットの腕を主要な位置に動かして記録すことできる「ティーチペンダント」を使って、熟練のオペレーターがさまざまな重要な姿勢をロボットに「教示」しています。環境と作業内容が変化しないかぎり、つまり大半の産業向けアプリケーションのケースでは、この方法は完璧に機能します。騒々しいチェスクラブで試そうとしなければよいのです！

本書の後半の章でロボットが環境や作業の変化に対応できるように、さまざまな認識アルゴリズムとライブラリを紹介します。しかし、本章の残りでは、事前に世界を完璧に把握できていることを想定します。

11.6 手を操作する

R2の腕をチェスのマス目上で動かすことができるようになったので、指を開いたり閉じたりすることができる必要があります。ここでもMoveItを使います。しかし、今回はMoveItに目標の関節角ベクトルを送るだけです。このChess-botでは、手は2つの状態、つまり、何かをつかむ「把持（ピンチ）」と「把持前（プレピンチ）」と名付けたつかむ前の姿勢だけが必要です。これらの姿勢をハードコーディングしてMoveItに送れば、あとは、MoveItが加速／減速の限界の監視と、自己衝突（自分同士の衝突）の回避を保証してくれます。指同士をお互いにぶつけたくありません。もちろん、もっと洗練された方法もありますが、いくつかの便利な姿勢をハードコードしておくやり方は、ロボット工学では日常的に使われる方法です。特に環境が事前に完璧にわかっている分野ではそうです。**例11-5**ではこの方法を採用しています。ここでは、事前に定義された2つの関節角ベクトルを使って、チェスの駒をつかむための「開」と「閉」の手の姿勢を作っています。

例11-5 r2_hand.py

```
#!/usr/bin/env python
import sys, rospy, tf, moveit_commander, random
from geometry_msgs.msg import Pose, Point, Quaternion

class R2Hand:
  def __init__(self):
```

```
    self.left_hand = moveit_commander.MoveGroupCommander("left_hand")

  def setGrasp(self, state):
    if state == "pre-pinch":
      vec = [ 0.3, 0, 1.57, 0,  # 人差し指
              -0.1, 0, 1.57, 0, # 中指
              0, 0, 0,          # 薬指
              0, 0, 0,          # 小指
              0, 1.1, 0, 0]     # 親指
    elif state == "pinch":
      vec = [ -0.1, 0, 1.57, 0,
              0, 0, 1.57, 0,
              0, 0, 0,
              0, 0, 0,
              0, 1.1, 0, 0]
    elif state == "open":
      vec = [0] * 18
    else:
      raise ValueError("unknown hand state: %s" % state)
    self.left_hand.set_joint_value_target(vec)
    self.left_hand.go(True)

if __name__ == '__main__':
  moveit_commander.roscpp_initialize(sys.argv)
  rospy.init_node('r2_hand')
  argv = rospy.myargv(argv=sys.argv) # ROSで使われる引数を取り除く
  if len(argv) != 2:
    print "usage: r2_hand.py STATE"
    sys.exit(1)
  r2w = R2Hand()
  r2w.setGrasp(argv[1])
```

例11-5のプログラムは、R2に対して3つの手の姿勢、すなわち、オープン、把持前、把持をコマンドラインから命令するものです。この例では、親指の関節の可動範囲の関係で人差し指と中指の横の間で駒をつかむことにしました。少し奇妙に見えますが、正しく機能します！ r2_hand.pyを使うと**図11-6**と**図11-7**の2つの姿勢を作ることができます。

```
user@hostname$ ./r2_hand.py pre-pinch
user@hostname$ ./r2_hand.py pinch
```

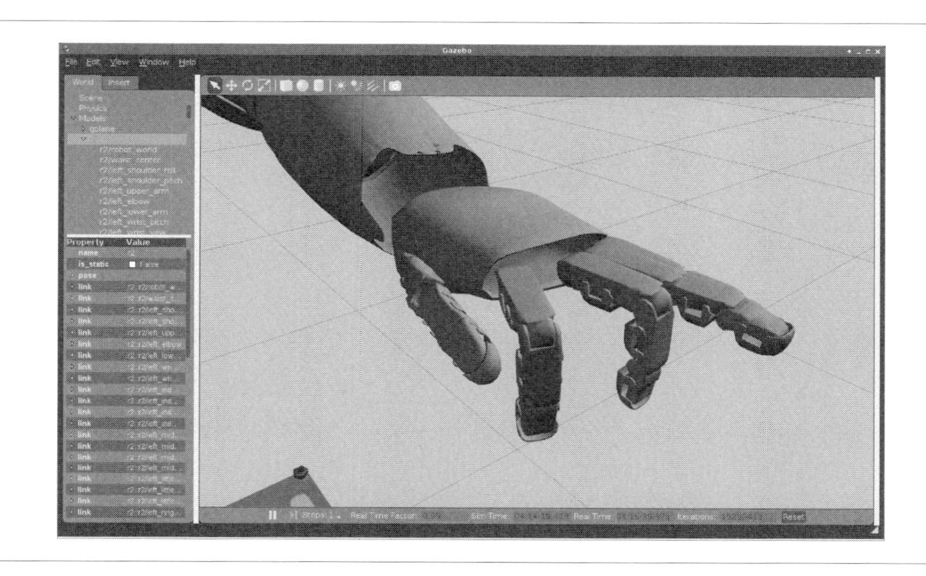

図11-6 把持前の姿勢

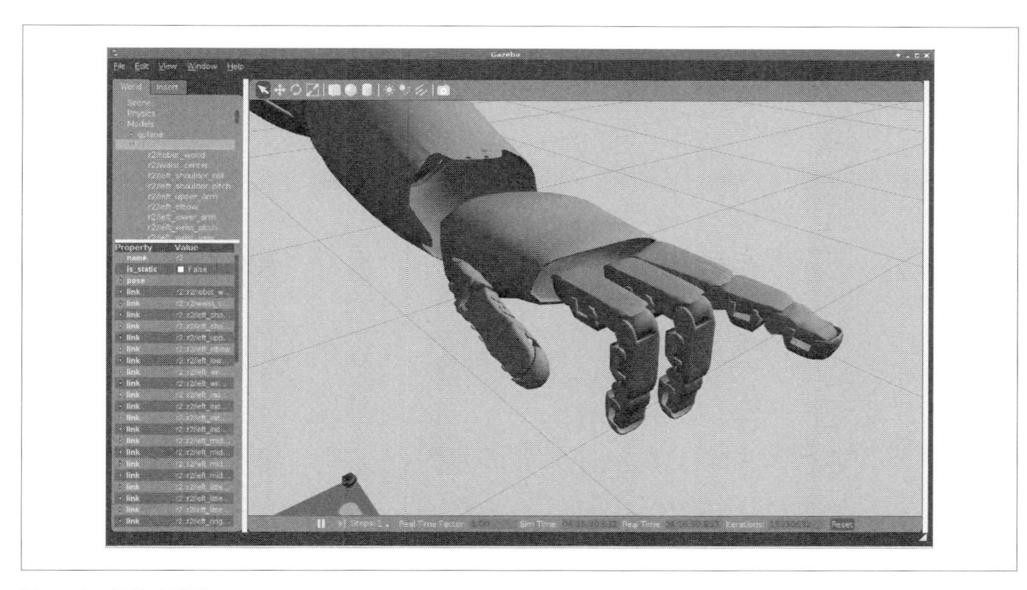

図11-7 把持の姿勢

それでは、チェスボードを作りましょう！

11.7 チェスボードをモデル化する

ロボットシミュレーションにおける努力の多くの部分が、その興味の対象である環境のモデリングに費やされます。最初のうちは、時間をあまり効率的に使っていないと感じるかもしれません。最終的にはロボットを制御しようとしているのであって、コンピューターをじっと見つめていたいわけでありませんから！ しかし、このモデルを開発する努力はすぐに報われます。環境をモデル化しておけば、現実とは違って、ボタンを押すだけで即座に世界を**完全に**同じ状態にリセットすることができるのです。これは途方もなく便利なことです。話をチェスに戻します！

ROSにはシミュレーションモデルや環境を作る方法がいくつも存在していますが、今回はNASAによって配布されているRobonaut 2の環境を使います。この環境とlaunchファイルをコピーして修正する方法もありますが、すでに実行中のシミュレーションに対してPythonからチェスボードと駒のインスタンスを生成する方法のほうが簡単です。このアプローチによって、シミュレーションを再起動することなく、必要に応じてゲームボードをリセットすることもできます。動きのシーケンスを調整しようとしているので、これは便利なはずです。

最初のステップは、チェスの駒をモデル化することです。これは、どれくらい忠実に再現したいかによって、任意に複雑なプロセスになるでしょう。ここでは、可能なかぎり単純なものにとどめておきたいので、すべてのチェスの駒をまったく同一のブロックとしてモデル化することにします。Gazeboは、モデルをいくつかのXML形式で表現できます。新しいモデルを作るときの現時点での推奨の形式はシミュレーション記述フォーマット（Simulation Description Format：SDF）です。長方形のチェスの駒のモデルをSDF XMLで書いたものを**例11-6**に示しておきます。このリストは長く退屈に見えるかもしれません、しかし、ここでは1つの簡単な物体の定義の例として、Gazeboのモデルの完全な記述を提供しておきたいと思います。というのも、もし重要なSDFタグ（例えば、`inertia`、`collision`、`contact`）が省略されてしまうと、シミュレーターが混乱し、直感に反した動きをしてしまう可能性があるからです。

例11-6　chess_piece.sdf

```
<?xml version='1.0'?>
<sdf version ='1.4'>
  <model name ='piece'>
    <link name ='link'>
      <inertial>
        <mass>0.001</mass>
        <inertia>
          <ixx>0.0000001667</ixx>
          <ixy>0</ixy>
          <ixz>0</ixz>
          <iyy>0.0000000667</iyy>
          <iyz>0</iyz>
```

```
        <izz>0.0000001667</izz>
      </inertia>
    </inertial>
    <collision name="collision">
      <geometry>
        <box><size>0.02 0.02 0.04</size></box>
      </geometry>
      <surface>
        <friction>
          <ode>
            <mu>0.4</mu>
            <mu2>0.4</mu2>
          </ode>
        </friction>
        <contact>
          <ode>
            <max_vel>0.1</max_vel>
            <min_depth>0.0001</min_depth>
          </ode>
        </contact>
      </surface>
    </collision>
    <visual name="visual">
      <geometry>
        <box><size>0.02 0.02 0.04</size></box>
      </geometry>
    </visual>
  </link>
 </model>
</sdf>
```

チェスボードは、**例11-7**のように、とても広く平たい箱としてSDFで表現しています。このSDFは先ほどの例より単純になります。チェスボードは、シミュレーションの中で動かないものとして扱われていて、慣性特性が定義されている必要がないからです。

例11-7 chessboard.sdf

```
<?xml version='1.0'?>
<sdf version ='1.4'>
  <model name ='box'>
    <static>true</static>
    <link name ='link'>
      <collision name="collision">
        <geometry>
          <box><size>0.5 0.5 0.02</size></box>
```

```
        </geometry>
        <surface>
          <friction>
            <ode>
              <mu>0.1</mu>
              <mu2>0.1</mu2>
            </ode>
          </friction>
          <contact>
            <ode>
              <max_vel>0.1</max_vel>
              <min_depth>0.001</min_depth>
            </ode>
          </contact>
        </surface>
      </collision>
      <visual name="visual">
        <geometry>
          <box><size>0.5 0.5 0.02</size></box>
        </geometry>
      </visual>
    </link>
  </model>
</sdf>
```

次に、このモデルを実行中のシミュレーションの中で作って配置するためのスクリプトが必要です。なぜなら、とても多くのチェスの駒を作る必要があるからです。これまでと同様、これを実現する多くの方法が存在します。今回は、Pythonでモデルを複製する方法を紹介します。Gazeboはモデルの削除と複製を行うROSサービスを提供しています。ボードのセットアップにこのサービスを利用します。シミュレーションの中にチェスボードがすでに存在する可能性があるので、**例11-8**では新しくモデルを複製する前にまず消すようにしています。

例11-8　spawn_chessboard.py

```
#!/usr/bin/env python
import sys, rospy, tf
from gazebo_msgs.srv import *
from geometry_msgs.msg import *
from copy import deepcopy

if __name__ == '__main__':
  rospy.init_node("spawn_chessboard")
  rospy.wait_for_service("gazebo/delete_model")
  rospy.wait_for_service("gazebo/spawn_sdf_model")
  delete_model = rospy.ServiceProxy("gazebo/delete_model", DeleteModel)
```

```
delete_model("chessboard")
s = rospy.ServiceProxy("gazebo/spawn_sdf_model", SpawnModel)
orient = Quaternion(*tf.transformations.quaternion_from_euler(0, 0, 0))
board_pose = Pose(Point(0.25,1.39,0.90), orient)
unit = 0.05
with open("chessboard.sdf", "r") as f:
  board_xml = f.read()
with open("chess_piece.sdf", "r") as f:
  piece_xml = f.read()

print s("chessboard", board_xml, "", board_pose, "world")

for row in [0,1,6,7]:
  for col in xrange(0,8):
    piece_name = "piece_%d_%d" % (row, col)
    delete_model(piece_name)
    pose = deepcopy(board_pose)
    pose.position.x = board_pose.position.x - 3.5 * unit + col * unit
    pose.position.y = board_pose.position.y - 3.5 * unit + row * unit
    pose.position.z += 0.02
    s(piece_name, piece_xml, "", pose, "world")
```

これだけです！ R2のシミュレーションを実行中にチェスボードをリセットしたくなったら、いつでも、spawn_chessboard.pyスクリプトを実行するだけです。結果として、**図11-8**のようなセットアップになります。

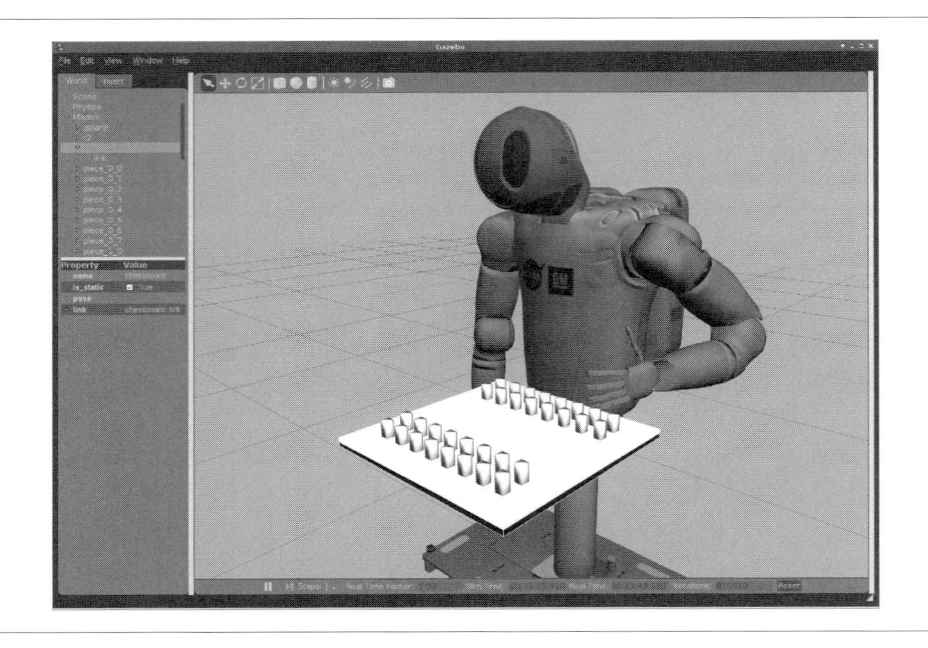

図11-8　R2チェスシミュレーションのGazeboスクリーンショット

11.8　有名なチェスのゲームを再現する

それでは、本章のすべての要素を組み合わせてみましょう。本章では、いくつかのスクリプトを書いてきました。腕を滑らかに（事前に定められた）チェスのマス目の位置に動かすスクリプト、指を開いたり閉じたりするスクリプト、チェスボードをセットアップするスクリプトです。これらのすべてのスクリプトを使って、チェスゲームを「再現」してみます。しかし、いったいどこでゲームのログが手に入るのでしょう。幸運なことに、チェスではこれは問題になりません。チェスは、現存するゲームの中で最もよく記録されているゲームの1つです。チェスのゲームにはいくつかのテキストファイル形式が存在しており、1つはポータブルゲーム表記法（Potable Game Notation：PGN）と呼ばれるものです。さらに幸運なことに、PGNファイルが読めるオープンソースのPythonパーサーもすでにあり、次のようにインストールすることができます。

```
user@hostname$ sudo apt-get install python-pip
user@hostname$ sudo pip install pgnparser
```

筆者らは、あまりチェスが上手ではありません。実際ところ実力はかなり酷いものです。私たちはコンピューターと対戦してみましたが、こっぴどく負けました。そして、科学の発展のために、私たちはその不名誉な負け方をPGN形式に記録し、pgn-extractを使って標準のチェスのアルファベット表記に変換しました。私たちがどうやって負けたか、一手一手チェックメイトに近づいていくチェスの動きが、下記のようにチェスの駒の動き方の表記として完全に記載されています。

```
1. e2e4 c7c5 2. d2d4 c5d4 3. d1d4 b8c6 4. c2c4 c6d4 5. b1c3 d4c2+ 6. e1d1
c2a1 7. a2a4 e7e5 8. c1g5 d8g5 9. c3d5 g5d8 10. f2f4 e5f4 11. g1f3 g8f6 12.
d5f6+ d8f6 13. f1d3 f6b2 14. h1e1 b2g2 15. e1e2 g2f3 16. d1c1 f3d3 17. e2e1
d3c2# 0-1
```

このテキストを、前節で書いたコマンドラインのパーサーに渡しやすい形に分解するために、pgnparserライブラリを使うことができます。pgn.loads()関数は、ゲームの記述を読み込み、動きを表す文字列からなるPythonリストに変換します。そしてplayGame()の中で、それらの文字列を解析して、**例11-9**のように、駒をつかんで、それを所定の場所に動かす単純な動きを作ります。

例11-9　r2_chess_pgn.py

```
#!/usr/bin/env python
import sys, rospy, tf, moveit_commander, random
from geometry_msgs.msg import Pose, Point, Quaternion
import pgn

class R2ChessboardPGN:
  def __init__(self):
    self.left_arm = moveit_commander.MoveGroupCommander("left_arm")
    self.left_hand = moveit_commander.MoveGroupCommander("left_hand")

  def setGrasp(self, state):
    if state == "pre-pinch":
      vec = [ 0.3, 0, 1.57, 0,  # 人差し指
             -0.1, 0, 1.57, 0, # 中指
              0, 0, 0,          # 薬指
              0, 0, 0,          # 小指
              0, 1.1, 0, 0]     # 親指
    elif state == "pinch":
      vec = [ 0, 0, 1.57, 0,
              0, 0, 1.57, 0,
              0, 0, 0,
              0, 0, 0,
              0, 1.1, 0, 0]
    elif state == "open":
      vec = [0] * 18
    else:
      raise ValueError("unknown hand state: %s" % state)
    self.left_hand.set_joint_value_target(vec)
    self.left_hand.go(True)

  def setPose(self, x, y, z, phi, theta, psi):
```

```
    orient = \
      Quaternion(*tf.transformations.quaternion_from_euler(phi, theta, psi))
    pose = Pose(Point(x, y, z), orient)
    self.left_arm.set_pose_target(pose)
    self.left_arm.go(True)

  def setSquare(self, square, height_above_board):
    if len(square) != 2 or not square[1].isdigit():
      raise ValueError(
        "expected a chess rank and file like 'b3' but found %s instead" %
        square)
    print "going to %s" % square
    rank_y = -0.24 - 0.05 * int(square[1])
    file_x =  0.5 - 0.05 * (ord(square[0]) - ord('a'))
    z = float(height_above_board) + 1.0
    self.setPose(file_x, rank_y, z, 3.14, 0.3, -1.57)

  def playGame(self, pgn_filename):
    game = pgn.loads(open(pgn_filename).read())[0]
    self.setGrasp("pre-pinch")
    self.setSquare("a1", 0.15)
    for move in game.moves:
      self.setSquare(move[0:2], 0.10)
      self.setSquare(move[0:2], 0.015)
      self.setGrasp("pinch")
      self.setSquare(move[0:2], 0.10)
      self.setSquare(move[2:4], 0.10)
      self.setSquare(move[2:4], 0.015)
      self.setGrasp("pre-pinch")
      self.setSquare(move[2:4], 0.10)

if __name__ == '__main__':
  moveit_commander.roscpp_initialize(sys.argv)
  rospy.init_node('r2_chess_pgn',anonymous=True)
  argv = rospy.myargv(argv=sys.argv) # ROSで使われる引数を取り除く
  if len(argv) != 2:
    print "usage: r2_chess_pgn.py PGNFILE"
    sys.exit(1)
  print "playing %s" % argv[1]
  r2pgn = R2ChessboardPGN()
  r2pgn.playGame(argv[1])
  moveit_commander.roscpp_shutdown()
```

これで完成です！ コマンドラインで例えば`r2_chess_pgn.py morgan_defeated_lan.pgn`のようにPGNファイルを指定して実行します（**図11-9**）。このようにPGN形式で保存されていれば、どんな有名な（有名でなくても）チェスのゲームもR2のシミュレーターで再現できます。しかし、そのうちにいくつかの駒がひっくり返してしまうこと（**図11-10**）やワールドクラスのChess-botにとって重大ないくつかの要素が意図的に残されていることに気づくでしょう。例えば、R2が駒を取るときに、何をするべきかをプログラムされていません。今のスクリプトでは、取られる駒を取る駒でたたきつぶそうとして、どちらかがシミュレーターの中を飛んでいくことになるでしょう。これらについてはモチベーションの高い読者の練習課題として残しておきます。

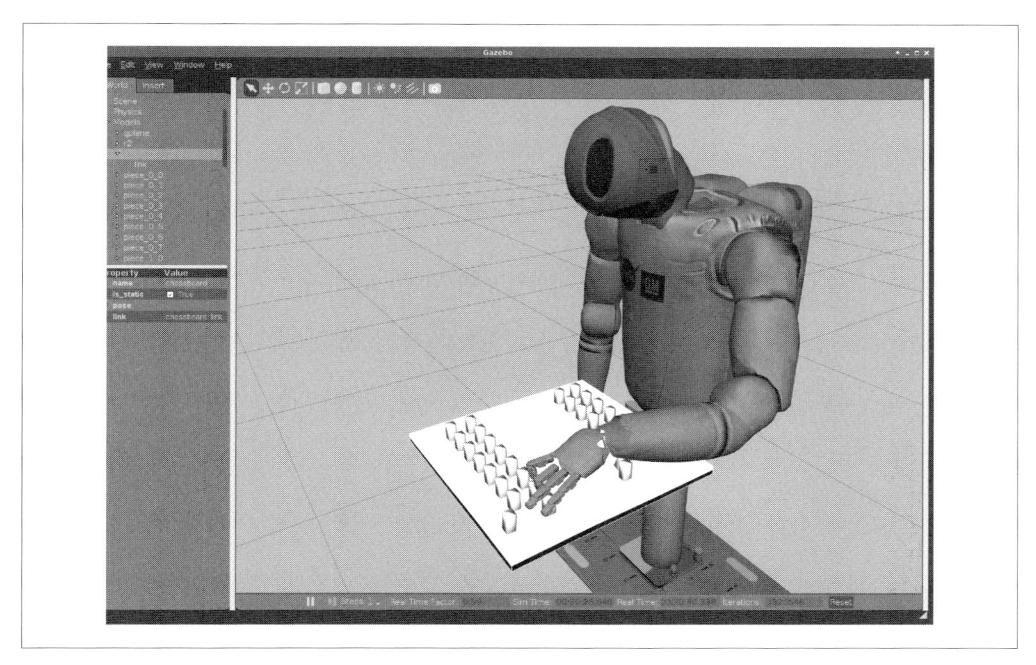

図11-9　チェスゲームを再生するR2

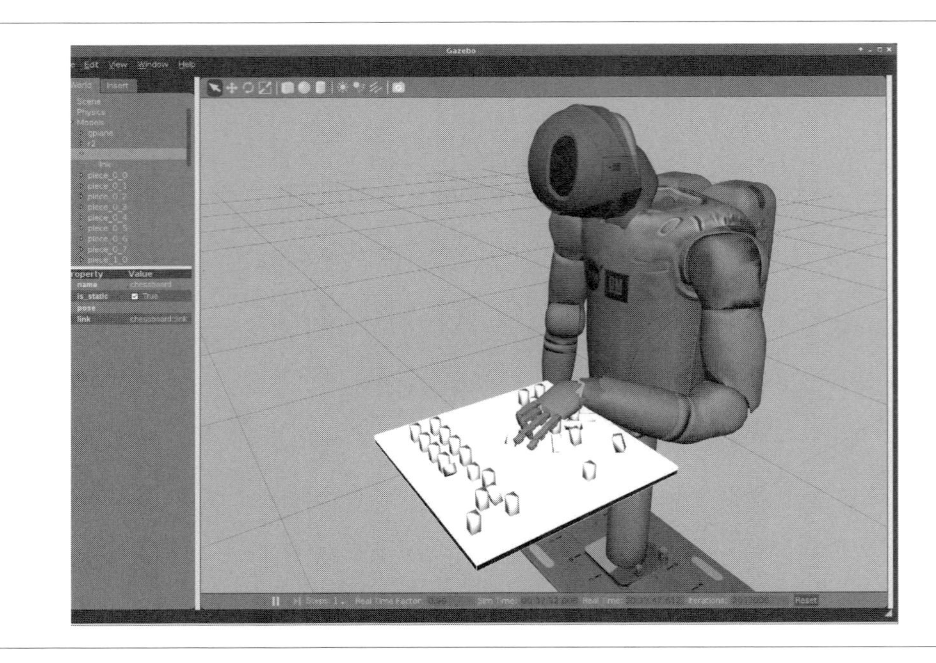

図11-10 やがて、いくつかの駒が突き飛ばされる。これは今の作りでは仕方がないこと！

11.9 まとめ

もちろん、Chess-botを作ることはすばらしいことですが、本章の目的はそれだけではありませんでした。事前に決められた位置の間で物をつかんで置くというアプリケーションが、MoveItを使うことでいかに簡単に作れるかを例示するのが目的でした。産業用のロボットの世界では、ピック＆プレース作業は莫大な経済価値があります。それらの作業は、根本的にはChess-botでやったこととそれほど大きな違いはありません。

これまでは、主にセンサー入力のないロボットシステムを作ってきました。驚くべき数の（価値のある）作業がセンサー処理がなくても実現可能なのですが、新しいわくわくするようなロボットの応用の多くは、幅広い認識システムに頼っています。次章はシミュレーションロボットにセンサーを加えることから始めます。

第Ⅲ部
知覚と振る舞い

12章 Follow-bot（フォローボット）

これまでの数章では、ロボットを動かすところを中心に見てきました。ロボット台車を動かして移動したり、ロボットアームを動かして操作したりしました。これらのシステムのほとんどはフィードバックループを持たない**オープンループ**のシステムと考えられます。すなわち、これらのシステムでは、時間とともに蓄積する誤差をセンサーのデータを使って修正していません。本章では、センサーを使った**クローズドループ**のシステムを作ります。このシステムは、さまざまな種類の誤差を減らすことを目的に、誤差を計算して、これを制御システムにフィードバックします。

カメラで地面の線を追跡しながら進むロボットを作るところから始めましょう。ここではOpenCVを使うことにします。OpenCVは人気のあるオープンソースの画像処理ライブラリです。このシステムを実現するには、次のステップを行う必要があります。

- カメラから画像を取得して、OpenCVに渡す。
- 画像にフィルターをかけて、追跡すべき線の中心を識別する。
- ロボットの中心が線の中心から外れないようにロボットを操縦する。

これがクローズドループのシステムになります。つまり、ロボットは、線から外れるような操縦誤差を検出して、線の中心に戻るように進行方向を調整します。これまでと同様に、このアプリケーションは全部シミュレーションで開発します。最初に、ROSで画像を取得する方法について説明します。

12.1 画像を取得する

ROSでは、画像はメッセージ型`sensor_msgs/Image`を使って送信されています。自分たちのノードで画像ストリームを使うには、画像を配信しているトピックを購読する必要があります。画像が送られているトピックとその名前は、ロボットごとに異なります。Turtlebotのシミュレーションを使って、トピック名を見つける方法について説明していきましょう。まず、3つのターミナルを開いてください。1つはroscore用、もう1つはGazeboのTurtlebotシミュレーション用、最後の1つは対話コマンド用です。

1つ目のターミナルでroscoreを起動します。

```
user@hostname$ roscore
```

2つ目のターミナルでTurtlebotシミュレーションを起動します。

```
user@hostname$ roslaunch turtlebot_gazebo turtlebot_world.launch
```

そして、3つ目のターミナルで、シェルコマンドをいくつか実行していきます。このロボットを初めて使うなら、どのトピックにロボットのカメラデータが送られているかわからないので、少しシステムの周りを調べてみましょう。

```
user@hostname$ rostopic list
```

数十個のトピックが出力されました。いくつかは画像に関連するトピックのようです。

```
/camera/depth/camera_info
/camera/depth/image_raw
/camera/depth/points
/camera/parameter_descriptions
/camera/parameter_updates
/camera/rgb/camera_info
/camera/rgb/image_raw
/camera/rgb/image_raw/compressed
/camera/rgb/image_raw/compressed/parameter_descriptions
/camera/rgb/image_raw/compressed/parameter_updates
/camera/rgb/image_raw/compressedDepth
/camera/rgb/image_raw/compressedDepth/parameter_descriptions
/camera/rgb/image_raw/compressedDepth/parameter_updates
/camera/rgb/image_raw/theora
/camera/rgb/image_raw/theora/parameter_descriptions
/camera/rgb/image_raw/theora/parameter_updates
```

これは、Microsoft KinectやAsus Xtion Proのような最近の深度カメラ用で見られる標準的なROSのインタフェースです。camera/depthで始まる最初の3つのトピックは、その名のとおり、キャリブレーションデータと深度センサーのデータを扱います。深度データについては本章の後半で扱います。ここでは、一般的なカラー画像を処理しましょう。Turtlebotのカメラからのカラー画像のストリーミングはcamera/rgb/image_rawトピックに現れます。今回書くコントローラーはTurtlebotで動かすことを想定しているので、image_rawトピックを直接購読します。WiFi接続など帯域幅の制限のある接続を使って制御するのであれば、image_raw/compressedトピックを購読したくなるかもしれません。このトピックでは、各画像を送る前に画像圧縮のライブラリを通します。さらにtheoraトピックでは、ビデオストリームとしての圧縮を行い、画像1つ1つを独立して圧縮するよりもさらに効率的な圧縮を行います。通常のカメラストリームでは、これはネットワーク帯域をかなり節約する効果をもたらしますが、圧縮による画質の劣化とおそらく処理負荷と遅延という犠牲を払うことになります。一般的に、人間の遠隔操作をサポートするのが目的であれば、圧縮ビデオストリームを使うことは理にかなっています。しかし、画像処理を行う場合には、可能なときはいつでも、非圧縮の画像を使うほうが良い性能を得られるでしょう。

画像データがcamera/rgb/image_rawトピックで入手できることがわかったので、このデータを購読する最小限のrospyノードを書くことができます。それを**例12-1**に示します。

例12-1 follower.py

```
#!/usr/bin/env python
import rospy
from sensor_msgs.msg import Image

def image_callback(msg):
  pass

rospy.init_node('follower')
image_sub = rospy.Subscriber('camera/rgb/image_raw', Image, image_callback)
rospy.spin()
```

このプログラムは画像メッセージを購読するのに必要な最小限のコードです。しかし、実際には何もしていません。次のように画像のコールバック関数はまったく何もしていません。

```
def image_callback(msg):
  pass
```

このプログラムは少なくともcamera/rgb/image_rawトピックのメッセージを購読しています。これを確かめるために、まず、follower.pyを実行可能にしましょう。

```
user@hostname$ chmod +x follower.py
```

実行してみましょう。

```
user@hostname$ ./follower.py
```

本書の例の多くは、Pythonソースファイルのパーミッションを実行可能に変更し、直接コマンドラインから実行しています。これは単に個人的な好みの問題にすぎません。効果としてはpythonコマンドでファイル名を指定するのと同じです。

```
user@hostname$ python follower.py
```

このプログラムは何も出力しません。では、本当に画像ストリームを購読したかどうかは、どうすればわかるのでしょうか。`follower.py`を実行したままにして、もう1つのターミナルを開き、システムに問い合わせてみましょう。

```
user@hostname$ rosnode list
```

現在実行しているすべてのノードのリストが出力されます。1つを除いて全部Turtlebotのlaunchファイルで起動されたものです。

```
/bumper2pointcloud
/cmd_vel_mux
/depthimage_to_laserscan
/follower
/gazebo
/laserscan_nodelet_manager
/mobile_base_nodelet_manager
/robot_state_publisher
/rosout
```

`follower`ノードが実行中のノードのリストにあるのがわかります。次に、以下のコマンドでその接続の詳細を`roscore`に問い合わせることができます。

```
user@hostname$ rosnode info follower
```

これは次のような興味深い情報を出力します。

```
Node [/follower]
Publications:
 * /rosout [rosgraph_msgs/Log]

Subscriptions:
 * /camera/rgb/image_raw [sensor_msgs/Image]
 * /clock [rosgraph_msgs/Clock]

Services:
 * /follower/set_logger_level
 * /follower/get_loggers


contacting node http://qbox-home:59300/ ...
Pid: 5896
Connections:
 * topic: /rosout
    * to: /rosout
    * direction: outbound
    * transport: TCPROS
 * topic: /clock
    * to: /gazebo (http://qbox-home:37981/)
```

```
        * direction: inbound
        * transport: TCPROS
    * topic: /camera/rgb/image_raw
        * to: /gazebo (http://qbox-home:37981/)
        * direction: inbound
        * transport: TCPROS
```

この出力の最初のブロックはこのノードの配信、購読、サービスをリストで表示しています。大部分はrospyによって自動的に生成されたものですが、camera/rgb/image_rawを購読していることがわかります。これは、**例12-1**の最小限のプログラムの一部です。2番目の部分のほうがより興味深いです。この部分を生成するために、rosnodeコマンドラインプログラムは、follower.pyノードと接続し、現在の接続のリストを受け取ります。このリストの最後の部分は/camera/rgb/image_rawの購読が/gazeboノードから入ってくるメッセージを本当に受け取っていることを示します。多くの場合、どのくらいの頻度でメッセージを受け取っているのかを知っておくことは役に立ちます。幸運にも、単純なシェルコマンドでこれを知ることができます。

```
user@hostname$ rostopic hz /camera/rgb/image_raw
```

rostopic hzコマンドは永遠に走り続け、Ctrl-Cで停止します。このコマンドを数秒実行すると、以下のような出力が得られるはずです。

```
subscribed to [/camera/rgb/image_raw]
average rate: 19.780
    min: 0.040s max: 0.060s std dev: 0.00524s window: 19
average rate: 19.895
    min: 0.040s max: 0.060s std dev: 0.00428s window: 39
average rate: 20.000
    min: 0.040s max: 0.060s std dev: 0.00487s window: 60
average rate: 20.000
    min: 0.040s max: 0.060s std dev: 0.00531s window: 79
average rate: 19.959
    min: 0.040s max: 0.060s std dev: 0.00544s window: 99
average rate: 20.000
    min: 0.040s max: 0.060s std dev: 0.00557s window: 104
```

この出力からcamera/rgb/image_rawのメッセージは1秒間に20回、到着していることがわかります。よかった！

これで、**例12-1**のプログラムが本当に画像を受け取っていることがわかったので、それを使って何かをしてみましょう！ これにはさまざまな処理方法がありますが、最も人気のあるものの1つは、その画像をOpenCVライブラリに渡すことです。OpenCVは、画像処理アルゴリズムを実装したライブラリで、効率が良く、十分にテストされています。cv_bridgeパッケージを使うことでROSとOpenCVの間で画像データを受け渡すことができます。これにはROSのsensor_msgs/ImageメッセージとOpenCVが使うオブジェクトを相互に変換する関数も含まれます。

例12-2はCvBridgeオブジェクトのインスタンスを作成し、それを使ってsensor_msgs/Imageの入力ストリームをOpenCVのメッセージに変換して、OpenCVのimshow()関数で表示させた画面に描画します。

例12-2 follower_opencv.py

```
#!/usr/bin/env python
import rospy
from sensor_msgs.msg import Image
import cv2, cv_bridge

class Follower:
  def __init__(self):
    self.bridge = cv_bridge.CvBridge()
    cv2.namedWindow("window", 1)
    self.image_sub = rospy.Subscriber('camera/rgb/image_raw',
                                      Image, self.image_callback)
  def image_callback(self, msg):
    image = self.bridge.imgmsg_to_cv2(msg,desired_encoding='bgr8')
    cv2.imshow("window", image)
    cv2.waitKey(3)

rospy.init_node('follower')
follower = Follower()
rospy.spin()
```

例として、デフォルトのシミュレーションのワールドの中でTurtlebotを移動して回転し、**図12-1**に示すように大型のゴミ箱の方向を向かせてみます。

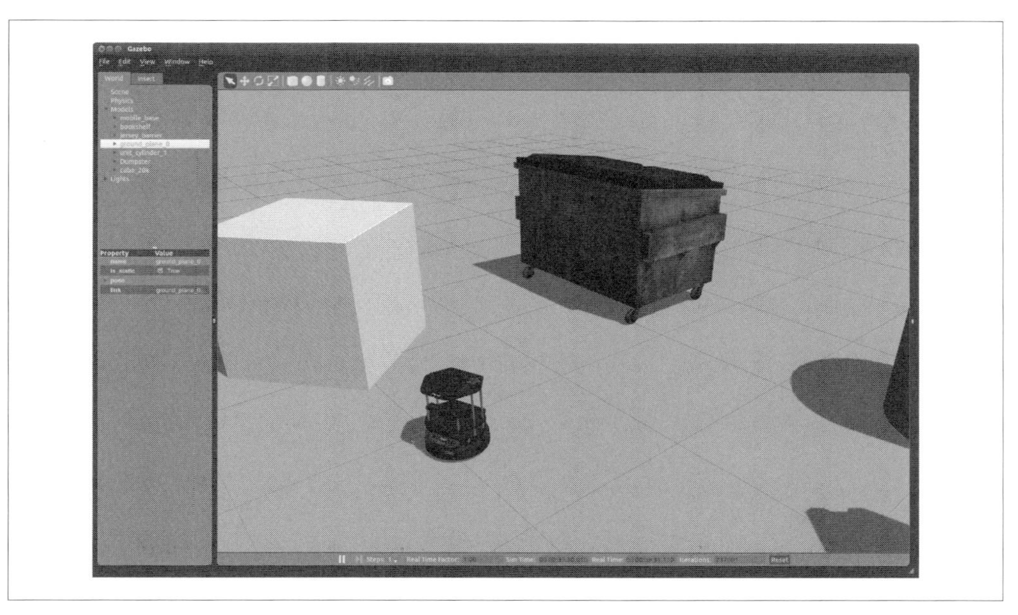

図12-1　Gazeboの視点で見た大型のゴミ箱の方向に向くTurtlebotの様子

この間、Gazeboはカメラ画像を忠実にシミュレートして生成し、それをこのプログラムにストリーミングしています。このプログラムは、OpenCVの`imshow()`と`waitKey()`関数を使って、その画像をウィンドウに描画します（**図12-2**参照）。

図12-2 TurtleBotの視点で見た大型のゴミ箱

これでおしまいです。シミュレーションで得られたカメラ画像をGazebo、ROS、OpenCVにストリーミングすることができています！

大型のゴミ箱を見るのは楽しいですが、何か他のものも見てみましょう。明るい色の線があるGazeboのワールドを読み込んでみましょう（`followbot`パッケージおよび、launchファイル`course.launch`は、本書掲載のサンプルコードを収録しているhttps://github.com/osrf/rosbookからダウンロードできます[*1]）。

```
user@hostname$ roslaunch followbot course.launch
```

このGazeboのworldファイルは、**図12-3**に示すようにTurtlebotを追跡させたい黄色の線の上で起動します。どうして線を追跡したいのでしょう。それは、線はよくルートを指定するのに使われるからで、倉庫や工場のような管理された屋内環境や車道で使われます。国によって、色やストライプパターンに特定の方式がありますが、線を検出して追跡することができるようにするのは自律運転に要求される（多くの）スキルのうちの1つです。

次の節では、Turtlebotのカメラから来た画像を処理し、カメラ座標系の中での線の中心を検出し

---

*1 訳注：`roslaunch`でlaunchファイルを実行するためには、該当のパッケージがROSシステムで認識されている必要があります。本書のサンプルコード`followbot`パッケージのディレクトリはROSワークスペースの`src`ディレクトリ配下に配置します（ワークスペース、パッケージの基本は「2.3 catkin、ワークスペース、ROSパッケージ」参照）。

ます。

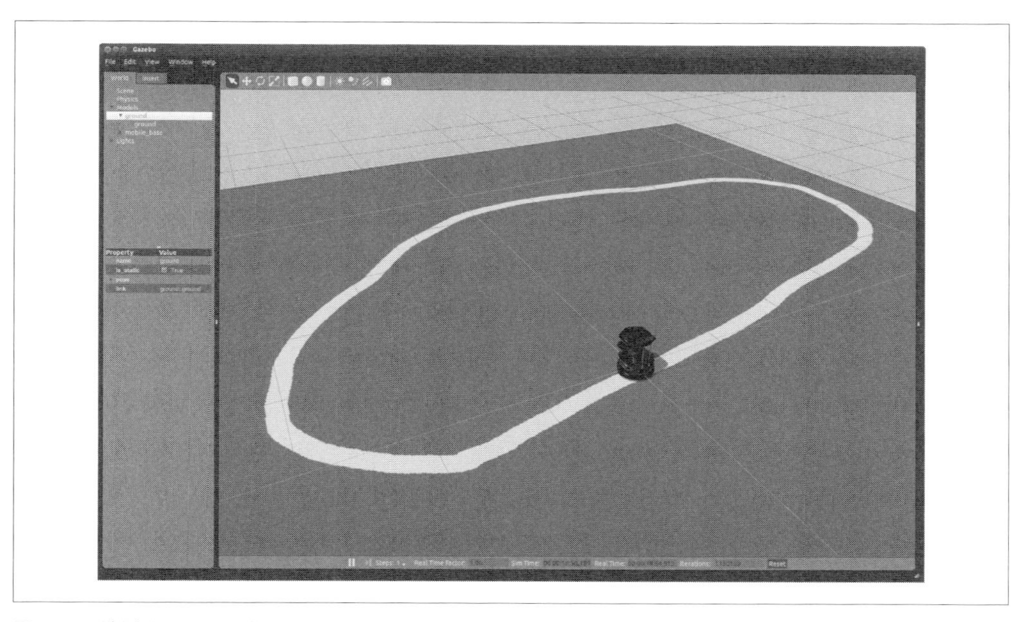

図12-3 追跡するコース上にいるTurtlebotのGazeboでのスクリーンショット

12.2 線の検出

本節では、**図12-3**に示すワールド内でシミュレートされたTurtlebotから、ROSを通して送られてきた画像をOpenCVを使って処理します。言語はこれまでどおりPythonです。ここでの目標は、Turtlebotのカメラの中でコースに引かれたこの線を検出して、これをたどって進むことです。Turtlebotのカメラからの典型的な画像を**図12-4**に示します。

いろいろな状況で、線を検出して追跡するのに使われるさまざまな手法があり、この課題を扱った博士論文もたくさんあります。この課題は、例えば、横断歩道やその他いろいろな道路上のマークなどに関連するばらつきやノイズを考慮すると、どんどん複雑になります。ここでは、最適に描かれ、最適に光る明るい黄色い線だけを考慮します。今回は、画像の横列の塊を色でフィルターし、ロボットを操ってそのカラーフィルターを通ったピクセルの中心に向かわせるという手法をとります。ここでこの課題を扱い、手法を示す目的は単に線の追跡方法を示すだけでなく、ROSの画像ストリームを購読し、得られた画像をOpenCVのライブラリに渡す方法も示すことです。このような汎用的なパイプラインは、OpenCVが持つ多種多様なすばらしい画像処理ライブラリを利用することで他の応用問題でも使うことができます。

図12-4　線を追跡しているときのTurtlebotのカメラからの典型的なビュー

最初の作業は、Turtlebotの画像ストリームの黄色い線を見つけることです。最も単純に思いつくアプローチは、黄色の画像のピクセルの赤、緑、青（RGB）の値を見つけ、RGBの値の近傍でフィルターすることです。残念ながら、RGB値でフィルターし画像の中の特定の色を見つけるというアプローチは、驚くほどうまくいきません。なぜなら、未加工のRGB値は物体の色と全体の明るさの関数だからです。ライティングの条件が少し異なるだけで、フィルターが意図どおりに動作しなくなります。代わって、RGB値によるフィルターのよりよい方法は、RGB画像を色相、彩度、明度（HSV）の画像に変換することです。HSV画像はRGB成分を色相（色）、彩度（色の強さ）と明度（明るさ）に分解します。画像が一旦この形式になれば、黄色に近い色相の閾値を適用して、**バイナリー（2値）画像**を得られます。バイナリー画像では、ピクセルは真（フィルターを通過するという意味）か偽（フィルターを通過しない）になります。以下のコードと画像の例はこの処理を具体的に説明するものです。

例12-3では、OpenCVを使ってこれを実装しています。OpenCVを使うことでPythonでのこのタスクを簡単に実現しています。

例12-3　follower_color_filter.py

```
#!/usr/bin/env python
import rospy, cv2, cv_bridge, numpy
from sensor_msgs.msg import Image
```

```
class Follower:
  def __init__(self):
    self.bridge = cv_bridge.CvBridge()
    cv2.namedWindow("window", 1)
    self.image_sub = rospy.Subscriber('camera/rgb/image_raw',
                                      Image, self.image_callback)
  def image_callback(self, msg):
    image = self.bridge.imgmsg_to_cv2(msg)
    hsv = cv2.cvtColor(image, cv2.COLOR_BGR2HSV)
    lower_yellow = numpy.array([ 10,  10,  10])
    upper_yellow = numpy.array([255, 255, 250])
    mask = cv2.inRange(hsv, lower_yellow, upper_yellow)
    masked = cv2.bitwise_and(image, image, mask=mask)
    cv2.imshow("window", mask )
    cv2.waitKey(3)

rospy.init_node('follower')
follower = Follower()
rospy.spin()
```

これまでのように、CvBridgeモジュールはROSのsensor_msgs/ImageメッセージをOpenCVの画像形式に変換します。

```
image = self.bridge.imgmsg_to_cv2(msg)
```

次に、OpenCVの画像をcvtColor()関数に渡して、RGB表現をHSV空間での等価な表現に変換します。

```
hsv = cv2.cvtColor(image, cv2.COLOR_BGR2HSV)
```

cvtColor()関数は、**図12-4**に以前示したRGB画像が与えられると、**図12-5**に示すHSV画像を生成します。

次に、numpyを用いてHSV空間での期待する色相の下限と上限を作り、その下限と上限をOpenCVのinRange()関数に渡してバイナリー画像を生成します。

```
lower_yellow = numpy.array([ 10,  10,  10])
upper_yellow = numpy.array([255, 255, 250])
mask = cv2.inRange(hsv, lower_yellow, upper_yellow)
```

結果のバイナリー画像を**図12-6**に示します。

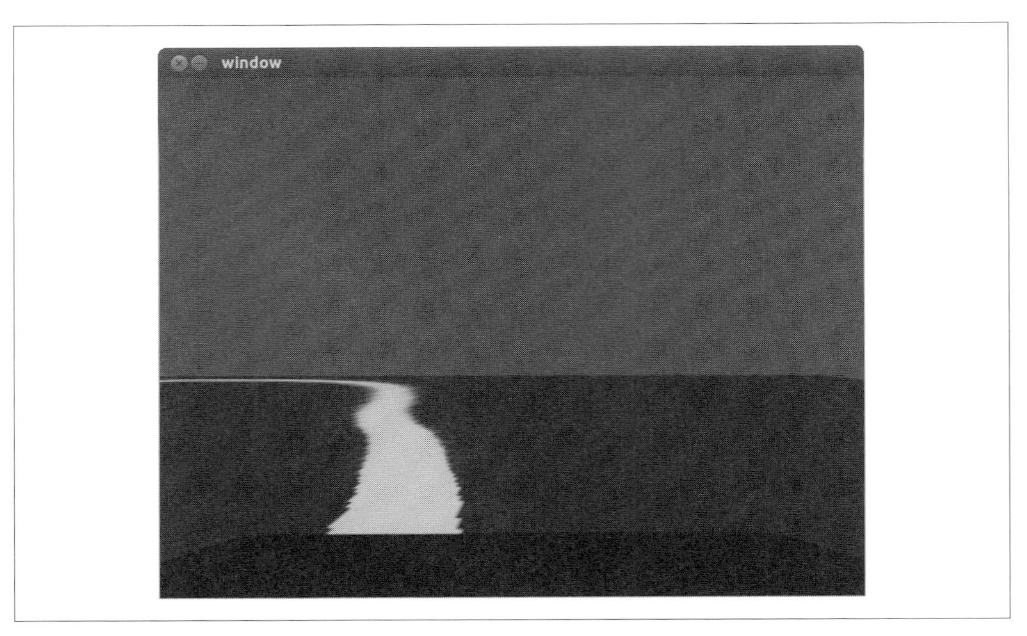

図12-5　線を追跡するときのTurtlebotのカメラ画像のHSV表現

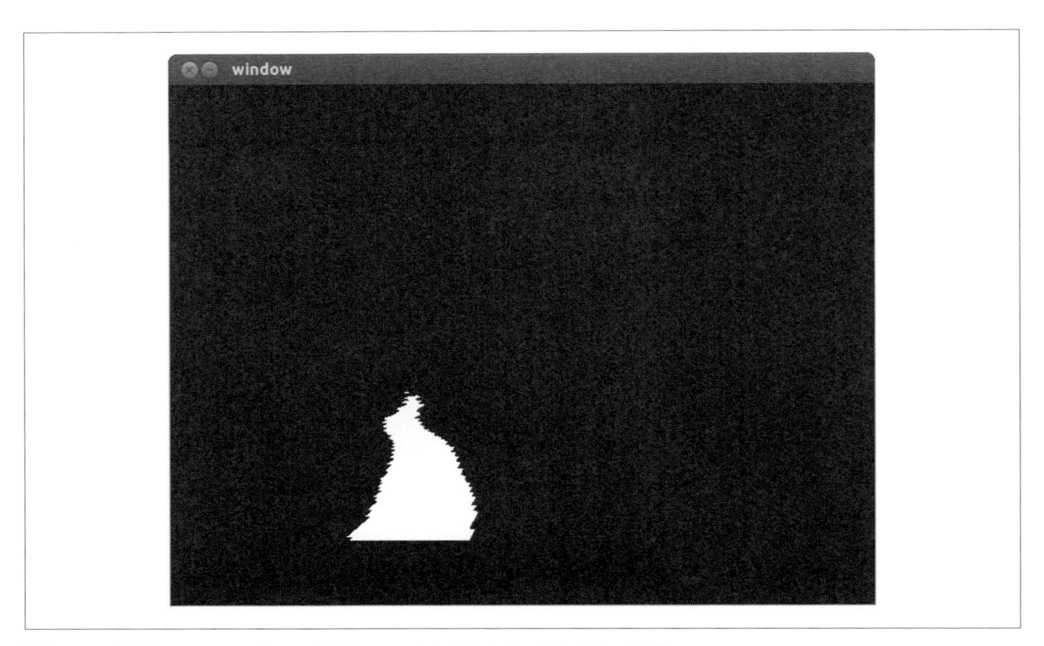

図12-6　色相フィルターをHSV画像にかけて得られたバイナリー画像

線のバイナリー画像を取得することは、画像処理パイプラインの最初の重要なステップです。しかしながら、目標は線を追跡することであって、線の画像を撮ることだけではありません！ 線を追跡するために、ここでは単純な方法を使うことにします。つまり、画像の上から4分の3の位置から20行分の部分を見るだけにします。このやり方の裏にある論理的な根拠は、制御の視点からは、ロボットの目の前に見える線の一部しかほとんどの場合気にする必要がないというところから来ています。この手法では、ロボットの正面から5m先にある線は無視され、ロボットの正面およそ1mのカメラの視野で起こることだけに集中することになります。この実装をデバッグするために、まず**例12-4**に示すプログラムを書きます。これは、ここで説明した画像処理方法を実装しており、ロボットの正面の1m先くらいにある画像の中に見える線の、おおよそ中心と考えられるところに点を描画します。

例12-4 follower_line_finder.py

```
#!/usr/bin/env python
import rospy, cv2, cv_bridge, numpy
from sensor_msgs.msg import Image
from geometry_msgs.msg import Twist

class Follower:
  def __init__(self):
    self.bridge = cv_bridge.CvBridge()
    cv2.namedWindow("window", 1)
    self.image_sub = rospy.Subscriber('camera/rgb/image_raw',
                                      Image, self.image_callback)
    self.twist = Twist()
  def image_callback(self, msg):
    image = self.bridge.imgmsg_to_cv2(msg,desired_encoding='bgr8')
    hsv = cv2.cvtColor(image, cv2.COLOR_BGR2HSV)
    lower_yellow = numpy.array([ 10,  10,  10])
    upper_yellow = numpy.array([255, 255, 250])
    mask = cv2.inRange(hsv, lower_yellow, upper_yellow)

    h, w, d = image.shape
    search_top = 3*h/4
    search_bot = search_top + 20
    mask[0:search_top, 0:w] = 0
    mask[search_bot:h, 0:w] = 0
    M = cv2.moments(mask)
    if M['m00'] > 0:
      cx = int(M['m10']/M['m00'])
      cy = int(M['m01']/M['m00'])
      cv2.circle(image, (cx, cy), 20, (0,0,255), -1)

    cv2.imshow("window", image)
```

```
    cv2.waitKey(3)

rospy.init_node('follower')
follower = Follower()
rospy.spin()
```

探索を、Turtlebotの正面約1mに対応する画像の20行部分に限るために、OpenCVとnumpyライブラリを使って、望む領域の外側のピクセルをゼロで埋めます(すなわち、フィルターに合致するものを消します)。このコードでは、Pythonの**スライス記法**を使って、簡潔な構文でピクセルの範囲を指定しています。

```
h, w, d = image.shape
search_top = 3*h/4
search_bot = search_top + 20
mask[0:search_top, 0:w] = 0
mask[search_bot:h, 0:w] = 0
```

次に、OpenCVのmoments()関数を使ってフィルターを通過するバイナリー画像の塊の**重心**(または、算術的な中心)を計算します。

```
M = cv2.moments(mask)
if M['m00'] > 0:
  cx = int(M['m10']/M['m00'])
  cy = int(M['m01']/M['m00'])
```

最後に、デバッグ用に、元のカメラ画像の上に計算と推測の結果を描画すると便利です。**例12-4**で、単色の赤い丸を元のRGB画像の上に描き、ターゲットの画像の中で、アルゴリズムが見積もった線の中心を示すようにします。

```
  cv2.circle(image, (cx, cy), 20, (0,0,255), -1)
```

これは**図12-7**のような結果を生成します。

重要なことは、**例12-4**は静止画だけでなく、連続的な画像ストリームを扱うように書かれているということです。うまくいく場合とあまりうまくいかない場合をよりよく理解するために、follower_line_finder.pyを起動し動かしたままにして、GazeboのMove(移動)とRotate(回転)ツールを使い、シミュレーターの中で位置や姿勢を変化させたときのfollower_line_finder.pyの振る舞いを観測してみてください。さて、次は、線の重心を操作への入力として与えていきます。

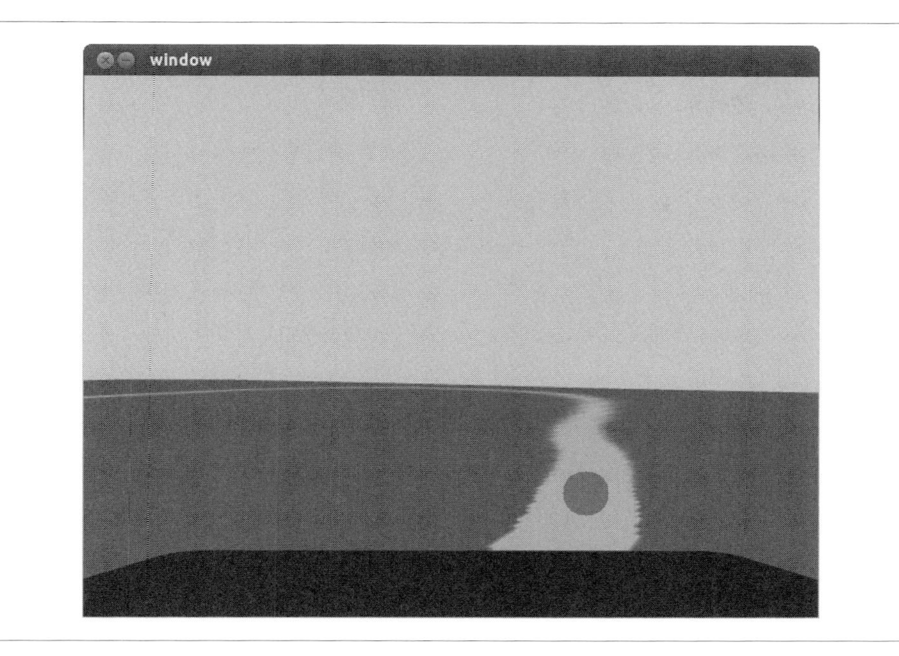

図12-7　オリジナル画像の上に赤い丸を描画。これはアルゴリズムが推測した、線の中心に描かれている

12.3　線の追跡

前節では、線検出アルゴリズムまでを実装しました。これで線検出機構が動くようになりました。次はロボットを操縦し、カメラ画像の中心近くに線を表示するタスクに進みます。**例12-5**で、この問題の解決方法の1つである、Pコントローラーを紹介します。このコントローラーの名前のPは、proportional（比例）の頭文字で、誤差を線形にスケーリングしてコントローラーの出力を決めることを単に意味します。この場合、誤差信号は、画像の中心線と追跡しようとしている線の中心の間の距離です。

例12-5　follower_p.py

```
#!/usr/bin/env python
import rospy, cv2, cv_bridge, numpy
from sensor_msgs.msg import Image
from geometry_msgs.msg import Twist

class Follower:
  def __init__(self):
    self.bridge = cv_bridge.CvBridge()
    cv2.namedWindow("window", 1)
```

```
    self.image_sub = rospy.Subscriber('camera/rgb/image_raw',
                                      Image, self.image_callback)
    self.cmd_vel_pub = rospy.Publisher('cmd_vel_mux/input/teleop',
                                       Twist, queue_size=1)
    self.twist = Twist()
  def image_callback(self, msg):
    image = self.bridge.imgmsg_to_cv2(msg,desired_encoding='bgr8')
    hsv = cv2.cvtColor(image, cv2.COLOR_BGR2HSV)
    lower_yellow = numpy.array([ 10,  10,  10])
    upper_yellow = numpy.array([255, 255, 250])
    mask = cv2.inRange(hsv, lower_yellow, upper_yellow)

    h, w, d = image.shape
    search_top = 3*h/4
    search_bot = 3*h/4 + 20
    mask[0:search_top, 0:w] = 0
    mask[search_bot:h, 0:w] = 0
    M = cv2.moments(mask)
    if M['m00'] > 0:
      cx = int(M['m10']/M['m00'])
      cy = int(M['m01']/M['m00'])
      cv2.circle(image, (cx, cy), 20, (0,0,255), -1)
      err = cx - w/2
      self.twist.linear.x = 0.2
      self.twist.angular.z = -float(err) / 100
      self.cmd_vel_pub.publish(self.twist)
    cv2.imshow("window", image)
    cv2.waitKey(3)

rospy.init_node('follower')
follower = Follower()
rospy.spin()
```

Pコントローラーは次の4行で実装されています。

```
err = cx - w/2
self.twist.linear.x = 0.2
self.twist.angular.z = -float(err) / 100
self.cmd_vel_pub.publish(self.twist)
```

最初の行は誤差信号を計算します。つまり画像の中心カラムと推測した線の中心の間の距離です。続く2行は、Turtlebotの`cmd_vel`ストリームで使われる値を計算し、その値をTurtlebotが物理的に達成可能な何らかの値にスケーリングします。最後の行は`sensor_msgs/Twist`をそのピアノード（この例では単にTurtlebotの台車です）に向けて配信します。

このコードは驚くほど短いですが、このシステムは実際にまずまずの動作をし、Gazeboの中で線を追跡することができます。

12.4 まとめ

本章では、PythonでOpenCVをROSと一緒に使う方法を説明しました。特に、色相によってROSの画像にフィルターをかけ、閾値で切る方法、誤差信号を生成して最小限のフィードバックコントローラーを実装して操縦する方法を説明しました。これによりプログラムは、Gazeboシミュレーションの中に引かれた線に沿って走るようシミュレートされたTurtlebotを操縦します。

線の追跡には、例えば道路の記号や工場の床のマークの追跡など、多くの有用な応用シーンがありますが、多くの場合、これだけでは機能として十分ではありません。より高いレベルのロボットナビゲーションに共通する要求事項は、地図上の指定された地点間を移動することです。次の章では、この問題へのアプローチについて、ROSのナビゲーションスタックを用い、そのステータスを管理する際に有用な、ステートマシンについて見ていきます。

13章 巡回

「10章 世界を動き回る」では、ROSのナビゲーションスタックを使って、ロボットを世界のある特定の場所に移動させる方法を見てきました。本章では、この基礎的なナビゲーションの能力に加えて、ロボットに世界を巡回させて、道中で興味深い情報を集めさせる方法について見ていきます。また、このアプリケーションを通して、ロボットを個々の単一の動作ではなく、振る舞い全体の連鎖としてタスクレベルで制御する方法についても学びます。

13.1 単純な巡回

ROSの多くのものと同じように、巡回システムを実装する方法はいくつも存在します。実のところ、皆さんが**例10-1**で見たコードが巡回システムに必要なものすべてです。コードを**例13-1**に再掲しました。このコードは、ロボットを世界のある場所から別の場所に移動させてくれます。皆さんがしなければならないことは、巡回させたい場所をウェイポイント（経由地）のリストとして設定するだけです。それだけで準備完了です。

例13-1 patrol.py

```
#!/usr/bin/env python

import rospy
import actionlib

from move_base_msgs.msg import MoveBaseAction, MoveBaseGoal


waypoints = [  # ❶
    [(2.1, 2.2, 0.0), (0.0, 0.0, 0.0, 1.0)],
    [(6.5, 4.43, 0.0), (0.0, 0.0, -0.984047240305, 0.177907360295)]
]
```

```
def goal_pose(pose):  # ❷
    goal_pose = MoveBaseGoal()
    goal_pose.target_pose.header.frame_id = 'map'
    goal_pose.target_pose.pose.position.x = pose[0][0]
    goal_pose.target_pose.pose.position.y = pose[0][1]
    goal_pose.target_pose.pose.position.z = pose[0][2]
    goal_pose.target_pose.pose.orientation.x = pose[1][0]
    goal_pose.target_pose.pose.orientation.y = pose[1][1]
    goal_pose.target_pose.pose.orientation.z = pose[1][2]
    goal_pose.target_pose.pose.orientation.w = pose[1][3]

    return goal_pose


if __name__ == '__main__':
    rospy.init_node('patrol')

    client = actionlib.SimpleActionClient('move_base', MoveBaseAction)  # ❸
    client.wait_for_server()

    while True:
        for pose in waypoints:   # ❹
            goal = goal_pose(pose)
            client.send_goal(goal)
            client.wait_for_result()
```

❶ ロボットが巡回する際のウェイポイント（経由地）のリストです。

❷ ウェイポイントをMoveBaseGoalメッセージにするヘルパー関数です。

❸ 簡単なアクションクライアントを作成し、サーバーの準備が完了するのを待ちます。

❹ ウェイポイントを繰り返し処理し、それぞれをアクションのゴールとして送ります。

単純な巡回システムを実装するだけでよければ、おそらくこのコードで十分でしょう。このコードは、ナビゲーションスタックを繰り返し呼ぶことで、ロボットをあるウェイポイントから次のウェイポイントへと移動させるために必要なことをすべて行っています。しかし、ナビゲーション中やウェイポイントに到着したときに、ロボットに何か別のことをさせようとすると、ナビゲーションと同期させた別のコードを書く必要が出てきます。そういった場合の実装とデバッグを簡単にするために、何らかの方法でこのコードをカプセル化しておくことは良い考えです。次の節で、カプセル化の1つの方法としてステートマシンの考え方とsmachと呼ばれるタスクレベルの統合ライブラリについて見ていくことにします。

13.2　ステートマシン

ステートマシンの概念は、コンピューターサイエンスの分野で基本的な概念の1つです。基本的な考え方は、ロボットは有限の数の状態（ステート）群、すなわち「待機（waiting）」「移動（moving）」「充電（charging）」など、振る舞いと対応づけられたステートのうち1つのステートにいる、というものです。1つのステートが終わると、システムはすぐさま次のステートに移ります（例えば、ロボットが世界をナビゲーションするために動き始めたら「待機」から「移動」に変化します）。ロボットは、これらのステート群のうち必ずどこか1つのステートにいなければなりません。また、ステートの数は有限である必要があります。ロボットは、直前に終了したステートの出力結果に応じて次にどのステートに遷移するか決まります。例えば、ロボットが充電ステーションへの移動が完了したら「移動」から「待機」ではなく「充電」に遷移するでしょう。そして、充電が完了したら「充電」から「待機」に遷移するでしょう。「待機」「移動」「充電」といったステートに対応する振る舞いは、それぞれのステートの中にカプセル化され、それらのステート間の遷移はステートマシンの構造によって制御されるのです。

この仕組みはとても単純に聞こえますが、ステートマシンはきわめて複雑な振る舞いの制御にも使うことができます。**図13-1**はPR2ロボットにおける充電動作のステートマシンです。このロボットは、自律的にコンセントまで移動して、充電ケーブルを手に取りコンセントに差し込みます。明らかに、うまくいかないケースがたくさん存在します。ステートマシンは、このようなタスクレベルでのシステムの振る舞いを理解したり、すべての可能性が網羅されていることを確認したりするのにとても便利なツールなのです。

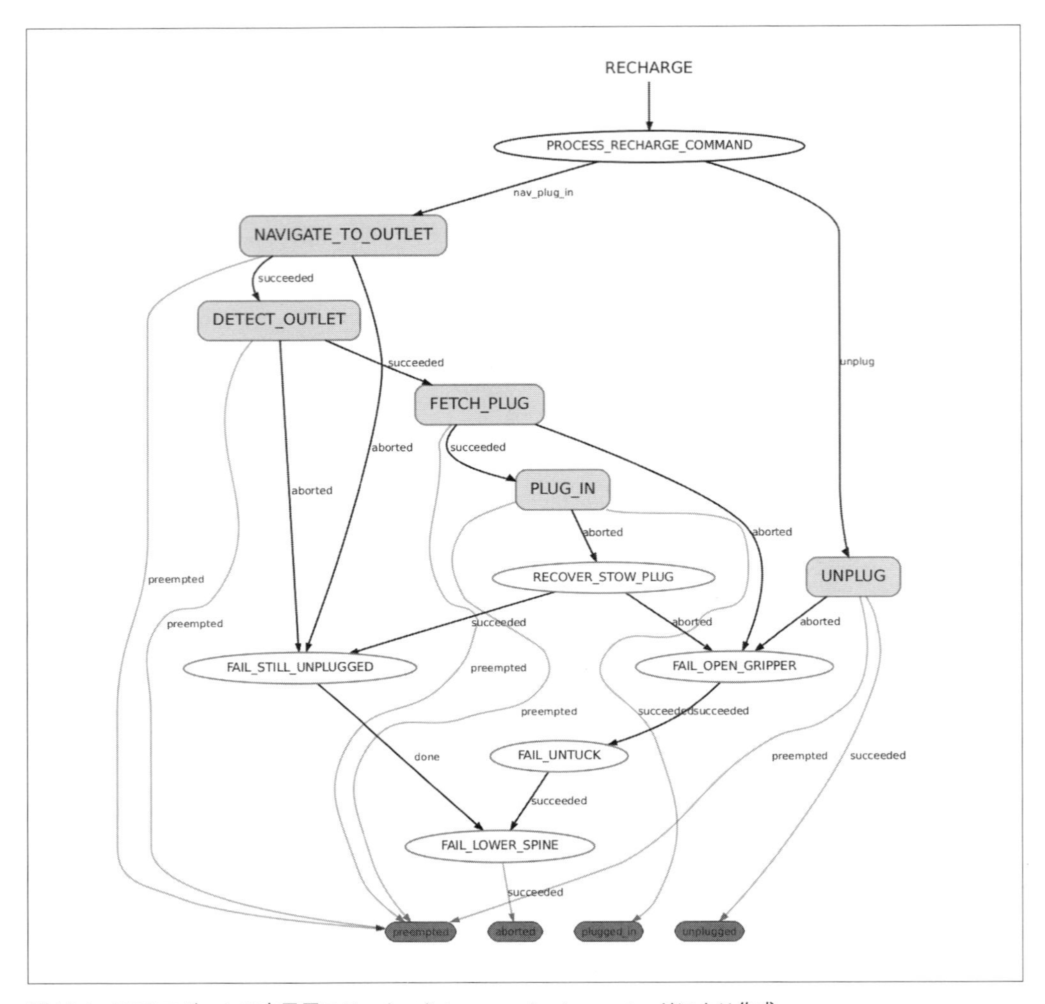

図13-1 PR2ロボットの充電用ステートマシン。smach_viewerノードにより作成

図13-1の楕円や四角が1つのステートを表し、矢印がそれらのステートの間の遷移を表しています。矢印の下に遷移のための条件が書かれています。背景が灰色の四角はそれ自体がステートマシンです（これについてはこの後にすぐ説明しますがここでは単にステート群だと思っていてください）。一番下にある四角（preempted、aborted、plugged_in、unplugged）は、このステートマシン全体の出力結果です。例えば、DETECT_OUTLETステートが終わるとsucceeded、aborted、preemptedのいずれかが出力結果として報告されます。この出力結果が成功（succeeded）の場合には、システムはFETCH_PLUGステートに遷移します。出力結果が失敗（aborted）の場合には、次のステートはFAIL_STILL_UNPLUGGEDになります。もし、出力結果が中断（不測の割り込みなど）の場合には、このシステム全体がpreemptedを返すことになります。

ここで注意すべきは、遷移条件を複数持つステートがある一方で、遷移条件を1つしか持たないステート（FAIL_STILL_UNPLUGGEDなど）があることです。典型的には、遷移条件を1つしか持たないステートは必ず成功し、しかも、1つのことしか実行しない、ということを意味しています。

ステートには、DETECT_OUTLETやPLUG_INなど、意味がわかりやすい名前を付けます。遷移条件（succeeded、abortedなど）も同じです。ROSの命名規則により、ステートにはALL_CAPSのようにすべて大文字、遷移条件にはlowercaseのようにすべて小文字で名前を付けます。それでは、ROSでこのようなステートマシンをどうやって使えるのか見ていきましょう。

13.2.1 ROSのステートマシン

ROSのステートマシンは、smachパッケージとそのROS専用の拡張機能であるsmach_rosで構成されます。smachにはステートマシン以外の機能もたくさんありますが、ここではステートマシンの機能を中心に見ていくことにします。複雑なロボットの振る舞いを、固定的な構造を持ついくつかの細かい振る舞いに分けることができるときには、smachを使うことを考えるべきでしょう。基本的には、もし皆さんのシステムの振る舞いを**図13-1**のような図で書くことができるのであれば、おそらくsmachを使うのがよいでしょう。しかし、もしロボットの低レベルの制御を行うためにステートを超高速に遷移させる必要があるなら、smachはあまり良い選択肢ではありません。smachはPythonで書かれているので、ほんの少しだけオーバーヘッドがあります。しかし、皆さんが作るほとんどのステートマシンにとっては良い選択肢となるでしょう。

さて、これでステートマシンが何であるか、そして何に使えるかを知ることができました。それではsmachを使って簡単なステートマシンを定義する方法を見ていきましょう。

13.3 smachでステートマシンを定義する

smachのステートマシンはPythonのコードで手続き的に定義します。何らかの定義ファイルで定義するわけではありません。これによって複数のステートマシンを組み合わせるときにとても柔軟に扱うことができます。このことについては本章の後半で紹介します。まず初めは、とても簡単なステートマシンの例を見てsmachの基本的な概念に慣れることにしましょう。

例13-2は、とても単純な2状態のステートマシンをsmachで定義し実行しているコードです。ONEステートは「one」という文字を出力してTWOステートに遷移します。TWOステートは「two」という文字を出力してONEステートに遷移します。おもしろくないことは認めますが、ここで伝えたいことがすべて含まれています。

例13-2 simple_fsm.py

```
#!/usr/bin/env python
```

```
import rospy
from smach import State,StateMachine

from time import sleep


class One(State):
    def __init__(self):
        State.__init__(self, outcomes=['success'])

    def execute(self, userdata):
        print 'one'
        sleep(1)
        return 'success'

class Two(State):
    def __init__(self):
        State.__init__(self, outcomes=['success'])

    def execute(self, userdata):
        print 'two'
        sleep(1)
        return 'success'


if __name__ == '__main__':
    sm = StateMachine(outcomes=['success'])
    with sm:
        StateMachine.add('ONE', One(), transitions={'success':'TWO'})
        StateMachine.add('TWO', Two(), transitions={'success':'ONE'})

    sm.execute()
```

まず初めに行うべきことは、smachから必要なものを読み込むことです。この単純な例ではStateとStateMachineのクラスを使っています。

```
from smach import State,StateMachine
```

これに加えてpackage.xmlファイルの依存関係にsmachを加えてROSにファイルの検索場所を知らせる必要があります。

次に、このステートマシン用にいくつかのステートを定義しています。smachにおけるステートはStateクラスを継承したPythonのクラスのインスタンスです。

```
class One(State):
    def __init__(self):
```

```
        State.__init__(self, outcomes=['success'])

    def execute(self, userdata):
        print 'one'
        sleep(1)
        return 'success'
```

このコードは、このステートマシン用のステートクラスを定義しています。このクラスはsmachのStateクラスを継承しています。コンストラクターでは、明示的に親クラスのコンストラクターを呼んでいて、このステートが出力する可能性のあるすべての出力結果のリストを引数に渡しています。これらの出力結果は**図13-1**では矢印の下のラベルで表示されていたもので、コード中では簡単な文字列です。この出力結果は、ステートが実装する振る舞いに関して何らかの意味を表す言葉にしてください。この例の場合、出力結果はsuccessの1つだけしかありません。

それぞれのステートには必ずexecute(self, userdata)関数を実装する必要があります。そのステートのすべての処理がこの中で実行されます。ステートマシンがあるステートに遷移すると、そのステートのexecute()関数が呼び出されます。この関数はuserdata引数を取れるので前のステートからデータを実行時に引き渡すことができますが、ここでは無視しておきます。この関数はベースクラスのコンストラクターに渡した出力結果のリストのうちの1つを必ず**返さなくてはなりません**。ここでは出力結果がsuccessしかないので、それを返しています。

もう1つ（非常に似た）ステートクラスを定義した後、実際にステートマシンを作成しています。

```
sm = StateMachine(outcomes=['success'])
with sm:
    StateMachine.add('ONE', One(), transitions={'success':'TWO'})
    StateMachine.add('TWO', Two(), transitions={'success':'ONE'})

sm.execute()
```

まず初めに、smと呼ばれるStateMachineのインスタンスを作成します。引数には、取りうる出力結果のリストを渡します。これらの出力結果は、これから作ろうとしているステートマシンのステートの出力結果のリストとは違うものです（同じ名前を持つこともできます）。smachは階層的なステートマシンを作れるので、smを**別の**ステートマシンのステートとして使うことができます。これが**図13-1**の灰色の四角で起きていたことです。

（空の）ステートマシンができたら、with構文で開いて、ステートを追加し始めます。それぞれのステートはadd()関数で追加され、名前、ステートのインスタンス、遷移の辞書を持ちます。最初のadd()の呼び出しでは、ONEという名前のステートを、Oneクラスのインスタンスと一緒に追加しています。出力結果がsuccessなら、ステートはTWOという名前のステートに移ります。同様に、TWOはTwoのインスタンスと一緒に追加され、出力結果がsuccessならONEに戻ります。

この簡単なステートマシンがやっていることは、単にスクリーンに「one」と「two」を繰り返し表示するだけです。それではコードを実行して正しく動いているか見てみましょう。コードを実行するとsm.execute()関数が呼ばれることで処理がぐるぐると回り始めます[*1]。

```
user@hostname$ rosrun patrol simple_fsm.py
[ DEBUG ] : Adding state (ONE, <__main__.One object at 0x7fa64a818190>, {'success': 'TWO'})
[ DEBUG ] : Adding state 'ONE' to the state machine.
[ DEBUG ] : State 'ONE' is missing transitions: {}
[ DEBUG ] : TRANSITIONS FOR ONE: {'success': 'TWO'}
[ DEBUG ] : Adding state (TWO, <__main__.Two object at 0x7fa64a818210>, {'success': 'ONE'})
[ DEBUG ] : Adding state 'TWO' to the state machine.
[ DEBUG ] : State 'TWO' is missing transitions: {}
[ DEBUG ] : TRANSITIONS FOR TWO: {'success': 'ONE'}
[  INFO ] : State machine starting in initial state 'ONE' with userdata:
    []
one
[  INFO ] : State machine transitioning 'ONE':'success'-->'TWO'
two
[  INFO ] : State machine transitioning 'TWO':'success'-->'ONE'
one
[  INFO ] : State machine transitioning 'ONE':'success'-->'TWO'
two
[  INFO ] : State machine transitioning 'TWO':'success'-->'ONE'
one
[  INFO ] : State machine transitioning 'ONE':'success'-->'TWO'
two
[  INFO ] : State machine transitioning 'TWO':'success'-->'ONE'
one
[  INFO ] : State machine transitioning 'ONE':'success'-->'TWO'
two
[  INFO ] : State machine transitioning 'TWO':'success'-->'ONE'
one
```

smachは、ロギングシステムを使ってたくさんのデバッグ情報を提供してくれます。DEBUGレベルのメッセージを見てみると、2つのステートとその遷移が正しく追加されていることがわかるでしょう。smachはステートマシンが組み立てられると、静的解析によってすべてが正しく接続されていてすべての出力結果がステートに接続されていることを確認します。その後、ステートマシンが走り始めてステートの遷移に関するメッセージと文字列(「one」と「two」)が流れるのが見えています。

おめでとうございます！ これでsmachによる最初のステートマシンを実行することができました。それでは、ロボットを動き回らせるのにもう少し近い例を見ていくことにしましょう。

＊1　訳注：patrolというパッケージにsimple_fsm.pyが配置されていると想定しています。

13.3.1 もう少し具体的な例

例13-3にもう少し高度なsmachの使い方を示します。ここでのアイデアは次のようなものです。ロボットは直線上を直進（drive）することとその場で回転（turn）するという2つのことができます。これらの振る舞いを別々のsmachステートとして実装して、それらをつなぎ合わせることで多角形の経路に沿ってロボットを動かそうとしています。

例13-3　shapes.py

```
#!/usr/bin/env python

import rospy
from smach import State,StateMachine

from time import sleep


class Drive(State):
    def __init__(self, distance):
        State.__init__(self, outcomes=['success'])
        self.distance = distance

    def execute(self, userdata):
        print 'Driving', self.distance
        sleep(1)
        return 'success'

class Turn(State):
    def __init__(self, angle):
        State.__init__(self, outcomes=['success'])
        self.angle = angle

    def execute(self, userdata):
        print 'Turning', self.angle
        sleep(1)
        return 'success'


if __name__ == '__main__':
    triangle = StateMachine(outcomes=['success'])
    with triangle:
        StateMachine.add('SIDE1', Drive(1), transitions={'success':'TURN1'})
        StateMachine.add('TURN1', Turn(120), transitions={'success':'SIDE2'})
        StateMachine.add('SIDE2', Drive(1), transitions={'success':'TURN2'})
        StateMachine.add('TURN2', Turn(120), transitions={'success':'SIDE3'})
        StateMachine.add('SIDE3', Drive(1), transitions={'success':'success'})
```

```
square = StateMachine(outcomes=['success'])
with square:
    StateMachine.add('SIDE1', Drive(1), transitions={'success':'TURN1'})
    StateMachine.add('TURN1', Turn(90), transitions={'success':'SIDE2'})
    StateMachine.add('SIDE2', Drive(1), transitions={'success':'TURN2'})
    StateMachine.add('TURN2', Turn(90), transitions={'success':'SIDE3'})
    StateMachine.add('SIDE3', Drive(1), transitions={'success':'TURN3'})
    StateMachine.add('TURN3', Turn(90), transitions={'success':'SIDE4'})
    StateMachine.add('SIDE4', Drive(1), transitions={'success':'success'})

shapes = StateMachine(outcomes=['success'])
with shapes:
    StateMachine.add('TRIANGLE', triangle, transitions={'success':'SQUARE'})
    StateMachine.add('SQUARE', square, transitions={'success':'success'})

shapes.execute()
```

前の例と同じように、必要なsmachの要素の読み込みとステートの定義から始めます。この例ではステートに関連して2つのクラス──DriveとTurn──を作っています。これらのクラスのコンストラクターはそれぞれ引数を1つ持ち、それぞれ移動距離（単位はメートル）と回転角度（単位は度）を渡しています。どちらのクラスも出力結果はsuccessだけです。このコードで実際に実物のロボットを制御するときにはexecute()関数にロボットを動かすため（と、おそらく、物事が予定どおりに進んでいることを確認するための）のコードが書かれることになるでしょう。

次に、これらを使ってステートマシンを定義しています。話は少し興味深くなってきました。三角形の経路をたどる経路は、直進（drive）、回転（turn）、直進、回転、そして直進、で定義できます。これは先に出てきた例と似ています。

```
triangle = StateMachine(outcomes=['success'])
with triangle:
    StateMachine.add('SIDE1', Drive(1), transitions={'success':'TURN1'})
    StateMachine.add('TURN1', Turn(120), transitions={'success':'SIDE2'})
    StateMachine.add('SIDE2', Drive(1), transitions={'success':'TURN2'})
    StateMachine.add('TURN2', Turn(120), transitions={'success':'SIDE3'})
    StateMachine.add('SIDE3', Drive(1), transitions={'success':'success'})
```

このコードではロボットを正方形に動かすステートマシンも定義しています。そして、これらの2つのステートマシンを連結することができます。

```
shapes = StateMachine(outcomes=['success'])
with shapes:
    StateMachine.add('TRIANGLE', triangle, transitions={'success':'SQUARE'})
    StateMachine.add('SQUARE', square, transitions={'success':'success'})
```

```
shapes.execute()
```

3番目のステートマシンshapesは、まずtriangleステートマシンを実行して、次にsquareステートマシンを実行します。これがsmachで階層的なステートマシンを構築する方法の1つの例です。ステートの名前についてtriangleとsquareの中でそれぞれ同じものを使っていることに注意してください。これらのステートは別々のステートマシンに属しているので、そこに曖昧さはなく、同じ名前でも問題はありません。

このコードを実行して期待どおり動いていることを確認できます。

```
user@hostname$ rosrun patrol shapes.py

...

[  INFO ] : State machine starting in initial state 'TRIANGLE' with userdata:
    []
[  INFO ] : State machine starting in initial state 'SIDE1' with userdata:
    []
Driving 1
[  INFO ] : State machine transitioning 'SIDE1':'success'-->'TURN1'
Turning 120
[  INFO ] : State machine transitioning 'TURN1':'success'-->'SIDE2'
Driving 1
[  INFO ] : State machine transitioning 'SIDE2':'success'-->'TURN2'
Turning 120
[  INFO ] : State machine transitioning 'TURN2':'success'-->'SIDE3'
Driving 1
[  INFO ] : State machine terminating 'SIDE3':'success':'success'
[  INFO ] : State machine transitioning 'TRIANGLE':'success'-->'SQUARE'
[  INFO ] : State machine starting in initial state 'SIDE1' with userdata:
    []
Driving 1
[  INFO ] : State machine transitioning 'SIDE1':'success'-->'TURN1'
Turning 90
[  INFO ] : State machine transitioning 'TURN1':'success'-->'SIDE2'
Driving 1
[  INFO ] : State machine transitioning 'SIDE2':'success'-->'TURN2'
Turning 90
[  INFO ] : State machine transitioning 'TURN2':'success'-->'SIDE3'
Driving 1
[  INFO ] : State machine transitioning 'SIDE3':'success'-->'TURN3'
Turning 90
[  INFO ] : State machine transitioning 'TURN3':'success'-->'SIDE4'
Driving 1
[  INFO ] : State machine terminating 'SIDE4':'success':'success'
```

```
[  INFO ] : State machine terminating 'SQUARE':'success':'success'
```

紙面の節約のため、DEBUGレベルのメッセージは割愛しました。

13.3.2 手続き的にステートマシンを定義する

先ほどの例は期待どおりに動作しましたが、多角形に沿った1つ1つの動きを列挙している部分など、ステートマシンの作り方が少し不格好でした。ステートマシンは手続き的に定義するものなので、改善することもできます。**例13-4**にその例を示します。

例13-4　shapes2.py

```
#!/usr/bin/env python

import rospy
from smach import State,StateMachine

from time import sleep


class Drive(State):
    def __init__(self, distance):
        State.__init__(self, outcomes=['success'])
        self.distance = distance

    def execute(self, userdata):
        print 'Driving', self.distance
        sleep(1)
        return 'success'

class Turn(State):
    def __init__(self, angle):
        State.__init__(self, outcomes=['success'])
        self.angle = angle

    def execute(self, userdata):
        print 'Turning', self.angle
        sleep(1)
        return 'success'

def polygon(sides):
    polygon = StateMachine(outcomes=['success'])
    with polygon:
        # 最後の直進以外をすべて追加する
        for i in xrange(sides - 1):
            StateMachine.add('SIDE_{0}'.format(i + 1),
```

```
                                 Drive(1),
                                 transitions={'success':'TURN_{0}'.format(i + 1)})

        # すべての回転を追加する
        for i in xrange(sides - 1):
            StateMachine.add('TURN_{0}'.format(i + 1),
                                 Turn(360.0 / sides),
                                 transitions={'success':'SIDE_{0}'.format(i + 2)})

        # 最後の直進を追加する
        StateMachine.add('SIDE_{0}'.format(sides),
                             Drive(1),
                             transitions={'success':'success'})

    return polygon


if __name__ == '__main__':
    triangle = polygon(3)
    square = polygon(4)

    shapes = StateMachine(outcomes=['success'])
    with shapes:
        StateMachine.add('TRIANGLE', triangle, transitions={'success':'SQUARE'})
        StateMachine.add('SQUARE', square, transitions={'success':'success'})

    shapes.execute()
```

ここでの主な改善点は、多角形の辺の数を引数としてその多角形を描くステートマシンを生成する関数を定義したことです。

```
def polygon(sides):
    polygon = StateMachine(outcomes=['success'])
    with polygon:
        # 最後の直進以外をすべて追加する
        for i in xrange(sides - 1):
            StateMachine.add('SIDE_{0}'.format(i + 1),
                                 Drive(1),
                                 transitions={'success':'TURN_{0}'.format(i + 1)})

        # すべての回転を追加する
        for i in xrange(sides - 1):
            StateMachine.add('TURN_{0}'.format(i + 1),
                                 Turn(360.0 / sides),
                                 transitions={'success':'SIDE_{0}'.format(i + 2)})
```

```
        # 最後の直進を追加する
        StateMachine.add('SIDE_{0}'.format(sides),
                         Drive(1),
                         transitions={'success':'success'})

    return polygon
```

この関数では、StateMachineのインスタンスを生成してステートを追加していきます。まず最後の直進を除くすべての直進を追加して、その次に、すべての回転、そして最後に最後の直進を追加しています。この最後の直進はステートマシンの最後なので特別です。ステートの名前はアルゴリズムで自動的に生成されています。遷移のターゲットも同様です。この例では最初にすべての直進を追加し、その後、回転のステートを追加しましたが、これはすべてのステートが正しく接続されているかぎりステートを特定の順序で追加する必要がないことを強調するためでした。

polygon()関数が増えたのでtriangleとsquareのステートマシンを簡単に作れるようになりました。

```
    triangle = polygon(3)
    square = polygon(4)
```

この例を実行すると期待どおり**例13-3**と同じ結果が得られます。

13.4 ステートマシンで巡回する

ここまでsmachを使ってステートマシンを作る方法を見てきました。そろそろロボットに戻って簡単なステートマシンで巡回ロボットを作る方法を見ていきましょう。実際にはそれは驚くほど簡単であることがわかります。特定のウェイポイントにロボットを移動させるステートを1つ実装して、それらのステートをつなぎ合わせて巡回させるだけです。**例13-5**にコードを示します。

例13-5 patrol_fsm.py

```
#!/usr/bin/env python

import rospy
import actionlib
from smach import State,StateMachine
from move_base_msgs.msg import MoveBaseAction, MoveBaseGoal

waypoints = [
    ['one', (2.1, 2.2), (0.0, 0.0, 0.0, 1.0)],
    ['two', (6.5, 4.43), (0.0, 0.0, -0.984047240305, 0.177907360295)]
]

class Waypoint(State):
    def __init__(self, position, orientation):
```

```
        State.__init__(self, outcomes=['success'])

        # アクションクライアントを取得する
        self.client = actionlib.SimpleActionClient('move_base', MoveBaseAction)
        self.client.wait_for_server()

        # ゴールを定義する
        self.goal = MoveBaseGoal()
        self.goal.target_pose.header.frame_id = 'map'
        self.goal.target_pose.pose.position.x = position[0]
        self.goal.target_pose.pose.position.y = position[1]
        self.goal.target_pose.pose.position.z = 0.0
        self.goal.target_pose.pose.orientation.x = orientation[0]
        self.goal.target_pose.pose.orientation.y = orientation[1]
        self.goal.target_pose.pose.orientation.z = orientation[2]
        self.goal.target_pose.pose.orientation.w = orientation[3]

    def execute(self, userdata):
        self.client.send_goal(self.goal)
        self.client.wait_for_result()
        return 'success'


if __name__ == '__main__':
    rospy.init_node('patrol')

    patrol = StateMachine('success')
    with patrol:
        for i,w in enumerate(waypoints):
            StateMachine.add(w[0],
                             Waypoint(w[1], w[2]),
                             transitions={'success':waypoints[(i + 1) % \
                             len(waypoints)][0]})

    patrol.execute()
```

Waypointステートのそれぞれのインスタンスは1つのアクションクライアントと1つのゴール地点を持ちます。このステートのexecute()関数が実行されると、そのゴール地点をナビゲーションスタックに送り移動が完了するまで待機します。インスタンスの生成の際にアクションクライアントの作成が完了するまで処理をブロックしていることに注目してください。これによりステートマシンの実行時には、すべてのステートは実行中のアクションクライアントを持ち、待機する必要がないということを意味します。また、MoveBaseGoalは実行中に変わることはないのでコンストラクターの中で先に計算しています。

waypointsリストの各要素からWaypointインスタンスを作成し、遷移を正しく設定すればステートマシンができあがります。最後のウェイポイントは最初のウェイポイントに戻ります。

このコードを実行すると、ナビゲーションを扱った10章の**例10-1**を実行したときと完全に同じ振る舞いをするでしょう。しかし、このコードはよりよくカプセル化されており、(本書の後で見るように)より拡張性があります。

13.4.1 よりよい巡回方法

ステートを使ってアクションリクエストを配信することは、ROSでよく使われるデザインパターンです。そのため**例13-5**よりもさらに効率的な専用機能があります。smach_rosパッケージにはROS専用のステートがたくさん含まれておりこれを使うことでステートマシンの生成を簡素化することができます。**例13-6**に例を示します。

例13-6 better_patrol_fsm.py

```
#!/usr/bin/env python

import rospy
from smach import StateMachine  # ❶
from smach_ros import SimpleActionState  # ❷
from move_base_msgs.msg import MoveBaseAction, MoveBaseGoal

waypoints = [
    ['one', (2.1, 2.2), (0.0, 0.0, 0.0, 1.0)],
    ['two', (6.5, 4.43), (0.0, 0.0, -0.984047240305, 0.177907360295)]
]

if __name__ == '__main__':
    rospy.init_node('patrol')

    patrol = StateMachine(['succeeded','aborted','preempted'])
    with patrol:
        for i,w in enumerate(waypoints):
            goal_pose = MoveBaseGoal()
            goal_pose.target_pose.header.frame_id = 'map'

            goal_pose.target_pose.pose.position.x = w[1][0]
            goal_pose.target_pose.pose.position.y = w[1][1]
            goal_pose.target_pose.pose.position.z = 0.0

            goal_pose.target_pose.pose.orientation.x = w[2][0]
            goal_pose.target_pose.pose.orientation.y = w[2][1]
            goal_pose.target_pose.pose.orientation.z = w[2][2]
            goal_pose.target_pose.pose.orientation.w = w[2][3]

            StateMachine.add(w[0],
```

```
                                 SimpleActionState('move_base',
                                                   MoveBaseAction,
                                                   goal=goal_pose),
                                 transitions={'succeeded':waypoints[(i + 1) % \
                                        len(waypoints)][0]})
    patrol.execute()
```

❶ Stateは使わないので読み込みません。

❷ smach_rosのSimpleActionStateを読み込みます。

このコードではWaypointステートクラスをSimpleActionStateインスタンスで置き換えています。SimpleActionStateはアクション名（move_base）とアクションの型（MoveBaseAction）、そしてアクションのゴール（ウェイポイントのリストから作られたもの）を引数として取ります。コードがどれだけ簡素化されたかに注目してください。今となってはゴールステートの各フィールドに値を代入している部分が一番大きな部分になりました。

13.5 まとめ

本章では、smachを使ってROSで簡単なステートマシンを構築する方法、そしてそのステートマシンを使ってタスクレベルでロボットを制御する方法を見てきました。特に「10章 世界を動き回る」で出てきた簡単な巡回を行うコードをステートマシンを使って書き換える方法を見てきました。多くのロボット制御のコードがこの種の構造、つまり多くの独立した振る舞いが互いに連鎖される構造であることがわかりました。「7章 Wander-bot（ワンダーボット）」で説明したWander-botの例はその良い例です。**例7-3**のコードをあらためて見てください。今ならsmachを使った書き換えがすぐに思いつくはずです。

smachには本章で取り扱った機能より**たくさん**の機能があります。より詳細な情報はsmachのwikiページ（http://wiki.ros.org/smach?distro=indigo）とsmach_rosのwikiページ（http://wiki.ros.org/smach_ros?distro=indigo）で手に入れることができます。

ここまで主にロボットにかなり特定のタスクをさせる方法について見てきました。次の章ではこれらのアイデア（とさらに多くのアイデア）を組み合わせて、完全なアプリケーションを作ります。倉庫で働くロボットです。

14章 Stockroom-bot（ストックルームボット）

本章では、これまでの章で紹介したテクニックをいくつか組み合わせて、倉庫（ストックルーム）で物を移動させるロボットをプログラムします。この種の作業は、高価な商品が並ぶ小売店の比較的小さなショーケースから、医薬品や医療用品を取り置く病院の保管室、さらにはネット通販や大企業のサプライチェーンを支える高度に制御された巨大倉庫にいたるまで、物品の取り扱いが制御され管理されている多くの産業で共通にあります。いろいろな用途があるにもかかわらず、これらの倉庫での多くのタスクは、非常によく似ています。入ることが制限されたエリア内に正確に並べられた商品を、受け取ったリクエストに応じて集めてくることです。

本書を通して強調してきたように、シミュレーション環境なしで、ロバストで複雑なロボットソフトウェアを書くことはほぼ不可能です。したがって、本章の初めの部分では、シミュレーションの倉庫を作成することにします。いつものように、良いシミュレーションモデルの作成に時間をかければ、ロボットソフトウェア開発はかなり楽になります。

14.1 倉庫のシミュレーション

それでは、stockroom_botパッケージを持つ、wsという名前のワークスペースを作成することから始めましょう。

```
user@hostname$ mkdir -p ~/ws/src/stockroom_bot
user@hostname$ cd ~/ws/src
user@hostname$ catkin_init_workspace
user@hostname$ catkin_create_pkg stockroom_bot rospy
user@hostname$ cd ~/ws/src/stockroom_bot
```

次に、**例14-1**のように、このディレクトリに最小限のpackage.xmlファイルを作成します。これで、ROSのパッケージ管理システムが本章で作成するファイルを参照できるようになります。

例14-1 stockroom_bot用のpackage.xml

```
<?xml version="1.0"?>
<package>
  <name>stockroom_bot</name>
  <version>0.0.0</version>
  <description>The stockroom_bot package</description>
  <maintainer email="maintainer@example.com">Name of Maintainer</maintainer>
  <license>BSD</license>
  <author email="author@example.com">Name of Author</author>
  <buildtool_depend>catkin</buildtool_depend>
  <build_depend>rospy</build_depend>
  <run_depend>rospy</run_depend>
</package>
```

次に、catkin_makeを初めて実行します。catkinは~/ws/develにターミナル用の初期化スクリプトを作成してくれます。

```
user@hostname$ cd ~/ws
user@hostname$ catkin_make
```

ROSとGazeboを用いたソフトウェア開発ではいつものことですが、ここでもターミナルウィンドウをたくさん使用します。bashのエイリアスを設定し、ターミナルの環境のセットアップを簡単にしておけば、キー入力の手間を大幅に省けます。~/.bashrcの最後に次の行を付け加えることで、sb（stockroom_botの略称）というエイリアスを作成することができます。

```
user@hostname$ alias sb='source ~/ws/devel/setup.bash; \
  export GAZEBO_MODEL_PATH=${HOME}/ws/src/stockroom_bot/models/'
```

一度~/.bashrcファイルをリロードするか、新しいターミナルを起動すれば、コマンドラインにsbとタイプするだけでstockroom_botの開発やテストのためのターミナル設定を読み込めます。これにより、複数のプロジェクトの開発を同時に行っているときに作業が楽になり、環境設定を管理しやすくなります。

ターミナルウィンドウに2回以上同じものを入力する際には、bashのエイリアスを設定することで、ターミナル作業がより快適になります。

それでは、新たに設定したワークスペースを使って、倉庫のシミュレーションを作成し始めましょう。多くの倉庫は、小さな商品が同じ形式の容器に集められ、その容器に商品の名前が書かれたラベルを貼ることで整理されています。倉庫のシミュレーションを作成し始めるには、まず容器をモデル化します。もちろん、容器はその利用目的により、形や大きさが決まります。ここでは、手の大きさのロボットグリッパーが簡単につかむことができる商品を保管できる容器をモデル化したいので、容器を一片40cmの正方形、高さ20cmで作ります。

これまでと同様に、ROSとGazeboにはこの作業を行う方法はたくさんがあります。例えば、3次元モデリングやCADプログラムで複雑なモデルを作成し、その形状をGazeboが読み込めるフォーマットにエクスポートすることができます。しかし、このシミュレーションの倉庫ではたくさんの容器を必要とするかもしれないので、シミュレーションを速くするために、容器は最小限のGazeboの基本形状の組み合わせによるものを手作業で作成することにします。

まず、Gazeboのローカルストレージと、容器のモデルのパッケージ用にディレクトリを作りましょう。

```
user@hostname$ mkdir -p ~/ws/src/stockroom_bot/models/bin
```

この章の始まりで定義したエイリアスによりGAZEBO_MODEL_PATH環境変数が設定されているので、起動時にGazeboは、この中にあるmodelsディレクトリを探します。このように、modelsディレクトリは、ある特定のフォルダー構造に従っていなくてはなりません。この構造では、すべてのサブディレクトリが、model.configと呼ばれる「魔法」のファイルを持ちます。model.configファイルには、モデルフォーマットのバージョンが書かれており、実際のモデルを含むファイルをリンクしています。この例のmodels/binに置くことのできる最小限のmodel.configファイルを、**例14-2**に示します。このファイルでは、単に名前が書かれており、実際の容器モデルがmodel.sdfというファイルにあることをGazeboに伝えています。

例14-2 model.config

```
<?xml version="1.0"?>
<model>
  <name>Bin</name>
  <sdf version="1.4">model.sdf</sdf>
</model>
```

実際のモデルはmodel.sdfファイルにあります。ここでは、容器を5つの面からなるものとしてモデル化します。それぞれの面は、Gazeboで解析できるSDF形式(Simulation Description File)の長方形の角柱、つまり箱で構成されています。

紙面の都合で、**例14-3**には容器の底と左側面だけを示してあります。残りの3つの側面はこれと似ています。本書の他の例と同様に、完全なソースコードはWebからダウンロードすることができるので、以下は説明用です。

例14-3 model.sdf

```
<?xml version='1.0'?>
<sdf version ='1.4'>
```

```
  <model name ='box'> # ❶
    <static>true</static> # ❷
    <link name='bottom'> # ❸
      <collision name="collision_bottom">
        <geometry>
          <box>
            <size>0.4 0.4 0.02</size> # ❹
          </box>
        </geometry>
      </collision>
      <collision name="collision_left"> # ❺
        <pose>-0.2 0 0.1 0 0 0</pose> # ❻
        <geometry><box><size>0.02 0.4 0.2</size></box></geometry>
      </collision>
      <visual name="visual_bottom">
        <geometry><box><size>0.4 0.4 0.02</size></box></geometry>
        <material><script><name>Gazebo/Blue</name></script></material> # ❼
      </visual>
      <visual name="visual_left">
        <pose>-0.2 0 0.1 0 0 0</pose>
        <geometry><box><size>0.02 0.4 0.2</size></box></geometry>
        <material><script><name>Gazebo/Blue</name></script></material>
      </visual>
    </link>
  </model>
</sdf>
```

❶ `<model>`タグのname属性は`model.config`ファイル内の名前と合意が取れている必要があります。

❷ `<static>`タグはGazeboがこのモデルで動力学を計算する必要がないことを示します。これにより、かなりのCPU実行時間を節約できます。

❸ `<link>`タグは、`<collision>`タグと`<visual>`タグを複数個含むことができ、物理学的な処理およびレンダリングそれぞれに使用される幾何学的構造を記述することができます。このモデルでは、これらは同じですが、ほとんどの場合は、collision形状はvisual形状よりもはるかにシンプルです。

❹ `<geometry><box><size>`タグを入れ子にすることで、40cm×40cm×2cmの直方体を作成します。ファイルの残りの部分では、簡単にするために、これらのタグは同じ行に書かれています。

❺ collisionとvisualオブジェクトそれぞれのname属性の名前は一意である必要があります！

❻ `<pose>`タグは、このタグのgeometryオブジェクトを原点から、指定された6次元（x y z ロール ピッチ ヨー）の座標変換で動かします。

❼ この`<material>`タグは、組み込みのGazeboのマテリアルを参照し図形の色を設定しています。

Gazeboでは、この容器のモデルは**図14-1**のように表示されます。

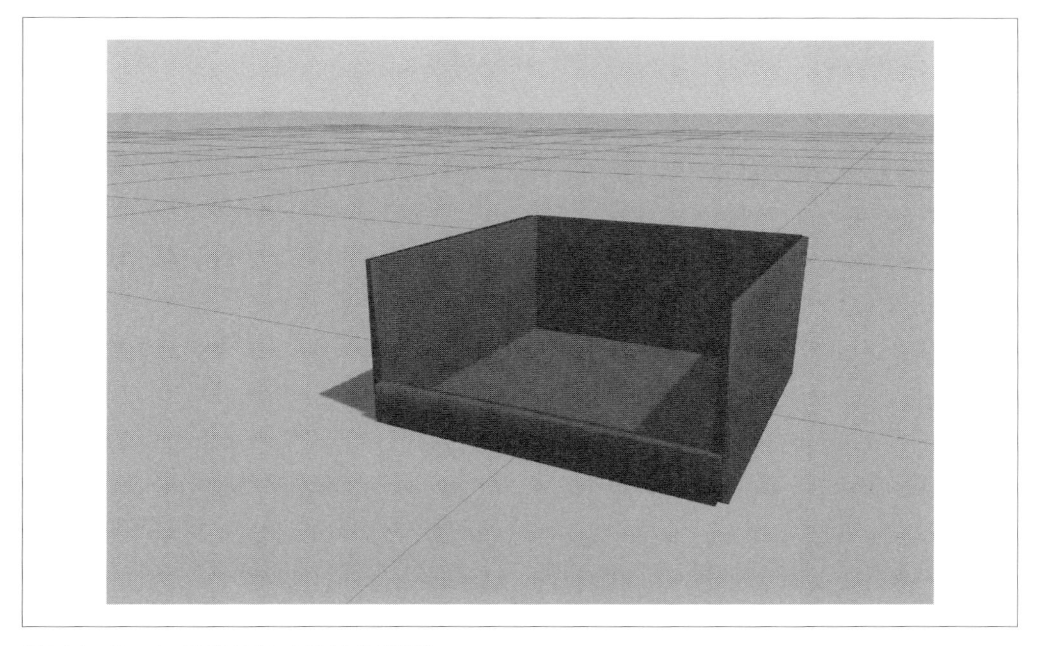

図14-1　Gazeboで描画された例14-3の容器

次の作業は、容器用のラベルの作成です。人が作業する倉庫では、これは容器に貼るラベルに文字を印刷することで行われます。しかし、コンピュータービジョンでは、アルゴリズムで解析しやすい形のラベルのほうがうまく機能します。小売店でのバーコードシステムは、コンピューターで処理できるラベルの中でよく知られた例の1つです。この概念を2次元に拡張した新しいラベルがいくつかあります。例えば、QRコードがあり、これは高い情報密度を持ちます。しかし、ロボット工学では、単にラベルからテキストを抽出することばかりでなく、ロボットに対するラベルの向きや距離の計算に興味があります。利用可能な選択肢はいくつかありますが、本章ではALVARマーカーシステムを用いることにします。これはすでにROSで組み込まれており、難しい設定をしなくても、驚くほどうまく機能するからです。ALVARマーカータグは2次元の2値画像で、**図14-2**のようなものです。

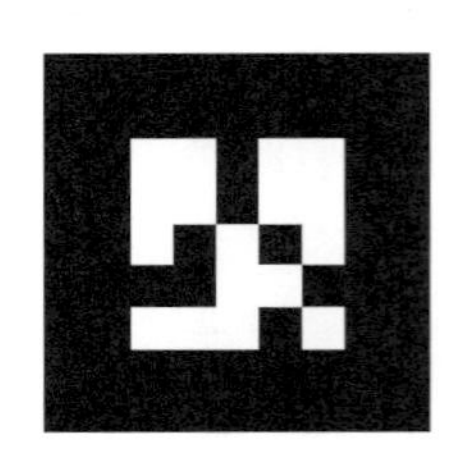

図14-2 0、1、2を符号化するALVARマーカータグの例

このタグは注意深く設計されており、読み出しエラーを減少させ、かつタグを撮影するカメラに対してタグの向きと距離を正確に計算することができます。このタグは適切に使用する上で、いくつかの注意すべきことがあります。例えば、紙のタグは平らな面にしっかりと固定することや、正しい大きさでタグを印刷することです。ALVARマーカータグは、さまざまなアプリケーション環境で驚くほどうまく機能します。幸いなことに、ROSのsensor_msgs/Imageメッセージ内のALVARタグを認識するROSのパッケージがすでにあります。これは、Ubuntu上で通常の方法でインストールすることができます。

```
user@hostname$ sudo apt-get install ros-indigo-ar-track-alvar* imagemagick
```

このパッケージは、ALVARマーカータグを作成するプログラムも提供しています。シミュレーションの倉庫には12個の容器があるので、12個のALVARタグ画像と12個の「マテリアル用のスクリプト」ファイルが自動的に生成されると便利でしょう。マテリアル用のスクリプトはこのシミュレーション内のオブジェクトの視覚属性（例えば、オブジェクト上に「貼る」ことができるテクスチャー画像など）を記述することができ、Gazeboとその下位のグラフィックスエンジン（OGRE）で使われます。後ほどGazeboのworldファイルのこれらのマテリアルスクリプトを見ていきます。

他の反復的なタスクと同様に、ALVARタグ画像とマテリアルスクリプトファイルを作成するスクリプトが欲しくなります。これがあれば、簡単にパラメーターを調整し、必要に応じて再生成することができるようになります。どんなスクリプト言語も使用できますが、今回はスクリプト生成にPythonを使用しました。このスクリプトを**例14-4**に示します。

例14-4 generate_codes_and_materials.py

```
#!/usr/bin/env python
import os
for i in xrange(0,12):
    os.system("rosrun ar_track_alvar createMarker {0}".format(i)) # ❶
    fn = "MarkerData_{0}.png".format(i)
    os.system("convert {0} -bordercolor white -border 100x100 {0}".format(fn)) # ❷
    with open("product_{0}.material".format(i), 'w') as f: # ❸
      f.write("""
```

```
material product_%d {
  receive_shadows on
  technique {
    pass {
      ambient 1.0 1.0 1.0 1.0
      diffuse 1.0 1.0 1.0 1.0
      specular 0.5 0.5 0.5 1.0
      lighting on
      shading gouraud
      texture_unit { texture MarkerData_%d.png }
    }
  }
}
""" % (i, i))
```

❶ ar_track_alvarパッケージのcreateMarkerプログラムを実行します。これは指定された数をエンコードしたPNG画像を作成します。subprocess.call()を使ってエラーコードなどを確認することもできますが、この例ではできるだけ簡潔にします。

❷ ImageMagickユーティリティーを実行し、認識しやすくなるようにALVARマーカータグの周りに太く白い境界線を追加します。

❸ ALVARのテクスチャー画像を参照するマテリアルスクリプトを生成します。

Eye-of-GNOMEプログラム（eogで起動する）を使うと、コマンドラインで、ar_track_alvar createMarkerコマンドで生成されるALVARマーカー画像などの画像をすばやく表示することができます。

これでALVARマーカータグの画像と各容器にラベルを付けるマテリアルスクリプトが用意できたので、倉庫全体を作成する準備が整いました。倉庫を作成するたくさんの方法からどれを使うかを、ここでも決める必要があります。大規模なXMLファイルを手で書いて必要な個数だけ容器モデルをインスタンス化することもできます。これでもうまくいくとは思いますが、倉庫で少し異なった容器を使おうとすると、XMLファイル内のたくさんの部分を手で修正する必要があり、とても面倒です。チェス盤でやったように、プログラムで容器モデルを生成することもできます。そうすると、起動時間が多少長くなりますが、きちんと動作します。あるいは、xacro（XMLマクロ）言語を使うこともできますが、残念ながらxacroではforループが使えません。これでは、ファイル全体で、同じものを相当な数書く必要があります。本章では、同じようなモデルで一杯のGazeboのworldファイルを生成するもう1つの方法を紹介します。Pythonのテンプレートエンジンを使用する方法です。

Pythonのテンプレートエンジンでは、PythonコードとGazeboのworldファイル用のXMLの両方を混在させることができます。こうすることで、例えば、XML内にforループをすばやく作成でき、Pythonのテンプレートエンジンがこれを処理しXMLコードの繰り返しの部分に展開されるようにできます。また、関数や変数などの「通常の」プログラミングの構文も使用することができるので、可能なかぎり、コードを短くすることができます。

現時点で利用可能なPythonのテンプレートエンジンはたくさんありますが、この例では、EmPyエンジンを使用することにします。さまざまな繰り返しの特徴を持つ実世界をモデル化するのは複雑な作業です。いくつかのセクションに分けて、テンプレート化されたworldファイルを見ていくことにしましょう。

システムにEmPyがまだインストールされていない場合には、EmPyをまずインストールする必要があります。

```
user@hostname$ sudo apt-get install python-empy
```

倉庫のシミュレーション用のGazeboのワールドのXMLファイルを生成するファイルの最初の部分を**例14-5**に示します。

例14-5　Gazeboのworldファイルを生成するためのEmPyテンプレートのヘッダーの部分

```
<?xml version="1.0" ?>
<sdf version="1.4">
<world name="stockroom">
<gui>
  <camera name="camera"> # ❶
    <pose>3 -2 3.5 0.0 .85 2.4</pose>
    <view_controller>orbit</view_controller>
  </camera>
</gui>
<include><uri>model://sun</uri></include>
<include><uri>model://ground_plane</uri></include>
```

❶ `<camera>`タグは、カメラの場所を指定します。こうすることで、シミュレーションを開始するたびにカメラを手で見晴らしのきく場所に移動させる必要がなくなります。

ここまでは順調です。しかし、ここで少し変わったことをします。EmPyテンプレートエンジンは、区切り文字としてアットマーク（`@`）記号を使用して、XMLとPythonを「挟み込む」ことができます。アットマークに続く波括弧内（`@{}`）のコードはいずれも、「通常」のPythonコードとして実行されます。丸括弧内（`@()`）のコードはすべて、Pythonの式として評価され、式の評価は`@()`式の代わりにXMLドキュメントに挿入されます。最後に、角括弧内（`@[]`）のコードはすべてEmPyで使用できるPythonの制御構造（`for`ループや`if/else`ブロックなど）として解釈されます。もちろん、EmPyはそれ自身マニュアルを持つ大規模なシステムではありますが、これらの3つのルールがわかっていれば、コードを理解するには十分です。EmPyの構文を念頭に置き、容器の通路を生成するのに使われるEmPyのXMLテンプレートを**例14-6**に示します。

例14-6 2列に並んだビンを生成するためのEmPy XMLテンプレートの一部

```
@{from numpy import arange} # ❶
@{bin_count = 0}
@[for side in ['left','right']] # ❷
  @[if side == 'left']
    @{y = -1.5} # ❸
    @{yaw = 3.1415}
  @[else]
    @{y = 1.5}
    @{yaw = 0}
  @[end if]
  @[for x in arange(-1.5, 1.5, 0.5)] # ❹
    <include>
      <name>bin_@(bin_count)</name> # ❺
      <pose>@(x) @(y) 0.5 0 0 @(yaw)</pose> # ❻
      <uri>model://bin</uri> # ❼
    </include>
    <model name="bin_@(bin_count)_tag"> # ❽
      <static>true</static>
      <pose>@(x) @(y*1.125) 0.63 0 0 @(yaw)</pose> # ❾
      <link name="link">
        <visual name="visual">
          <geometry><box><size>0.2 0.01 0.2</size></box></geometry>
          <material>
            <script>
              <uri>model://bin/tags</uri> # ❿
              <name>product_@(bin_count)</name> # ⓫
            </script>
          </material>
        </visual>
      </link>
    </model>
    @{bin_count += 1}
  @[end for]
@[end for]
```

❶ これは「通常」のPythonです。つまり普段どおりにパッケージを読み込むことができます。

❷ 見慣れないエスケープ用の角括弧がありますが、これも「通常」のPythonです。

❸ yとyaw変数は、容器が通路の左側か、右側に置かれるかによって異なる値を持たせています。

❹ numpyのarange()関数によって、浮動小数点精度でforループをインクリメントすることができます。ここでは、容器を配置するために使用します。

❺ @(bin_count)の値を使って、Gazeboの容器のモデルを生成します。

❻ 位置変数は、容器を適切に配置するために使用されます。注意してほしいのはy変数とx変数のステップを変化させることで、容器の配置レイアウトを簡単に変更できることです。

❼ これは、GAZEBO_MODEL_PATH環境変数の設定により、本章の初めのほうで作成した容器モデルを参照します。

❽ 次に、ALVARマーカーを「貼る」薄いボックスを作成し容器にラベルを付けます。

❾ このタグは、容器の後面に配置されます。

❿ <uri>タグは、マテリアルスクリプトがどこにあるかをGazeboに伝えます。

⓫ この式は、以前に作成したマテリアルスクリプトを参照します。そして結果として順番に実際のALVARのマーカー画像を参照することになります。

例14-6のEmPy XMLは、容器を作成するのに十分です。しかし、倉庫には、ロボットのレーザースキャナーで位置を確認できるように壁も必要です。壁のモデルを作成する方法はたくさんありますが、すでにEmPyのテンプレートエンジンを使ってGazeboのworldファイルを作成しているので、ここでもEmPyのPythonの関数を使って壁を定義することにしました（**例14-7**参照）。

例14-7　倉庫の壁を生成するのに使用されたEmPy XMLのテンプレートの部分

```
@[def wall(p1, p2, height)] # ❶
  @{wall.count += 1}
  @[if abs(p1[0]-p2[0]) < 0.01] # ❷
    @{thickness_x = 0.1}
    @{thickness_y = abs(p1[1]-p2[1])}
  @[else]
    @{thickness_x = abs(p1[0]-p2[0])}
    @{thickness_y = 0.1}
  @[end if]
  <model name="wall_@(wall.count)"> # ❸
    <static>true</static>
    <pose>@((p1[0]+p2[0])/2.) @((p1[1]+p2[1])/2.) @(height/2.) 0 0 0</pose>
    <link name="link">
      <collision name='visual'> # ❹
        <geometry>
          <box>
            <size>@(thickness_x) @(thickness_y) @(height)</size>
          </box>
        </geometry>
      </collision>
      <visual name='visual'>
        <geometry>
          <box>
            <size>@(thickness_x) @(thickness_y) @(height)</size>
          </box>
        </geometry>
      </visual>
    </link>
  </model>
```

```
@[end def]
@{wall.count = 0}
@( wall((-1.75, -1.75), ( 6.00 , -1.75), 1) ) # ❺
@( wall((-1.75, -1.75), (-1.75,   1.75), 1) )
@( wall((-1.75,  1.75), ( 6.00,   1.75), 1) )
@( wall(( 3.00,  0.75), ( 3.00,   1.75), 1) )
@( wall(( 3.00, -0.75), ( 3.00,  -1.75), 1) )
@( wall(( 6.00, -1.75), ( 6.00,  -1.00), 1) )
@( wall(( 6.00,  0.00), ( 6.00,   1.75), 1) )
@( wall(( 5.00, -1.75), ( 5.00,   1.75), 0.7) )
  <model name="counter_top">
    <static>true</static>
    <pose>4.9 0 0.7 0 0 0</pose>
    <link name="link">
      <visual name="collision">
        <geometry><box><size>0.4 3.5 0.05</size></box></geometry>
      </visual>
      <visual name="visual">
        <geometry><box><size>0.4 3.5 0.05</size></box></geometry>
      </visual>
    </link>
  </model>
</world>
</sdf>
```

❶ 角括弧を使っているので少し変に見えますが、これはEmPyのエスケープ構文を使った通常のPythonの関数宣言です。

❷ この単純化されたコードは、壁を昔ながらの商業ビルのようにx軸やy軸に沿ったものとして配置しています。

❸ 前と同じように、Pythonのカウンター変数を使用し、forループを用いて一意なモデル名をテンプレートエンジンで生成しています。

❹ この場合、collisionとvisualオブジェクトはどちらも非常に単純なものなので同じです。

❺ ここにあるEmPyの評価式は、すでに定義したwall()関数を呼び出し、倉庫の壁を作成しています。このようにすることで後で壁の寸法を簡単に変更できるようにしています。

やれやれ！ 長いXMLでした。EmPyを使ったことで、作業の簡略化ができました。**例14-5**、**例14-6**、**例14-7**に示したEmPyの入力をテンプレート展開したものは、XMLで優に500行を超えます。EmPyで展開したものを出力するには、シェルのリダイレクションを使用します。

```
user@hostname$ empy aisle.world.em > aisle.world
```

これにより生成されたaisle.worldファイルは、Gazeboで直接読み込むことができます[*1]。

```
user@hostname$ gazebo aisle.world
```

すべての作業がうまくいけば、ソフトウェアの開発やテストで使用できる倉庫のシミュレーションが完成します。このシミュレーションには、（これまでの章で述べた）たくさんのメリットがあります。このシミュレーションのスクリーンショットを**図14-3**に示します。**図14-4**はALVARマーカーが付いている容器の拡大表示です。

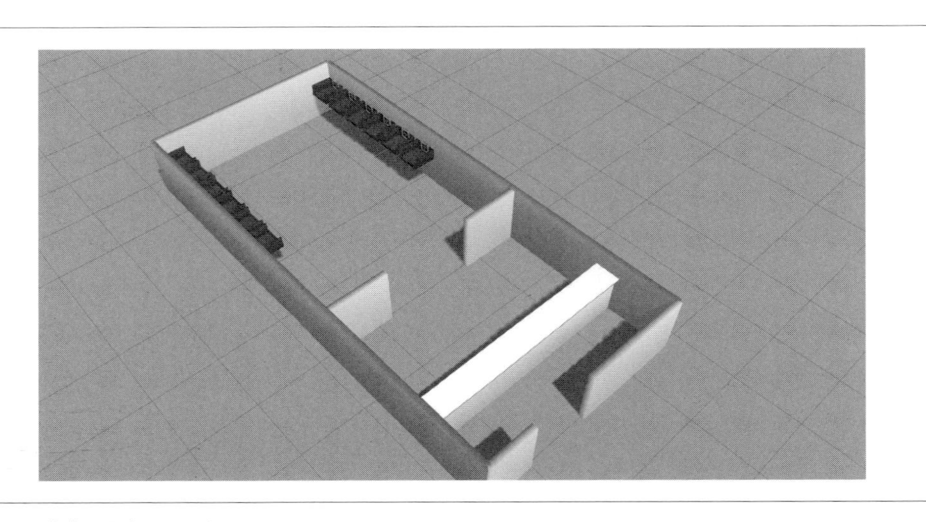

図14-3　倉庫のシミュレーション

*1　訳注：ここではgazeboにシミュレーションをするモデルデータを読み込ませることだけを行っています。この段階ではROSのシステムはこれとつながっていません。

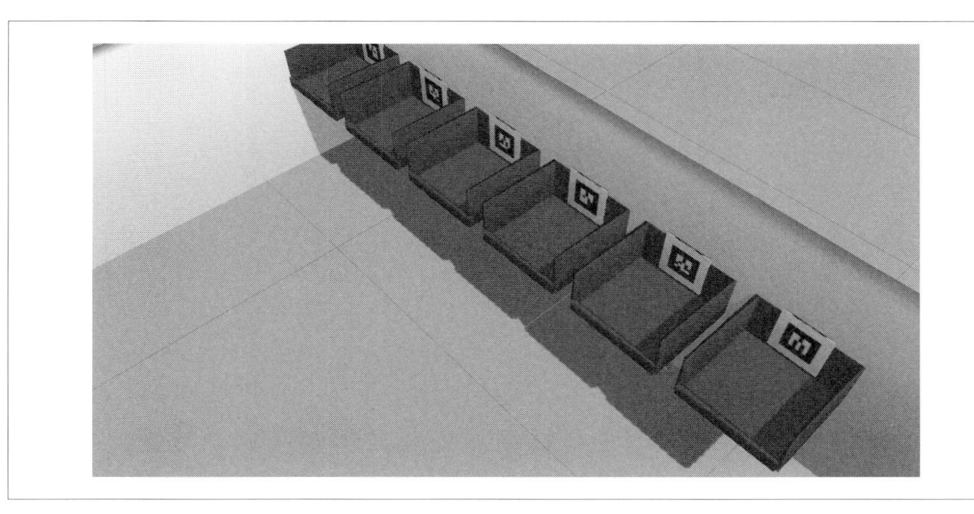

図14-4　容器を配置したシミュレーションのレンダリングの拡大表示。ALVARマーカーが見える

最後に、倉庫にいくつかの商品を置いてみましょう。とりあえず、各容器の中に小さな同じ立方体を入れておきます。将来的には、立方体の位置と方向をランダムにしたくなるかもしれないので、11章で行ったように、これらのモデルをプログラムで配置します。**例14-8**は、倉庫内に商品のモデルを生成し、容器に配置するPythonスクリプトです。

例14-8　stock_products.py

```
#!/usr/bin/env python
import rospy, tf
from gazebo_msgs.srv import *
from geometry_msgs.msg import *

if __name__ == '__main__':
  rospy.init_node("stock_products")
  rospy.wait_for_service("gazebo/delete_model") # ❶
  rospy.wait_for_service("gazebo/spawn_sdf_model")
  delete_model = rospy.ServiceProxy("gazebo/delete_model", DeleteModel)
  s = rospy.ServiceProxy("gazebo/spawn_sdf_model", SpawnModel)
  orient = Quaternion(*tf.transformations.quaternion_from_euler(0, 0, 0))
  with open("models/product_0/model.sdf", "r") as f:
    product_xml = f.read() # ❷
  for product_num in xrange(0, 12):
    item_name = "product_{0}_0".format(product_num)
    delete_model(item_name) # ❸
  for product_num in xrange(0, 12):
    bin_y = 2.8 * (product_num / 6) - 1.4 # ❹
    bin_x = 0.5 * (product_num % 6) - 1.5
```

```
    item_name = "product_{0}_0".format(product_num)
    item_pose = Pose(Point(x=bin_x, y=bin_y, z=2), orient) # ❺
    s(item_name, product_xml, "", item_pose, "world") # ❻
```

❶ Gazeboがスクリプトを実行する準備ができていることを`wait_for_service()`で確認します。

❷ ROSサービスを介して、商品のモデルファイルを送信するので、まずファイルを文字列に読み込む必要があります。

❸ 最初に、このスクリプトがすでに同じGazeboで実行されている場合に備え、この名前を持つモデルをシミュレーション内からすべて削除します。

❹ このスクリプトでは、常に同じ場所に商品を配置しますが、後でいくつかをランダムな位置に配置すればシステムの頑健性を評価できます。

❺ このz座標は、意図的に容器よりもかなり高めになっています。シミュレーターの中では、商品は容器の中を静止するまで落下するだけなので、こうすることで他のファイルではz座標が容器と一致するかを気にせずに容器の高さを変更することができます。

❻ ここが実際にGazeboの`spawner`サービスプロキシーを呼び出しているところです。ここで商品のモデルを1つずつインスタンス化します。

さて、倉庫の準備ができたので、これを使ってロボットソフトウェアの開発を始めましょう。シミュレーション環境の構築は退屈に思えたかもしれませんが、本章の残りの部分で使っていくにつれ、その有用性はすぐに明らかになります。

14.2 容器まで移動する

このシミュレーションの倉庫により、さまざまなアイデアを簡単にすばやく試してみることができます。倉庫にさまざまなロボットモデルを置いてみることで、どのような感じかを確認することもできます。例えば、**図14-5**は、PR2ロボットを倉庫に置いてみたところを示しています。

PR2であれば間違いなくこの作業を行うことができそうですが、本章の残りの部分では、Fetch Robotics製のFetchロボットを使用することにします。Fetchロボットのモデルは無料で利用でき、Ubuntu上で簡単にインストールできます。

```
user@hostname$ sudo apt-get install ros-indigo-fetch*
```

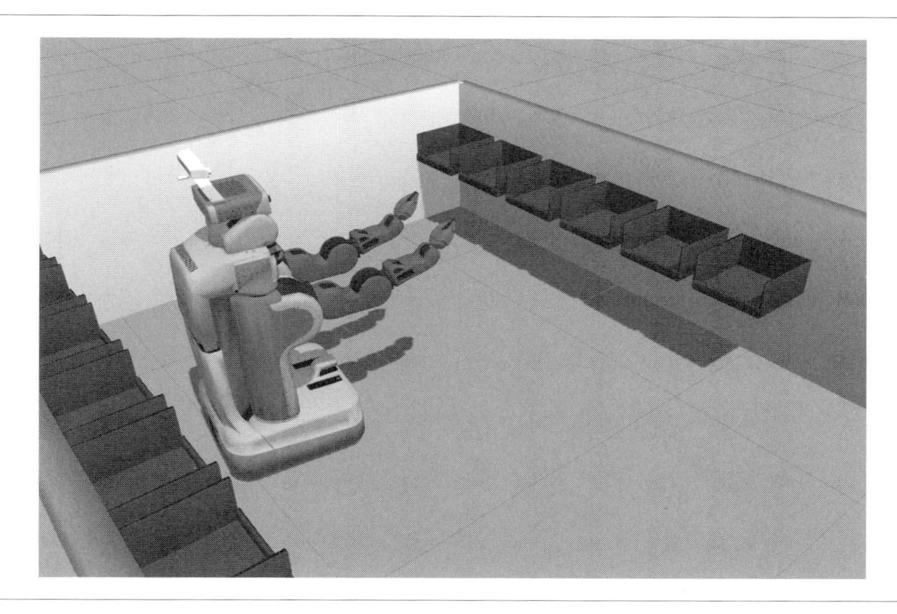

図14-5　シミュレーションの倉庫内に配置されたPR2ロボット

Fetchロボットは、倉庫の自動化に特化して設計されており、その1本の腕の設計と比較的コンパクトな接地面積は、本章で開発している倉庫用システムに非常によく合います。**例14-9**に示したstockroom.launchを使って、倉庫のシミュレーションでGazeboを開始し、その真ん中にFetchロボットを生成することができます。

例14-9　stockroom.launch

```
<launch>
  <include file="$(find gazebo_ros)/launch/empty_world.launch">
    <arg name="world_name" value="$(find stockroom_bot)/worlds/aisle.world"/>
  </include>
  <include file="$(find fetch_gazebo)/launch/include/fetch.launch.xml"/>
</launch>
```

roslaunch stockroom_bot stockroom.launchでシミュレーターを起動すると**図14-6**のようになります。

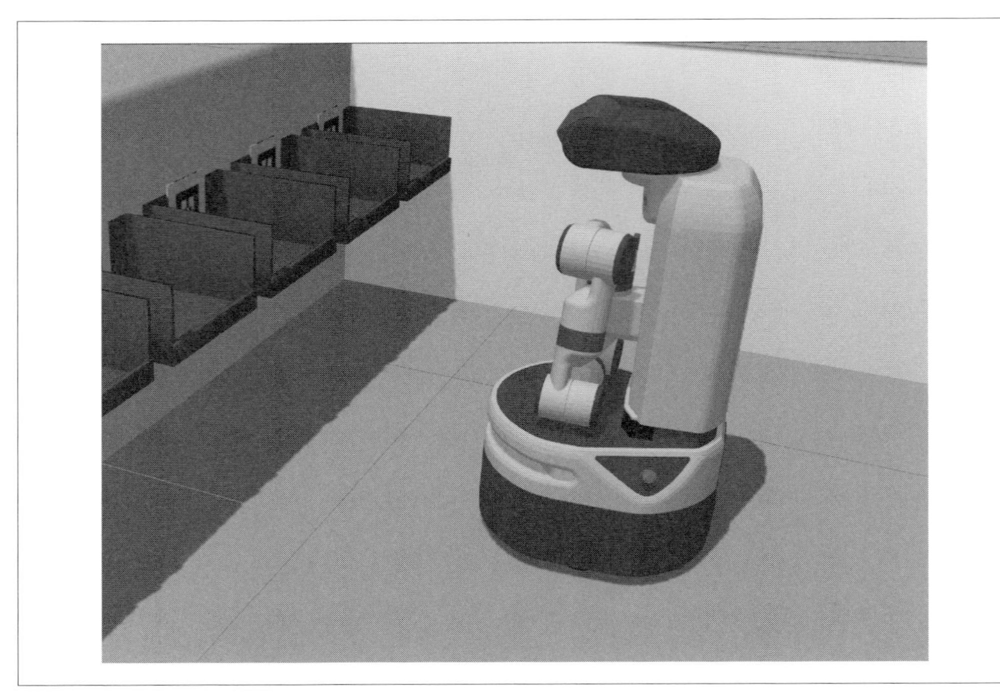

図14-6 シミュレーションの倉庫に配置されたFetchロボット

「9章 環境の地図を作る」と「13章 巡回」で説明したように、自律的なナビゲーションを行う際にすべき最初のことは、地図の作成です。地図を作成するには、これまでの章と同様に、/base_scanおよび/tfのトピックで配信されるレーザースキャナーの計測値とオドメトリ情報を記録しながらロボットを遠隔操作します。

```
user@hostname$ rosbag record -O stockroom_bot.bag /base_scan /tf
```

レーザースキャナーですべてのコーナーを計測し地図が構築できるように倉庫内を動き回った後、ロガー、遠隔操作、シミュレーションをCtrl-Cで終了してください。これはbagファイルを再生する際に、ROSのクロックの時間を過去に戻すので、他のプログラムが混乱しないようにするために必要なのです。

まず新しいターミナルを開き、記録されたシミュレーションの時間から時刻を読み込むようROSに指示します。

```
user@hostname$ rosparam set use_time_time true
```

次に、SLAMシステムを開始します。

```
user@hostname$ rosrun gmapping slam_gmapping scan:=base_scan \
  _odom_frame:=odom_combined
```

その後、ログファイルの再生を開始します。

```
user@hostname$ rosbag play --clock stockroom_bot.bag
```

このslam_gmappingを起動したターミナルには、レーザースキャンやロボットのオドメトリ情報を処理するに従って、ステータスメッセージが出力されます。ログの再生が完了した後、「9章 環境の地図を作る」で行ったように、地図を画像ファイルにして保存する必要があります。新しいターミナルを起動し、map_saverコマンドを実行します。

```
user@hostname$ rosrun map_server map_saver
```

これにより現在のワーキングディレクトリにmap.pgmが作られます。このロボットはレーザースキャナーと割とよいオドメトリ情報があるので、**図14-7**に示すように、地図は非常によくできているように見えます。

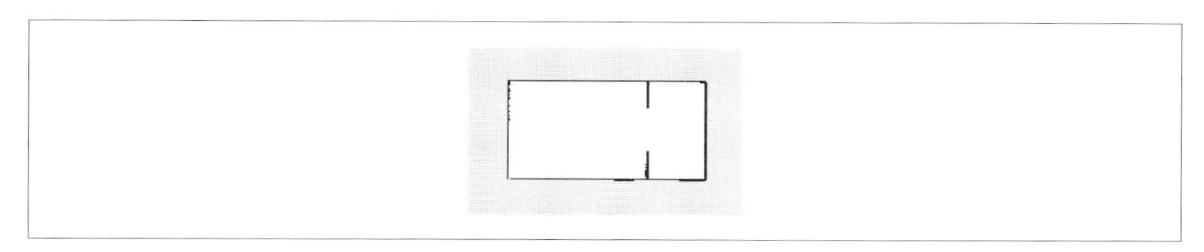

図14-7 ロボットのナビゲーションに使われる倉庫のシミュレーションの地図

この倉庫は、これまでの章で示してきた地図よりもはるかに小さく、20m×20mの範囲の地図だけが必要なので、これまでのものとは異なりmap.yamlファイルは**例14-10**に示すようなものになります。

例14-10 map.yaml

```
image: map.pgm
resolution: 0.050000
origin: [-10.000000, -10.000000, 0.000000]
negate: 0
occupied_thresh: 0.65
free_thresh: 0.196
```

倉庫の地図が作成できたので、その地図をFetchロボットのナビゲーションサブシステムに渡すことができます。このシステムは、PR2や他の多くのロボットのように、ROSのmove_baseナビゲーションスタックに内蔵されています。**例14-11**に示す起動ファイルは、このナビゲーションスタックに地図を渡す方法を示しています。

例14-11 nav.launch

```
<launch>
  <include file="$(find fetch_navigation)/launch/fetch_nav.launch">
    <arg name="map_file" value="$(find stockroom_bot)/map.yaml"/>
  </include>
  <node pkg="stockroom_bot" name="initial_localization"
        type="initial_localization.py"/>
</launch>
```

Fetchロボットのナビゲーションシステムはすでに起動しているので、これまでの章で説明したのと同じようにmove_baseアクションインタフェースを使用して、ナビゲーションのゴールを与えることができます。倉庫の構造はわかっているので、容器の間隔をPythonスクリプトに組み込むことで、容器の参照を2次元空間座標ではなく、数値インデックスで指定することができます。**例14-12**は、コマンドラインで入力された容器の番号（bin_number）から、容器の2次元座標を計算し、ロボットのナビゲーションスタックのターゲットとして与える方法を示しています。

例14-12 go_to_bin.py

```
#!/usr/bin/env python
import sys, rospy, tf, actionlib
from geometry_msgs.msg import *
from move_base_msgs.msg import MoveBaseAction, MoveBaseGoal
from tf.transformations import quaternion_from_euler
from std_srvs.srv import Empty
from look_at_bin import look_at_bin

if __name__ == '__main__':
  rospy.init_node('go_to_bin')
  rospy.wait_for_service("/move_base/clear_costmaps")
  rospy.ServiceProxy("/move_base/clear_costmaps", Empty)()
  args = rospy.myargv(argv=sys.argv)
  if len(args) != 2:
    print "usage: go_to_bin.py BIN_NUMBER"
    sys.exit(1)
  bin_number = int(args[1])
  move_base = actionlib.SimpleActionClient('move_base', MoveBaseAction)
  move_base.wait_for_server()
  goal = MoveBaseGoal()
  goal.target_pose.header.frame_id = 'map'
  goal.target_pose.pose.position.x = 0.5 * (bin_number % 6) - 1.5;
  goal.target_pose.pose.position.y = 1.1 * (bin_number / 6) - 0.55;
  if bin_number >= 6:
    yaw = 1.57
  else:
```

```
    yaw = -1.57
  orient = Quaternion(*quaternion_from_euler(0, 0, yaw))
  goal.target_pose.pose.orientation = orient
  move_base.send_goal(goal)
  move_base.wait_for_result()
  look_at_bin()
```

14.3　商品を持ち上げる

ロボットが容器の正面に来たら、次のステップは、ロボットの頭部を容器に向け、ロボットが容器を狙えるようにすることです。これには多くの方法があり、何が良いかは対象とするロボットのROSのAPIにある程度依存します。Fetchロボットは、head_controller/point_headというアクションサーバーを提供しており、これをPythonから呼び出すことで正しい方向に頭部を向けることができます。**例14-13**は、このアクションインタフェースを使用して、Fetchロボットの頭を前方の容器に向かって下げるよう命令する最も短いプログラムです。

例14-13　look_at_bin.py

```
#!/usr/bin/env python
import sys, rospy, actionlib
from control_msgs.msg import PointHeadAction, PointHeadGoal

def look_at_bin():
  head_client = actionlib.SimpleActionClient("head_controller/point_head",
    PointHeadAction)
  head_client.wait_for_server()
  goal = PointHeadGoal()
  goal.target.header.stamp = rospy.Time.now()
  goal.target.header.frame_id = "base_link"
  goal.target.point.x = 0.7
  goal.target.point.y = 0
  goal.target.point.z = 0.4
  goal.min_duration = rospy.Duration(1.0)
  head_client.send_goal(goal)
  head_client.wait_for_result()

if __name__ == '__main__':
  rospy.init_node('look_at_bin')
  look_at_bin()
```

ロボットが容器内の商品に到達できるように、**例14-12**でロボットに停止してほしい場所の完全に正確な位置を送っても、ロボットは指示された場所に正しく停止してくれないことがほとんどです。

これは、位置推定のノイズやナビゲーションシステムのゴールの許容範囲などの多くの要因によるものです。とりわけFetchのような差動駆動ロボットは、真横に動くことができないので、残り数センチを合わせるために何度も「縦列駐車」のような動きをするような必要があり、これは望ましくありません。このようなことから、すべてのナビゲーションシステムには、ゴール位置に対してある程度の許容範囲を持たせています。その範囲内に入れば、ナビゲーションシステムは、タスク完了を宣言し、ロボットの位置の微調整を停止します。これらのパラメーターはすべて、ロボットや環境によって変わりますが、シミュレーションのFetchシステムでは、位置の誤差は±10cm程度に収まることが期待できます。これにより、**図14-8**に示すような状況になります。ここでは、ロボットはほぼ正しい位置にいますが、正確にターゲットとなる容器のほうに向いているわけではありません。

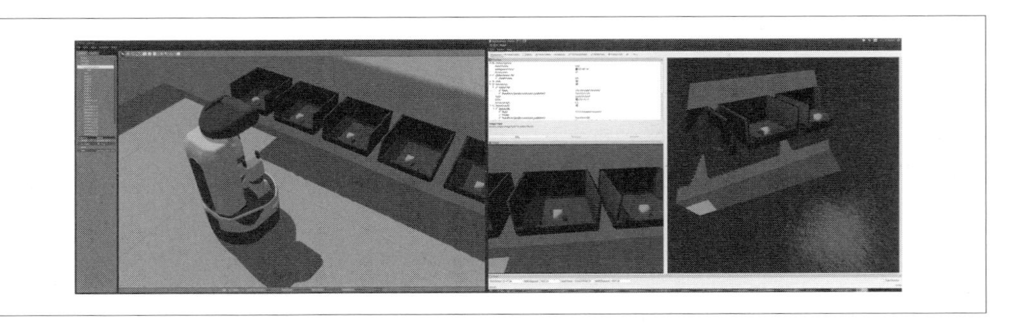

図14-8 レーザーだけのナビゲーションでは、完全には正面に来ないことがある

幸いなことに、容器にはALVARマーカーが付いています！ ナビゲーションシステムが正確であることに過度に依存するのではなく、推定されたALVARマーカーの範囲と相対的な向きを用いて、ロボットをプログラムすることで、マーカーから操作対象を導き出せるようできます。これは通常、レーザーベースのナビゲーションシステムよりもかなり精度が良くなります。

まず、ALVAR検出ノードを起動する必要があります。**例14-14**に`ar_track_alvar`パッケージにあるALVARトラッカーのノードを起動するlaunchファイルを示します。このlaunchファイルは、ALVARの座標系それぞれに対して静的な座標変換を行うブロードキャスターを作成し、ALVAR検出ノードによって返された座標系を回転させてz軸が上を指すようにします。ALVARマーカーが検出されたら、その場でこれらの相対的な座標変換を行うものを生成するというのがエレガントでスケーラブルなやり方ですが、ここでは、この環境にはALVARマーカーを持つ容器は12個しかないということがわかっているので、必要な座座標変換を行う`static_transformation_publisher`ノードを繰り返しインスタンス化することという最小限の解法を選ぶことにします。

例14-14 markers.launch

```
<launch>
  <arg name="marker_size" default="12.3"/> # ❶
```

```
  <arg name="max_new_marker_error" default="0.2"/>
  <arg name="max_track_error" default="0.8"/>
  <arg name="cam_image_topic" default="/head_camera/rgb/image_raw"/>
  <arg name="cam_info_topic" default="/head_camera/rgb/camera_info"/>
  <arg name="output_frame" default="/base_link"/>
  <node name="ar_track_alvar" pkg="ar_track_alvar"
        type="individualMarkersNoKinect" respawn="false" output="screen"
         args="$(arg marker_size) $(arg max_new_marker_error) $(arg max_track_error)
$(arg cam_image_topic) $(arg cam_info_topic) $(arg output_frame)" /> # ❷
  <arg name="tag_rot" default="0 0 0 0 0 -1.57"/> # ❸
  <arg name="tag_trans" default="0 -0.28 -0.1 0 0 0"/>

  # ❹
  <node pkg="tf" type="static_transform_publisher" name="ar_0_up"
        args="$(arg tag_rot) ar_marker_0 ar_0_up 100"/>
  <node pkg="tf" type="static_transform_publisher" name="ar_1_up"
        args="$(arg tag_rot)  ar_marker_1 ar_1_up 100"/>
  <node pkg="tf" type="static_transform_publisher" name="ar_2_up"
        args="$(arg tag_rot) ar_marker_2 ar_2_up 100"/>
  <node pkg="tf" type="static_transform_publisher" name="ar_3_up"
        args="$(arg tag_rot) ar_marker_3 ar_3_up 100"/>
  <node pkg="tf" type="static_transform_publisher" name="ar_4_up"
        args="$(arg tag_rot) ar_marker_4 ar_4_up 100"/>
  <node pkg="tf" type="static_transform_publisher" name="ar_5_up"
        args="$(arg tag_rot) ar_marker_5 ar_5_up 100"/>
  <node pkg="tf" type="static_transform_publisher" name="ar_6_up"
        args="$(arg tag_rot) ar_marker_6 ar_6_up 100"/>
  <node pkg="tf" type="static_transform_publisher" name="ar_7_up"
        args="$(arg tag_rot) ar_marker_7 ar_7_up 100"/>
  <node pkg="tf" type="static_transform_publisher" name="ar_8_up"
        args="$(arg tag_rot) ar_marker_8 ar_8_up 100"/>
  <node pkg="tf" type="static_transform_publisher" name="ar_9_up"
        args="$(arg tag_rot) ar_marker_9 ar_9_up 100"/>
  <node pkg="tf" type="static_transform_publisher" name="ar_10_up"
        args="$(arg tag_rot) ar_marker_10 ar_10_up 100"/>
  <node pkg="tf" type="static_transform_publisher" name="ar_11_up"
        args="$(arg tag_rot) ar_marker_11 ar_11_up 100"/>

  # ❺
  <node pkg="tf" type="static_transform_publisher" name="item_0"
        args="$(arg tag_trans) ar_0_up item_0 100"/>
  <node pkg="tf" type="static_transform_publisher" name="item_1"
        args="$(arg tag_trans) ar_1_up item_1 100"/>
  <node pkg="tf" type="static_transform_publisher" name="item_2"
        args="$(arg tag_trans) ar_2_up item_2 100"/>
  <node pkg="tf" type="static_transform_publisher" name="item_3"
        args="$(arg tag_trans) ar_3_up item_3 100"/>
```

```
  <node pkg="tf" type="static_transform_publisher" name="item_4"
        args="$(arg tag_trans) ar_4_up item_4 100"/>
  <node pkg="tf" type="static_transform_publisher" name="item_5"
        args="$(arg tag_trans) ar_5_up item_5 100"/>
  <node pkg="tf" type="static_transform_publisher" name="item_6"
        args="$(arg tag_trans) ar_6_up item_6 100"/>
  <node pkg="tf" type="static_transform_publisher" name="item_7"
        args="$(arg tag_trans) ar_7_up item_7 100"/>
  <node pkg="tf" type="static_transform_publisher" name="item_8"
        args="$(arg tag_trans) ar_8_up item_8 100"/>
  <node pkg="tf" type="static_transform_publisher" name="item_9"
        args="$(arg tag_trans) ar_9_up item_9 100"/>
  <node pkg="tf" type="static_transform_publisher" name="item_10"
        args="$(arg tag_trans) ar_10_up item_10 100"/>
  <node pkg="tf" type="static_transform_publisher" name="item_11"
        args="$(arg tag_trans) ar_11_up item_11 100"/>
</launch>
```

❶ <arg>タグは、このlaunchファイルで設定可能なパラメーターを定義します。これらはar_track_alvarに渡されます。これらのパラメーターをトップレベルの<arg>タグとして記述することで、他のroslaunchファイルがこのファイルを読み込む場合に、これらを上書きすることができるようになりますし、ファイルも少し読みやすくなります。

❷ <node>タグは、前述のパラメーターで実際にar_track_alvarを生成します。

❸ tag_rotとtag_transの文字列はstatic_transform_publisherノードに渡されます。これらの文字列は、ここにまとめて書いておくことで、冗長なタイピングを減らし、値の微調整をするときにも簡単になります。

❹ 12個続くstatic_transform_publisherノードに関する記述は、検出されたALVARタグの姿勢に対する相対的な回転の姿勢を作成します。

❺ 同様に、static_transform_publisherノードに関する記述は、回転されたALVARタグの姿勢に対する相対的な並進移動の姿勢を作成します。

ROSの座標変換システムは、操作のゴールを、検出されたALVARマーカーの座標系からの静的な座標変換で表現するといった場合には非常に便利です。実際のところロボットに（例えば）対象とする容器のALVARマーカーの正面から28cm手前で10cm下のところにある物体をつかませたいといった場合、その座標変換の連鎖はかなり複雑になります。ALVARマーカーがカメラの座標系内であることはわかっているので、カメラとの相対でALVARマーカーの距離と方向を推定することができます。さらに、Fetchロボットの頭部と胴体の関節エンコーダーを使用して、カメラとロボットの台座の間の座標変換を導き出します。この2つの座標変換を掛け合わせることで、やっと、腕のモーションプランナーにゴールの状態として与えることができます。

これらの複雑な座標変換の掛け算をデバッグするとき、一連の座標変換の依存関係をグラフ形式で見てみるとわかりやすい場合があります。幸いなことに、tfパッケージはview_framesというユーティリティーを提供しています。ROSシステムが動いていればいつでも、以下のコマンドを入力することで座標変換のツリー構造をPDFにすることができます。

```
user@hostname$ rosrun tf view_frames
```

図14-9は、FetchロボットがALVARマーカーを検出したときに、このプログラムを実行した結果を示しています。複雑すぎてズームイン、ズームアウトができない状態では読めませんが、fixed(map)座標系はツリーの最上部にあり、ALVARマーカーの座標系は木の左下にあることがわかります。

tfが提供するview_framesプログラムは、ROSシステムの座標変換ツリーの概略図を得る1つの方法です。rvizで座標変換ツリーをズームや回転すると構造がわかりやすくなり、座標変換が空間センサーのデータと他の中間データと一緒に表示されるので便利です。しかし、座標変換ツリーのさまざまな枝が互いに適切に接続されていることを単に確認するだけならば、view_framesのトポロジー表示はかなり強力です。

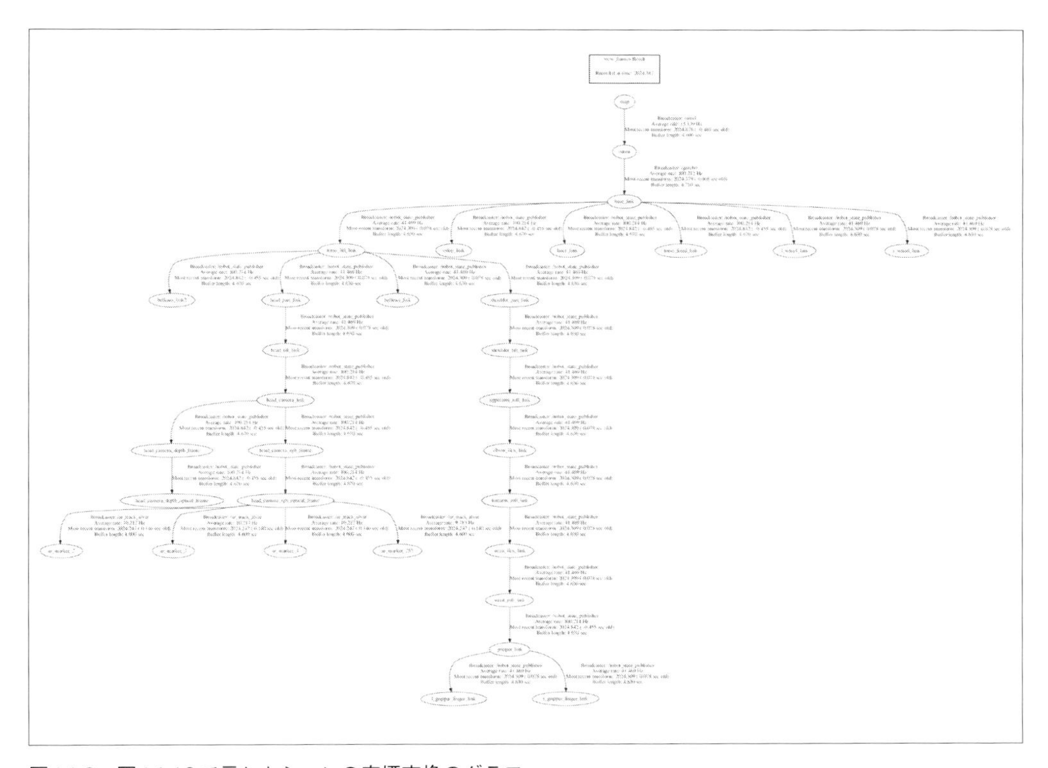

図14-9　図14-10で示したシーンの座標変換のグラフ

しかし、座標変換のグラフが、リアルタイムかつインタラクティブに、空間的に正確に、3次元で表示されることは、ソフトウェアの開発やデバッグで非常に役に立ちます。これまでの章で見てきたように、rvizは高度な設定が可能な可視化システムです。rvizを設定すれば、扱えるデータタイプの中でも、ROSの座標変換グラフをリアルタイムで描画するようにできます。**図14-10**は、Gazeboとrvizのウィンドウの両方が表示されているときのスクリーンショットを示しています。そしてシミュレーションと生成されたカメラ画像の両方の状態、レーザーによる位置推定された点群、いくつかのALVARマーカーの検出に関する座標変換グラフを表示しています。

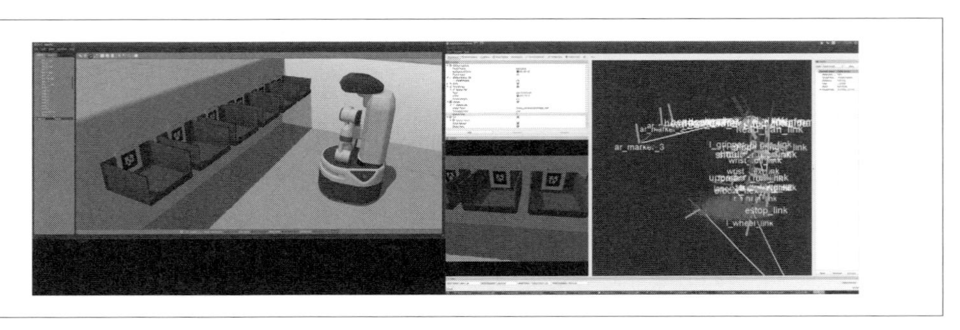

図14-10　Gazebo（左側）とrviz（右側）のウィンドウを同時に表示する。描画結果は、どちらもおおよそ同じである

ALVARマーカー検出システムによって生成された座標変換を使用して、ロボットに腕を伸ばして、容器の背面にあるALVARマーカーと相対で既知の位置にある商品をつかむよう命令することができます。**例14-15**は、ロボットがALVARマーカーを検出するのに十分なまで容器に近づいたときに1回実行されることを意図したものです。このスクリプトは、ロボットの位置ではなく、容器に対する腕の位置をモーションプランナーのゴールとして生成します。もちろん、実際にそのゴールを達成するかどうかは、まずナビゲーションシステム次第ですが、これにより、少なくとも1つの誤差（位置推定のノイズ）の影響が大幅に減ります。

「11章 Chess-bot（チェスボット）」では、有名なROSベースのロボット用の行動計画フレームワークであるMoveItを紹介しました。幸いなことに、FetchロボットでもMoveItが利用できます。「11章 Chess-bot（チェスボット）」のRobonaut 2で行ったときとまったく同じ方法で、それを呼び出すことができます。**例14-15**は、ロボットの腕に命令して前にある商品をつかませます。このスクリプトは、ALVARマーカーを使い、MoveIt用のモーションプランナーのターゲットをより精度を高く生成しています。

例14-15　pick_up_item.py

```
#!/usr/bin/env python
import sys, rospy, tf, actionlib, moveit_commander
from control_msgs.msg import (GripperCommandAction, GripperCommandGoal)
```

```
from geometry_msgs.msg import *
from tf.transformations import quaternion_from_euler
from look_at_bin import look_at_bin
from std_srvs.srv import Empty
from moveit_msgs.msg import CollisionObject
from moveit_python import PlanningSceneInterface

if __name__ == '__main__':
  moveit_commander.roscpp_initialize(sys.argv)
  rospy.init_node('pick_up_item')
  args = rospy.myargv(argv = sys.argv)
  if len(args) != 2:
    print("usage: pick_up_item.py BIN_NUMBER")
    sys.exit(1)
  item_frame = "item_%d" % int(args[1])

  rospy.wait_for_service("/clear_octomap")
  clear_octomap = rospy.ServiceProxy("/clear_octomap", Empty)

  gripper = actionlib.SimpleActionClient("gripper_controller/gripper_action",
    GripperCommandAction)
  gripper.wait_for_server() # ❶

  arm = moveit_commander.MoveGroupCommander("arm") # ❷
  arm.allow_replanning(True)
  tf_listener = tf.TransformListener() # ❸
  rate = rospy.Rate(10)

  gripper_goal = GripperCommandGoal() # ❹
  gripper_goal.command.max_effort = 10.0

  scene = PlanningSceneInterface("base_link")

  p = Pose()
  p.position.x = 0.4 + 0.15
  p.position.y = -0.4
  p.position.z = 0.7 + 0.15
  p.orientation = Quaternion(*quaternion_from_euler(0, 1, 1))
  arm.set_pose_target(p) # ❺

  while True:
    if arm.go(True):
      break
    clear_octomap()
    scene.clear()

  look_at_bin()
```

```
while not rospy.is_shutdown():
  rate.sleep()
  try:
    t = tf_listener.getLatestCommonTime('/base_link', item_frame) # ❻
    if (rospy.Time.now() - t).to_sec() > 0.2:
      rospy.sleep(0.1)
      continue

    (item_translation, item_orientation) = \
      tf_listener.lookupTransform('/base_link', item_frame, t) # ❼
  except(tf.Exception, tf.LookupException,
         tf.ConnectivityException, tf.ExtrapolationException):
    continue

  gripper_goal.command.position = 0.15
  gripper.send_goal(gripper_goal) # ❽
  gripper.wait_for_result(rospy.Duration(1.0))

  print "item: " + str(item_translation)
  scene.addCube(
      "item", 0.05,
      item_translation[0], item_translation[1], item_translation[2])

  p.position.x = item_translation[0] - 0.01 - 0.06
  p.position.y = item_translation[1]
  p.position.z = item_translation[2] + 0.04 + 0.14
  p.orientation = Quaternion(*quaternion_from_euler(0, 1.2, 0))
  arm.set_pose_target(p)
  arm.go(True) # ❾

  #os.system("rosservice call clear_octomap")

  gripper_goal.command.position = 0
  gripper.send_goal(gripper_goal)
  gripper.wait_for_result(rospy.Duration(2.0))

  scene.removeAttachedObject("item")

  clear_octomap()

  p.position.x = 0.00
  p.position.y = -0.25
  p.position.z = 0.75 - .1
  p.orientation = Quaternion(*quaternion_from_euler(0, -1.5, -1.5))
  arm.set_pose_target(p)
  arm.go(True) # ❿
  break # ⓫
```

❶ ターゲットオブジェクトをつかむために、後でグリッパーアクションサーバーへの接続が必要になるので、サーバーが起動するまで先に進んでも意味はありません。グリッパーサーバー(と、Fetchロボットのコントローラーの残りの部分)の起動をここで待ちます。

❷ これまでの章と同じように、`MoveGroupCommander`をMoveItのモーションプランナーシステムに対するPythonのインタフェースとして使用します。

❸ `TransformListener`インスタンスを用いて、ロボットの関節の状態や`move_base`のナビゲーションサブシステム、ALVARマーカーサブシステムなどのシステムから（静的および動的に）送られてくる座標変換を購読します。

❹ グリッパーアクションサーバーに送信するため、後でグリッパーゴールオブジェクトが必要になります。紙面の都合上、ここでそれを初期化しますが、これは単にスタイルの問題です。

❺ 腕の姿勢がこのようになっているのは、グリッパーが深度カメラの邪魔にならないようにするためです。まだ姿勢が「高い」位置なので、モーションプランナーでの処理が少し簡単になります。多くのロボットは、このような「準備完了（ready）」や「把持前（pregrasp）」などと呼ばれる姿勢をとります。

❻ 初期設定では、`tf`座標変換システムは座標変換を数秒間「記憶」しています。しかし、ロボットが動き回っているので、最新の座標変換データだけを使うようにします。閾値を200ミリ秒とし、これを「十分に最新」として扱っていますが、この閾値はアプリケーションに依存します。

❼ この行で、`tf`ライブラリの座標変換ツリーのローカルな表現から要求された座標変換を実際に取り出します。

❽ このコマンドは、Fetchロボットのグリッパーを全開にします。

❾ ここで、魔法が起きます。MoveItに、このアイテムの位置まで衝突せずに進める経路を計画し、実行するよう頼みます。

❿ このコマンドは、腕に指示し、物体を持ち上げさせ、ロボットの胴体の近くに持ってこさせます。

⓫ ここまでやり遂げたら、物体を持ち上げ、対象物体を検出する探索処理を行う`while`ループから抜けることができます。

容器が敷き詰められている倉庫は、Chess-botのワールドよりもかなり複雑です。このため、組み込みのMoveItの衝突地図システムを使用することにします。これは、`octomap`パッケージを用いて、ワークスペース内で障害物がある場所とない場所の3次元の立体ピクセル（**ボクセル**）地図を作成し、保持します。ボクセル地図は複雑な構造ですが、幸いにもその振る舞いはMoveItユーザーからは特に気にする必要はありません。腕は深度カメラが見ることができるものについて衝突を回避します。**図14-11**は`rviz`で倉庫のシーンで典型的なOctoMapのレンダリングを示しています。「箱のような」外観はOctoMapのデータ構造そのものです。すなわち、ワールドは一連の小さな立方体として表現されます。MoveItのプランニングサブシステムがすべきことは、ゴールとなる状態に向かいながら、

OctoMapのレンダリングで表示されている障害物を回避するような腕の経路を生成することです。このタスクはCPUに負荷がかかるので、行動計画が完了するのに数秒かかることがよくあります。

OctoMapの衝突回避システムを起動するのは、単に設定するだけでよかったことに注意してください。MoveItの使い方そのものはこれまでと同じです。ただすべての障害物を考慮した計算が必要になるため、実行に少し時間がかかるようになりました。

MoveItのような高次元のモーションプランナーシステムの驚くべきことは、ロボットの全関節を使ってグリッパーを命令された位置と向きにしようとすることです。これまでに述べたように、このロボットのナビゲーションシステムは、容器の正面にロボットを誘導しますが、地図の打ち切り誤差やセンサーのノイズなど多くの要因から、±10cmの範囲で位置に誤差が生じます。腕のモーションプランナーは、腕の関節すべて（とFetchロボットでは、胴体リフト関節）を使用して、容器の裏側にある位置合わせ用マーカーに相対的で正確な位置へとグリッパーを誘導します。腕がどこにも衝突しないかぎり、モーションプランナーはどのような姿勢や軌道を腕がとるかに関して自由に「創造的に」決めることができます。

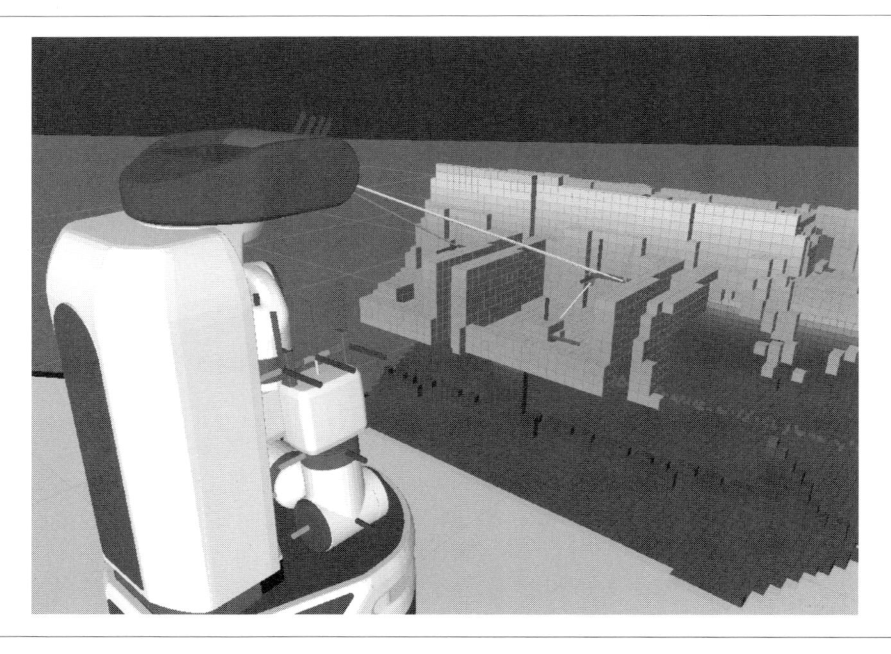

図14-11　OctoMapシステムはロボットのワークスペースの3次元地図を生成する。これは腕のモーションプランナーが使用する

実際には、経路計画の問題は非常に難しいので、アルゴリズムは軌道にランダムな「推測」法を用いる場合が多く、経路計画を行っている間、繰り返し、軌道を最適化します。これは、このモーションプランナーが考えつく解が非常にたくさんあるということです。Stockroom-botに命令し、同じ

容器から数回、物体を取り出させてみたら、**図14-12**に表示されているような形で物をつかみました。グリッパーは常に、緑の「ターゲット」となる商品に対して相対的に同じ向きをしていますが、腕と胴体以外の部分の位置決めはかなりばらばらです。

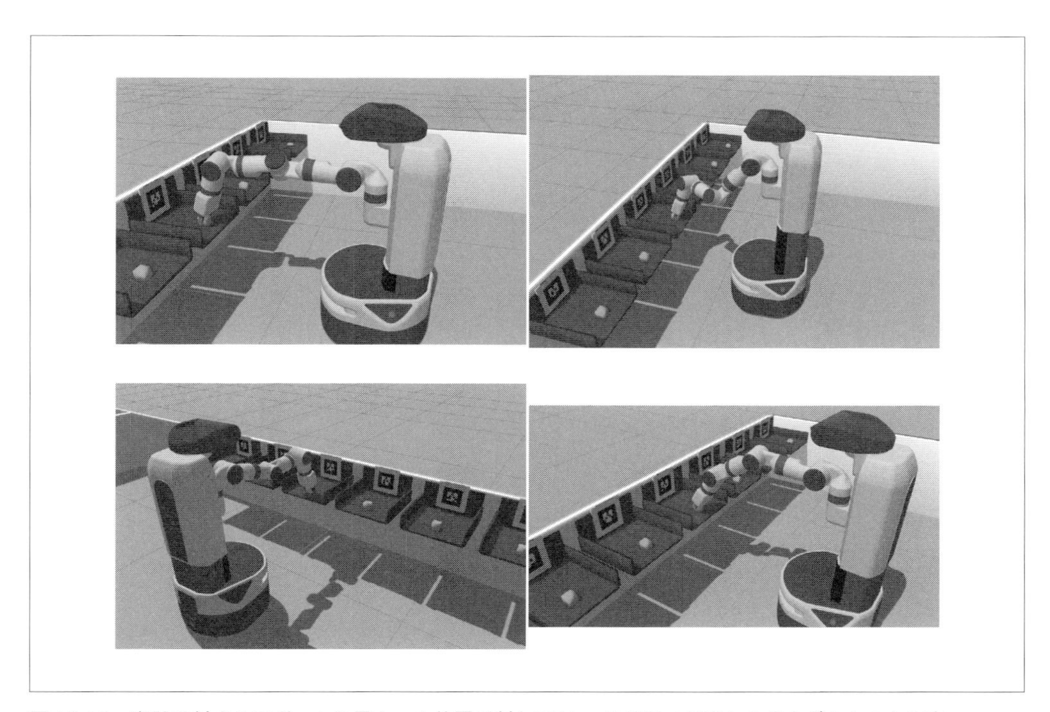

図14-12　容器に対するロボットの異なった位置に対してMoveItが見つけ出したさまざまなつかみ方

これで商品を取り出すことができるようになりました。最終的な工程は商品を倉庫の外の「カスタマーカウンター」に持っていくことです。このプロセスはロボットをカウンターの後ろの位置へ誘導し、腕を伸ばし、グリッパーを開いて物体を置き、腕を引っ込めて、倉庫に戻るよう命令します。これらのステップは、**例14-16**のスクリプトで実行されます。これは、これらの問題への最小限のやり方を実装したものであり、**図14-13**と**図14-14**にそのシーンが示されています。

例14-16　deliver_to_counter.py

```
#!/usr/bin/env python
import sys, rospy, tf, actionlib, moveit_commander
from geometry_msgs.msg import *
from move_base_msgs.msg import MoveBaseAction, MoveBaseGoal
from tf.transformations import quaternion_from_euler
from control_msgs.msg import (GripperCommandAction, GripperCommandGoal)

if __name__ == '__main__':
```

```
moveit_commander.roscpp_initialize(sys.argv)
rospy.init_node('deliver_to_counter')
args = rospy.myargv(argv=sys.argv)
gripper = actionlib.SimpleActionClient("gripper_controller/gripper_action",
  GripperCommandAction)
gripper.wait_for_server()
move_base = actionlib.SimpleActionClient('move_base', MoveBaseAction)
move_base.wait_for_server()
goal = MoveBaseGoal()
goal.target_pose.header.frame_id = 'map'
goal.target_pose.pose.position.x = 4
orient = Quaternion(*quaternion_from_euler(0, 0, 0))
goal.target_pose.pose.orientation = orient
move_base.send_goal(goal)
move_base.wait_for_result()

arm = moveit_commander.MoveGroupCommander("arm")
arm.allow_replanning(True)
p = Pose()
p.position.x = 0.9
p.position.z = 0.95
p.orientation = Quaternion(*quaternion_from_euler(0, 0.5, 0))
arm.set_pose_target(p)
arm.go(True)
gripper_goal = GripperCommandGoal()
gripper_goal.command.max_effort = 10.0
gripper_goal.command.position = 0.15
gripper.send_goal(gripper_goal)
gripper.wait_for_result(rospy.Duration(1.0))

p.position.x = 0.05
p.position.y = -0.15
p.position.z = 0.75
p.orientation = Quaternion(*quaternion_from_euler(0, -1.5, -1.5))
arm.set_pose_target(p)
arm.go(True)

goal.target_pose.pose.position.x = 0
move_base.send_goal(goal)
move_base.wait_for_result()
```

図14-13　倉庫の正面にあるカスタマーカウンターに商品を持っていくために腕を伸ばすFetchロボット

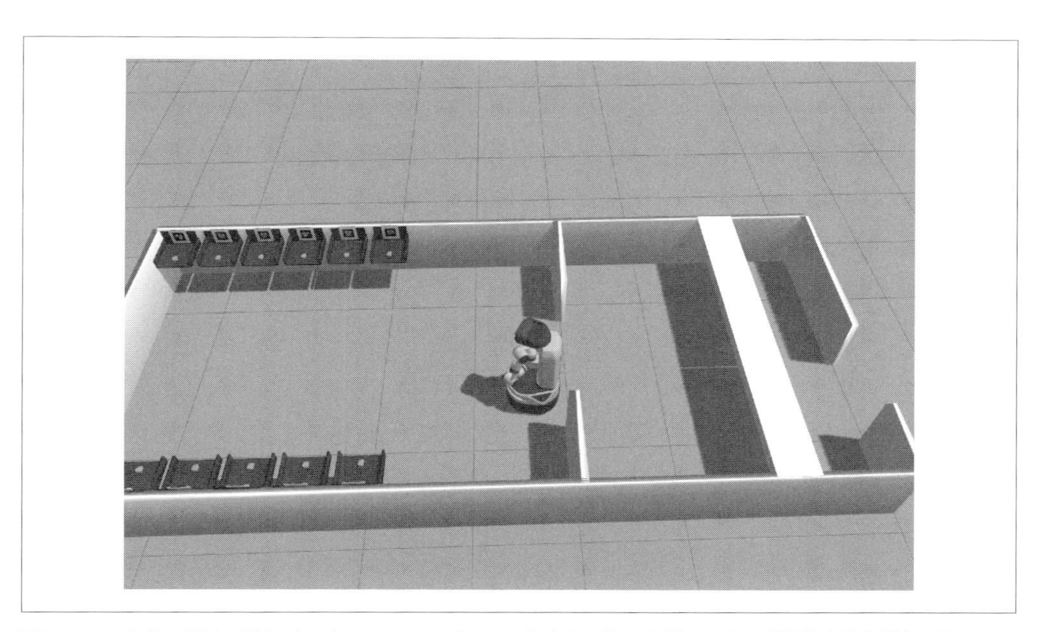

図14-14　商品の配達が終了すると、Fetchロボットはたくさん並ぶ容器の中央の「準備完了位置」に戻る

14.4 まとめ

本章では、有用なロボットアプリケーションである倉庫の自動化システムを説明しました。ROSやGazeboのさまざまなツールを使って、その問題の解決方法を明らかにしました。初めに、この環境のGazeboのモデルを開発しました。次に、このシミュレーションの環境の地図を作成し、さまざまな容器のところまでロボットを動かすスクリプトを作成しました。その後、位置合わせ用のマーカーを使用して、ロボットが容器の位置を正確に決定し、容器の中の決められた位置に置かれている物体をつかむスクリプトを開発しました。最後のコード例では、カスタマーカウンターにロボットを動かし、商品を置いて、ロボットを倉庫に戻す方法を示しました。

これらのコードの例は、実世界のロボットアプリケーションを作成するのに使用できる基礎的な要素を提供します。もちろん、例を単純化してしまったので、ロボットが立ち往生し、「助けを呼ぶ」ことができるような強力なエラー処理や通知システムは提供していません。また、ユーザーインタフェースについても説明しませんでした。これらの付加的な部分はすべてROSのツールで開発することができます。Robot Web Toolsシステムを使うことで、例えば、ユーザーが使用するWebインタフェースをROSシステムに統合することができます。本章で開発したシミュレーション環境と、基本要素となるスクリプトを用いることで、UX（ユーザー体験）デザイナーが純粋にシミュレーション上でユーザーの使用するインタフェースを開発することができるようになります。シミュレーションを用いることでたくさんの時間が節約でき、インタフェースのテストを自動化することができます。

本書ではここまで、Turtlebot、Robonaut 2、Fetchロボットのような既存のロボットプラットフォームを使用してきました。しかし、ロボット工学の分野には、たくさんのカスタムのハードウェアがあります！ 幸いなことに、ROSはカスタムハードウェアを念頭に置いて設計されました。というのは、ROSはそれが使われる初期の段階から、複数の異なる進化を遂げたロボットがあり、そのことを考慮したデザインになっていたからです。この後のいくつかの章では、カスタムロボットをROSエコシステムのさまざまな構成要素に追加する方法を紹介していきます。

第Ⅳ部

ROSに組み込む

15章 新しいセンサーとアクチュエーター

これまでは、ROSがすでに扱うことができるセンサーやアクチュエーターのハードウェアを使用する方法に目を向けてきました。ROSはよく知られたセンサーやアクチュエーターを幅広くカバーしていますが、すべてをカバーしているわけではありません。新しいハードウェアが出てくれば、皆さん自身でそれをROSに取り込む必要があります。そうすることで、コミュニティー全体でそれを使えるようになるのです。

本章では、ROSのエコシステムに新しいセンサーやアクチュエーターを統合する方法を紹介します。この作業は、皆さんが普段これらのデバイスにアクセスするのに使っているAPIを包むROSのラッパーを書くことなどが主であり、比較的簡単です。まずは、新しいセンサーを追加することから始めましょう。

15.1 新しいセンサーを追加する

ROSに新しいセンサーを追加するにはどうすればよいのでしょうか？ 本書では、このセンサーはすでに、測定値を取得するためのPythonのAPIを持っており、皆さんはこのAPIの使い方は知っているものとします。また、配線はすべて正しくされており、APIを使うことでセンサーから値を正しく読み取ることができているとします。これは当たり前のことのように思えますが、ROSにセンサーを組み込み始める前にはいつも、センサーが期待どおりに機能していることを確認するようにしてください。センサーが機能していることがわかっていれば、うまく動作しないことはすべてROSのラッパーでの問題になるので、デバッグが楽になります。

15.1.1 （擬似）センサー

本章では、単純なAPIを持つ擬似センサー（FakeSensorと呼ぶ）を使っていきます。このPythonのクラスは実際のセンサーをシミュレートし、これを用いることでハードウェアを購入しなくても、センサーをROSに組み込む方法を示すことができます。このセンサーは本物のセンサーではありませんが、本物のセンサーが持つようなAPIを持っています。

この擬似センサーは、PySideというGUIライブラリ（これは、事前にコンピューターにインストールされている必要があります）を使って、**図15-1**に示すようなダイヤルを持つシンプルなGUIを表示します。このダイヤルを回すことで、センサーに異なった測定値（0～99までの整数）を出力させることができます。

図15-1 擬似センサーのGUI

このセンサーからの測定値は2つの方法で取得することができます。クラスのvalue()関数を明示的に呼び出す方法と、値が変更されるたびに呼び出されるコールバックを登録する方法です。これら両方のコードをこの後、見ていきます。

15.1.2 ROSのラッパーを設計する

このセンサーのROSのラッパーを実装する方法を見る前に、設計上の決定をいくつか行う必要があります。最初に決めることは、ROSのラッパーが、このセンサーの測定値をトピック上で送るべきか、それとも、サービスやアクションを用いて要求されたときにのみ測定値を与えるようにするかです。これは、センサーからのデータをどのように使用するかに強く依存するので、ここでは両方のアプローチを扱うことにします。

2つ目は、センサーからのデータを取得する方法です。センサーの中には、センサーからのデータ取得方法が1つしかないものもありますが、FakeSensorのように複数の方法を持つセンサーもあります。ここでも、センサーをどのように使おうとしているか、そして、センサーのAPIを使用して測定を行うのにどれくらい処理がかかるか、ということを元に決めなければなりません。1つの方法を実装するだけで済む場合もありますが、2つ以上の方法を実装したくなる場合もあります。

最後に、作成したラッパーが送信するROSメッセージの型を決める必要があります。原則的には、ROSで定義されているメッセージ型を使用してください。こうしておくと、皆さんが新たに組み込んだセンサーは幅広く役に立ちます。ここでは、FakeSensorでの測定値を角度として解釈し、geometry_msgs（http://wiki.ros.org/geometry_msgs?distro=indigo）パッケージのQuaternion（四元数）（http://docs.ros.org/api/geometry_msgs/html/msg/Quaternion.html）を使用することにします。

なぜこのラッパーはstd_msgs（http://wiki.ros.org/std_msgs?distro=indigo）のFloat32（http://docs.ros.org/api/std_msgs/html/msg/Float32.html）メッセージを使用し、角度をラジアンで提供しないのでしょうか？ そのほうが、センサーからの出力値（0から99までの整数）をわざわざ四元数（Quaternion）に変換する必要がないので簡単です。確かにそうできますが、長い目で見れば、四元数を使用した場合よりも少し不便になるでしょう。角度はさまざまな方法で表現できますが、ROSでは四元数による表現が標準となっています。角度を返すセンサーを利用する場合は、作業量が（少し）増えても、また、それが必ずしも正しい判断だとは思えないとしても、標準に従い、四元数を使用するようにしてください。ROSのエコシステムのより多くの部分（自分たちで書いたコードを含む）が、決められた規則に準拠すればするほど、すべてのものが相互運用可能になり、よりたくさん人が皆さんのコードを使用しやすくなるのです。

15.1.3 設計1：トピックに測定値を定期的に送る

初めに見るラッパーは、トピックを通して定期的に測定値を送ります。**例15-1**にこれを行うコードを示します。

例15-1 topic_sensor.py

```
#!/usr/bin/env python

from math import pi

from fake_sensor import FakeSensor   # ❶

import rospy
import tf

from geometry_msgs.msg import Quaternion   # ❷

def make_quaternion(angle):   # ❸
    q = tf.transformations.quaternion_from_euler(0, 0, angle)
    return Quaternion(*q)

if __name__ == '__main__':
    sensor = FakeSensor()   # ❹

    rospy.init_node('fake_sensor')

    pub = rospy.Publisher('angle', Quaternion, queue_size=10)

    rate = rospy.Rate(10.0)   # ❺
    while not rospy.is_shutdown():   # ❻
```

```
        angle = sensor.value() * 2 * pi / 100.0

        q = make_quaternion(angle)

        pub.publish(q)

        rate.sleep()
```

❶ センサーの測定値にアクセスするコードを読み込みます。
❷ Quaternionを使用しているので、それもまた読み込む必要があります。
❸ ヨー角（ラジアン）からQuaternionに変換する便利な関数です。
❹ センサーへのアクセスを設定します。
❺ 配信周期を設定します。
❻ ノードが終了するまでループします。

ここでの中心となる部分で注目すべき箇所は、センサーを読み取り、返された測定値を便利な形に変換し、トピック上で配信するループです。この例では、0から99までの整数の測定値を取得し、それをラジアンに変換し、次にその角度を、z軸（ヨー）周りの回転として解釈し、Quaternionに変換しています。この変換は、関数にまとめることで、コードをわかりやすくしました。最後に、このようにして得られたQuaternionをトピック上に配信し、しばらくの間スリープしています。

ここでの目新しい部分は、四元数の変換コードです。四元数は、4つの実数を用いて回転を表現したものです。直感的には、これらはベクトル（3つの値）とベクトル周りの回転（4番目の値）に対応しています。四元数を表現する方法はいくつかありますが、ROSの組み込み関数を使用して変換するのが常に最良の方法です。自分で行うと、ちょっと表現を間違ってしまっただけで、見つけるのが難しいバグを生成してしまいます。

rostopicを使用し、このノードが期待したものを配信していることを確認することができます。

```
user@hostname$ rostopic list
/angle
/rosout
/rosout_agg

user@hostname$ rostopic hz angle
average rate: 9.999
    min: 0.100s max: 0.100s std dev: 0.00006s window: 10
average rate: 10.000
    min: 0.100s max: 0.100s std dev: 0.00005s window: 20
average rate: 10.000
    min: 0.100s max: 0.100s std dev: 0.00007s window: 30
average rate: 10.000
    min: 0.100s max: 0.100s std dev: 0.00006s window: 40
```

```
average rate: 10.000
    min: 0.100s max: 0.100s std dev: 0.00007s window: 46

user@hostname$ rostopic echo -n 1 angle
x: 0.0
y: 0.0
z: 0.0
w: 1.0
---
```

正しく動いているように見えます。rostopic listでangleトピックが表示され、rostopic hzによると、それは正しい周期で配信しているようです。最後に、rostopic echoはデータの中身が妥当であることを示しています。なおrostopic hzの実行はCtrl-Cで止めています。そうしなければ、永遠に動き続けてしまいます。

これは次のような単純なことをやっています。「センサーを読み取る」「測定値を便利な形に変換する」「それを配信する」「少し待つ」そして「繰り返す」です。では、次に、データを毎回読みにいくのではなく、センサーが情報を送ってくるという場合について何をすべきかを見てきましょう。

センサーからのデータを配信する場合は、Headerを持つROSのメッセージ型を使用するようにしてください。こうしておくと、送信するデータにタイムスタンプを加えることができます。これは必ずしも必要ではありませんが、こうしておくと複数のセンサーからのデータを時間軸を統一して扱うことができます（message_filtersパッケージ（http://wiki.ros.org/message_filters?distro=indigo）を用いてタイムスタンプを相互に関連づけることで）。

15.1.4 設計2：ストリーミングされた計測値をトピックに送る

センサーがコールバックメカニズムを使用して自動的に測定値をストリームで返すものであるとしましょう。この場合のROSのラッパーコードも、**例15-1**に示すものととてもよく似ているものになります。ただし、座標変換と配信用のコードはすべて、センサーから呼ばれるコールバック関数の中に書かれている点が異なります。**例15-2**に詳細を示します。

例15-2 topic_sensor2.py

```
#!/usr/bin/env python

from math import pi

from fake_sensor import FakeSensor

import rospy
```

```
import tf

from geometry_msgs.msg import Quaternion


def make_quaternion(angle):
    q = tf.transformations.quaternion_from_euler(0, 0, angle)
    return Quaternion(*q)

def publish_value(value):
    angle = value * 2 * pi / 100.0
    q = make_quaternion(angle)
    pub.publish(q)


if __name__ == '__main__':
    rospy.init_node('fake_sensor')

    pub = rospy.Publisher('angle', Quaternion, queue_size=10)

    sensor = FakeSensor()
    sensor.register_callback(publish_value)
```

このコードでの重要な違いは、センサーから返ってくる測定値を処理するものとしてpublish_value()というコールバック関数を登録し、ここで処理をしている点です。これは、センサーを用いた場合によく見られる設計パターンの1つであり、ROSで幅広く使われているものの1つです。このコールバック関数では、測定値が渡されると、変換を行い、Quaternionを作成し、それをトピックに配信しています。ここでは、センサーが測定値を生成するのと同じ周期で配信しているだけです。コールバック関数の呼び出しが頻繁には発生せず、新しい測定値を（おそらく長時間）待つよりも、古い測定値を取得するほうがよいのであれば、これをラッチトピック（「3.3 ラッチトピック」参照）にすることを考えてもよいでしょう。

15.1.5　設計3：ストリーミングされた計測値を固定周期で配信する

皆さんが使用しているセンサーのAPIがコールバックを使用し、ときどき測定値を送るようなものだとしましょう。しかし、皆さんがこれらの測定値を固定周期で配信したいとします。この場合は、先ほどの2つの設計を組み合わせたものとなります。具体的に**例15-3**に示します。

例15-3　topic_sensor3.py

```
#!/usr/bin/env python

from math import pi
```

```
from threading import Lock

from fake_sensor import FakeSensor

import rospy
import tf

from geometry_msgs.msg import Quaternion


def make_quaternion(angle):
    q = tf.transformations.quaternion_from_euler(0, 0, angle)
    return Quaternion(*q)

def save_value(value):
    global angle
    with lock: # ❶
        angle = value * 2 * pi / 100.0 # ❷


if __name__ == '__main__':
    lock = Lock() # ❸

    sensor = FakeSensor()
    sensor.register_callback(save_value)

    rospy.init_node('fake_sensor')

    pub = rospy.Publisher('angle', Quaternion, queue_size=10)

    global angle
    angle = None # ❹
    rate = rospy.Rate(10.0)
    while not rospy.is_shutdown():
        with lock:
            if angle: # ❺
                q = make_quaternion(angle)
                pub.publish(q)

        rate.sleep()
```

❶ angleのロックを取得します。

❷ センサーの測定値に基づいて、angleの値を更新します。

❸ angleのロックを作成し、同時アクセスを防ぎます。

❹ 最初はangleをNoneに設定します。これは、このコールバック関数の最初の実行で上書きさ

れます。

❺ コールバックがすでに値をangleに代入していたとすると、if節がTrueで評価され、新しいメッセージがトピック上に配信されます。コールバックがまだ一度も実行されていないと、if節はFalseと評価されメッセージは配信されません。

このコードには、センサーの測定値を処理するコールバックと、トピックへのメッセージの配信を行う配信ループの両方が含まれます。同時実行を防ぐロックを追加して、コールバックと配信ループが同時にangle変数にアクセスしないようにしてあります。このコールバック関数は、単に現在の角度の値（センサーの測定値）を格納するだけです。この値は、配信ループによって、定期的に配信されます。

15.1.6　設計4：センサーの測定値を要求に応じて送る

最後に見ておくべきものは、あるノードが測定値を要求したときだけに、それに応じてセンサーの測定値を報告する場合の処理です。センサーから測定値を高速に得られる場合はサービスコールを使用し、そうでない場合はアクションコールを使用してください。サービスコールを用いた基本的なやり方を説明します。アクションインタフェースも同じような構造になるはずです。

ここで使用するサービスコールは引数を取らず、呼び出しの結果として四元数を返します。**例15-4**にサービスの定義ファイルを示します。

例15-4　FakeSensor.srv

```
std_msgs/Empty
---
geometry_msgs/Quaternion quaternion
```

std_msgs/Emptyの定義は省略することができ、ROSはこれを入力のないサービスコールの定義として解釈します。しかし、ここでは、入力がないことを明示的に示すためにEmptyメッセージのタイプを使用しています。

サービスを用いたROSのラッパーのコードを**例15-5**に示します。サービスノードの構造は、「4章　サービス」の説明でお馴染みのものでしょう。

例15-5　service_sensor.py

```
#!/usr/bin/env python

from math import pi

from fake_sensor import FakeSensor as FakeSensorUI

import rospy
```

```
import tf

from geometry_msgs.msg import Quaternion
from stuff.srv import FakeSensor,FakeSensorResponse


def make_quaternion(angle):
    q = tf.transformations.quaternion_from_euler(0, 0, angle)
    return Quaternion(*q)

def callback(request):  # ❶
    angle = sensor.value() * 2 * pi / 100.0
    q = make_quaternion(angle)

    return FakeSensorResponse(q)


if __name__ == '__main__':
    sensor = FakeSensorUI()

    rospy.init_node('fake_sensor')

    service = rospy.Service('angle', FakeSensor, callback) # ❷
```

❶ サービスのリクエストを処理するコールバック関数です。

❷ サービスのハンドラーを設定します。

センサーがコールバックメカニズムを介して測定値を返す場合には、「15.1.5 設計3：ストリーミングされた計測値を固定周期で配信する」にあるものと同様のメソッドを用いて、これらの値を格納しその値をサービスのコールバックで返す必要があります。

15.2 新しいアクチュエーターを追加する

ここまで、ROSに新しいセンサーを追加する方法を見てきました。今度は新しいアクチュエーターを追加する方法を見ていきましょう。一般的な方法は、次のようになります。コマンドをアクチュエーターに送る方法を決め、使用するデータ型を決め、既存のAPIにROSのラッパーをかぶせる、です。

15.2.1 （擬似）アクチュエーター

センサーの例のように、今回も擬似アクチュエーター（FakeActuatorと呼ぶ）を用いて、本物のアクチュエーター用にROSのラッパーを書く方法を具体的に説明していきます。前と同様に、**図15-2**に示す擬似アクチュエーターは、PySideで作られたGUIを起動して表示します。このGUIには、ライト（上側）、音量調整（中央）、「回転台座」（下側）の3つの要素があります。これは、回転する台座に載ったサーチライトとスピーカーを表していると考えてください。現実にはこのようなアクチュエーターは存在しませんが、本物のアクチュエーターのAPIに見られるいくつかの特性を持っています。皆さんはtoggle_light()関数でライトのオンオフを切り替えたり、set_volume()関数で音量を設定したり、set_position()関数で回転位置を設定することができます。アクチュエーターのこれらの3つの要素はそれぞれ、現在どのような状態にあるかを伝える機能（それぞれlight_on()、volume()、position()）を有しています。重要なことは、これらアクチュエーターの3つの要素が、本物のアクチュエーターとのやり取りの方法を示す代表的な例であるということです。

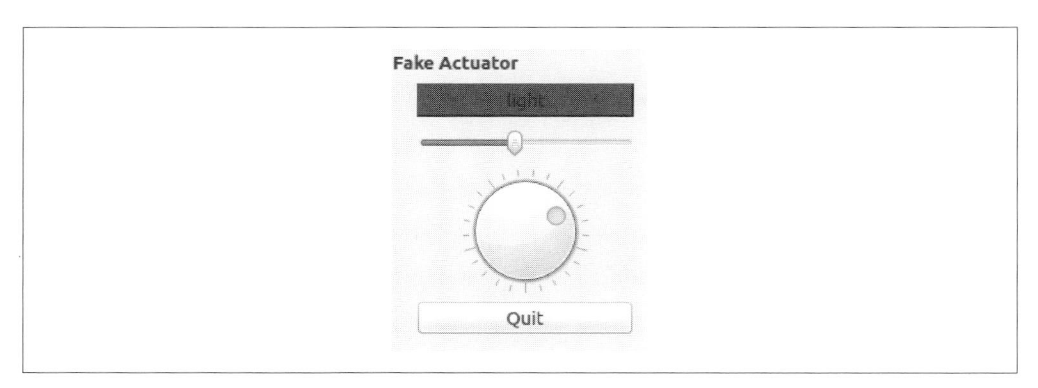

図15-2　擬似アクチュエーターのグラフィカルインタフェース

15.2.2　ROSのラッパーの設計

ROSのラッパーを設計するときに、考慮しなくてはならないことが2つあります。1つ目がアクチュエーターのハードウェアとのやり取りの方法がどのようなタイプのものかということ、2つ目はどのデータ型を使用すべきかということです。ここで用いる擬似アクチュエーターには、音量調整、ライト、回転台座という3つのデバイスがあります。ここでは、これら3つについて、それぞれ別々の扱い方をします。

アクチュエーターとのやり取りのタイプによって、アクチュエーターの制御に使うROSのメカニズムが決まります。ハードウェアに絶えずコマンドを送信するような場合は、トピックを使用すべきです。ハードウェアにときどきコマンドを送信し、ハードウェアはそれをすぐに実行するような場合は、サービスコールを使用すべきです。最後に、ときどきコマンドを送信し、そのコマンドが完了するまでに長い時間がかかる（あるいはかかる時間がばらばらである）場合は、アクションを使用すべきです。これらは次の節で詳しく説明します。まずは、擬似アクチュエーターを包むROSのラッパーのコードを**例15-6**に示します。

例15-6 actuator.py

```
#!/usr/bin/env python

from fake_actuator import FakeActuator

import rospy
import actionlib
from std_msgs.msg import Float32

from sensors.srv import Light,LightResponse
from sensors.msg import RotationAction,RotationFeedback,RotationResult


def volume_callback(msg):
    actuator.set_volume(min(100, max(0, int(msg.data * 100))))


def light_callback(request):
    actuator.toggle_light(request.on)
    return LightResponse(actuator.light_on())


def rotation_callback(goal):
    feedback = RotationFeedback()
    result = RotationResult()

    actuator.set_position(goal.orientation)
    success = True

    rate = rospy.Rate(10)
    while fabs(goal.orientation - actuator.position()) > 0.01:
        if a.is_preempt_requested():
            success = False
            break;

        feedback.current_orientation = actuator.position()
        a.publish_feedback(feedback)
        rate.sleep()

    result.final_orientation = actuator.position()
    if success:
        a.set_succeeded(result)
    else:
        a.set_preempted(result)
```

```
if __name__ == '__main__':
    actuator = FakeActuator() # ❶

    # Initialize the node
    rospy.init_node('fake')

    # Topic for the volume
    t = rospy.Subscriber('fake/volume', Float32, volume_callback) # ❷

    # Service for the light
    s = rospy.Service('fake/light', Light, light_callback) # ❸

    # Action for the position
    a = actionlib.SimpleActionServer('fake/position', RotationAction, # ❹
                                     execute_cb=rotation_callback,
                                     auto_start=False)
    a.start()

    # Start everything
    rospy.spin()
```

❶ アクチュエーターを初期化し、動作に必要な設定を行います。

❷ 音量コマンドのためのトピックを購読します。

❸ ライトを制御するサービスを公開します。

❹ 回転位置を制御するアクションを公開します。

import文には、少し注意を払ってください。

```
#!/usr/bin/env python

from fake_actuator import FakeActuator

import rospy
import actionlib
from std_msgs.msg import Float32

from sensors.srv import Light,LightResponse
from sensors.msg import RotationAction,RotationFeedback,RotationResult
```

LightとLightResponseを読み込んでいる最初の文はすでに定義したサービス定義を読み込みます。2番目の文は、前に説明した、回転アクションインタフェース用のメッセージの定義を全部読み込みます。ここで扱うアクションを機能させるためにはこれら3つすべてが必要です。

15.2.3 設計1：連続的なアクチュエーション

この擬似アクチュエーターの音量コントロールを連続的なアクチュエーションの例として扱うことができます。このアクチュエーターには、音量、つまり0から1までの範囲の浮動小数点数を連続的に送信すれば、音量を適切に設定することができます。このコマンドは一方向で、音量の設定はできますが、現在の音量がどれくらいかはフィードバックされません。音量が実際に設定されたことを確認したい場合には、次の節の例と同様にサービスコールが必要です。ここでは音量は常に正しく設定されることを前提とします。音量の設定はすぐに実行され、アクチュエーターによるバッファリングはされないものと仮定します。これは、このデバイスが、次の要求が来る前に、音量設定の要求を完了可能であることを示しています。そうでない場合は、他の設計のほうが適切でしょう。

つまり、デバイスに音量コマンドを連続的に送信すると、都度音量が即座に設定される、このような場合は、通信メカニズムとしてトピックを使うことは適切な選択です。設定する音量は、最大の音量に対する割合（浮動小数点数）で指定し、メッセージ型にはFloat32を用いることにします。この音量用に、新しい独自のメッセージ型を定義することもできます。例えば、Volumeというメッセージ型で、浮動小数点数を1つ持つようなものです。しかし、一般的なタイプを使用したほうが、このトピックが使いやすくなります。他のノードがFloat32で配信するデータを新しいデータ型に変換する必要がないからです。

トピック名はfake/volumeとしました。このように名前空間を使用するのは、1つのデバイスが異なったインタフェースをたくさん持っている場合の常套手段です。つまり、このデバイスのすべてのインタフェースはfake/で始まり、機能を説明する名前で終わります。

ご想像どおりかもしれませんが、このトピックのコールバックのコードは、かなり単純です（**例15-7**参照）。このコールバックで行うべきことは、メッセージからの値で音量設定関数を呼ぶことだけです。ここでは、値を100倍しています。これは、トピックが0から1までの浮動小数点数を届けてくるのに対して、このデバイスは0から100までの整数を取るからです。また、値が0と100の間になるように範囲を制限しており、音量はデバイスが受け取れる範囲内に収まります。コールバックでこの種の変換や範囲チェックをするのは自然なことです。また、ハードウェアデバイスにソフトウェア的な制限をかけるのもコールバックで行うとよいでしょう。例えば、デバイスの音量が最大でも80%以上にならないほうがよい場合には、ここで確認するようにしてください。

例15-7　音量コントロール用のトピックのコールバック

```
def volume_callback(msg):
    actuator.set_volume(min(100, max(0, int(msg.data * 100))))
```

例15-7のset_volume()呼び出しはわかりづらいので、説明をしたほうがよいでしょう。メッセージの値（0と1の間の浮動小数点数）を取り出し、それを0～100の数値にスケーリングし、int()関数で整数に変換します。その後で、0～100までの範囲にクリッピングしています。これはメッセージが不正なデータを受信した場合のためです。スケーリングした値が0未満の場合は、max()関数は0を返し、それ以外の場合には、その値自身を返します。これにより下限が決まります。この値はmin()関数に渡され、100以下の場合はその値を返します。これらの2つのステップにより、set_volume()に渡される値は必ず0以上100以下の整数になります。

15.2.4　設計2：不定期で瞬間的なアクチュエーション

ROSのネットワーキングは、「ベストエフォート」であり、トピックを介して送られたメッセージが受信されなかったり、実行されない可能性が常にあります（ただし、確率は低い）。ROSのトピックは、送信を保証するTCPソケット上に作られていますが、購読する側のバッファーがオーバーフローした場合には、メッセージが失われるかもしれません。この可能性は、少なくともうまく設計されたコードでは低いのですが、それでも起こりうるものなのです。コマンドが頻繁に送信されているのであれば、その1つが通らなくても、世界の終わりというほどひどいことにはならないでしょう。パケットがまれにドロップすることがあるという状況であれば、コマンドを頻繁に送ることにより、深刻な問題を起こさなくすることができます。

しかし、たまにしかコマンドを送信しない場合には、コマンドのうちの1つが失われてしまうのは大きな問題で、コマンドがすべて伝わったかどうかを確認したくなります。この場合にはサービスコールを使用すべきです。これにより、アクチュエーターにコマンドを配信し、確認応答を取得するまで待機することができます。応答確認にはコマンドが成功したかどうかの情報が含まれていることがほとんどです。

擬似アクチュエーターのライトは、この種のアクチュエーターの良い例で、サービスコールのインタフェースを用いるべきです。ライトをつけたり消したりすることは、離散的な操作であり高頻度では行いません。このサービスのコールバックのコードは、前の節のトピックのコールバックのコードとほとんど同じくらいシンプルです（**例15-8**参照）。

例15-8　音量コントロール用のサービスのコールバック

```
def light_callback(request):
    actuator.toggle_light(request.on)
    return LightResponse(actuator.light_on())
```

このコードがやっていることは、デバイスのAPIにコマンド（ライトの状態を表すブール値）を渡すことだけです。そして、現在のライトの状態をブール値で返しています。このサービスを呼び出したノードは、返ってきた値とコマンドを比較することで、すべてが期待どおりに動作していることを確認することができます。このサービス定義を**例15-9**に示します。これには、単に、サービスコールに渡すブール型のパラメーター（期待されるライトの状態を表す）と、戻り値用のブール型のパラメーター（呼び出しの後のライトの実際の状態を表す）が書いてあるだけです。

例15-9 Light.srv

```
bool on
---
bool status
```

サービスコールは同期型です。呼び出し側のノードは、サーバーからの応答を待たなければなりません。コマンドの実行に時間がかからないか、呼び出し側のノードに待つ余裕があれば、それでも問題ではありません。しかし、コマンドの実行に時間がかかったり、終了するまで待ちたくない場合には、問題となる可能性があります。この場合には、アクションインタフェースを使用してください。

15.2.5 設計3：不定期で、時間のかかるアクチュエーション

「5章 アクション」で学んだように、アクションインタフェースを用いると、呼び出し側のノードは、コマンドが確実に受信され作用させたことを確信できます。この点ではサービスインタフェースに似ています。しかし、アクションは非同期型なので、呼び出し側のノードがコマンドの終了を待つ必要はありません。これは、時間がかかる動作では理想的です。これの良い例は、ナビゲーションスタックです。ロボットが目標位置に移動するまで待っていたくはありませんが、ロボットがいつそこに着いたかは知りたいのです。

擬似アクチュエーターの回転台座では、set_position()関数で回転位置を設定します。しかし、この回転台座には回転速度に上限があり、ある位置から別のところに瞬時に移動することはできません。これは、アクションインタフェースの良い候補です。このアクションのコールバックのコードを**例15-10**に、アクション定義は**例15-11**に示します。

例15-10 回転台座用のアクションのコールバック

```
def rotation_callback(goal):
    feedback = RotationFeedback()
    result = RotationResult()

    actuator.set_position(goal.orientation)
    success = True

    rate = rospy.Rate(10)
    while fabs(goal.orientation - actuator.position()) > 0.01:
        if a.is_preempt_requested():
            success = False
            break;

        feedback.current_orientation = actuator.position()
        a.publish_feedback(feedback)
```

```
        rate.sleep()

    result.final_orientation = actuator.position()
    if success:
        a.set_succeeded(result)
    else:
        a.set_preempted(result)
```

例15-11　Rotation.action

```
float32 orientation
---
float32 final_orientation
---
float32 current_orientation
```

このプログラムはRotationFeedbackとRotationResultを作成することから始まります。これらは、回転台座の回転状況を逐次的に返したり、回転台座の最終的な位置を返すためのものです。両方とも、回転台座の位置に応じた浮動小数点数の値です。

次に、デバイスAPIに目的位置を渡すと、回転台座が回転を始めます。そして、回転台座の実際の位置が、指定した位置に近づくまでループします。ループ内では、毎回、動作が中断されたかどうかを確認し（中断されたときはループを抜ける）、呼び出し側のノードに現在の位置を定期的にフィードバックしています。ループには、Rateインスタンスを用いて、10Hzに設定しています。最後まで、動作が中断されなかった場合には、状態を成功と設定し、回転台座の最終的な位置を返します。

これにより、呼び出し側のノードは回転コマンドを配信した後、コマンドが完了するまで待つ必要がなくなります。呼び出し側のノードは、定期的に更新情報を得たり、コールバックを使用することで成功または失敗の通知を取得することができます。

15.3　まとめ

本章では、新しいセンサーやアクチュエーターを扱い、ラッパーを書いてROSのエコシステムに組み込む方法を見てきました。センサーの場合は、メッセージの型、配信メカニズム（トピック、サービス、アクション）、センサーの測定値にアクセスする方法を決めてしまえば、ラッパーを書くのはかなり簡単です。アクチュエーターの場合は、デバイスとどのようにやり取りをするかによって、そのメカニズムの大部分が決まります。定期的にコマンドを送り、ときどきメッセージが失われても大丈夫な場合には、トピックを使ってください。それほど頻繁にコマンドを送らなかったり、コマンドが確実に実行される必要がある場合には、サービス（即座に実行されるもの用）やアクション（実行に時間がかかるもの用）を用いてください。

ROSに新しいものを組み込んだら、次のステップは他の人にそのことを教えることです。「22章 ROSコミュニティー：オンラインリソース」で見るように、ROSの強力な部分の1つは、貢献する人々のコミュニティーです。このエコシステムに何か新しいハードウェアを導入したら、公共の場所でコードを公開し、ドキュメントとwikiページを書き、コミュニティーに教えてあげてください（これに関する詳細は「22章 ROSコミュニティー：オンラインリソース」を参照してください）。こうすることで他の人がこのハードワークの恩恵を受けることができ、ROSをさらに強力で良いものにします。

さて、本章ではROSに新しいセンサーやアクチュエーターを追加する方法を見てきたので、この後の数章を使って、まったく新しいロボットのプラットフォームをROSのエコシステムに持ち込んでくる方法について見ていきます。

16章
自作の移動ロボット

皆さんにとって最もやりがいのある（ときどきイライラするかもしれませんが）ロボットプロジェクトの1つは、自分専用のロボットを組み立てることです。世の中にはすばらしいロボットがたくさんありますが、自分のニーズに合ったロボットが存在しない場合もあります。また、ロボットを設計して組み立てる経験をしたいだけという場合もあるでしょう。理由はどうであれ、すばらしい専用のロボットを組み立てたら、どうすればそれをROSで制御できるようになるのでしょうか？

本章では、新しいロボット（非常に古いロボットに触発されたものですが）をROSに接続する手順を順に見ていき、本書を通して説明してきたライブラリとツールを使用できるようにします。本章は、ゼロから作成した独自のロボットをROSで制御するためのガイドとして構成していますが、まだ「ROSに対応していない」どんなロボットに対しても同じように適用できます。このようなロボットには、部品から組み立てられたロボットや（ますますまれなケースになってきていますが）ROSをサポートしていない既製品のロボットなどがあります。

16.1 TortoiseBot（トータスボット）

ここでは、新しい室内用の移動ロボットを組み立てていきます。どのようなロボットにするかを考えるにあたって、最も古い移動ロボットの1つを見てみましょう。それはElsieと呼ばれるロボットです（**図16-1**）。Elsieは英国の神経生理学者（サイバネティクスの研究者）であるグレイ・ウォルターによって1940年代後半に製作されたロボットシリーズの1つです。その分野の草分けであるウォルターは動物行動の研究の一環としてロボットを作りました。複雑で生物そっくりな動作を行う機械を作ることで、自然の生命体がどのように機能するのかを学ぶことができると彼は信じていました。この研究分野は、現在では**人工生命**と呼ばれています。

図16-1 グレイ・ウォルターのElsie。1940年代に製作された「Tortoise（カメ）」ロボットシリーズの1つ

ウォルターのロボットは技術的にも科学的にも驚異的でした。それは、手作りのアナログな機械でしたが、ランダムに室内を歩き回ったり、障害物を避けたり（あるいは少なくともぶつかって跳ね返ったり）、電池の残量が少なくなると充電スタンドに戻ったりします[*1]。ウォルターのTortoiseロボットは2つの後輪と、操舵を行う1つの前輪を持つ三輪車の上に作られていて、前輪が駆動します。前輪につながっているフォトダイオードによって、光源の方向に舵を取ります（巧妙な電気回路により、近づきすぎないようにもなっていました）。

ドーム型の保護殻と、とぼとぼ歩く動きからウォルターは自身のロボットを**亀**（tortoise）と名付けました。彼の業績に敬意を表して、本章では**TortoiseBot**を組み立てていきます。実際には組み立てませんが、仮に自分でロボットを組み立てるものとして、ROSからそのロボットを制御するために知っておくべきことを説明します。その後、そのシミュレーションモデルを作成します。

ROSを使ってTortoiseBotや、ほとんどの新しいロボットを制御する手順は以下のとおりです。

---

*1 手作りであることとアナログなことを除いて、これらのロボットは50年後のとある掃除ロボットを思い起こさせるかもしれません。

1. ROSのメッセージインタフェースを決める。
2. ロボットのモーター用のドライバーを書く。
3. ロボットの物理構造のモデルを書く。
4. Gazeboのシミュレーションで使用できるようにモデルに物理的特性を追加する。
5. `tf`を介して座標変換データを配信し、`rviz`でそれを可視化する。
6. センサーを追加する。ドライバーとシミュレーションのサポートも必要。
7. ナビゲーション等の標準的なアルゴリズムを適用する。

本章の残りと次の章で、ステップを1つずつ進みながら、それぞれのステップで決める必要があることを説明していきます。これらを通して最後には、皆さんの自作ロボットが（TortoiseBotにどれだけ似ているかに関係なく）ROSで動くようになります。

16.2 ROSメッセージインタフェース

最初に行うべきことは移動台車を制御することです。移動台車というハードウェアと通信をするROSノードを何らかの方法で書き、システムの他の構成要素に標準的なROSのインタフェースを提供します。これこそがROSの共通でコアとなる概念である**抽象化**です。ロボットがどのようなものであっても、ROSでは、それが類似の他のロボットと同様に見え、扱えるようにしたいと思っています。そうすることで、標準的なインタフェースで動作するように設計されたツールとライブラリからなるエコシステムのすべてを再利用することができるようになるのです。

TortoiseBotを特徴づける特性としては、このロボットは移動ロボットであり、その移動は（壁を登ったり飛んだりすることはできず）地上を走行することに限定されているということです。より詳細には、TortoiseBotは、その構成により、三輪車と同じ方法で移動することができます。すなわち、前後方向（x軸）に並進移動することができ、（z軸の周りを）回転することができます。またこの2つを組み合わせることができます。TortoiseBotは左右方向の並進移動（y軸）も、上下方向（z軸）への並進移動もできません。本体のロールもピッチ（それぞれx軸とy軸の周りの回転）もできません。よって、本質的には、目標とする2つの速度を送信すれば、TortoiseBotを制御するには十分です。

`vx`
: x軸上の並進速度（慣例により前方を正とします）

`vyaw`
: z軸周りの回転速度（慣例により反時計回りを正とします）

この結果として、ロボットが（*x*、*y*、*yaw*）のような平面内での位置と向きを報告することが期待されます。

TortoiseBotのようなロボットを表現するために、ROSコミュニティーは次のようなROSメッセージインタフェースに行き着きました。このインタフェースは非常に多くの移動ロボットでサポートされています。

geometry_msgs/Twist (cmd_vel **トピック**)
: ロボットの目標速度（コマンドとしてロボットに送信します）

nav_msgs/Odometry (odom **トピック**)
: ロボットの位置と向き（データとしてロボットから送信されます）

それではrosmsg showコマンドを使って、これらのメッセージ型の中に何があるか見てみましょう。geometry_msgs/Twistから始めます。

```
user@hostname$ rosmsg show geometry_msgs/Twist
geometry_msgs/Vector3 linear
  float64 x
  float64 y
  float64 z
geometry_msgs/Vector3 angular
  float64 x
  float64 y
  float64 z
```

これは十分に単純です。つまり、各軸に沿った移動のための3つの並進速度と、各軸の周りの回転のための3つの角速度があります。今回私たちは一部のフィールド（linear/y、linear/z、angular/x、angular/y）は必要ではありませんが、それらを無視し、使う値だけを取り出すことは簡単です。

さて次はnav_msgs/Odometryです。

```
user@hostname$ rosmsg show nav_msgs/Odometry
std_msgs/Header header
  uint32 seq
  time stamp
  string frame_id
string child_frame_id
geometry_msgs/PoseWithCovariance pose
  geometry_msgs/Pose pose
    geometry_msgs/Point position
      float64 x
      float64 y
      float64 z
    geometry_msgs/Quaternion orientation
      float64 x
      float64 y
      float64 z
```

```
        float64 w
    float64[36] covariance
  geometry_msgs/TwistWithCovariance twist
    geometry_msgs/Twist twist
      geometry_msgs/Vector3 linear
        float64 x
        float64 y
        float64 z
      geometry_msgs/Vector3 angular
        float64 x
        float64 y
        float64 z
    float64[36] covariance
```

多くのROSメッセージはheaderと呼ばれるフィールドを含んでおり、それはstd_msgs/Headerというタイプを持ちます。headerはロボットシステム内のさまざまな種類のデータにおいて、それらを正しく解釈するために必要な2つの情報をやり取りするために使われています。それらは、データが生成された時間と、どの座標系で表されているかという情報で、headerの持つこれらの情報は、ROS内のいくつかの箇所で特別に扱われており、tfライブラリはその代表的な例の1つです。tfライブラリは、多くの異なる種類のデータを座標系から別の座標系へ変換するためのツールを提供しています。このツールは例えば異なる時間に異なるレーザーから取得されたレンジスキャンのデータを、その後の処理をするための共通の座標系に変換するといった複雑な操作を、簡単に行うことができます。

これは結構な情報量を持つメッセージフォーマットで、書き込むフィールドがたくさんあります。幸い、geometry_msgs/Twistメッセージと同様に、フィールドの大半を空のままにしておくことができます。ロボットの位置と向きを報告するために、実際にはpose/pose/positionとpose/pose/orientationフィールドをセットする必要があるだけで、covarianceフィールド（共分散フィールド：不確かさを持っている装置の部品にのみ必要とされる）は無視することができます。pose/pose/positionに関しては、xとyを設定するだけで大丈夫です。pose/pose/orientationは少し複雑です。ロボットが1軸（z軸）の周りで回転するだけのものであっても、3次元姿勢を表現するための四元数を設定する必要があります。四元数の設定方法や計算の仕方は本書の範囲外です。幸運にも、ROS内のさまざまなヘルパーユーティリティーに加えて、優れたチュートリアルがインターネット上に多数存在しています（最初に読むにはtfのドキュメントhttp://wiki.ros.org/tf?distro=indigoがよいでしょう）。

不要なフィールドは無視することができますが、cmd_vel/odomインタフェースは地面を歩き回るだけの単純なTortoiseBotにはやりすぎのように見えます。このTortoiseBot用に、必要なフィールドだけを含むもっと簡潔なメッセージインタフェースを定義することは簡単にできるでしょう。しかし、一方で、そうしてしまうと、他のロボットや、あるいはそれらと一緒に動くように設計されているツールやライブラリとの互換性がなくなるでしょう。これが相反する点です。つまり、ROSのインタフェースで提供するものを決めるとき、特異性と相互運用性とのバランスを注意深く検討する必要があります。自身が扱うロボットが既存のツールとライブラリを最大限に再利用できる方法を慎重に探すべきです。移動ロボットの場合、任意の3次元姿勢を共分散とともに表現できるcmd_vel/odomインタフェースを使用したほうがはるかに強力で柔軟です。これにより地上を走るものであろうと、空中を飛ぶものであろうと、このインタフェースを使う移動型のロボットと同じように、自身のロボットも共通のツール群を使って操作をすることができるようになるのです。

さまざまな移動ロボットを考慮し、ROSコミュニティーはインタフェースを現在の形に落ち着けてきました。そしてTortoiseBotのような単純なロボットもこれに従うことが慣例となっており、本書もその先例に従うことにします。

16.3　ハードウェアドライバー

ROSインタフェースが何をサポートしているかはわかったので、ロボットのモーターを制御し、そのエンコーダー（個々のモーターがどれだけ回転したかを計測するモーター内のセンサー）から読み込みを行うノードを実際に書く必要があります。このステップの詳細、つまりドライバーを書くステップは、ロボットのハードウェアがどのように設計され、そのハードウェアとどうやって通信を行うことができるのかに強く依存します。通常は、ある種の物理的なインタフェース（例えば、USB）と、何らかの通信プロトコルがあります。通信プロトコルは、多くの場合、それ専用のものです。運が良くその通信プロトコルを実装したソースコードが存在すれば、多くの労力を節約できます（ただし、コードが構造化されていない場合や、ライセンスが簡単に再利用できるものでなければ、節約できません）。

通信の内容がどんなものであっても、ドライバーノードで何らかの計算をして、ロボットが提供するコマンドとデータの表現形式と、私たちがROSのインタフェースとしてサポートするcmd_vel/odom間での変換を行う必要があります。TortoiseBotのようなロボットでは、このインタフェースは「一輪車モデル」として扱う場合があります。それは、このロボットを前進と回転の速度を独立して制御することができる一輪車として扱うことができるからです。ただ、このロボットはもちろん実際には一輪車ではないので、何らかの変換が必要です。例えば、このロボットは、その基本機能としてそれぞれの車輪ごとに目標の速度を送り操作を行うことや、回転角度を受け取ることができるかもしれません。この場合、皆さんのノードは必要な三角関数を計算する必要があるでしょう。それには、ロボットの運動学的な構成（車輪の直径や車軸の長さなど）といった属性値を用いて個々の車輪の状態とロボット全体の状態の間での変換を計算します。ここでの計算は、比較的簡単です。もっと複雑な場合は、ロボットの運動学の教科書を参照してください。

移動台車を制御するための汎用的なドライバーのコードを提供することはできませんが、ROSエコシステム内には参考になるサンプルがたくさんあります。本章の残りの部分では、cmd_vel/odomのインタフェースをサポートするドライバーノードが作成されたという仮定のもとで話を進め、ROSに統合する際に必要とされるそれ以外の手順について説明をしていきます。この後の手順は、ハードウェアやドライバーがなくてもシミュレーションだけで試してみることができます。まずは、ロボットのモデルを作ることから始めます。

16.4 ロボットのモデリング：URDF

TortoiseBotをたくさんの標準的なROSツールで使用するには、このロボットの運動学上の**モデル**を書き下ろす必要があります。つまり、ロボットの物理的な構成を記述する必要があるのです。例えば、いくつ車輪を持っているか、それらがどこに置かれているか、どの方向に向いているかなどです。この情報はrvizでロボットの状態を可視化したり、gazeboでロボットをシミュレートしたり、ナビゲーションスタックのようなシステムで何らかの目的を持って実世界を移動させたりするのに使われます。

ROSでは、URDF（Unified Robot Description Format）と呼ばれるXMLによる記述形式でロボットモデルを表現します。この形式は二輪の玩具から歩行型ロボットまで多種多様なロボットを表現できるように設計されています。URDFは、1章と14章でロボットのGazebo環境を構築するために使ったSDF（Simulation Description Format）と似ています。SDFはシミュレーションで役に立つ拡張機能を含んでいますが、ほとんどのROSツールはURDFを必要としており、GazeboはSDFに加えてURDFも解釈することができます。したがって、新しいロボットをモデル化するのはURDFを用いるのが最も良いのです。

本節では、TortoiseBot用のURDFモデルの構築を順に見ていきます。URDFの構文と機能の詳細に関しては、URDFのドキュメント（http://wiki.ros.org/urdf?distro=indigo）を参照してください。

TortoiseBotをモデル化するために必須の構成要素について考えてみます。

- 1つの台座
- 台座に取り付けられた2つの後輪
- 台座に取り付けられた1つの前方のキャスター
- 前方のキャスターに取り付けられた1つの前輪

これらのコンポーネントがツリー構造を形成するのを想像してみてください。台座がルートです。そして、後輪それぞれと前方のキャスターにつながっています。次に、そのキャスターは前輪とつながっています。実際に、URDFはその運動学上のつながりがツリー構造で記述できるロボットだけを表現することができます。つまり、ループ構造は許されていません（幸い、製造業で使われる特定の領域のロボットに例外はありますが、ループ構造はロボットの構成としてはかなり珍しいです）。

TortoiseBotのツリー構造による表現をURDFによる表現に変換します。ここでは主にリンクと関節に焦点を当てています。

- **リンク**は剛体で、台座や車輪などです。
- **関節**は2つのリンクを接続し、それらが互いに対してどのように動くことができるかを定義します。

台座に1つのリンクが付いているTortoiseBotモデルから始めましょう。**例16-1**に示しています。

例16-1　TortoiseBot台座のモデル

```
<?xml version="1.0"?>
<robot name="tortoisebot">
  <link name="base_link">
    <visual>
      <geometry>
        <box size="0.6 0.3 0.3"/>
      </geometry>
      <material name="silver">
        <color rgba="0.75 0.75 0.75 1"/>
      </material>
    </visual>
  </link>
</robot>
```

この短いモデルは、`base_link`（この名前はROSシステムでは`chassis`（台座）よりも一般的です）と呼ばれるリンクを1つ宣言しています。その外観（visual）は0.6m×0.3m×0.3mの大きさの`box`（直方体）で表現されます。すべてのURDFリンクと同じように、通常では、この直方体の原点はその中心です。これは、後で、リンクからオフセットした位置に関節を取り付けようとするときに重要になります。この直方体に一般に「銀」に当たる色をRGBA空間による表現で与えます。RGBA空間では、色を作るために赤、緑、青のレベルを与えます（Aはalphaのaで、透明度を表します。0が透明で、1が不透明です）。このモデルがどのように見えるかを確認するために、そのコードを`tortoisebot.urdf`というファイル名で保存し、`roslaunch urdf_tutorial/display.launch`を用いて可視化してみてください。

```
user@hostname$ roslaunch urdf_tutorial display.launch model:=tortoisebot.urdf
```

図16-2と同じように、`rviz`がポップアップし、長方形の銀色の箱が1つ表示されるはずです。

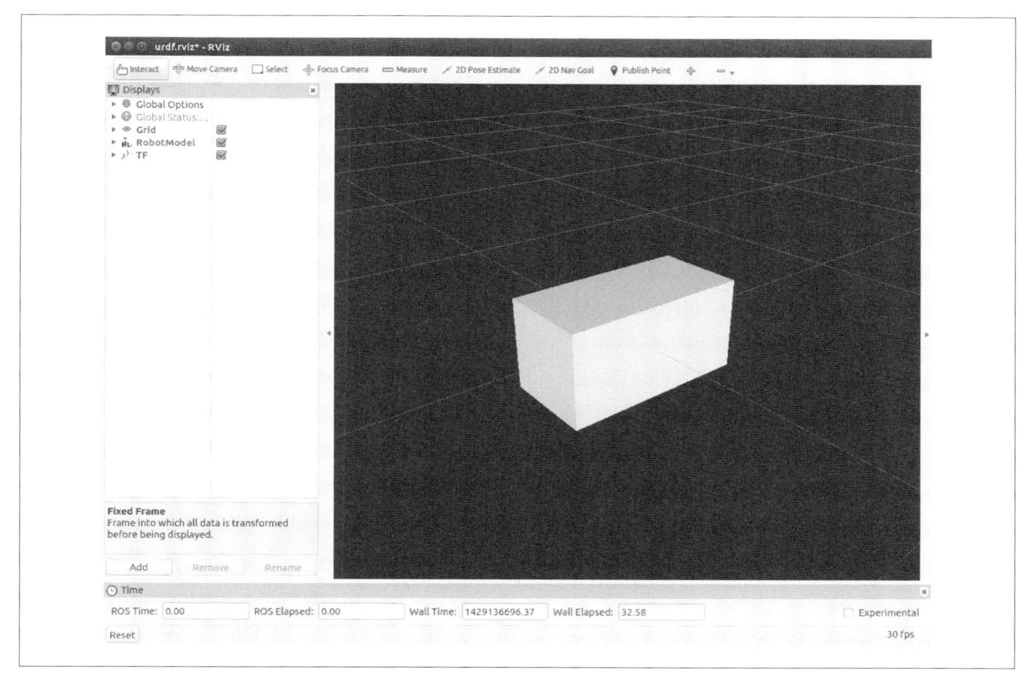

図16-2　TortoiseBotの台座を可視化したもの

URDFモデル構造を可視化するためのもう1つの便利なツールが`urdf_to_graphiz`です。これはURDFファイルを解析して、モデルのトポロジーに関するグラフ表現を生成し、どのようにリンクと関節が接続されているかを示します。`urdf_to_graphiz tortoisebot.urdf`を実行して、皆さんのTortoiseBotモデルで試してみてください。次に、PDFビューアーで結果の`tortoisebot.pdf`を開きます。

次に前方のキャスターを追加します。それを長方形の箱で表し、**例16-2**に示すように、垂直方向に向けて、台座の前面に取り付けます。

例16-2　TortoiseBotの前方のキャスターと関節のためのコード

```
<link name="front_caster">
  <visual>
    <geometry>
      <box size="0.1 0.1 0.3"/>
    </geometry>
    <material name="silver"/>
  </visual>
</link>
```

```
<joint name="front_caster_joint" type="continuous">
  <axis xyz="0 0 1"/>
  <parent link="base_link"/>
  <child link="front_caster"/>
  <origin rpy="0 0 0" xyz="0.3 0 0"/>
</joint>
```

このURDFでは2つ目のリンクfront_casterを関節front_caster_jointと一緒に宣言しています。front_caster_jointはbase_linkとfront_casterを接続します。この関節はcontinuousであり、指定された軸で両方向に無限に回転することができることを意味しています。この場合はz軸（axisタグによって決まる）です。URDFによってサポートされている関節のタイプを**表16-1**に記載します。この関節の原点はその親であるbase_linkの前面に配置するようx方向に0.3mずらされています。

表16-1　URDFがサポートする関節のタイプ

名前	解説
continuous	1つの軸の周りに無限に回転できる関節
revolute	無限回転機構を持つ関節に似ているが、角度の上限下限の制限付きの関節
prismatic	位置の上限下限の制限付きの単一軸に沿って直線的にスライドする関節
planar	平面上の並進とその平面に対して垂直な軸で回転することができる関節
floating	完全な6次元の並進と回転ができる関節
fixed	固定された関節。どんな動作もしない特殊な関節タイプ

tortoisebot.urdfの</robot>の閉じタグの前に**例16-2**のコードを追加し保存してください。その後、再び表示ツールを起動してください。

```
user@hostname$ roslaunch urdf_tutorial display.launch model:=tortoisebot.urdf
```

rvizには、**図16-3**と同じように、キャスターリンクの原点を示している赤、青、緑のマーカーとともに両方のリンクが表示されているはずです。

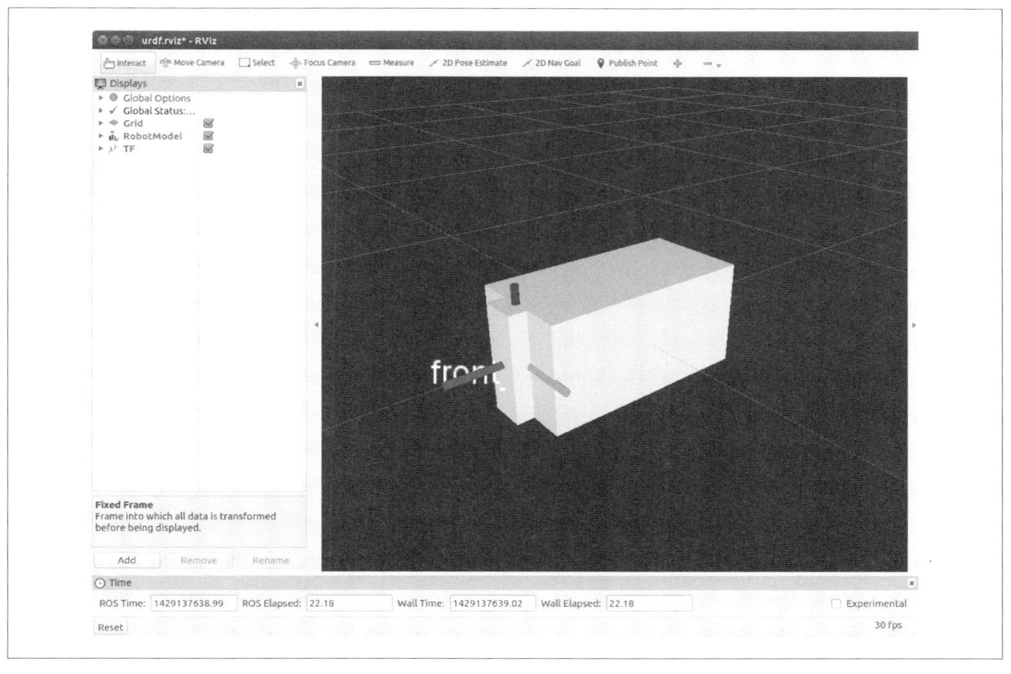

図16-3　前方のキャスターとTortoiseBotの台座の可視化

キャスターは正しい場所にあるように見えますが、関節が正しく動作しているかどうかはどのように確認すればよいのでしょうか？ 幸いにも、URDFの表示ツールが助けてくれます。今回は引数にgui:=Trueを追加して再起動してください。

```
user@hostname$ roslaunch urdf_tutorial display.launch model:=tortoisebot.urdf \
  gui:=True
```

今度は、**図16-4**に示すように、rvizに加えて、joint_state_publisherと呼ばれる小型の制御用のGUIが見えているはずです。

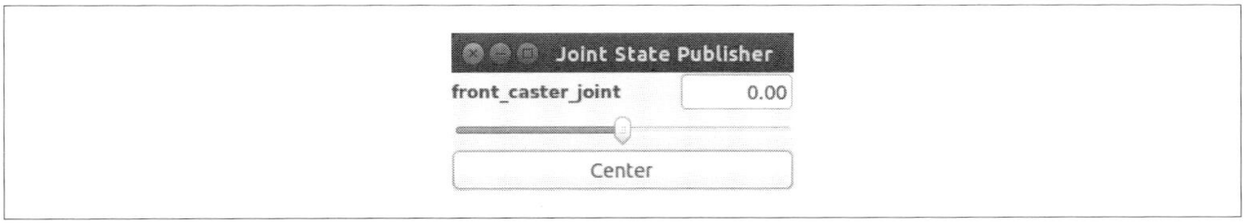

Joint State Publisher
front_caster_joint　0.00
Center

図16-4　ある関節の用のjoint_state_publisherのGUI

joint_state_publisherは新しく定義した関節を制御するのに使用できます。左右にスライドさせると、rviz内で台座に対してフロントキャスターが左右に回転するのが見えるはずです。このように、URDFの表示ツールとその制御用GUIは、URDFモデルを確認し、デバッグし、修正するとても有益な機能を提供してくれます。

ここで一度立ち止まって、ROSの内部で何が起こっているのか考えてみましょう。ここではまだ、実際のロボットもなければ、シミュレーター環境さえもありません。`joint_state_publisher`は何を行っているのでしょうか？ **図16-5**に示すように実際にいくつかのことが起こっています。

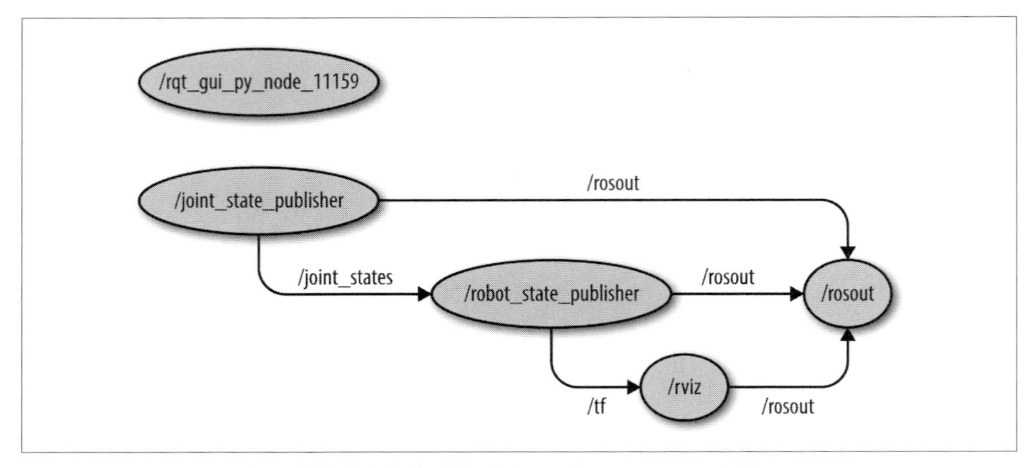

図16-5 TortoiseBotモデルの可視化と作動に関与するノードのrqt_graphの表示

- 起動時に、このロボットのURDFモデルは`robot_description`という標準で決められた名前でパラメーターサーバーに読み込まれます。パラメーターサーバーに保存された内容を確認するために、`rosparam get /robot_description`を行ってみてください。
- この`joint_state_publisher`は、GUIのスライダーの状態に応じて、`/joint_states`トピックの`sensor_msgs/JointState`メッセージを配信しています。各メッセージはシステム内の各関節の位置を宣言します。`rostopic echo /joint_states`を実行することでデータを見ることができます。
- もう1つのノードである`robot_state_publisher`は、パラメーターサーバーからURDFモデルを読み、`/joint_states`を購読します。このノードは各関節の1次元の位置と、隣り合うそれぞれのリンクの位置関係を6次元（位置と方向）で示したツリー構造とを計算します（言い換えると、**順運動学**を実行します）。この変換のツリーは`/tf`トピック内の`tf2_msgs/TFMessage`メッセージとして配信されます。
- 最後に、`rviz`もパラメーターサーバーからURDFモデルを読み込み、`/tf`を購読し、ロボットのリンクの位置と方向を可視化しています。

この仕組みは非常に複雑に見えるかもしれませんが、モジュール化されているので、それぞれの部分をかなり再利用できます。例えば、`robot_state_publisher`は、ロボット（実物とシミュレーションの両方）の順運動学の一般的なタスクを処理するために使うことができ、これにより、ロボットドライバーの製作者らは単に個々の関節の状態の情報を配信すればよくなり、すべての座標変換ツリーを自前で行う必要がなくなります。すでに見てきたように、rvizは、ROS開発で広く使用されています。特に座標変換に関連するデータの可視化ではよく使われています。URDF表示ツールは、実際には、普段使われているROSツールに単にフロントエンドGUIを組み合わせただけのもので、このフロントエンドGUIを用いて仮想の関節の値を与えることができるようにしたものです。この種の再利用はROSの哲学（もともとはUnixの哲学）の特徴です。つまり、小さな再利用可能なツールを作り、それらのツールを構成し、組み合わせることで必要なことを行うというものです。

TortoiseBotモデルに戻り、**例16-3**に示すように車輪を追加していきます。まず前輪から始めましょう

例16-3　TortoiseBotの前輪と関節のためのコード

```
<link name="front_wheel">
  <visual>
    <geometry>
      <cylinder length="0.05" radius="0.035"/>
    </geometry>
    <material name="black"/>
  </visual>
</link>

<joint name="front_wheel_joint" type="continuous">
  <axis xyz="0 0 1"/>
  <parent link="front_caster"/>
  <child link="front_wheel"/>
  <origin rpy="-1.5708 0 0" xyz="0.05 0 -.15"/>
</joint>
```

このURDFは、新しい無限回転機構を持つ関節を宣言します。これは、円柱で表される車輪を表現するための新しいリンクと車輪をキャスターに接続するためのものです。注意してほしいのは、関節のorigin（原点）は、x方向とz方向にオフセットを持ち関節をキャスターの前面下部に移動し、x軸の周りに回転させて車輪の丸い部分が地面に当たるようにしていることです。結果を確認するために再度表示ツールを実行します。さて、joint_state_publisherのGUIには、2つのスライダーがあり、1つはキャスター関節、もう1つは前輪関節用です。それらの双方を使って、回転軸と操舵を確認してみてください。

最後に、**例16-4**に示すように前輪と同じようにして後輪も追加します。

例16-4　TortoiseBotの後輪と関節のためのコード

```
<link name="right_wheel">
  <visual>
    <geometry>
      <cylinder length="0.05" radius="0.035"/>
    </geometry>
    <material name="black">
      <color rgba="0 0 0 1"/>
    </material>
  </visual>
</link>

<joint name="right_wheel_joint" type="continuous">
  <axis xyz="0 0 1"/>
  <parent link="base_link"/>
  <child link="right_wheel"/>
  <origin rpy="-1.5708 0 0" xyz="-0.2825 -0.125 -.15"/>
</joint>

<link name="left_wheel">
  <visual>
    <geometry>
      <cylinder length="0.05" radius="0.035"/>
    </geometry>
    <material name="black"/>
  </visual>
</link>

<joint name="left_wheel_joint" type="continuous">
  <axis xyz="0 0 1"/>
  <parent link="base_link"/>
  <child link="left_wheel"/>
  <origin rpy="-1.5708 0 0" xyz="-0.2825 0.125 -.15"/>
</joint>
```

このURDFは、2つの無限回転機構を持つ車輪用の関節を、台座の後端の両側にオフセットさせて装着します。結果を見るために、表示ツールを起動します。**図16-6**のように見えるはずです。joint_state_publisher内のスライダーを使い、4つすべての関節を確認してみてください。

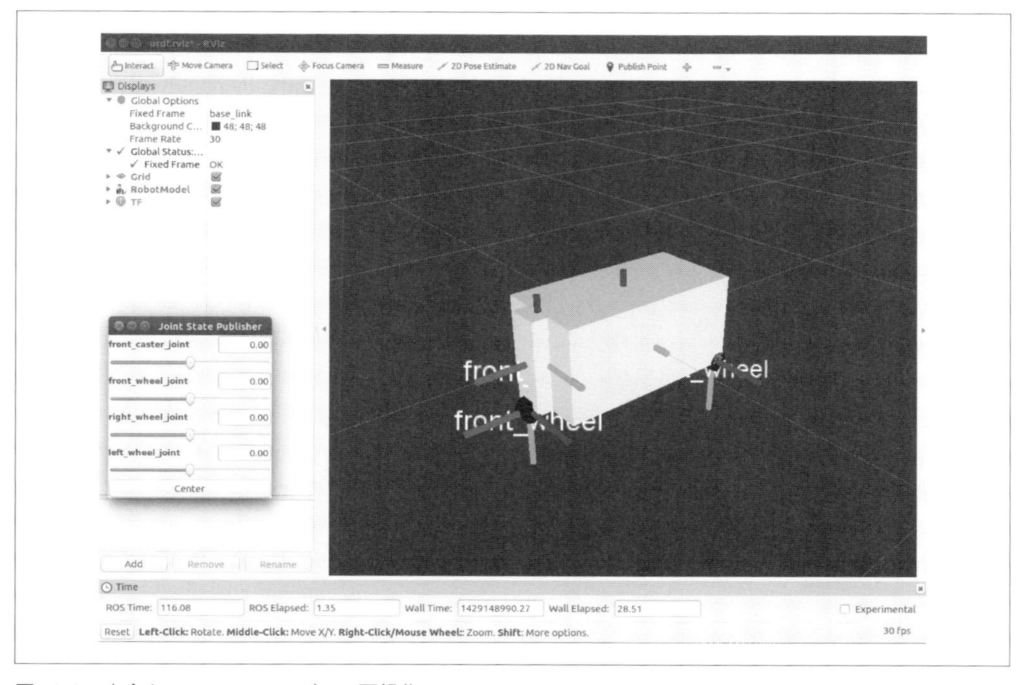

図16-6　完全なTortoiseBotモデルの可視化

これで、TortoiseBot用の良い運動学のモデルができました。このロボットのモデルは見た目はあまり良くありません。ロボットモデルの外観は高品質の**メッシュ**を使うことで大幅に良くすることができますが、ここでは扱いません。次にTortoiseBotをシミュレートする方法を見ていきます。

16.5 Gazeboでのシミュレーション

TortoiseBotのURDFモデルは、ロボットの運動学上の構造と外観を記述しますが、モデルをシミュレーションするのに必要な物理的特性について何も教えてくれません。GazeboでTortoiseBotをシミュレートするために、モデル内のすべてのリンクに新しいタグを2つ追加する必要があります。

`<collision>`（干渉）

visualと同じように、このタグはロボットの身体の大きさと形を定義します。このタグで定義された情報は他のオブジェクトとどのように作用するのかを計算するために使われます。collisionのgeometry（幾何学情報）タグはvisualのgeometryタグと同じになるはずですが、多くの場合異なります。例えば、visualのgeometryには外観を良くするのに複雑なメッシュを使用する場合もありますが、collisionのgeometryには干渉検出のための処理の効率化のために単純な形状（箱や円柱など）を使用する場合があります。

<inertial>（**慣性**）

このタグはリンクの質量と慣性モーメントを定義します。これらは万有引力の法則に従ってリンクを動かすのに必要です。

今回のロボットは、視覚的（visual）なモデルが単純なので、collision用のgeometryは、visualのgeometryを複製するだけです。tortoisebot.urdfを調べて、<visual>/<geometry>タグと同じ階層に<collision>/<geometry>タグを追加します。<collision>/<geometry>タグの持つ形状とサイズはそれぞれ同じです。例えば、干渉情報も持つbase_linkは**例16-5**のようになります。collisionの定義には<material>タグを追加する必要はないことを注意してください。

例16-5　干渉情報を持つTortoiseBot台座のためのコード

```
<link name="base_link">
  <visual>
    <geometry>
      <box size="0.6 0.3 0.3"/>
    </geometry>
    <material name="silver">
      <color rgba="0.75 0.75 0.75 1"/>
    </material>
  </visual>
  <collision>
    <geometry>
      <box size="0.6 0.3 0.3"/>
    </geometry>
  </collision>
</link>
```

慣性データを追加するには、各リンクの質量特性を決める必要があります。実際のロボットでこれを行うことはきわめて困難です。詳細なCAD情報などが良いガイドとなることがありますが、多くの場合、物理的にシステムを測定することが必要です。これには、それぞれの部品を分解して分析するか、注意深く設計された実験をそのシステム全体で行うかが必要です。このような実験の代わりに、情報に基づいて質量特性の見積もりを使い、それらを少しずつ改良するのが一般的です。

TortoiseBotでは、それぞれのリンクの大きさの順に質量が並んでいれば、適当なシミュレーションの動作を得られます。簡単にしておくために、台座に1.0 kgの質量、キャスターに0.1 kg、各車輪に0.1 kgを与えます。慣性行列を計算するのを楽にするために、箱や円柱などのさまざまな形状のオブジェクトの慣性モーメントを計算する場合は、よく知られた数式（http://bit.ly/moments_of_inertia）を参考にすることができます。それらの式を使用して、**例16-6**に示す台座ボックスの慣性値を計算し、**例16-7**に示すキャスターボックスの慣性値、**例16-8**に示す各車輪の慣性値を計算しました。tortoisebot.urdf中の対応するリンクの内部にXMLの各ブロックを追加します。

例16-6 TortoiseBot用の慣性データ

```
<inertial>
  <mass value="1.0"/>
  <inertia ixx="0.015" iyy="0.0375" izz="0.0375"
           ixy="0" ixz="0" iyz="0"/>
</inertial>
```

例16-7 TortoiseBot用のキャスターの慣性データ

```
<inertial>
  <mass value="0.1"/>
  <inertia ixx="0.00083" iyy="0.00083" izz="0.000167"
           ixy="0" ixz="0" iyz="0"/>
</inertial>
```

例16-8 TortoiseBot用の各車輪の慣性データ

```
<inertial>
  <mass value="0.1"/>
  <inertia ixx="5.1458e-5" iyy="5.1458e-5" izz="6.125e-5"
           ixy="0" ixz="0" iyz="0"/>
</inertial>
```

これらの値が直感的にわからない、あるいは意味があるように見えなくても心配しないでください。筆者らも同じですし、剛体運動のシミュレーション分野で専門的に働く多くの人も同じです。重要なのは、それらの値をいかにして求めればよいかということに関する一般的な知識を持つことです。

慣性の値を付けて動かす場合、視覚的にデバッグするすばらしい方法がGazebo内にあります。[View]→[Center of Mass/Inertia]（質量/慣性の中心）をクリックし、ロボットのそれぞれのリンクの慣性行列と質量を視覚的に表現します。慣性データが`visual`や`collision`の`geometry`に指定した幾何形状から大きく異なって（例えば、はるかに小さいまたは大きい）いれば、何か問題があるはずです。

さて、TortoiseBotモデルをGazeboに読み込むための準備が整いました。読み込みを行うにはいくつかの方法があります。ここではシミュレートされたロボットを（単にGazebo内での単独の作業としてではなく）いくつかのROSのツールでも扱いたいので、以下に示す手順をとります。この手順は`roslaunch`を使い、自動化していきます。

1. ロボットのURDFモデルをパラメーターサーバーにロードする。
2. (空のワールドで) Gazeboを起動する。
3. ROSのサービスコールを使用して、Gazeboの中にそのロボットのインスタンスを生成する。この際のURDFデータはパラメーターサーバーから読み込む。

このプロセスは少し遠回りに見えるかもしれませんが、実際には非常に柔軟な方法なのです。まず、パラメーターサーバーにURDFモデルを読み込ませます。パラメーターサーバーは他のノードからもアクセスできます。慣例により、URDFモデルはパラメーターサーバーに/robot_descriptionという名前で保存します(別の名前を使うこともできますが、そうすると結果として、多くのツールのデフォルトの設定を変更しなければならなくなるでしょう)。URDFモデルがパラメーターサーバーに置かれれば、そのURDFモデルは、ロボットの可視化でモデルを必要とするrvizのようなツールや、ロボットの形状や大きさを知るためにモデルを必要とするパスプランナーなどで使うことができるようになります。よくできたROSツールはロボットの物理的な構造について勝手な仮定を立てるようなことはしません。パラメーターサーバーからURDFモデルを読み込み、そのモデルに基づいてその振る舞いを設定しています。

ここからの作業では、1つのROSパッケージを作り、作成するコードはこの中に構成していく必要があります。ここではtortoisebotと呼ぶことにします。つまり、自分のワークスペース内にtortoisebotという名前のディレクトリを作成し、適切なpackage.xmlファイルを追加し、そこに自分のtortoisebot.urdfファイルを移動します。次にroslaunchファイルを追加します。このファイルは、先ほどの手順を実行し、Gazeboを起動してその中にTortoiseBotを配置します。このroslaunchのコードを**例16-9**に示します。

例16-9 TortoiseBotモデルでGazeboを起動するtortoisebot.launchファイル

```
<launch>
  <!-- TortoiseBotのURDFモデルをパラメーターサーバーにロードする -->

  <param name="robot_description" textfile="$(find tortoisebot)/tortoisebot.urdf" />
  <!-- 空のワールドでGazeboを開始する -->

  <include file="$(find gazebo_ros)/launch/empty_world.launch"/>
  <!-- GazeboでTortoiseBotを生成し、パラメーターサーバーからのその記述を受け取る -->

  <node name="spawn_urdf" pkg="gazebo_ros" type="spawn_model"
        args="-param robot_description -urdf -model tortoisebot" />
</launch>
```

この起動ファイルは、URDFファイルを/robot_descriptionとしてパラメーターサーバーにロードし、gazebo_rosパッケージのlaunchファイルを使用して、空のワールドでGazeboを実行します。そのモデルデータがパラメーターサーバーにロードされ、Gazeboが実行されると、同じくgazebo_rosパッケージのspawn_modelツールを使ってGazeboにTortoiseBotのインスタンスを生成するよう要求し、/robot_descriptionパラメーターからURDFデータを読み込みます。

tortoisebot/tortoisebot.launchとしてファイルに保存し、一度試してみましょう。

```
user@hostname$ roslaunch tortoisebot tortoisebot.launch
```

図16-7のように、GazeboのウィンドウにTortoiseBotが見えるはずです。やりましたね！

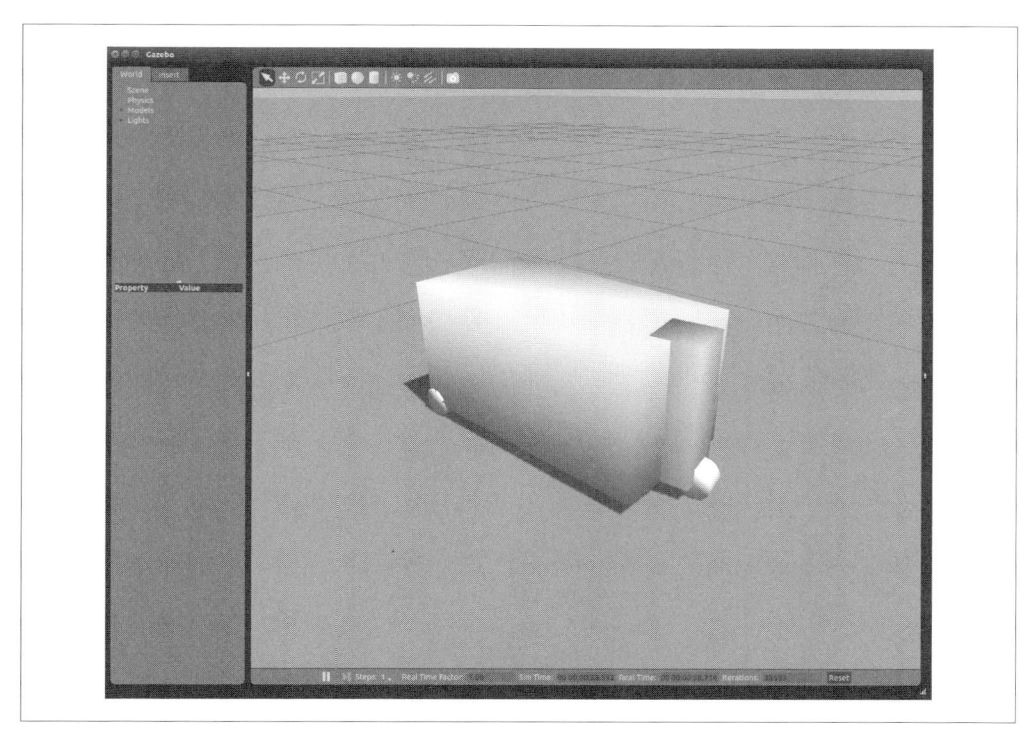

図16-7　TortoiseBotをシミュレートするGazebo

GazeboのGUIを使用して、皆さんのロボットの構造を探索することができます。例えば、[View]→[Wireframe]と[View]→[Joints]を選択すれば、**図16-8**のようなロボットの構造を見ることができます。物理ベースのシミュレーションにおいて、なぜキャスターリンクと台座リンクが互いに交わることができているのか不思議に思うかもしれません。デフォルトでは、Gazeboは同じモデルのリンク間の干渉チェックは行わない設定になっているからです。

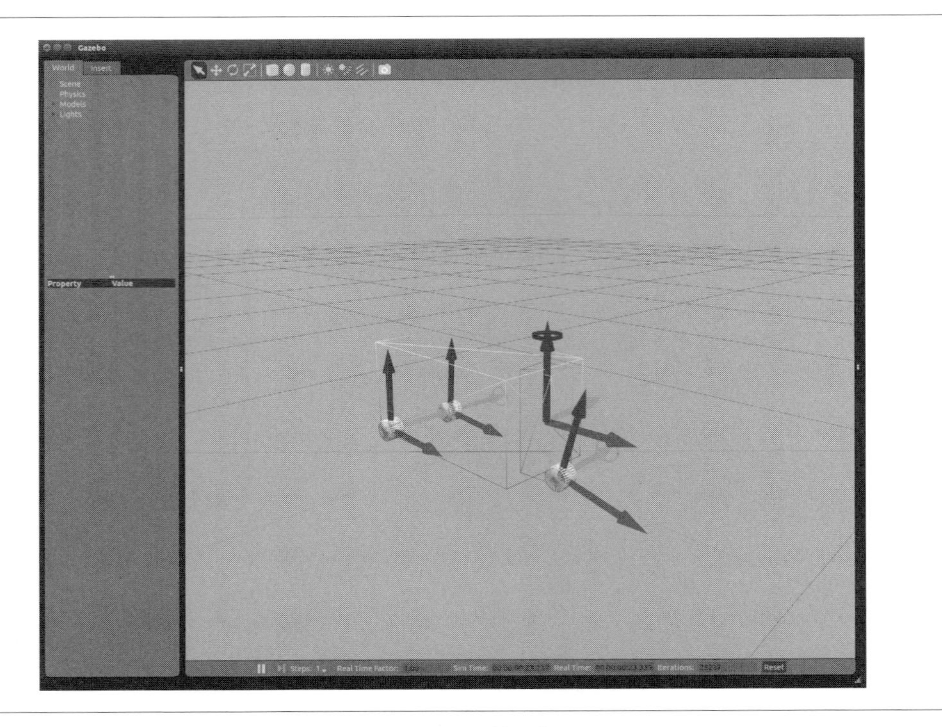

図16-8　GazeboでのTortoiseBotのワイヤーフレームと関節の表示

ロボットのシミュレーションがあるので、このロボットを制御してみましょう。しかし、どうすればできるのでしょう？ 本章の始めのほうを思い出してください。そこでは、TortoiseBotのようなロボットが、コマンドを受け取り、位置を報告するためにcmd_vel/odomインタフェースをサポートすることを期待していました。実際のロボットでは、このインタフェースはハードウェアドライバーが実装することになります。シミュレーションでも、同じようなことをする必要がありますが、幸運なことにとても簡単です。Gazeboのプラグインをロードするだけです。特に、差動駆動プラグインをロードすれば、cmd_velメッセージを介してTortoiseBotを制御することが可能になります。このプラグインは、メッセージを左右の車輪の適切な速度に変換します（この時点で、グレイ・ウォルターのElsieの機構設計とは違ってきています。Elsieは、後輪ではなく前方のキャスターに取り付けられた車輪がモーターで駆動されます。このようなモーターの配置に対応するcmd_velを実装した既成のプラグインがないので、少しごまかして、後輪のモーターでロボットを駆動することにします）。

差動駆動プラグインをロードするには、TortoiseBotのURDFモデルにブロックを追加する必要があります（**例16-10**参照）。

例16-10　TortoiseBotに差動駆動プラグインをロードするための追加のURDFコード

```
<gazebo>
```

```
  <plugin name="differential_drive_controller"
          filename="libgazebo_ros_diff_drive.so">
    <leftJoint>left_wheel_joint</leftJoint>
    <rightJoint>right_wheel_joint</rightJoint>
    <robotBaseFrame>base_link</robotBaseFrame>
    <wheelSeparation>0.25</wheelSeparation>
    <wheelDiameter>0.07</wheelDiameter>
    <publishWheelJointState>true</publishWheelJointState>
  </plugin>
</gazebo>
```

この差動駆動プラグインの設定では、制御の対象としてleft_wheel_jointとright_wheel_jointを指定しています。また、車輪の大きさ、車輪間の距離を設定し、このロボットの台座をbase_linkと名付けています(このプラグインの改良版は、これらの情報をモデルデータから推測することができるようになるでしょうが、ここではそれぞれの値を個別に与えています)。そして最後に、車輪の位置を/joint_statesメッセージで配信するようにプラグインに伝えています。

tortoisebot.urdfの中の<robot>タグの内側のどこかに、このXMLを挿入し、roslaunch tortoisebot tortoisebot.launchで再起動してください。Gazeboの外観は前と同じように見えますが、今回は、このロボットをcmd_velへのメッセージで操作するためのプラグインが準備できています。本当にそうなっていることをrostopicで確認しましょう。

```
user@hostname$ rostopic info cmd_vel
Type: geometry_msgs/Twist

Publishers: None

Subscribers:
 * /gazebo (http://rossum:57336/)
```

良さそうに見えるので、実際に命令を送って試してみましょう。rostopicを使えば、手動で命令の送信を行うことができます。x軸上の並進速度に0メートル/秒、z軸周りの回転速度に0.5ラジアン/秒を送信してみましょう。

```
user@hostname$ rostopic pub -1 cmd_vel geometry_msgs/Twist \
  '{linear: {x: 0.0}, angular: {z: 0.5}}'
```

ロボットがその場で反時計回り(このロボットのz軸周りの正の回転の方向)に回転するのが見えます。このようにrostopicで直接命令を送信できることはよいですが、ロボットを操縦するには最適な方法ではありません。その代わりに、キーが押されたことを読み取り、キーに対応するcmd_velメッセージ配信するteleop_twist_keyboardツールを使ってみましょう(「8.2 キーボードドライバー」で説明した独自のteleopプログラムを使用することもできます)。

```
user@hostname$ rosrun teleop_twist_keyboard teleop_twist_keyboard.py
Reading from the keyboard  and Publishing to Twist!

Moving around:
   u    i    o
   j    k    l
   m    ,    .

q/z : increase/decrease max speeds by 10%
w/x : increase/decrease only linear speed by 10%
e/c : increase/decrease only angular speed by 10%
anything else : stop

CTRL-C to quit
```

画面上に表示されたキーを使用してロボットを移動させます。ロボットを前や後ろに動かしたり、その場で回転させたりしてみてください。それらの操作をしたときのロボットの振る舞い、とりわけ方向を変えたときのキャスターの動きと、それがロボットの振る舞いにどう影響するか注意して見てください。キャスターの旋回については何もプログラムしていないので、これは構築したモデルに対する基本的な物理法則に従って動いているものです。

Gazebo内で移動ロボットがぶらぶら歩き回っている間、このロボットを追従し、自動的にカメラビューの真ん中に持ってくることができます。GazeboのGUIの左側のモデルツリー内で、ロボット名を右クリックし、Followを選択します。

これでcmd_velインタフェースを使ってロボットに命令することができることがわかりました。odomインタフェースがロボットから位置データを提供していることも確認してみましょう。メッセージのpose/poseフィールドだけであれば、rostopicで確認することができます。

```
user@hostname$ rostopic echo /odom/pose/pose
position:
  x: 3.03941689732
  y: -2.43708910971
  z: 0.185001156647
orientation:
  x: 4.91206137527e-06
  y: 2.22857873842e-06
  z: -0.913856008315
  w: -0.406038416947
```

時間の経過に従ってロボットが移動、これによって変化する位置と向きの値が表示されるはずです。これらのメッセージは、差動駆動のコントローラーによって配信されています。このコントローラーは、ロボットの車輪1つ1つで観測された動きを、ロボット本体の座標系に変換し、このメッセージを送信しています。この座標系はcmd_velインタフェースでロボットの移動速度を与える際にも使われるものと同じです。

16.6　まとめ

本章では、ROSへの新しいロボットの統合を始めました。移動ロボット用の標準的なROSインタフェースについて説明し、ハードウェアドライバーを書く際の問題に触れ、TortoiseBotの機能モデルを構築しました。これはシミュレーションで必要な物理的特性も含みます。次の章でも、TortoiseBotの構築を続けます。このモデルをrvizで可視化し、センサーを追加し、ナビゲーションなどの標準的なアルゴリズムを実行します。

17章
移動ロボット：パート2

「16章 自作の移動ロボット」ではTortoiseBotを例にしてROSに新しい移動ロボットを追加する方法を学びました。トピックのAPIを決め、Gazeboのモデルを作り、低レベルの速度命令を使ってシミュレーション環境の中で動かしてみました。本章では次の大きなステップを踏み出すことにします。TortoiseBotを（シミュレーション環境の中で）自律的に動かします。それには次のようないくつかの小さなステップを刻む必要があります。

- 可視化して座標変換を確認する。
- レーザーセンサーを追加する。
- ナビゲーションスタックを設定して組み込む。
- ロボットの位置をrvizで特定してナビゲーションのゴールを設定する。

17.1 座標変換を確認する

前の章の最後の状態を思い起こすとTortoiseBotのシミュレーションは次のようにして起動することができます。

```
user@hostname$ roslaunch tortoisebot tortoisebot.launch
```

このlaunchファイルを起動すると空っぽの環境の中にGazeboシミュレーション用のTortoiseBotが現れます。まず、rvizを使って（シミュレーションされた）ロボットの状態を可視化してみましょう。Gazeboを起動したままで、いつものようにrvizを開始してください。

```
user@hostname$ rviz
```

もしかしたら、皆さんはGazeboとrvizが別々のプログラムであることを不思議に思うかもしれません。実際この2つはとても似ています。どちらもロボットを3次元で表示してロボットと環境のさまざまな側面を見せてくれています。しかし、この2つは大き

く異なる役割を担っているので別々のプログラムなのです。Gazeboはロボットを**模擬**（シミュレート）する役割で、rvizはロボットを**可視化**（ビジュアライズ）する役割です。Gazeboは、物理的な環境に実在する本物のロボットの代わりとして、力学的な効果を計算したり疑似的にセンサーデータを生成したりします。3次元のGUIはGazeboにとって重要な機能ですが補助的な機能でもあります。実際、継続的インテグレーションテストツールのようなアプリケーションで使われるときは、GazeboをGUI抜きで動作させることが一般的です。一方で、rvizの役割はセンサーと通信してその結果を表示することでロボットの状態を可視化することです。本物のロボットでもGazebo上のシミュレーションされたロボットでも同じです。言い換えれば、rvizはロボットの**思考**に何が起きているかを見せてくれていて、一方でGazebo（もしくは、皆さんの本物のロボット）は何が**本当に**起きているのかを見せてくれているのです。

皆さんのロボットを可視化するためにはrvizの設定をいくつか修正する必要があります（次に起動するときに同じ設定で始めるためにはrvizの終了のときの画面で［Save］（保存）ボタンを押してください）。

- ［Displays］→［Global Options］のパネルの［Fixed Frame］にodomを設定してください。この設定をするとロボットが動き回るのをオドメトリ原点に対する相対的な動きとして表示することができます。
- Displaysパネルで［Add］ボタンを押します。そして［RobotModel］を選択して［OK］を押してください。これでrvizがパラメーターサーバーからTortoiseBotのURDFモデルを読み込んで表示してくれるはずです。

これらの設定が終わると**図17-1**のような表示になるはずです。まだ、よい感じには見えません。ロボットのシャーシとキャスターリンクがあるにはありますが、お互いの位置は正しくありません。また、車輪はどこかに行って見えなくなってしまっています。しかも、rvizもエラーを吐いていて何かうまくいっていない様子です。［Displays］→［RobotModel］でステータスがエラーとなっています。いくつものリンク間に座標変換が存在しないことを示すエラーメッセージが表示されています。

原因は座標変換に関するデータが配信されていないことです。他の多くのROSツールと同じようにrvizも座標系間の関係を表す座標変換情報を必要としています。この座標変換情報はtfトピックのtf2_msgs/TFMessageメッセージで提供されるはずです。このメッセージを提供するのは簡単です。次のようなたった2つのステップです。

1. ロボットのすべての関節に関するsensors_msgs/JointStateメッセージを/joint_statesトピックに配信する。
2. robot_state_publisher（「16.4 ロボットのモデリング：URDF」でTortoiseBotのモデルを作成してデバッグするときに使いました）で/joint_statesメッセージを対応する/tfメッセージに変換する。

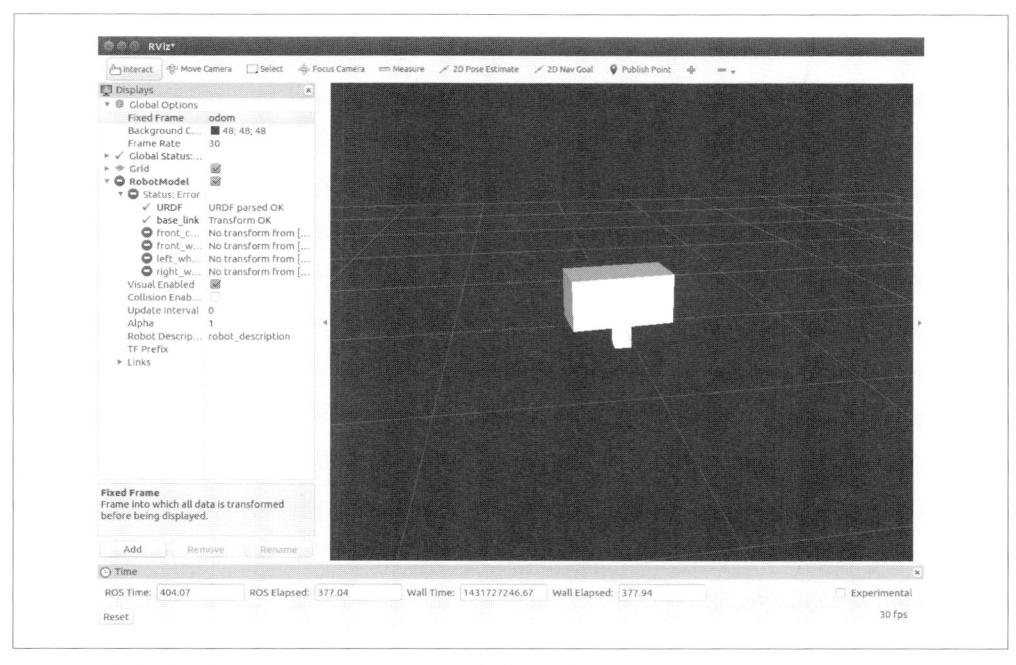

図17-1　座標変換情報がない状態でTortoiseBotを可視化した結果

まずは、現時点で`/joint_states`に何が配信されているか確認してみましょう。

```
user@hostname$ rostopic echo /joint_states
header:
  seq: 110218
  stamp:
    secs: 1102
    nsecs: 357000000
  frame_id: ''
name: ['right_wheel_joint', 'left_wheel_joint']
position: [0.5652265431822379, 3.7257917095603696]
velocity: []
effort: []
```

左右の車輪関節の位置情報が繰り返し配信されていることが確認できます。しかし、キャスター関節や前輪関節の情報は何も配信されていません。なぜでしょうか？ `tortoisebot.urdf`を見直して差動駆動プラグインの設定をしている部分に注目してください。この行です。

```
<publishWheelJointState>true</publishWheelJointState>
```

この行では差動駆動プラグインに対してそれが制御している2つの関節の情報を`/joint_states`メッセージに配信するように設定しています。なるほど、つじつまが合います。他の2つの受動関節に関しても/joint_statesメッセージを配信するにはどうすればよいでしょうか。幸い、こういうときに使えるGazeboプラグインが存在します。関節状態配信プラグイン（joint state publisher）です。tortoisebot.urdfに**例17-1**のURDFコードを追加してください。このコードは新しいプラグインを読み込んでキャスターと前輪関節に関するデータを配信するように設定します。

例17-1　TortoiseBotに関節状態配信プラグインを読み込ませるための追加のURDFコード

```
<gazebo>
  <plugin name="joint_state_publisher"
          filename="libgazebo_ros_joint_state_publisher.so">
    <jointName>front_caster_joint, front_wheel_joint</jointName>
  </plugin>
</gazebo>
```

tortoisebot.launchを再起動して/joint_statesをもう一度確認してみましょう。

```
user@hostname$ rostopic echo /joint_states
header:
  seq: 10698
  stamp:
    secs: 53
    nsecs: 502000000
  frame_id: ''
name: ['left_wheel_joint', 'right_wheel_joint']
position: [0.17974448092710826, 0.09370471036487604]
velocity: []
effort: []
---
header:
  seq: 10699
  stamp:
    secs: 53
    nsecs: 502000000
  frame_id: ''
name: ['front_caster_joint', 'front_wheel_joint']
position: [0.2139682253512678, 0.6647502699540064]
velocity: []
effort: []
```

今度は4つすべての関節の位置データを確認することができました。メッセージが互い違いに表示されていますが、それは問題ではありません。/joint_statesのデータが確認できたので、次はいよいよrobot_state_publisherを追加しましょう。tortoisebot.launchに次のXMLコードを追加してください。

```
<node name="robot_state_publisher" pkg="robot_state_publisher"
```

```
        type="robot_state_publisher"/>
```

もう一度再起動してrvizを開始してください。**図17-2**のような画面が現れるでしょう。先ほどに比べてかなりうまくいっているように見えます。車輪とキャスターが正しい位置にあるのはrvizが/tfメッセージを介して必要な座標変換情報を受け取れているからです。

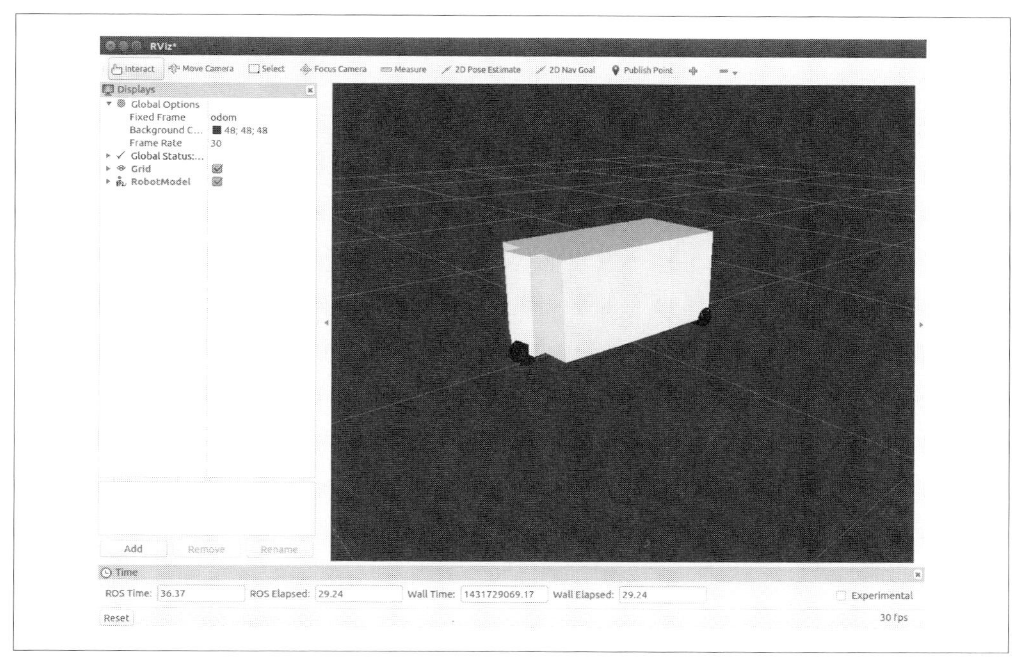

図17-2　座標変換情報がある状態でTortoiseBotを可視化した結果

いつものようにrostopic echo /tfでrobot_state_publisherに配信されているメッセージを調べることができます。しかし、今回はよりよい方法で確認してみます。rvizでデータを可視化するのです。Displaysパネルで[Add]を押して、[TF]を選択し[OK]を押してください。見慣れた赤／緑／青の座標系の軸がそれぞれの名前のラベル付きで現れるはずです。もう少し鮮明に見るためにロボットを半透明にしてみましょう。[Displays]パネルの[RobotModel]でアルファ値を0.5に設定してください。**図17-3**のようになるはずです。

これで座標変換が正しく扱われていることを確認できました。それでは次にロボットにセンサーを搭載してみましょう。

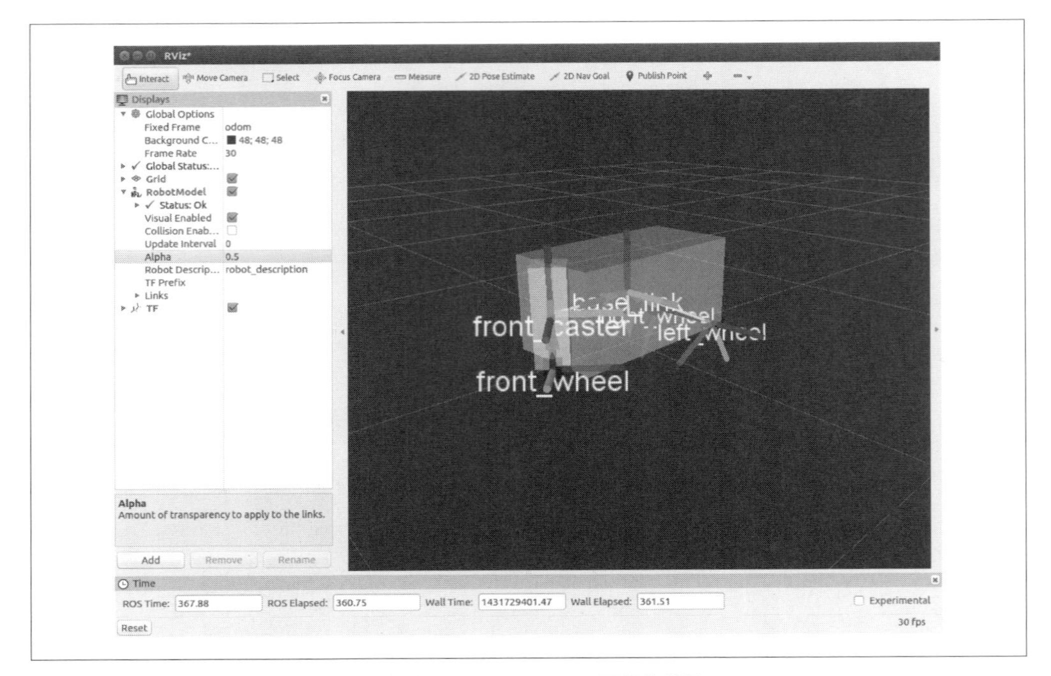

図17-3　座標変換情報が可視化された状態でのTortoiseBotの可視化結果

17.2　レーザーセンサーを追加する

移動ロボットで今でも最も人気のあるセンサーの1つである**レーザーレンジファインダー**（単に**レーザー**とも呼ばれます）はとても扱いやすいデバイスです。レーザーはたった1つの断面の情報だけですが、ロボット周辺の環境に関して非常に正確な情報を与えてくれます。この断面の情報は（壁やドアのような）まっすぐ垂直に伸びる構造を多く含む環境を動き回るロボットにとっては豊富な情報を含んでいます。この節ではTortoiseBotに北陽電機製のレーザーと似たレーザーを追加してみることにします。北陽電機のセンサーは最近のロボットで幅広く利用されています（レーザーに関する詳細は「6.1.3.3 レーザースキャナー」を参照してください）。

本物のロボットを作っているのであれば、この時点ではセンサーを購入しロボットに物理的にボルトで取り付けて電源とデータを接続している頃でしょう。今回はシミュレーションを使っているのでURDFファイルを編集するだけです。まず、センサーを表現するリンクとそれをロボットに取り付けるための関節を追加する必要があります。**例17-2**のURDFのコードではレーザーを表す小さな箱を追加してロボットのシャーシの中央の上端に取り付けています。このコードを`tortoisebot.urdf`ファイルに追加してください。ロボットの他の部品と同じようにこのレーザーにも適切な重量と慣性値を設定する必要があることに留意してください。そうしないとこのレーザーをGazeboのような物理ベースのシミュレーションに組み込むことができなくなります。

例17-2 レーザーセンサーのためのリンクと関節を定義するための追加のURDFコード

```
<link name="hokuyo_link">
  <collision>
    <origin xyz="0 0 0" rpy="0 0 0"/>
    <geometry>
      <box size="0.1 0.1 0.1"/>
    </geometry>
  </collision>
  <visual>
    <origin xyz="0 0 0" rpy="0 0 0"/>
    <geometry>
      <box size="0.1 0.1 0.1"/>
    </geometry>
  </visual>
  <inertial>
    <mass value="1e-5" />
    <origin xyz="0 0 0" rpy="0 0 0"/>
    <inertia ixx="1e-6" ixy="0" ixz="0" iyy="1e-6" iyz="0" izz="1e-6" />
  </inertial>
</link>

<joint name="hokuyo_joint" type="fixed">
  <axis xyz="0 1 0" />
  <origin xyz="0 0 0.2" rpy="0 0 0"/>
  <parent link="base_link"/>
  <child link="hokuyo_link"/>
</joint>
```

Gazeboを（必要に応じてrvizも）再起動すれば結果を確認できます。しかし現時点ではこのレーザーの物理的な表現を追加しただけで、まだこれがレーザーとして振る舞うようにGazeboに指示していません。それには`<sensor>`タグを使う必要があります。このタグはセンサーを定義して設定することができます。**例17-3**はTortoiseBotにレーザーセンサーを取り付けるためのURDFコードです。

例17-3 レーザーセンサーを定義するために追加したURDFコード

```
<gazebo reference="hokuyo_link">
  <sensor type="gpu_ray" name="hokuyo">
    <pose>0 0 0 0 0 0</pose>
    <visualize>false</visualize>
    <update_rate>40</update_rate>
    <ray>
      <scan>
        <horizontal>
          <samples>720</samples>
          <resolution>1</resolution>
```

```
            <min_angle>-1.570796</min_angle>
            <max_angle>1.570796</max_angle>
          </horizontal>
        </scan>
        <range>
          <min>0.10</min>
          <max>30.0</max>
          <resolution>0.01</resolution>
        </range>
      </ray>
      <plugin name="gpu_laser" filename="libgazebo_ros_gpu_laser.so">
        <topicName>/scan</topicName>
        <frameName>hokuyo_link</frameName>
      </plugin>
    </sensor>
  </gazebo>
```

このコードの主なポイントは以下のとおりです。

- 最初にgpu_rayタイプのセンサーを作り、先ほど作ったhokuyo_linkに取り付けています（gpu_rayはコンピューターのGPUを使ってセンサーをシミュレーションすることを意味しています。GPUはCPUよりかなり効率的です）。
- 次にこのセンサーが北陽電機製のレーザーと似た振る舞いをするように設定しています。つまり、40 Hzで新しいスキャンを配信し、180度の視野角に対して720点でサンプルし、最短0.1 mから最大30 mまでスキャンできるようにしています。
- 最後にGPUレーザー用のGazeboプラグインを読み込んで、レーザーからのデータをsensor_msgs/LaserScanメッセージとしてscanトピックに配信するように設定しています。Gazeboプラグインに関する詳細な情報はgazebo_pluginsドキュメント（http://wiki.ros.org/gazebo_plugins?distro=indigo）を確認してください。

実際にレーザーを取り付けて結果を確認してみましょう。**例17-3**のコードをtortoisebot.urdfに追加して再起動してください。レーザーに何かを観測させるために**図17-4**のようにGazeboのGUIでロボットの前に円柱を置いてみてください。

rvizを起動してレーザーのデータを見えるように設定してみましょう。Displaysパネルで［Add］を押して、［LaserScan］を選択して［OK］を押してください。次に、［Displays］→［LaserScan］でトピックに/scanを設定してください。**図17-5**のようなレーザースキャンを可視化した結果が見られるはずです。

rvizに表示されるレーザースキャンの結果を確認しながら、GazeboのGUIで先ほどの円柱を動かしてみたり、他の物を間に挟んだり動かしたりしてみてください。また、「16.5 Gazeboでのシミュレーション」でそうしたように、teleop_twist_keyboardを使ってキーボードでロボットを移動させてみてください。

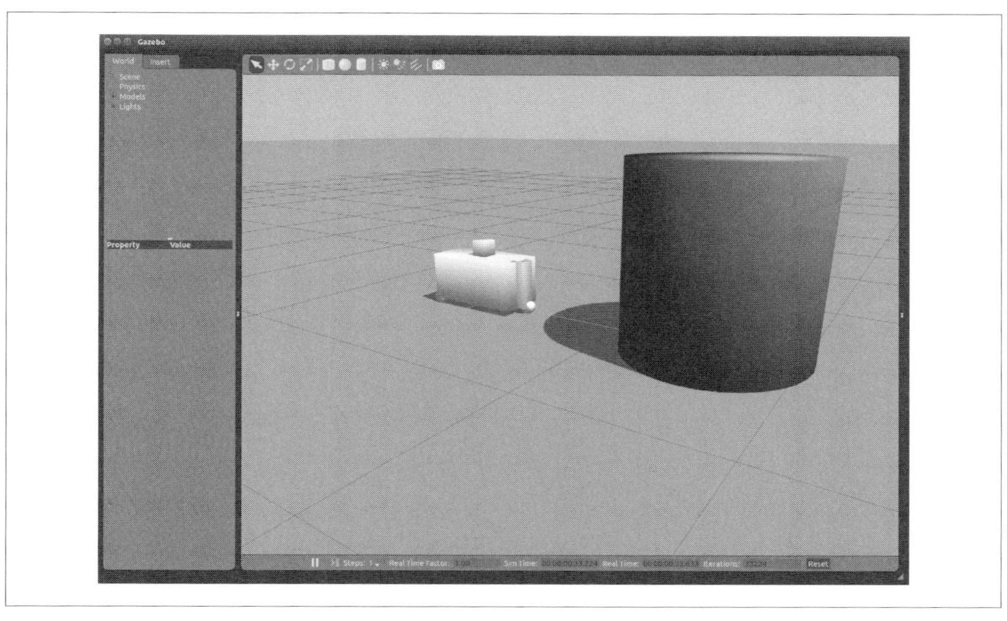

図17-4　TortoiseBotとレーザーテスト用の障害物のシミュレーションの様子

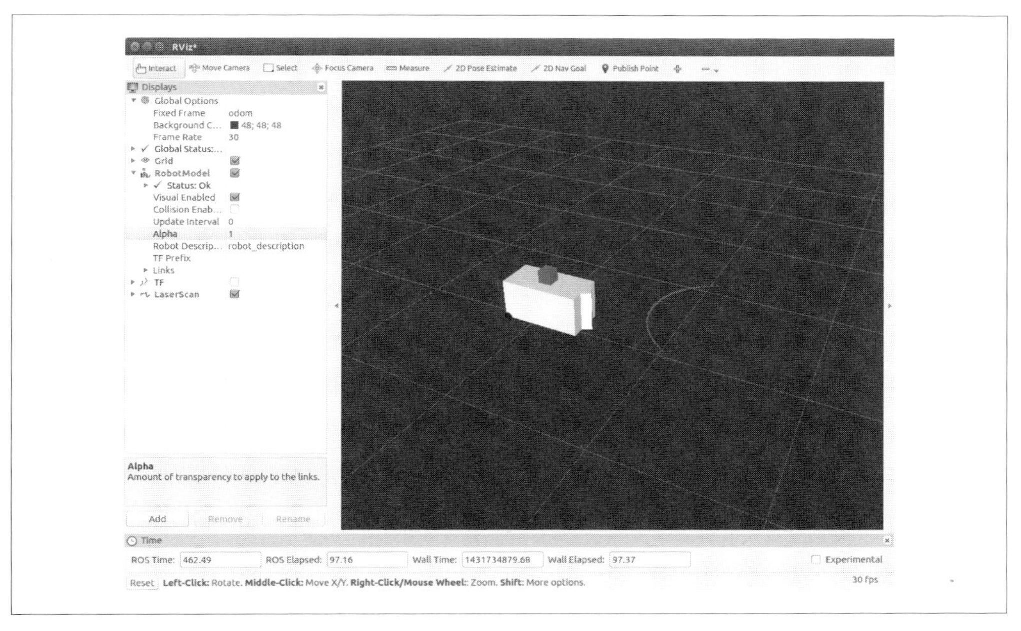

図17-5　TortoiseBotに搭載されたレーザースキャンの可視化結果

これでシミュレーションのロボットに対して正しい座標変換とレーザーデータを設定することができました。いよいよ、自律ナビゲーション機能に取り組みましょう。

17.3 ナビゲーションスタックを設定する

ここでは事前地図を使った自律ナビゲーション機能をTortoiseBotに追加することにします（つまり、地図の構築はしないということです）。ロボットにナビゲーション機能を追加するためには、新たに3つのノードを起動する必要があります。

`map_server`
: これはロボットが位置推定や経路計画に使用するための静的な地図を提供します。

`amcl`
: これは静的な地図に対してロボットの位置を推定します。

`move_base`
: これはロボットの大局的な経路計画と局所的な制御を行います。

ROSのナビゲーションスタックの理論と操作方法については、すでに「10章 世界を動き回る」で解説しました。この節では新しいロボットに対して使う場合に必要な設定プロセスについてのみ説明します。

`map_server`を実行するためには静的な地図が必要です。「9章 環境の地図を作る」で作った地図を再利用することにしましょう。この地図はちょうどよい程度に複雑なオフィスビルの中を移動ロボットが動き回って作った地図です（**図17-6**参照）。

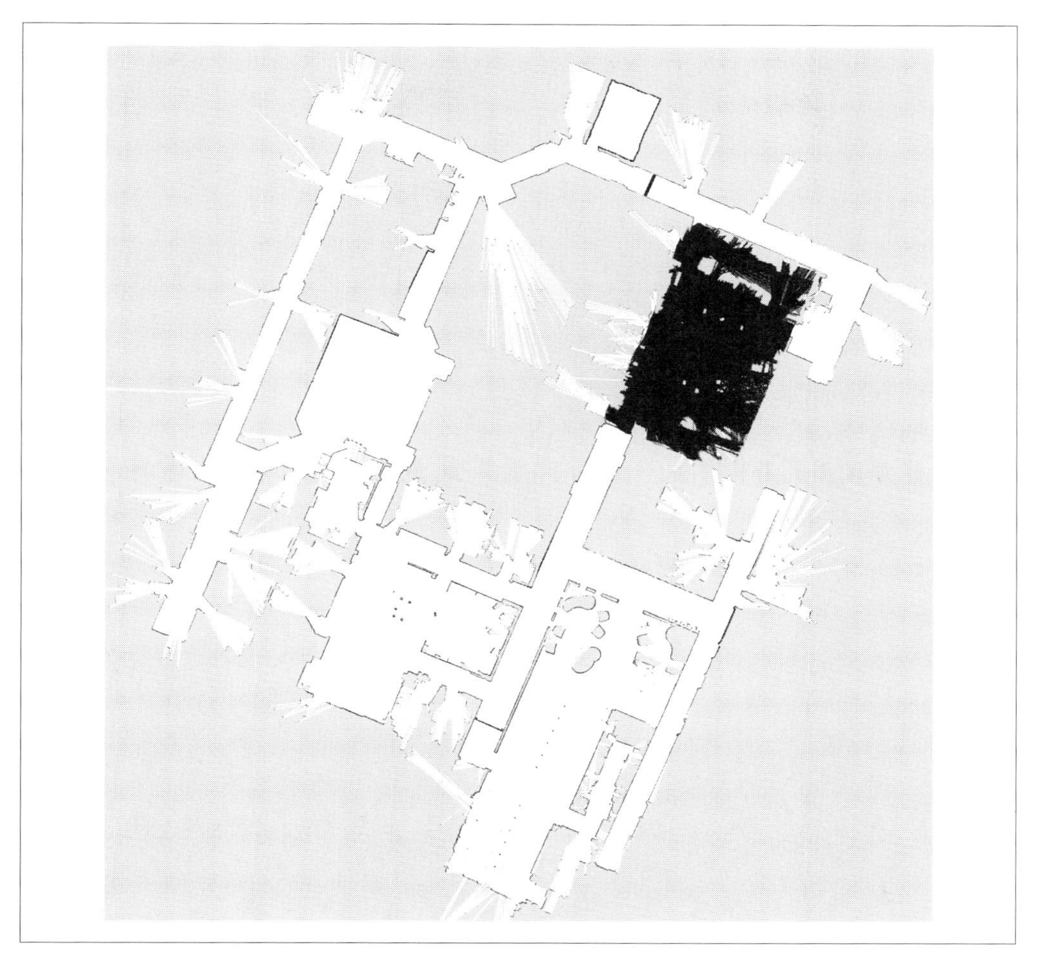

図17-6 ナビゲーションに利用するためのオフィスビルの地図

この地図は以前作ったmappingパッケージの中に保存されています。map_serverにこの地図を提供させるためにtortoisebot.launchファイルの<launch>ブロックに次のXMLコードを追加してください。

```
<node name="map_server" pkg="map_server" type="map_server"
      args="$(find mapping)/maps/willow.yaml"/>
```

また、この2次元地図に対応する3次元シミュレーション環境の中にTortoiseBotを置く必要があります。幸いなことにgazebo_rosパッケージの中にその仮想環境があり、すでにlaunchファイルも用意されています。tortoisebot.launchの中でempty_world.launchを読み込んでいる部分を削除して次の行で置き換えてください。これでwillowgarage_world.launchを読み込むようになります。

```
<include file="$(find gazebo_ros)/launch/willowgarage_world.launch"/>
```

今回は空っぽではない環境を使うのでTortoiseBotを置く場所には注意が必要です。これまでspawn_modelでTortoiseBotを作っていたときにはロボットを置く場所を指定していなかったのでロボットは環境の原点に置かれていました。willowgarage_world.launchで提供されているオフィス環境では、ロボットの位置を推定しやすいオープンエリアに置くのがよいでしょう。環境の原点に対してx方向に$+8$m、y方向に-8mの位置がちょうどよい位置です。ロボットをこの位置に配置するためにtortoisebot.launchからspawn_modelを読んでいる行を削除して次の行で置き換えてください。これはロボットのx座標とy座標を指定しています（同じ方法でz座標の位置を指定することも向きを指定することもできます）。

```
<node name="spawn_urdf" pkg="gazebo_ros" type="spawn_model"
      args="-param robot_description -urdf -model tortoisebot -x 8 -y -8" />
```

環境とロボットが正しい位置に置かれていることを確認するためにtortoisebot.launchを再起動してください。GazeboのGUIで視点を調整して**図17-7**のようになるようにしてみてください。ロボットが見える状態で建物を上から見下ろしている状態です。

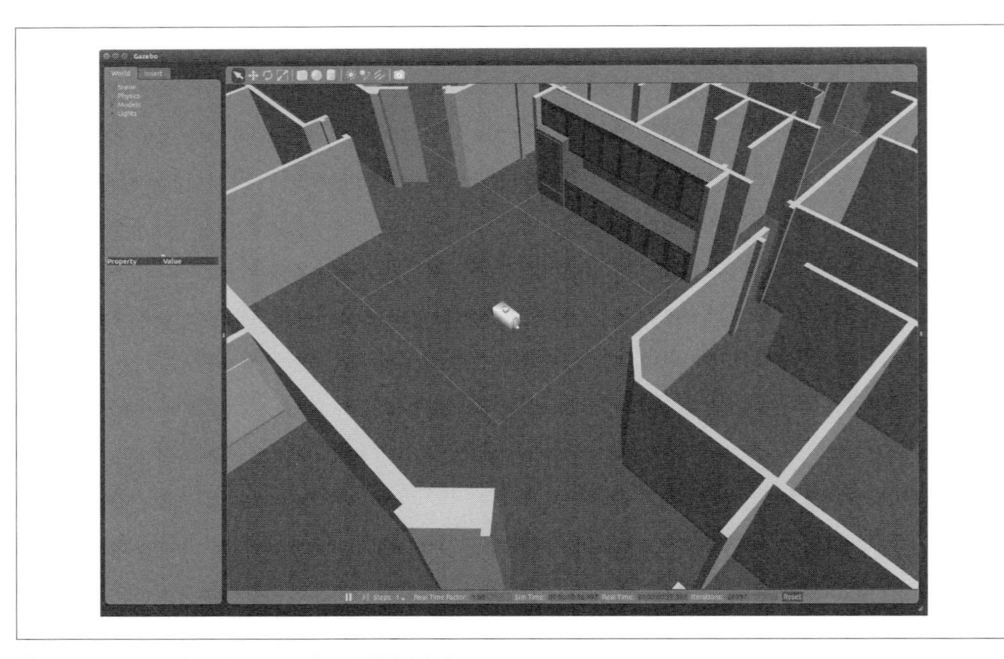

図17-7　Gazebo上でオフィスビルに配置されたTortoiseBot

map_serverも動いていることを確認しましょう。rvizを起動して地図を表示するように設定します。Displaysで［Add］を押して、［Map］を選択し［OK］を押します。次に［Displays］→［Map］でトピックに/mapを設定してください。さらに［Displays］→［Global Options］で［Fixed Frame］をmapに変更します。**図17-8**のような2次元の地図が現れるはずです。

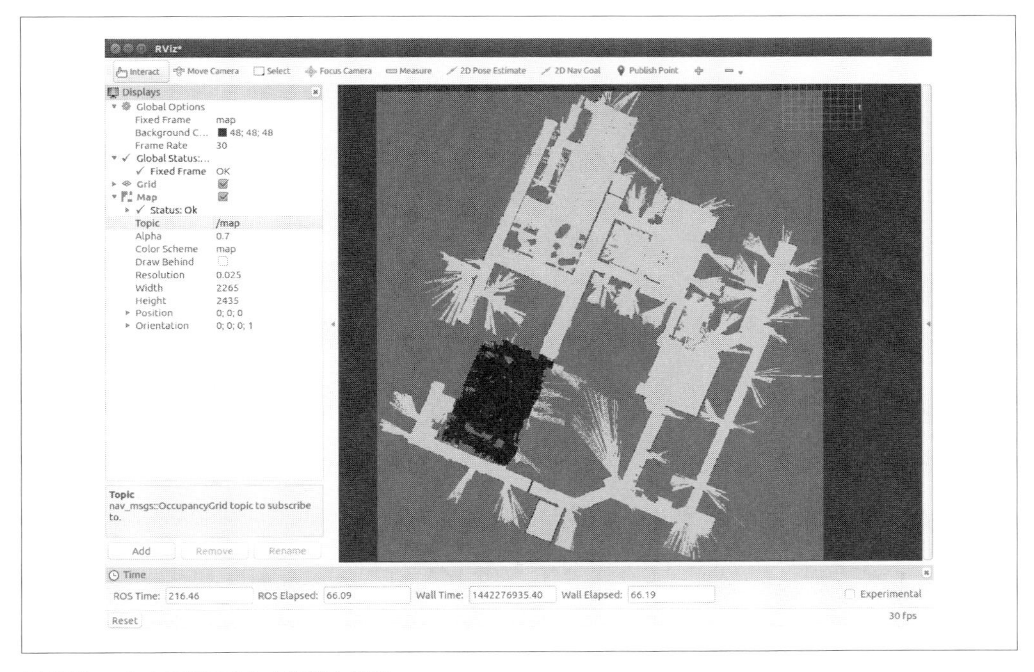

図17-8　rviz上に表示された静的な地図

仮想のオフィスビル環境の中を動くことができるロボットとその環境の静的な地図を提供するmap_serverがそろったので、amclを起動します。amclは地図を使ってビルの中でのロボットの位置を推定します。amclは設定する項目がとても多く、良い性能を引き出すためには調整が必要です。しかし今回はamclパッケージのlaunchファイルとして提供されている差動駆動型のロボットの設定例をそのまま使うことにします。tortoisebot.launchファイルに次の行を追加してください。

```
<include file="$(find amcl)/examples/amcl_diff.launch"/>
```

それではmove_baseを設定しましょう。「10章 世界を動き回る」で説明したようにmove_baseはさまざまな設定項目を持つ複雑なノードです。幸いなことに、デフォルトの設定がここで必要な設定ととても近いので修正すべき設定は少しだけです。まず初めにmove_baseで使われるグローバルと局所的（ローカル）なコストマップの両方で共通に使われるパラメーターから設定する必要があります。costmap_common_params.yamlという名前のファイルを作って**例17-4**のYAMLコードを挿入してください。

例17-4　costmap_common_params.yaml

```
footprint: [[0.35, 0.15], [0.35, -0.15], [-0.35, -0.15], [-0.35, 0.15]]
observation_sources: laser_scan_sensor
laser_scan_sensor:
  sensor_frame: hokuyo_link
  data_type: LaserScan
  topic: scan
  marking: true
  clearing: true
```

最初に、ロボットの形状をシャーシとキャスターの外側を囲む長方形で定義しています（もっと多くの点を追加して2次元の多角形にすることもできます）。次に、観測の情報源として先ほどのレーザーを設定しています。scanトピックに配信されるデータで障害物の追加（marking）とフリースペースの宣言（clearing）の両方を行い、コストマップを更新します。

共通のパラメーターが完了したら、次はグローバルなコストマップと局所的なコストマップをそれぞれ個別に設定します。グローバルなコストマップ用にはglobal_costmap_params.yamlという名前のファイルを作り**例17-5**のYAMLコードを挿入してください。

例17-5　global_costmap_params.yaml

```
global_costmap:
  global_frame: map
  robot_base_frame: base_link
  static_map: true
```

ここではグローバルなコストマップに静的な地図（map_serverによって提供される）を使うこと、コストマップの座標系としてmap座標系を使うこと、ロボットの主要な座標系としてbase_linkを使うことを設定しています。

局所的なコストマップにはこれとは少しだけ違う設定が必要です。local_costmap_params.yamlを作成して**例17-6**のYAMLコードを挿入してください。

例17-6　local_costmap_params.yaml

```
local_costmap:
  global_frame: odom
  robot_base_frame: base_link
  rolling_window: true
```

グローバルコストマップには大きな静的な地図を使いますが、局所的なコストマップは小さな循環する領域を参照しています。ロボットは常にこの領域の中央にいてロボットが動くに従って領域の外に出て行った障害物は消されて、また入ってきたら再び観測されます。局所的なコストマップにはodom座標系を使うことにします。odom座標系ではロボットの姿勢は徐々にズレていく（ドリフトする）可能性がありますが、姿勢が離散的にジャンプする可能性があるmap座標系に比べると滑らかに変化する傾向があります。この2つの違いが局所的な障害物回避に対してローカルコストマップのほうが適切に機能する理由です。そこでは今この瞬間ロボットの近くで起きていることのほうが、ロボットが環境のどこにいると思っているかや（すでに古くなってしまっているかもしれない）静的な地図が何と言っているかに比べてはるかに重要なのです。

経路計画と制御コマンドの計算を実際に実行するベースローカルプランナーも設定する必要があります。base_local_planner_params.yamlという名前のファイルを作成して**例17-7**のYAMLコードを挿入してください。

例17-7　base_local_planner_params.yaml

```
TrajectoryPlannerROS:
  holonomic_robot: false
```

今回の場合、TortoiseBotがホロノミックではないこと（このロボットは差動駆動だからです。移動ロボットの種類に関しては、「6.1.1 アクチュエーション：移動プラットフォーム」を参照してください）を伝えるためにパラメーターを1つだけを設定しています。

すべての設定が完了したのでmove_baseを実行するためにlaunchファイルを修正しましょう。tortoisebot.launchに**例17-8**のコードを追加してください。

例17-8　move_baseを起動するために追加したXMLコード

```
  <node pkg="move_base" type="move_base" respawn="false" name="move_base"
        output="screen">
    <rosparam file="$(find tortoisebot)/costmap_common_params.yaml"
              command="load" ns="global_costmap" />
    <rosparam file="$(find tortoisebot)/costmap_common_params.yaml"
              command="load" ns="local_costmap" />
    <rosparam file="$(find tortoisebot)/local_costmap_params.yaml"
              command="load" />
    <rosparam file="$(find tortoisebot)/global_costmap_params.yaml"
              command="load" />
    <rosparam file="$(find tortoisebot)/base_local_planner_params.yaml"
              command="load" />
  </node>
```

launchファイルのこの部分ではmove_baseノードを開始して先ほど作成したYAMLファイルでそのパラメーターを設定しています。ここで注意すべきはcostmap_common_params.yamlファイルを2回読み込んでいることです。1回目はglobal_costmapの名前空間として読み込み、2回目はlocal_costmap名前空間として読み込んでいます。これは意図的にそうしているもので、このパラメーターが2箇所で必要とされており、同じコードを二重に持つことを避けたいからです。

これで設定はすべて完了です。ロボットを動かしましょう！

17.4 rvizでロボットの位置を推定し命令する

すべての修正が組み込まれたので`tortoisebot.launch`を実行してください。オフィスビルを模擬した環境の中にTortoiseBotが現れるはずです。ナビゲーションスタックの実行準備も完了しています。「10章 世界を動き回る」で説明したように`amcl`には地図の中でのロボットの初期推定位置を実際の建物の中での位置に対応する形で教えてあげる必要があります。これはGUIで行うのが一番簡単なので`rviz`も起動してください。ロボットの移動に従って`amcl`のパーティクルフィルターがどのように変化するかを見ることは役に立つので`rviz`で可視化できるようにしましょう。Displaysパネルで［Add］を押し、［PoseArray］を選択し［OK］を押して、トピックに`/particlecloud`を設定してください。

Gazeboのワールドの中でTortoiseBotがいる場所と`rviz`の地図の中でTortoiseBotがいるはずの場所との対応が大まかに取れるようにGazeboと`rviz`の視点を調整してください。`rviz`で［2D Pose Estimation］ボタンを押してから、地図内をクリック＆ドラッグして**図17-9**のようにロボットの位置と向きを設定してください。

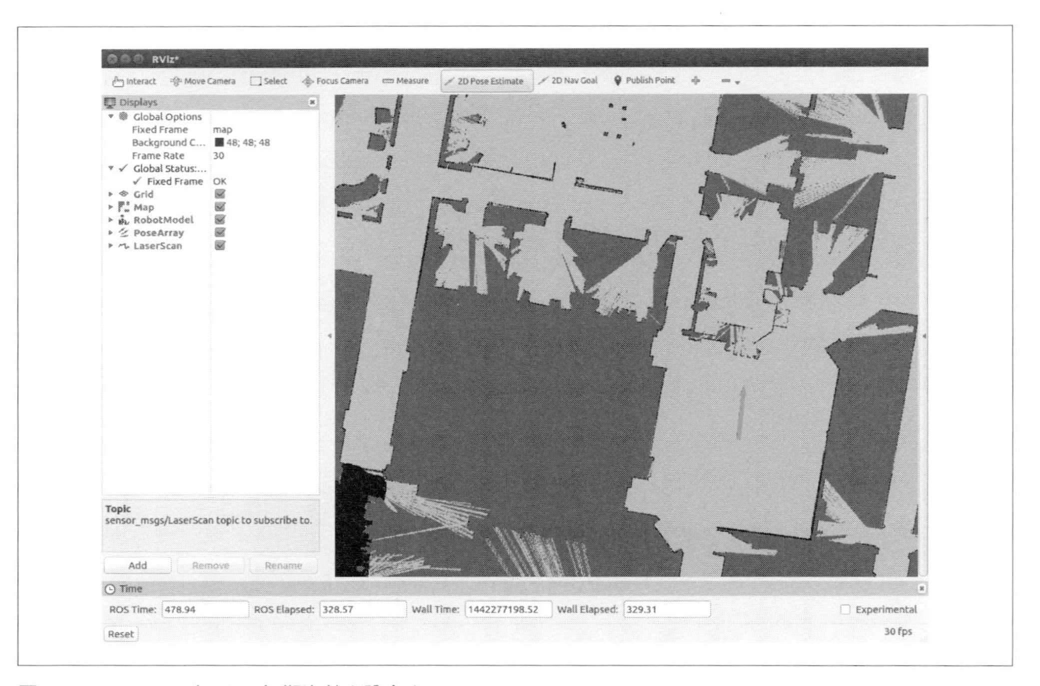

図17-9 rvizでロボットの初期姿勢を設定する

ロボットはrvizでだいたい皆さんが指定した位置に移動してきます。ロボットの周りには**図17-10**のようにamclが推定したロボットの姿勢の分布を表す矢印群が表示されるはずです。rvizで可視化されたレーザースキャンが地図の形と一致しているかを確認することでロボットの位置推定の良さを判断することができます。もしレーザースキャンがまったく一致していなかったらロボットの姿勢を再設定してください。一般的にはできるかぎり良い初期姿勢を与えるべきですが、完璧である必要はありません。なぜならamclが採用している確率に基づく位置推定アルゴリズムはとてもロバストだからです。まだ、Gazeboには何も起きていません。ロボットに自分の姿勢を伝えただけで、まだ動く指示を与えていないからです。

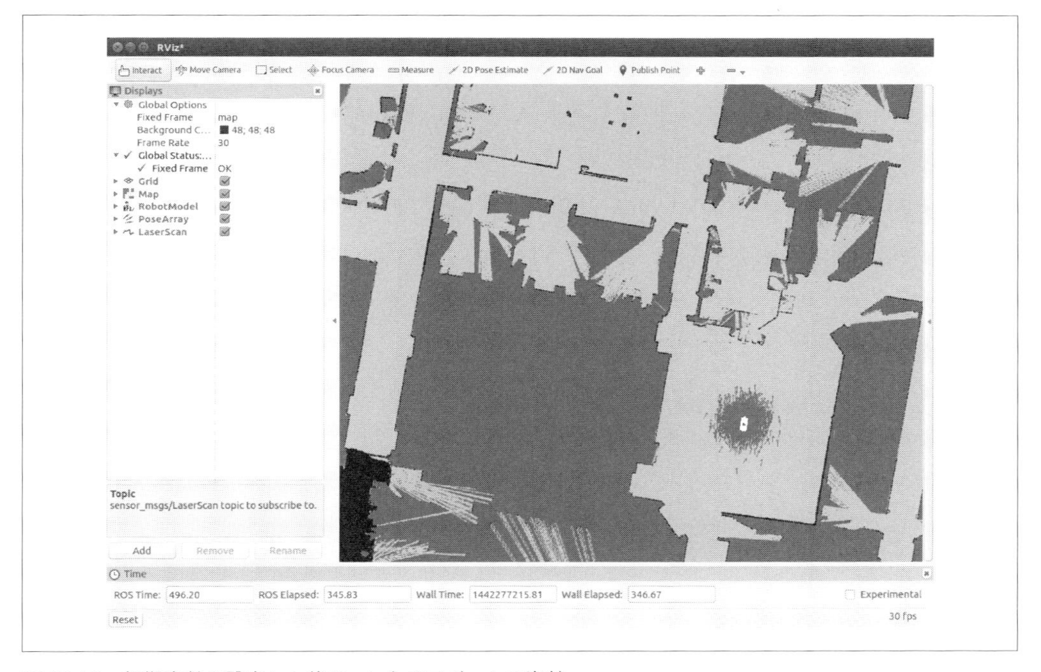

図17-10 初期姿勢を設定した後のrviz上のロボットの姿勢

ロボットが地図の中でどこにいるかわかったので、次にロボットを動かしてみましょう。**図17-11**のようにrviz上で［2D Nav Goal］ボタンを押してから、地図の中でクリック＆ドラッグして、ロボットのゴール姿勢を設定してみてください。Gazebo上でロボットが動き始めてrvizでも**図17-12**のようにロボットの推定姿勢とレーザースキャンのデータが更新され始めるでしょう。

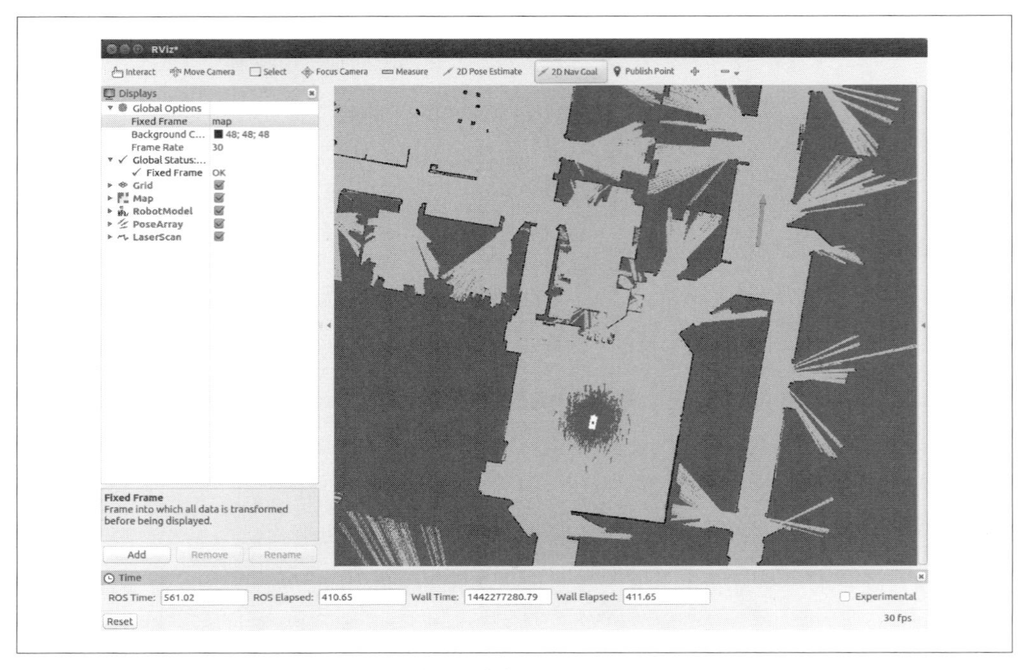

図17-11　rviz上でナビゲーションのゴール姿勢を設定

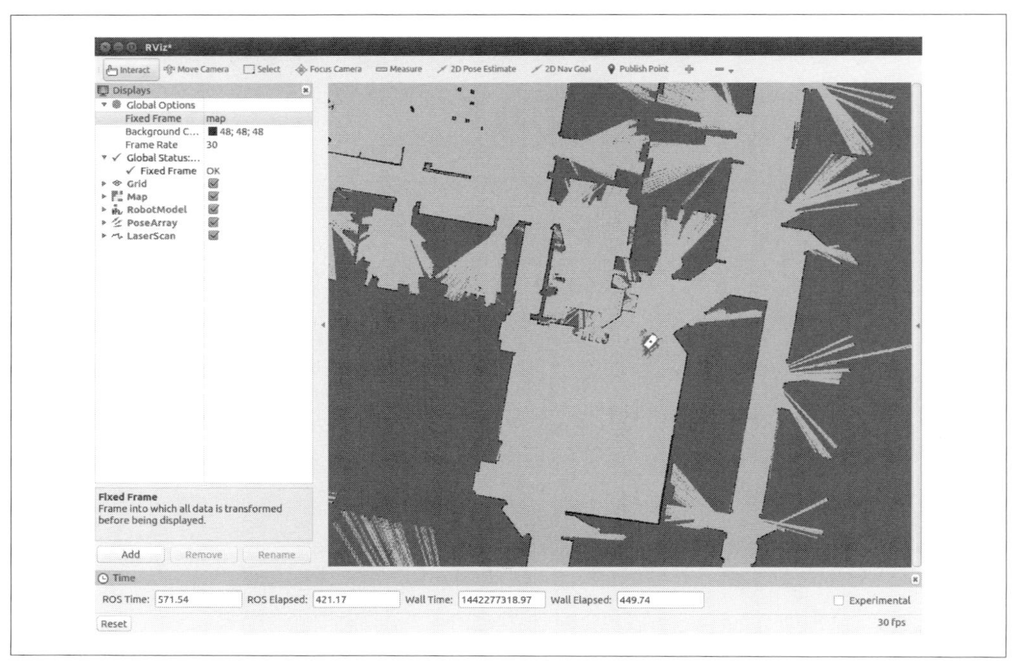

図17-12　ロボットがゴールに向かってナビゲーションする途中で赤色で示されたロボットの位置推定の候補が確信度の高い場所に収束している様子

動きましたね。万歳！ それではいくつか実験をしてみましょう。ロボットがゴールにたどり着いたら（もしくはその前に）新しいゴールをどこか別の場所に設定してみてください。移動している最中にロボットの推定姿勢を新しく設定してみてください。地図の中のどこか別の場所など、とても悪い姿勢を推定姿勢として与えると何が起きるのか試してみてください。絶対に到達できない場所にゴールを設定してみてください。

17.5 まとめ

本章ではすでに動作している移動ロボットのシミュレーションモデルから始めて、それを自律ナビゲーションロボットに変更しました。しかも、コードを1行も書かずに設定情報を（XMLやYAMLを介して）提供するだけで実現しました。これがROSの力です。robot_state_publisher、amcl、move_baseといった標準的で柔軟なツールを設定し組み合わせることで、幅広い種類のロボットに役に立つ振る舞いをさせることができるのです。たとえそれがたった今自分たちで作ったロボットであってもです。

もちろん、このシステムでかなり実験を続けたらTortoiseBotのナビゲーションは完璧ではないことに気がつくでしょう。戸口を通り抜けられないことがあったり、ときどき迷子（間違った位置を推定する）になったり、ときには立ち往生するかもしれません。次の段階は、ナビゲーションスタックのドキュメントを徹底的に調べて、自分のロボットに合わせて注意深く設定することでしょう。本章で使った各ノードは、amclのノイズモデルからmove_baseの加速度限界や経路計画の範囲にいたるまで、豊富な設定オプションを提供しています。本章で使ったデフォルト設定や簡単な設定例は、とりあえず動作するシステムを作るのには十分でしたが、本当にしっかりとしたナビゲーション性能を発揮するには、それぞれのロボットに対するパラメーター調整が必要です。

18章
ロボットアーム

「16章 自作の移動ロボット」と「17章 移動ロボット：パート2」では、新しい移動ロボットをROSに追加する方法について、モデリングとシミュレーションから自律ナビゲーションにいたるまで勉強しました。ここでも、それと同じパターンを繰り返しますが、今度はロボットアーム、すなわちマニピュレーターの出番です。マニピュレーターの概要と、すでにROSでサポートされているロボットアームの使い方については、「11章 Chess-bot（チェスボット）」で勉強しました。ここでは、新しいロボットアームを追加する方法を見ていきましょう。ここには、経路計画を行えるようにするためにMoveItを設定する方法も含まれます。

18.1 CougarBot（クーガーボット）

これから新しいマニピュレーターを構築していきます。新しいマニピュレーターのインスピレーションを得るために、1960年代にUnimation社によって製造された、初期の工業用ロボットアームに思いを巡らします。George DevolとJospeh Engelbergerが設立したUnimation社はまずGeneral Motorsにロボットアームを提供し、その後、他の会社や業界にも提供し、世界中で製造業のあり方を根本的に変革しました。Engelbergerは1966年にアメリカのテレビ番組『ザ・トゥナイト・ショー』に彼のロボットとともに出演し、一般の人々にロボットを紹介しました。番組の中でEngelbergerは、ロボットがビールを注ぐところ、オーケストラを指揮するところ、ゴルフボールを打つところを、司会者のジョニー・カーソンにデモンストレーションしました。**図18-1**はUnimation社の後発のモデルの1つで、PUMA（Programmable Universal Machine for Assembly）シリーズのロボットアームです。

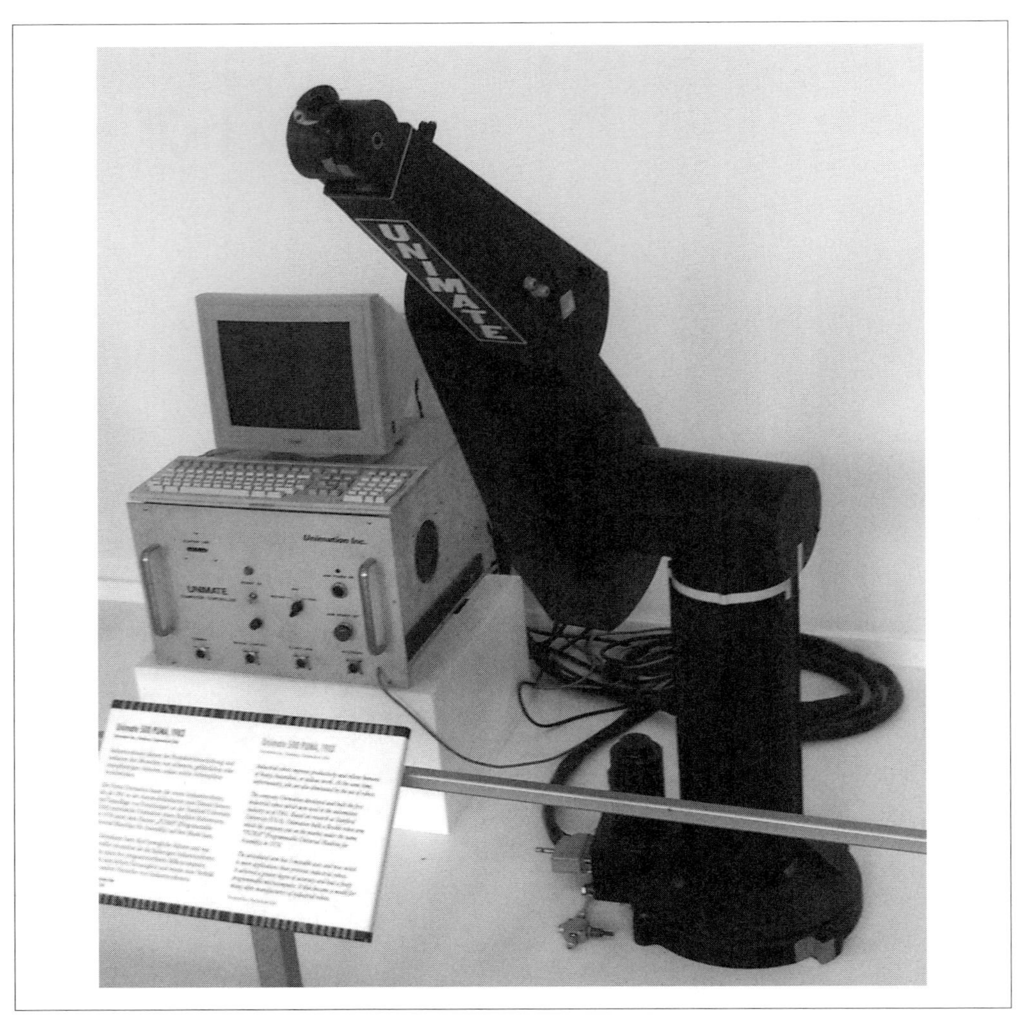

図18-1　Unimation社のPUMAシリーズのロボットアーム

これらの初期の機械の貢献に敬意を表して、これに似たロボットアーム、CougarBot（クーガーボット）を作成します。CougarBotロボットアームを作成するステップは移動台座であるTortoiseBotを作成したときに行ったことに非常によく似ています。

1. ROSのメッセージインタフェースを決める。
2. ロボットのモーター用のドライバーを書く。
3. ロボットの物理構造のモデルを書く。
4. Gazeboのシミュレーションで使用できるようにモデルに物理的特性を追加する。

5. tfを介して座標変換データを配信し、rvizでそれを可視化する。
6. センサーを追加する。ドライバーとシミュレーションのサポートも必要。
7. 経路計画などの標準のアルゴリズムを適用する。

18.2 ROSメッセージインタフェース

「16章 自作の移動ロボット」で見てきたように、移動ロボットの標準的なROSインタフェースはcmd_vel/odomというトピックの組です。これにより、速度コマンドを送信し、オドメトリの更新を受け取ることができます。ロボットアームでの類似のインタフェースは次のようになります。

control_msgs/FollowJointTrajectory（follow_joint_trajectory**アクション**）
: アームの軌道を指示し、その経過をモニターする。

sensor_msgs/JointState（joint_states**トピック**）
: アームの各関節の現在の状態を配信する。

follow_joint_trajectory/joint_statesというROSのインタフェースを使って簡単にロボットアームの関節を観測したり、コマンドを送ることができます。どのようなゴールメッセージをfollow_joint_trajectoryアクションに送ることができるのかを見てみましょう。

```
user@hostname$ rosmsg show control_msgs/FollowJointTrajectoryGoal
trajectory_msgs/JointTrajectory trajectory
  std_msgs/Header header
    uint32 seq
    time stamp
    string frame_id
  string[] joint_names
  trajectory_msgs/JointTrajectoryPoint[] points
    float64[] positions
    float64[] velocities
    float64[] accelerations
    float64[] effort
    duration time_from_start
control_msgs/JointTolerance[] path_tolerance
  string name
  float64 position
  float64 velocity
  float64 acceleration
control_msgs/JointTolerance[] goal_tolerance
  string name
  float64 position
  float64 velocity
  float64 acceleration
```

```
duration goal_time_tolerance
```

かなり多くのパラメーターがありますね。軌道は、経過時間とその経路に従って動作する際の許容範囲を、位置、速度、加速度、作用の目標点との組み合わせで定義することができるようです。幸いにも、後で見るように、すべてのフィールドを埋めなくても簡単な軌道を作成することはできます。

joint_states側を見てみましょう。

```
user@hostname$ rosmsg show sensor_msgs/JointState
std_msgs/Header header
  uint32 seq
  time stamp
  string frame_id
string[] name
float64[] position
float64[] velocity
float64[] effort
```

このメッセージは、もっとわかりやすいでしょう。各関節の現在の位置、速度、回転力（トルク）を報告しているだけです。後でこのデータを読み込んで表示してみます。

18.3 ハードウェアドライバー

実際のロボットのfollow_joint_trajectory/joint_statesインタフェースを実装するには、そのロボットのハードウェアと通信するノードを書く必要があります。このドライバーの詳細は、そのロボットがどのように機能し、ロボットとどのように通信したいかによります。移動ロボットと同様に、ロボットアームは通常はある物理インタフェースを提供しており、多くの場合、シリアル通信かネットワークで、そのインタフェースを介してメッセージを交換するためのプロトコルを持ちます。理想的には、そのプロトコルをすでに実装した再利用可能なライブラリを見つけることができれば、単位変換などの必要なデータ変換を行うROSノードでラップするだけでよいはずです。

ロボットアームを制御する汎用的なドライバーを提供することはできませんが、ROSのエコシステム内のサンプルには見るべきものがたくさんあります。本章の残りの部分では、follow_joint_trajectory/joint_statesインタフェースをサポートしたドライバーノードがあるものとして話を進め、ROSに組み込むのに必要な他のステップを説明します。この後のステップは、モデルの作成から始めます。これは本物のハードウェアやドライバーがなくともすべてシミュレーションで試すことができます。

18.4 ロボットをモデリングする：URDF

さて、CougarBotの物理的なモデルをURDFファイルとして作成しましょう。このモデルは、rvizでロボットを可視化し、Gazeboでシミュレーションし、MoveItで動きを計画するのに使用されます。

運動学的な部分から始めましょう。**図18-1**を見ると、このロボットアームの特徴は次のように定義できることがわかります。

- 台座は作業台にしっかり（例えば、ボルトで）取り付けられています。
- 台座の後は、最初の関節は左右に「胴体」を回転する「腰」です。
- 次の3つの関節は、「肩」「肘」「手首」であり、それぞれは「上腕」「前腕」「手」を上げたり下げたりします。

つまり、このロボットのモデルには5つのリンク（台座、胴体、上腕、前腕、手）があり、4つの関節（腰、肩、肘、手首）で接続されています。簡素化のために、リンクには円柱の組み合わせ（筒を複数組み合わせたもの）を用います。さらに詳細な表面メッシュなど洗練したモデルを用いれば、精度を上げたり、モデルを実物に似せることができます。

まず台座から始めます。この台座は、作業台にしっかり固定されています。これをURDFの構成で表現するには、worldという名前の特別なリンクを作成し、低い円柱でモデルした台座を固定関節に接続します。このURDFのコードを**例18-1**に示します。

例18-1 CougarBotの台座リンクのモデル。worldに固定

```
<?xml version="1.0"?>
<robot name="cougarbot">
  <link name="world"/>
  <link name="base_link">
    <visual>
      <geometry>
        <cylinder length="0.05" radius="0.1"/>
      </geometry>
      <material name="silver">
        <color rgba="0.75 0.75 0.75 1"/>
      </material>
      <origin rpy="0 0 0" xyz="0 0 0.025"/>
    </visual>
  </link>
  <joint name="fixed" type="fixed">
    <parent link="world"/>
    <child link="base_link"/>
  </joint>
</robot>
```

<visual>要素内で<origin>タグを使って、台座リンクの基準点のzをデフォルトである円柱の中心から底面に移動していることに注意してください。このオフセットは次の関節を取り付ける場所をわかりやすくするためのものです。これと同じことを残りのリンクに対しても行います。このモデルがどのように見えるかを確認するためには、コードをcougarbot.urdfというファイルに保存し、roslaunch urdf_tutorial display.launchを使って表示してみてください。

```
user@hostname$ roslaunch urdf_tutorial display.launch model:=cougarbot.urdf
```

図18-2のようなrvizのポップアップウィンドウが表示されます。背の低い円柱が1つ表示されています。座標軸が円柱の底面に配置されているのはoriginによるオフセットの影響です。

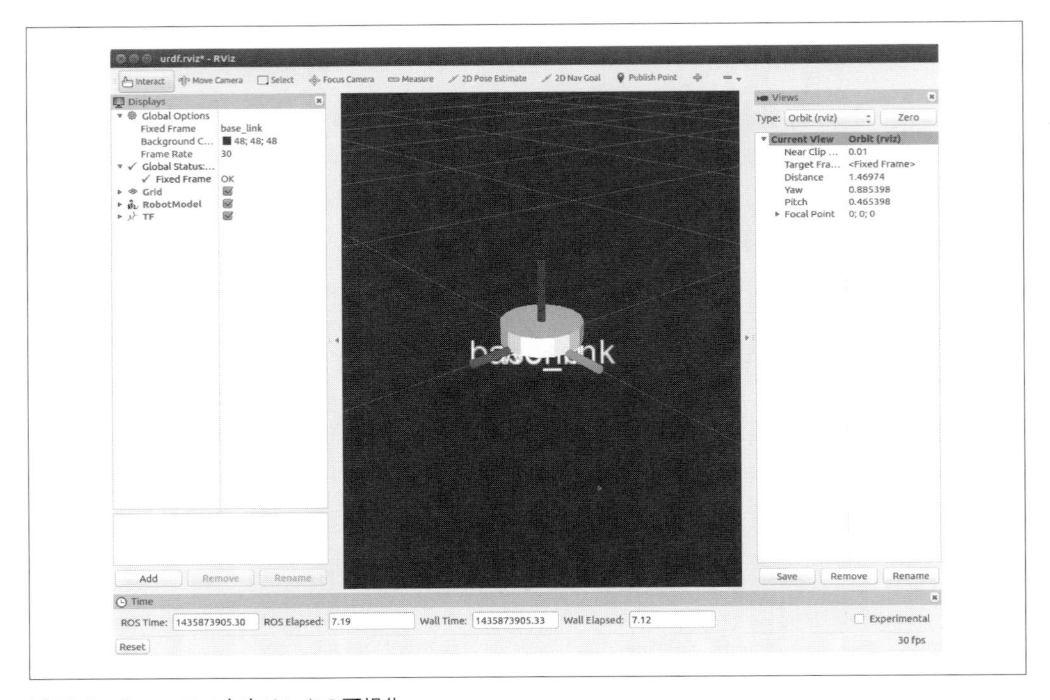

図18-2　CougarBot台座リンクの可視化

台座リンクが配置できたので、胴体リンクと腰リンクも**例18-2**に示すように追加してみます。

例18-2　CougarBotの胴体、腰を追加するURDFコード

```
<link name="torso">
  <visual>
    <geometry>
      <cylinder length="0.5" radius="0.05"/>
    </geometry>
    <material name="silver">
```

```
      <color rgba="0.75 0.75 0.75 1"/>
    </material>
    <origin rpy="0 0 0" xyz="0 0 0.25"/>
  </visual>
</link>
<joint name="hip" type="continuous">
  <axis xyz="0 0 1"/>
  <parent link="base_link"/>
  <child link="torso"/>
  <origin rpy="0 0 0" xyz="0.0 0.0 0.05"/>
</joint>
```

胴体は背の高い細い円柱で、腰を介して台座に接続されています。腰の関節は、z軸の周りに回転する無限回転機構型の関節です。このコードをcougarbot.urdfに追加し、その結果をURDFを可視化して確認してください。今回は関節制御のGUIを有効にしてください。

```
user@hostname$ roslaunch urdf_tutorial display.launch model:=cougarbot.urdf \
  gui:=True
```

GUIの「hip（腰）」のスライダーを動かすと、胴体が左右に回転します。次は、上腕と前腕です。それぞれを胴体と同じ半径の細い（ただし短い）円柱でモデリングします。ロボット側からは、上腕は胴体の右（もしくは外側）に肩を介して接続されており、前腕は上腕の左（もしくは内側）に肩を介して接続されています。これらの新しい腕のコンポーネント用のURDFを**例18-3**と**例18-4**に示します。

例18-3　CougarBotの上腕、肩を追加するためのURDFコード

```
<link name="upper_arm">
  <visual>
    <geometry>
      <cylinder length="0.4" radius="0.05"/>
    </geometry>
    <material name="silver"/>
    <origin rpy="0 0 0" xyz="0 0 0.2"/>
  </visual>
</link>
<joint name="shoulder" type="continuous">
  <axis xyz="0 1 0"/>
  <parent link="torso"/>
  <child link="upper_arm"/>
  <origin rpy="0 1.5708 0" xyz="0.0 -0.1 0.45"/>
</joint>
```

例18-4 CougarBotの前腕、肘を追加するためのURDFコード

```
<link name="lower_arm">
  <visual>
    <geometry>
      <cylinder length="0.4" radius="0.05"/>
    </geometry>
    <material name="silver"/>
    <origin rpy="0 0 0" xyz="0 0 0.2"/>
  </visual>
</link>
<joint name="elbow" type="continuous">
  <axis xyz="0 1 0"/>
  <parent link="upper_arm"/>
  <child link="lower_arm"/>
  <origin rpy="0 0 0" xyz="0.0 0.1 0.35"/>
</joint>
```

このコードを`cougarbot.urdf`に追加してください。最後に必要な運動学的要素は手です。前腕の端の手首を介して取り付けます。バリエーションのために、**例18-5**に示すように手は立方体でモデリングします。

例18-5 CougarBotの手、手首を追加するためのURDFコード

```
<link name="hand">
  <visual>
    <geometry>
      <box size="0.05 0.05 0.05"/>
    </geometry>
    <material name="silver"/>
  </visual>
</link>
<joint name="wrist" type="continuous">
  <axis xyz="0 1 0"/>
  <parent link="lower_arm"/>
  <child link="hand"/>
  <origin rpy="0 0 0" xyz="0.0 0.0 0.425"/>
</joint>
```

このコードを`cougarbot.urdf`に追加し、`roslaunch urdf_tutorial display.launch`で関節制御のGUIを有効にして再度表示してください。その後、「hip（腰）」「shoulder（肩）」「elbow（肘）」「wrist（手首）」のスライダーを用いてロボットモデルを動かしてみてください（**図18-3**参照）。

これでなんとか使えるものができました。そこそこかわいいロボットアームには見えます。CougarBotの構造が決まったので、このロボットをシミュレーションさせてみましょう

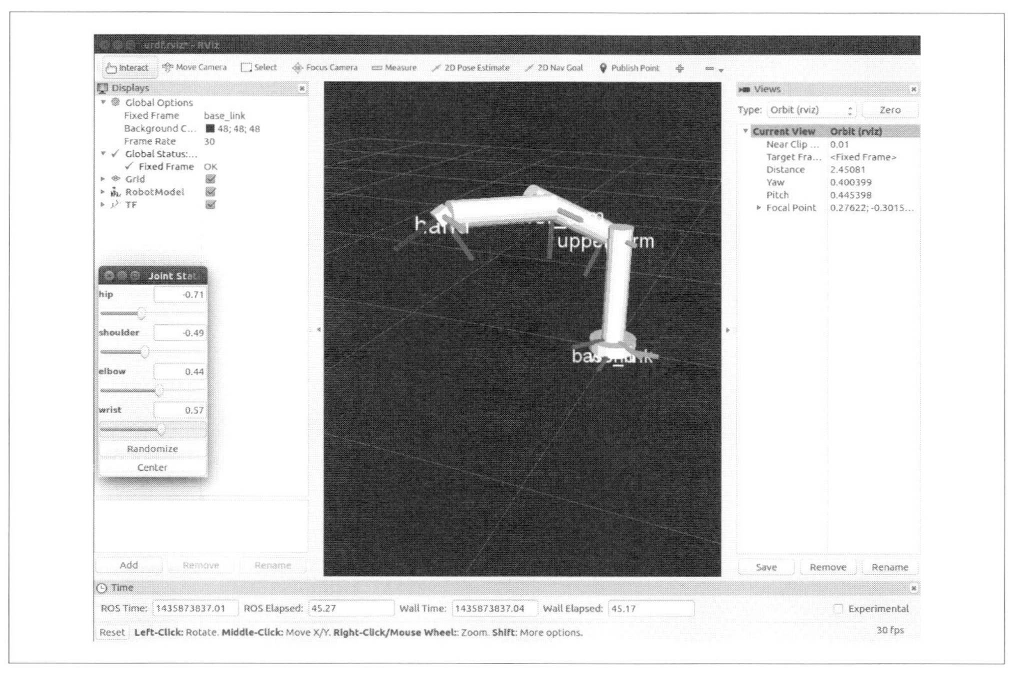

図18-3 CougarBotの台座、胴体、上腕、前腕、手の可視化

18.5 Gazeboでのシミュレーション

前の節では、CougarBotのリンクと関節の大きさと位置を反映した視覚的な運動力学モデルを作成しました。ロボットをrvizで表示するにはこれだけで十分なのですが、Gazeboでシミュレーションするには、それぞれのリンクの干渉判定用の形状と慣性特性を追加する必要があります。

干渉判定用の形状を追加します。ここでは、視覚的なモデルが簡単なおかげで、視覚モデルをそのまま複製するだけです。cougarbot.urdf内の<visual>/<geometry>タグそれぞれに同じ形状、サイズ、原点を持つ<collision>/<geometry>タグを同じレベルで追加してください。例えば、干渉判定用の情報を持つbase_linkは**例18-6**のようになります。<collision>タグのボディには、<material>タグは必要ないことに注意してください。

例18-6 干渉判定用の情報を持つCougarBotの台座用のコード

```
<link name="base_link">
  <visual>
    <geometry>
      <cylinder length="0.05" radius="0.1"/>
```

```
      </geometry>
      <material name="silver">
        <color rgba="0.75 0.75 0.75 1"/>
      </material>
      <origin rpy="0 0 0" xyz="0 0 0.025"/>
    </visual>
    <collision>
      <geometry>
        <cylinder length="0.05" radius="0.1"/>
      </geometry>
      <origin rpy="0 0 0" xyz="0 0 0.025"/>
    </collision>
  </link>
```

慣性データを追加するには、それぞれのリンクの質量特性を決める必要があります。簡単にするために各リンクの質量を1.0kgとします。慣性行列の計算をするために、いくつかのよく知られた公式（http://bit.ly/moments_of_inertia）を参考にすることができます。ここには立方体や円柱などのさまざまな形状の物体の慣性モーメントを計算するための公式が載っています。これらの公式を使って、台座の慣性値（**例18-7**）、胴体（**例18-8**）、上腕と前腕の両方の慣性値（**例18-9**）、手の慣性値（**例18-10**）を計算しました。対応するリンク内の各XMLのブロックを`cougarbot.urdf`に追加してください。

例18-7　CougarBotの台座用の慣性データ

```
    <inertial>
      <mass value="1.0"/>
      <origin rpy="0 0 0" xyz="0 0 0.025"/>
      <inertia ixx="0.0027" iyy="0.0027" izz="0.005"
               ixy="0" ixz="0" iyz="0"/>
    </inertial>
```

例18-8　CougarBotの胴体用の慣性データ

```
    <inertial>
      <mass value="1.0"/>
      <origin rpy="0 0 0" xyz="0 0 0.25"/>
      <inertia ixx="0.02146" iyy="0.02146" izz="0.00125"
               ixy="0" ixz="0" iyz="0"/>
    </inertial>
```

例18-9　CougarBotの上腕と前腕用の慣性データ

```
    <inertial>
      <mass value="1.0"/>
```

```
  <origin rpy="0 0 0" xyz="0 0 0.2"/>
  <inertia ixx="0.01396" iyy="0.01396" izz="0.00125"
           ixy="0" ixz="0" iyz="0"/>
</inertial>
```

例18-10　CougarBotの手用の慣性データ

```
<inertial>
  <mass value="1.0"/>
  <inertia ixx="0.00042" iyy="0.00042" izz="0.00042"
           ixy="0" ixz="0" iyz="0"/>
</inertial>
```

<origin>タグを使って<visual>と<collision>要素の基準点を移動させているリンクでは、<inertial>要素に対しても同様に<origin>タグを使用していることに注意してください。こうすることで、ロボットの視覚的な表現、運動学的な表現、動力学的な表現が一貫するようになります。これは今回のCougarBotの目的に合っています（これらをお互い別々になるようにしたい状況もあります）。

この時点で、作成したコードをROSのパッケージにする必要があります。パッケージ名をcougarbotとします。ワークスペース内に**cougarbot**というディレクトリを作成し、適当なpackage.xmlファイルを追加し、cougarbot.urdfファイルもそのディレクトリに置きます。そしてCougarBotを起動するroslaunchファイルを追加しましょう。このroslaunchのコードを**例18-11**に示します。

例18-11　CougarBotモデルをGazeboで起動するためのcougarbot.launchファイル

```
<launch>
  <!-- Load the CougarBot URDF model into the parameter server -->
  <param name="robot_description" textfile="$(find cougarbot)/cougarbot.urdf" />
  <!-- Start Gazebo with an empty world -->
  <include file="$(find gazebo_ros)/launch/empty_world.launch"/>
  <!-- Spawn a CougarBot in Gazebo, taking the description from the
       parameter server -->
  <node name="spawn_urdf" pkg="gazebo_ros" type="spawn_model"
        args="-param robot_description -urdf -model cougarbot" />
</launch>
```

このlaunchファイルでは、URDFファイルを/robot_descriptionとしてパラメーターサーバーに読み込みます。次に、gazebo_rosパッケージのlaunchファイルを使ってGazeboを空のワールドで起動します。パラメーターサーバーにモデルが読み込まれ、Gazeboが起動したら、gazebo_rosパッケージにあるspawn_modelというツールを使ってGazeboにCougarBotのインスタンスを作成するように依頼します。これは、/robot_descriptionパラメーターからURDFデータを読み込みます。

このファイルをcougarbot/cougarbot.launchとして保存して、次のように実行してみてください。

```
user@hostname$ roslaunch cougarbot cougarbot.launch
```

図18-4のようなCougarBotが表示されたGazeboのウィンドウが現れるかと思います。やりましたね！

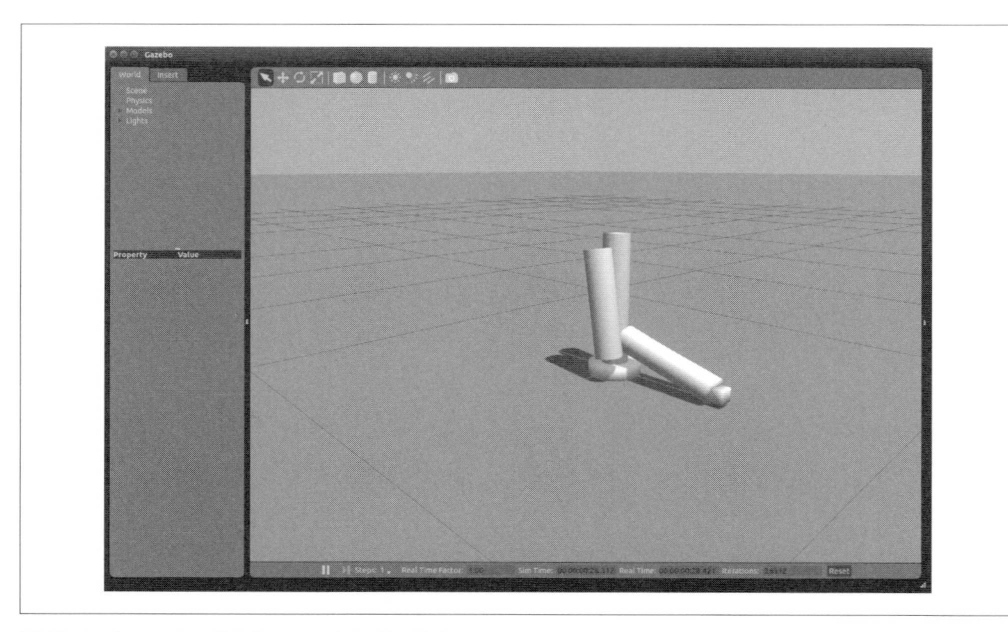

図18-4　CougarBotをシミュレートしているGazebo

しかしながら、このロボットは単に崩れるように横たわっているだけです。何が起きているのでしょうか？ Gazeboに質量を持つリンクが関節でつながったロボットアームとしてシミュレートさせました。しかし、これらの関節の**制御**方法に関しては何も伝えていなかったのです。モーターが行っているような関節に対する回転力（トルク）が働かないので、このロボットは、ぬいぐるみの人形のように（しかし、モデルの運動学的、動力学的な属性には従い）、リンクが重力で下方向に引っ張られるだけで、グニャグニャです。

「16.5 Gazeboでのシミュレーション」で、TortoiseBotに対してcmd_vel/odomインタフェースを介して差動駆動制御をサポートするGazeboのプラグインにモデルを追加したことを思い出してください。差動駆動はロボットアームには合っていないのは明らかです。CougarBotでも、follow_ joint_trajectory/joint_statesインタフェースを介して全関節を制御する手助けをしてくれるものが必要です。この目的では、2つのプラグインを用います。ros_controlプラグインはfollow_joint_trajectoryを介して次に取るべき新しい軌道を受け取ります。もう1つのros_joint_state_publisherプラグインはjoint_statesデータを配信します。

関節を動くようにするためには、ros_controlプラグインが必要です。このプラグインを追加するには、少し作業が必要です。その理由を理解するのに知っておくべき重要なことは、シミュレーションで用いるすべての制御コードは実際のハードウェアでも使われるということです。これを実現するには、コントローラーとそれをサポートする下部構造に特別な抽象化と設定が必要になり、その両方が複雑さを増すのです。複雑さが増す代わりに、同じコードをシミュレーションと本物のロボットの両方で実行できます。これは大きなトレードオフなのです。

最初に、URDFモデルのすべての関節に対して、適合する**トランスミッション**（変速機）を定義する必要があります。このトランスミッションは、モーターの出力とそのモーターが取り付けられている関節との間で起こることをモデル化しています。トランスミッションには、通常機械式のギアボックスからなる減速機が含まれます。このギアボックスは、高速に回転するが、トルクの低い電気モーターのトルクを増幅するのに使われます。また、トランスミッションには、複数の関節間の機械的結合などのさらに複雑な事象も含まれます。**例18-12**に示したのはCougarBotの腰関節用の簡単なトランスミッションを定義するコードです。それぞれのトランスミッションの定義方法についてさらに詳しく勉強する場合は、URDFのドキュメント（http://wiki.ros.org/urdf/XML/Transmission?distro=indigo）を見てください。

例18-12　腰関節用のトランスミッションを追加するURDFのコード

```
<transmission name="tran0">
  <type>transmission_interface/SimpleTransmission</type>
  <joint name="hip">
    <hardwareInterface>PositionJointInterface</hardwareInterface>
  </joint>
  <actuator name="motor0">
    <hardwareInterface>PositionJointInterface</hardwareInterface>
    <mechanicalReduction>1</mechanicalReduction>
  </actuator>
</transmission>
```

このコードでは、ギアの減速比を1という、実質、空のトランスミッションを定義しています。これはあまり現実的ではないですが、CougarBotをシミュレーションするという、ここでの目的では十分なものです。このURDFのコードをモデルに追加してください。<robot>タグの中ならどこでも大丈夫です。次に、それ以外の3つの関節に対しても似たようなトランスミッションを追加します（**例18-13**参照）。

例18-13 肩、肘、手首関節用のトランスミッションを追加するURDFのコード

```
<transmission name="tran1">
  <type>transmission_interface/SimpleTransmission</type>
  <joint name="shoulder">
    <hardwareInterface>PositionJointInterface</hardwareInterface>
  </joint>
  <actuator name="motor1">
    <hardwareInterface>PositionJointInterface</hardwareInterface>
    <mechanicalReduction>1</mechanicalReduction>
  </actuator>
</transmission>
<transmission name="tran2">
  <type>transmission_interface/SimpleTransmission</type>
  <joint name="elbow">
    <hardwareInterface>PositionJointInterface</hardwareInterface>
  </joint>
  <actuator name="motor2">
    <hardwareInterface>PositionJointInterface</hardwareInterface>
    <mechanicalReduction>1</mechanicalReduction>
  </actuator>
</transmission>
<transmission name="tran3">
  <type>transmission_interface/SimpleTransmission</type>
  <joint name="wrist">
    <hardwareInterface>PositionJointInterface</hardwareInterface>
  </joint>
  <actuator name="motor3">
    <hardwareInterface>PositionJointInterface</hardwareInterface>
    <mechanicalReduction>1</mechanicalReduction>
  </actuator>
</transmission>
```

トランスミッションが定義できたら、**例18-14**に示すようにros_controlプラグインを追加できます。

例18-14 ros_controlプラグインをロードするためのURDFのコード

```
<gazebo>
  <plugin name="control" filename="libgazebo_ros_control.so"/>
</gazebo>
```

このコードをcougarbot.urdfに追加してください。次に、ros_controlが提供するコントローラーのうちどれを使用するかを指定し、設定してください。ここでは、(速度や加速度といったゴールや制約ではなく)関節の位置の軌道を受け取ることのできるものが必要です。cougarbotパッケージにcontrollers.yamlという新しいファイルを作成し、**例18-15**に示すYAMLのコードを挿入してください。

例18-15 CougarBot用コントローラーのYAMLの設定

```
arm_controller:
  type: "position_controllers/JointTrajectoryController"
  joints:
    - hip
    - shoulder
    - elbow
    - wrist
```

このファイルはposition_controllers/JointTrajectoryControllerタイプのarm_controllerという名前の新しいコントローラーを定義しています。これは、ロボットのすべての関節を制御します。以下はこのファイルをrosparamを介してROSのパラメーターサーバーに読み込むのに必要なXMLのコードです。

```
<rosparam file="$(find cougarbot)/controllers.yaml" command="load"/>
```

このコードをcougarbot.launchに追加してください。次に、実際に新しく設定されたコントローラーを作成する必要があります。デフォルトでは、ros_controlはコントローラーが何も動いていない状態で起動し、何をすべきかが指示されるのを待っています。以下に、controller_manager/spawnerツールを使ってarm_controllerを作成するのに必要なXMLのコードを示します。

```
<node name="controller_spawner" pkg="controller_manager" type="spawner"
      args="arm_controller"/>
```

このコードをcougarbot.launchに追加してください。いよいよ、ロボットを動かしましょう！シミュレーションを再起動してください。今回は、**図18-5**のように、先ほどとは違う結果が得られます。

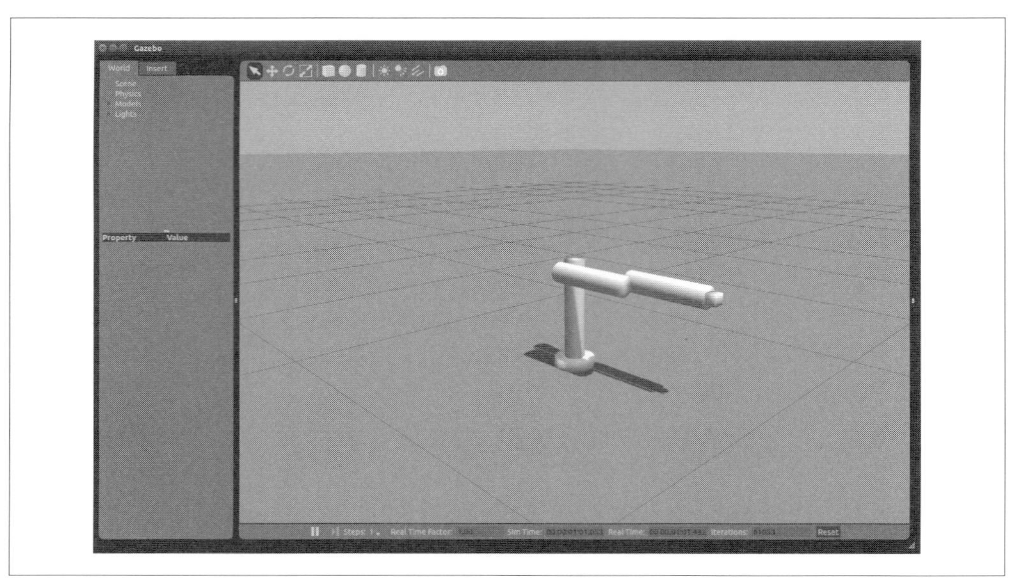

図18-5 CougarBotをシミュレーションするGazebo。コントローラーが動いた状態

このロボットは、もはや横たわっているだけではありません。モデルを作成したときに指定した姿勢を維持しています。これが新しいコントローラーの効果です。このコントローラーは、デフォルトでは、各関節を零点位置に保つようにします。どこか他の場所に動かすように指示する場合は、follow_joint_trajectoryインタフェースにコマンドを送ってください。どうすれば送信できるのでしょうか？ まず、利用可能なトピックスのリストを見ることから始めましょう。

```
user@hostname$ rostopic list
/arm_controller/command
/arm_controller/follow_joint_trajectory/cancel
/arm_controller/follow_joint_trajectory/feedback
/arm_controller/follow_joint_trajectory/goal
/arm_controller/follow_joint_trajectory/result
/arm_controller/follow_joint_trajectory/status
/arm_controller/state
/clock
/gazebo/link_states
/gazebo/model_states
/gazebo/parameter_descriptions
/gazebo/parameter_updates
/gazebo/set_link_state
/gazebo/set_model_state
/rosout
/rosout_agg
```

/arm_controllerという名前空間にはおもしろそうなトピックスが含まれています。follow_joint_trajectoryという名前空間にはアクションインタフェースを構成するトピックが含まれており、通常コントローラーはこれらを使います。一方、commandトピックも提供されているので、これについてもう少し調べてみましょう。

```
user@hostname$ rostopic info /arm_controller/command
Type: trajectory_msgs/JointTrajectory

Publishers: None

Subscribers:
 * /gazebo (http://rossum:42185/)
```

「18.2 ROSメッセージインタフェース」でfollow_joint_trajectoryアクションが受け取るゴールを見たときに説明したtrajectory_msgs/JointTrajectoryメッセージがあります。このタイプのメッセージを作成し、配信してみましょう。最小限必要な情報は、制御したい関節名を順序に並べたリストと、少なくとも1つの点を含む軌道の2つです。それぞれの目標軌道点は関節ごとの位置とその点が到達するまでの目標時間（その軌道を実行し始めてから計測される）を定義する必要があります。これは、それほど多くのデータではないので、rostopicでコマンドラインから配信することができ、次のように、各関節に1秒で新しい角度に回転するように伝えたりすることができます。

```
user@hostname$ rostopic pub /arm_controller/command trajectory_msgs/JointTrajectory \
   '{joint_names: ["hip", "shoulder", "elbow", "wrist"], points: [{positions: [0.1,
-0.5, 0.5, 0.75], time_from_start: [1.0, 0.0]}]}' -1
```

図18-6に示すように、ロボットアームが新しい姿勢に向かって滑らかに動くのが見られます。このようなロボットの制御はアニメーターがキャラクタのキーフレームを作成する方法によく似ています。ロボットが到達すべき姿勢を指定し、何か（ここでは、アームを取り付けたコントローラー）にその間の詳細を埋めてもらうのです。

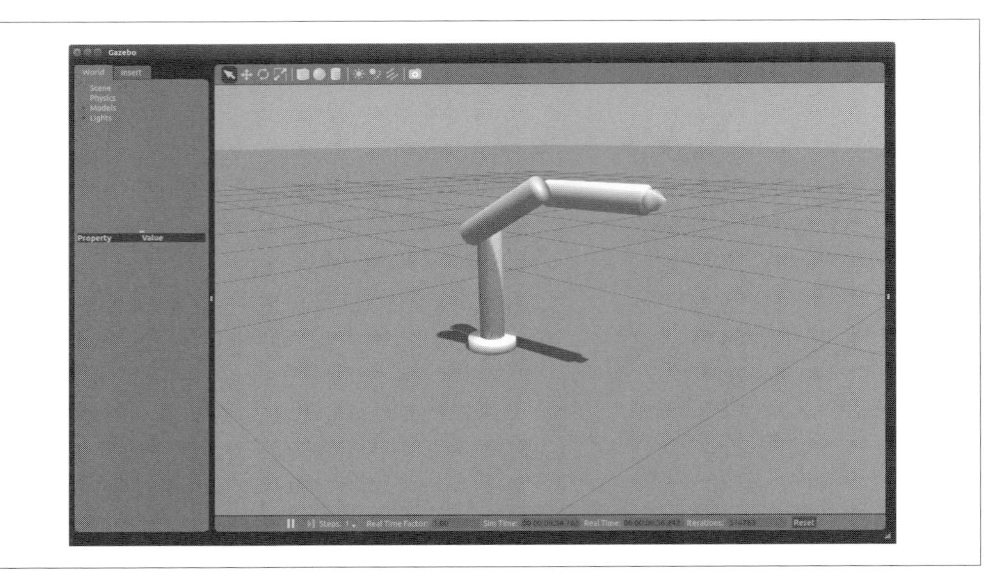

図18-6 新しい姿勢に移動したCougarBotのアーム

rostopicの呼び出しを変更して他の姿勢を送り、また、さらに点を追加し、より長い軌道を作成してみましょう。おもしろいのですが、すぐに飽きてしまいます。コマンドラインに関節角のリストを指定するのは、ロボットアームを制御するあまり良い方法ではないのです。CougarBotが自分で経路計画をするまでには、もう少し作業を続ける必要があります。

18.6 座標変換を確認する

前の節では、ros_controlプラグインを使ってfollow_joint_trajectoryインタフェースを提供することで、アームを制御しました。今度は、ros_joint_state_publisherプラグインを使ってjoint_statesインタフェースを提供し、アームの現在の状態を送信します。

ros_joint_state_publisherプラグインを追加するのは簡単です。状態データを配信する関節のリストを指示するだけです。この場合には、腰、肩、肘、手首、すべての関節が必要です。**例18-16**のコードをcougarbot.urdf内の<robot>タグ内に追加してください。

例18-16 関節の状態データを配信するプラグイン

```
<gazebo>
  <plugin name="joint_state_publisher"
          filename="libgazebo_ros_joint_state_publisher.so">
    <jointName>hip, shoulder, elbow, wrist</jointName>
  </plugin>
</gazebo>
```

このプラグインが動いていることを確認するには、cougarbot.launchを起動し、joint_statesデータをコンソールにechoしてください。

```
user@hostname$ rostopic echo /joint_states
```

それぞれの関節の位置（角度）を示すメッセージが表示されます。

```
header:
  seq: 2946
  stamp:
    secs: 29
    nsecs: 632000000
  frame_id: ''
name: ['hip', 'shoulder', 'elbow', 'wrist']
position: [0.0002283149969581899, 2.4271024408939468e-05, -6.677035226587691e-
05, 1.7216278225262727e-06]
velocity: []
effort: []
```

位置（position）の値はほとんどゼロであるはずです。これは、コントローラーがアームをそこに保とうとしているからです。しかし、これらの値は、本物のロボットと同じように、時間の経過とともに少し変化するかもしれません。重力に逆らってその位置を維持しようとしているからです。

さらに進めましょう。今度はお馴染みのrobot_state_publisherを追加します。これは、順運動学をjoint_statesメッセージとロボットのモデルに対して行い、tfメッセージを生成します。以下に、robot_state_publisherを起動するXMLコードを示します。

```
<node name="robot_state_publisher" pkg="robot_state_publisher"
      type="robot_state_publisher"/>
```

このコードをcougarbot.launchに追加し、再起動してください。これでロボットの状態を可視化する準備ができたので、rvizも起動します。rvizでは、[Fixed Frame]（固定座標系）をbase_linkとし、[RobotModel]と[TF]表示を追加してください。ロボットが表示され、[TF]フレームが可視化されます（**図18-7**参照）。

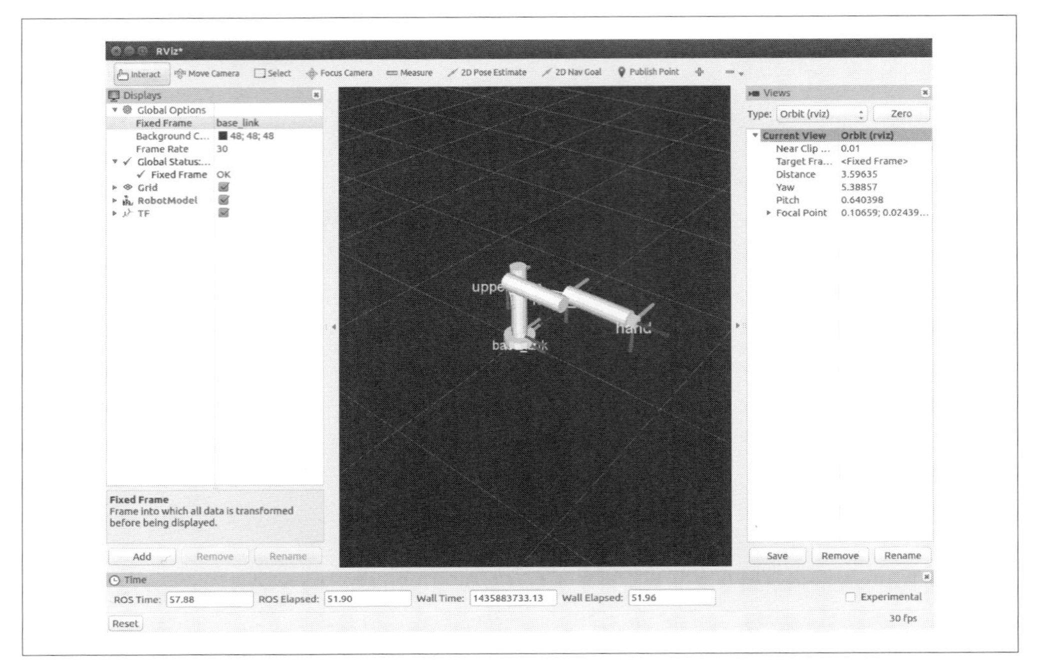

図18-7　シミュレーションされたCougarBotのアーム。rvizでリアルタイムに可視化されている

すべてが正しく動いていることを確認するには、joint_statesデータをrqt_plotでプロットしてみましょう（「21.4 データをプロットする：rqt_plot」も参照）。

```
user@hostname$ rqt_plot '/joint_states/position[0]' '/joint_states/position[1]' \
  '/joint_states/position[2]' '/joint_states/position[3]'
```

リアルタイムで4つの関節の位置が組になってプロットされます。すべての値はほぼゼロのはずです。ここで、再び簡単な軌道を送ってみましょう。

```
user@hostname$ rostopic pub /arm_controller/command trajectory_msgs/JointTrajectory \
  '{joint_names: ["hip", "shoulder", "elbow", "wrist"], points: [{positions: [0.1,
-0.5, 0.5, 0.75], time_from_start: [1.0, 0.0]}]}' -1
```

図18-8のように、ロボットモデルがrviz内で新しい姿勢に移動したのがわかります。

もし皆さんがrqt_plotウィンドウを見ていたら、**図18-9**のように、関節の角度がゼロから新しく対応する角度に変わるのが見られたと思います。

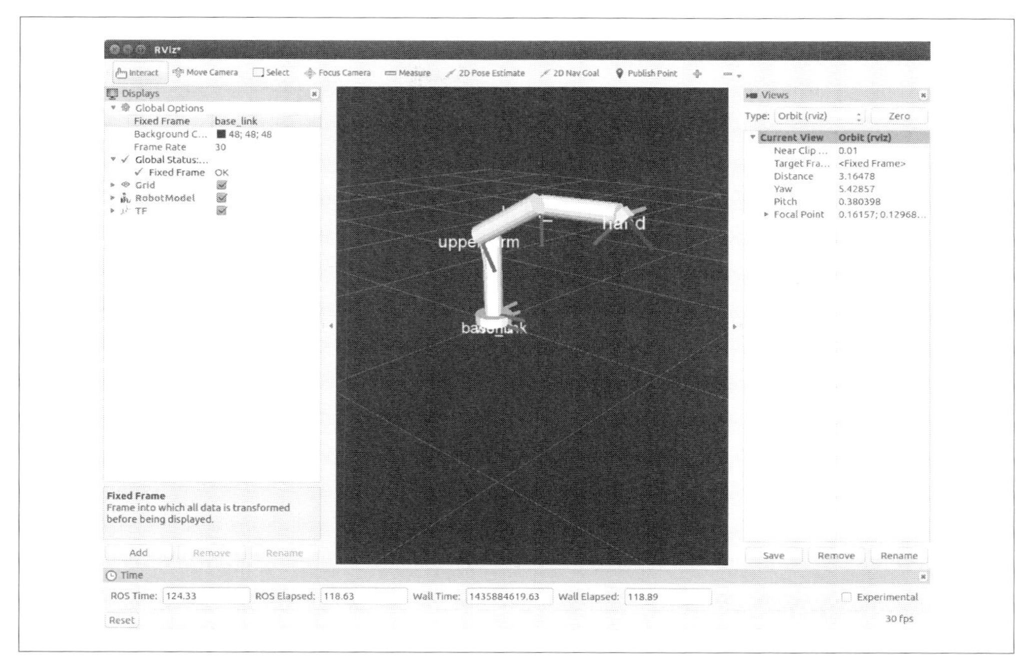

図18-8　シミュレーションされたCougarBotの腕。リアルタイムでrvizで可視化されている

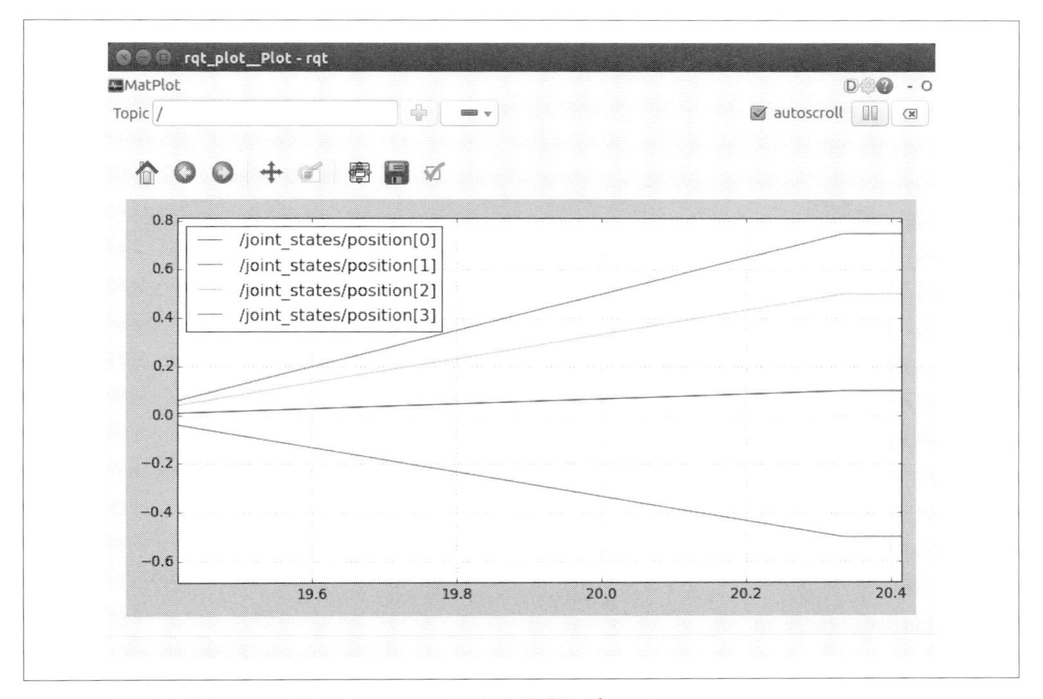

図18-9　軌道を実行している間のCougarBotの関節の角度のプロット

さて、これで、CougarBotはfollow_joint_trajectory/joint_statesインタフェースをサポートするようになったので、MoveItを経路計画の処理に活用することができるようになりました。

18.7 MoveItを設定する

MoveItはモーションプランニングと制御用のツールからなるライブラリです。「17.3 ナビゲーションスタックを設定する」でTortoiseBotで設定したナビゲーションスタックと似ていますが、MoveItはより複雑なシステムで、幅広い設定を行うことができます。その設定を手助けするために、MoveItはSetup AssistantというGUIツールを提供しています。まずはSetup Assistantを起動し、MoveItをCougarBot用に設定することから始めましょう。

```
user@hostname$ roslaunch moveit_setup_assistant setup_assistant.launch
```

図18-10のような最初の画面が表示されます。

[Create New MoveIt Configuration Package]（新しいMoveItコンフィグレーションパッケージを作成する）をクリックし、作成したcougarbot.urdfを選択し、[Load Files]（ファイルを読み込む）をクリックしてください。**図18-11**に示すように、Setup Assistantウィンドウの右側にロボットが表示されます。

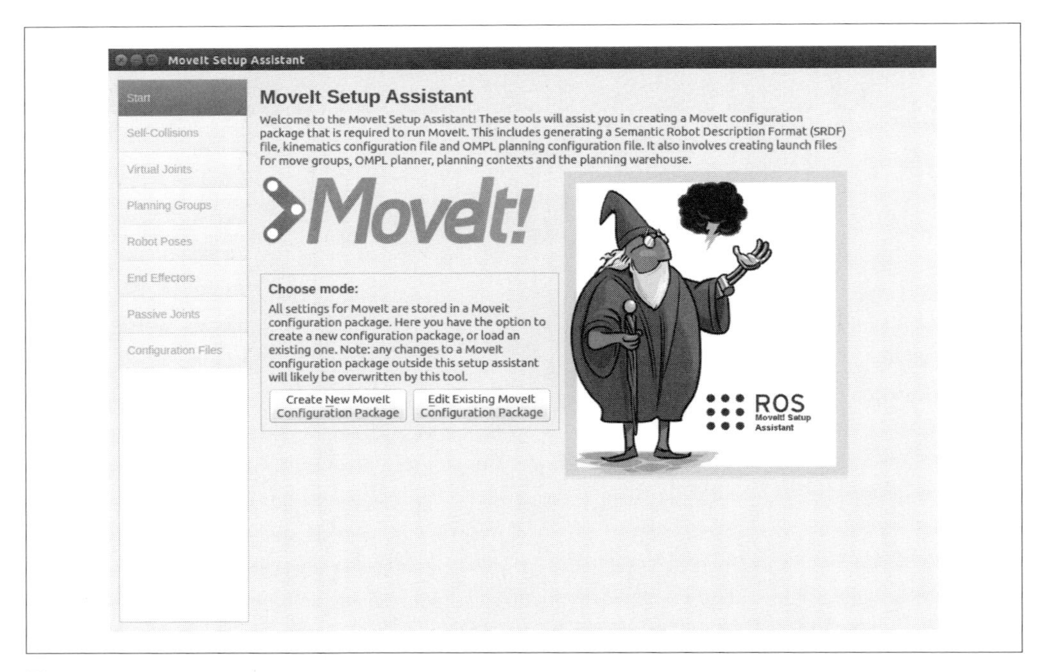

図18-10　MoveIt Setup Assistant

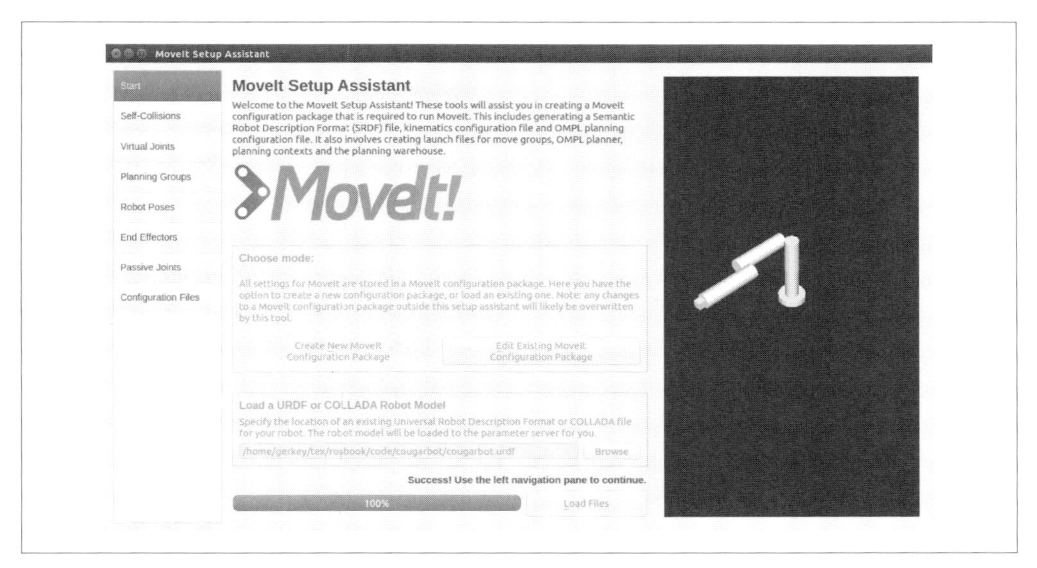

図18-11　MoveIt Setup Assistantに読み込まれたCougarBotのモデル

さて、Setup Assistantウィンドウの左側に表示されているものを見ていきましょう。それぞれをクリックしてみます。

Self-Collisions（自己干渉）

ここでは、[Regenerate Default Collision Matrix]（デフォルトの干渉行列を再生成する）をクリックしてください。MoveItはロボットのモデルを調べ、可能な姿勢をランダムにたくさんサンプリングし、干渉判定をするべきとき、する必要がないときを決定することを手助けします。干渉判定は処理に時間がかかるので、可能なかぎり行わないことが重要です。

Virtual Joints（仮想関節）

ここではすることはありません。

Planning Groups（プランニンググループ）

腕全体を扱うことができるモーションプランニングのグループを1つ作成する必要があります。[Add Group]（グループを追加）をクリックしてください。[Group Name]（グループの名）には`arm`と入れてください（実際には、好きな名前で大丈夫です）。[Kinematic Solver]（運動学ソルバー）には、`kdl_kinematics_plugin/KDLKinematicsPlugin`を選択してください。このプラグインには、汎用的な逆運動学のソルバーを提供します。これは最も効率の良いものではありませんが、ここでの目的には十分です。[Add Joins]（関節の追加）をクリックし、5つの関節すべてを選んで追加し、[Save]（保存）をクリックしてください。**図18-12**のような結果になります。

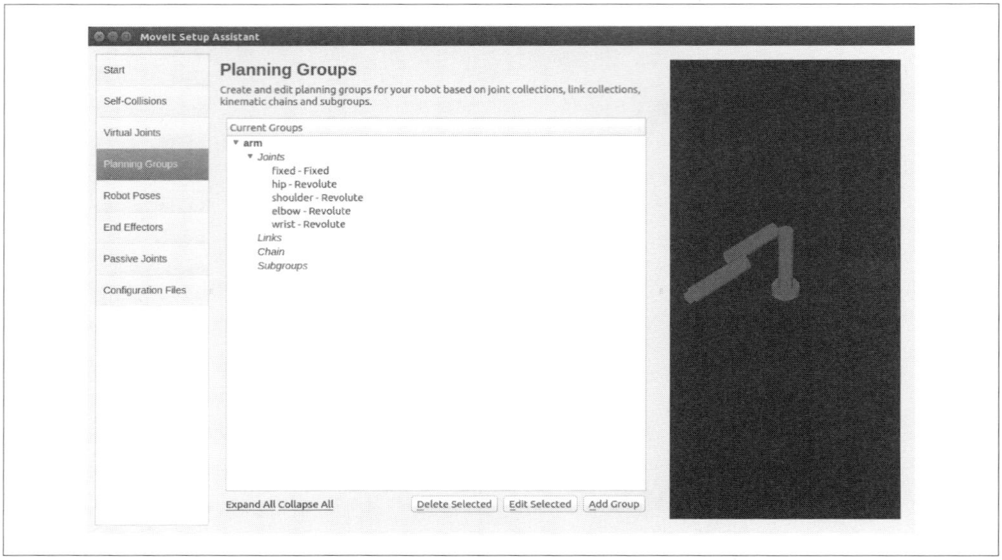

図18-12 MoveIt Setup AssistantでのPlanning Groupsの設定ステップ

Robot Poses（ロボットの姿勢）

ここではすることはありません。

End Effectors（エンドエフェクター）

MoveItにロボットのどのリンクを経路計画に使うのかを指示する必要があります。手のリンクを使いましょう。[Add End Effector]（エンドエフェクターの追加）をクリックし、[End Effectors Name]（エンドエフェクターの名前）にhandと入力してください（これも、好きな名前で大丈夫です）。[Parent Line]（親リンク）でhandを選び、[Save]をクリックしてください。

Passive Joins（受動関節）

ここではすることはありません。

Configuration Files（コンフィグレーションファイル）

MoveItに、ROSのパッケージをどこに作成するかを指示します。このパッケージの中に新しいコンフィグレーションファイルが書き込まれます。[Configuration Package Save Path]（コンフィグレーションパッケージの保存パス）に`cougarbot_moveit_config`という新しいディレクトリへのパスを渡してください。これはすでにある`cougarbot`ディレクトリと同じ階層に作らせるようにします。次に[Generate Package]（パッケージの作成）をクリックしてください。

これでSetup Assistant用の設定は終了です。[Exit Setup Assistant]（Setup Assistantを終了）をクリックして終了させてください。これでcougarbot_moveit_configという新しいパッケージが手に入りました。これにはさまざまな起動ファイルやYAMLファイルが含まれています。すべての起動ファイルを試すのは本書の範囲を超えています。これらの自動生成されるファイルに関してはMoveItのドキュメントを参照してください。

MoveItがCougarBotを制御するのに必要なものだけを見ていきましょう。MoveItに伝える必要がある最後のことは、腕のコントローラーがどのように設定されているかです。cougarbot_moveit_configの中に新しいファイルconfig/controllers.yamlを作成し**例18-17**に示すYAMLのコードを挿入してください。

例18-17　MoveItがCougarBotアームのコントローラーを使用できるように設定するためのYAMLのコード

```
controller_manager_ns: /
controller_list:
  - name: arm_controller
    action_ns: follow_joint_trajectory
    type: FollowJointTrajectory
    joints:
      - hip
      - shoulder
      - elbow
      - wrist
```

このファイルは、MoveItにros_controlプラグインによって提供されるfollow_joint_trajectoryアクションサーバーを見つけられるようにし、またどの関節がコントロールされるかを伝えます。修正するファイルがもう1つあります。cougarbot_moveit_config内の、launch/cougarbot_moveit_controller_manager.launch.xmlを開いてください。これはSetup Assistantが自動生成した空のファイルですが、**例18-18**に示すXMLのコードを挿入してください。

例18-18　MoveItのコントローラーの姿勢を読み込むためのXMLコード

```
<launch>
  <param name="moveit_controller_manager"
         value="moveit_simple_controller_manager/MoveItSimpleControllerManager"/>
  <param name="controller_manager_name" value="/" />
  <param name="use_controller_manager" value="true" />
  <rosparam file="$(find cougarbot_moveit_config)/config/controllers.yaml"/>
</launch>
```

このファイルは先ほど作成したcontrollers.yamlの内容を読み込むなどのいくつかのパラメーターを設定しています。

さて、MoveItは設定が終わりました。ではどうやって使うのでしょうか？

18.8 rvizを使ってゴールを送信する

CougarBotシミュレーションをいつものように起動してください。

```
user@hostname$ roslaunch cougarbot cougarbot.launch
```

ここで作成した設定を用いてMoveItも起動します。

```
user@hostname$ roslaunch cougarbot_moveit_config move_group.launch
```

これでロボットのシミュレーションが動きました。MoveItはゴールとなる姿勢を受け取ったり、モーションプランニングを行ったりできます。rvizを適切な設定で起動し、ゴールを送る必要があります。幸いにも、MoveItはそのような設定を提供しています。rvizを次のようにして起動してください。

```
user@hostname$ roslaunch cougarbot_moveit_config moveit_rviz.launch config:=True
```

例18-19に示すように新しいlaunchファイル（all.launch）を書いて、これらの3つのステップを1つにすることができます。

例18-19　すべてを行うlaunchファイル

```
<launch>
  <include file="$(find cougarbot)/cougarbot.launch"/>
  <include file="$(find cougarbot_moveit_config)/launch/move_group.launch"/>
  <include file="$(find cougarbot_moveit_config)/launch/moveit_rviz.launch">
    <arg name="config" value="True"/>
  </include>
</launch>
```

どちらの方法で起動しても、**図18-13**に示すように、MotionPlanningの表示が提供する新しい機能を持つrvizが表示されます。

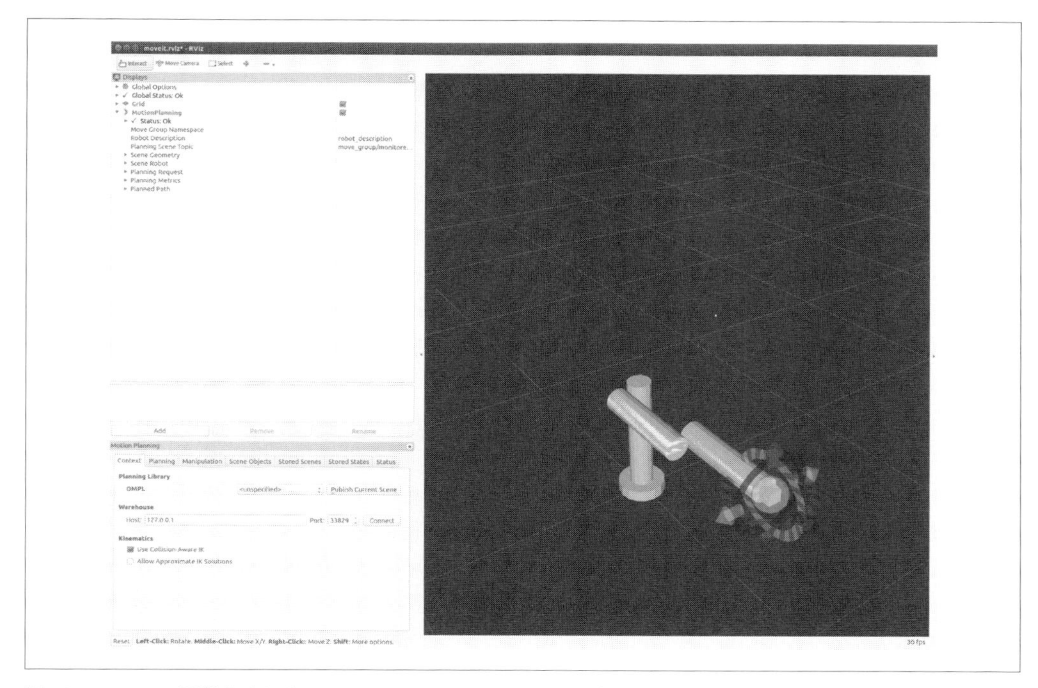

図18-13　rvizで可視化されたCougarBot、MotionPlanningの表示を持つ

このインタフェースを用いるとたくさんのことができます。ここでは、基本的なプランニングと実行に関してだけ扱います。最初に、[Motion Planning]→[Context] ウィンドウで、[Allow Approximate IK Solutions]（IKの近似解を許可する）のチェックボックスをクリックしてください。これは今回、私わたしたちが扱っているような1自由度の手首を持つロボットでは、対話的に厳密に到達可能な姿勢を指定することが難しいからです。この理由により、ロボットアームは通常2から3自由度の手首を備えています。

[Motion Planning]→[Planning] をクリックしてください。これでロボットと動かす準備ができました。rvizウィンドウでは、ロボットの手に付けられた複数の色で色分けされたマーカーを用いて、その手を空間内で並進移動したり回転させたりすることができます。操作をするたびに、逆運動学（IK）ソルバーは、手をその場所に置くためのロボットアームの姿勢を見つけようとします。見つかった姿勢は、**図18-14**に示すように、可視化されます。

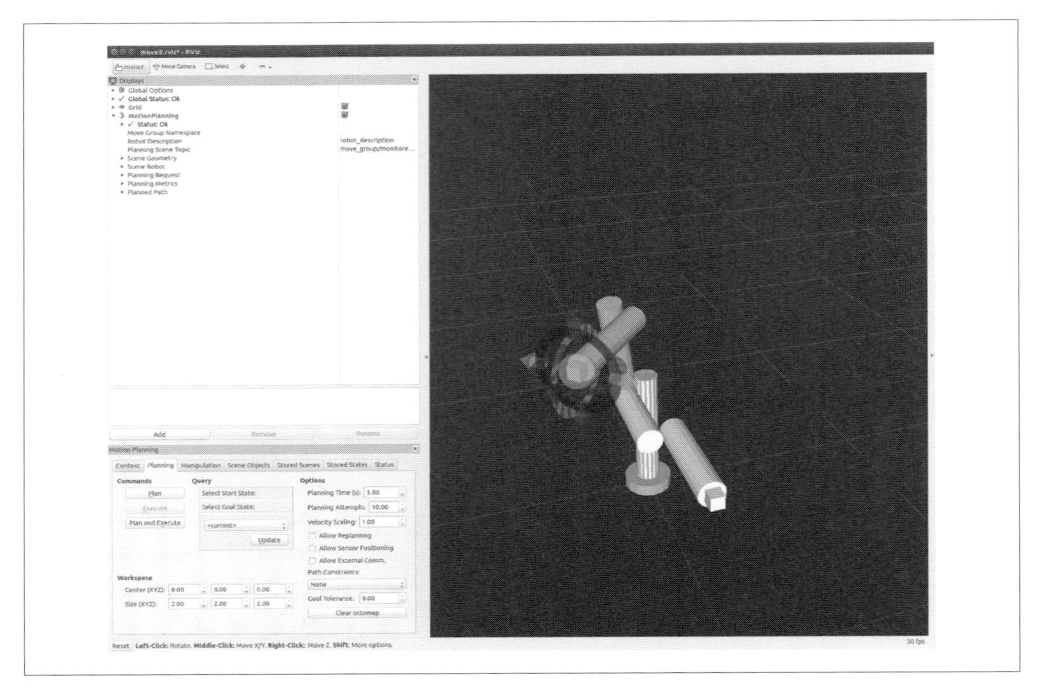

図18-14 rvizを用いてゴール姿勢を定義する

このゴール姿勢を選択して、[Plan]（計画）をクリックしてください。スタートからゴールまでの計画された軌道が繰り返しrvizで再生される様子が見られます。ここまではGazeboでは何も動いていません。単にrvizで軌道を可視化しているだけです。この軌道をロボットで実行するには、[Execute]（実行）をクリックしてください。ロボットがGazeboで動き、rvizではうまくいきそうな軌道に従って進みます。

手のマーカーをドラッグして、別のゴール姿勢を試してみてください。姿勢の設定に問題があるときは、手のマーカーには回転と並進移動の2つのハンドルがあることを思い出してください。どのような関節の回転と移動の組み合わせが、望む姿勢に到達するのに必要かを想像しながら操作するとうまくいくでしょう。また、ランダムな姿勢を試してみることもできます。[Select Goal State]（ゴール状態を設定する）で`<random valid>`を選択し、[Update]（更新）をクリックしてください。望むゴール姿勢が見つかるまで繰り返し、見つかったら[Plan and Execute]（計画・実行）をクリックしてそこまでロボットを動かしてみてください。

18.9 まとめ

本章では、ロボットアームをゼロから構築する方法を学びました。その中で、ロボットを可視化し、シミュレーションするのに必要となる詳細な手順に触れました。さらにこのアームにコントローラーを付け、MoveItでロボットの手のゴールの姿勢に基づいて腕の軌道を計画し実行してみました。これらはすべて、プログラミングすることなく、XMLとYAMLでモデルを指定し、設定することで行うことができました。これは、Gazebo、rviz、MoveIt、その他のROSツールがどのように組み合わされてロボットシステムの開発者の手助けをするのかを示すと良い事例になっています。

もちろん、ここで私たちが作ったCougarBotはまだ世に出せるほどの完成度ではありません。まず第1に、センサーが何も付けられていません。このため経路計画はできるようになりましたが、経路の途中の障害物を検出することはできません。障害物があっても、それを避けて動作することができればはるかに便利です。MoveItは障害物に対応した経路計画をサポートしています。単にCougarBotモデルにセンサー（おそらくKinectのような深度カメラ）を追加し、MoveItの設定を拡張し、センサーからのデータを購読することで、それを用いて経路計画を行う環境のモデルを作成することができます。これに関してはMoveItのドキュメントを参照してください。

ここまで、新しいロボットをROSでモデリングし、制御する方法を学びました。次の章では、ROSに新しいソフトを追加するといったような、別の重要な内容を扱います。

19章 ソフトウェアライブラリを利用する

ロボットのアプリケーションを開発する上での共通のステップの1つは、ある特定の重要な機能を提供するために、既存のソフトウェアライブラリを取り込むということです。アプリケーションによっては、ロボットに特定の物体を認識させたり、人を検出させたり、発話（本章で扱う）させたりしたい場合があります。皆さんのロボットで使える、良いライブラリが世界中にたくさんあり（その多くはオープンソースです）、このようなアルゴリズムを実現してくれます。利用できる場合はいつも、既存のライブラリを使うことをお勧めします。特に、信頼性やサポートで評判の良いものです。自分で開発したくなる場合や、結局そうせざるを得なくなった場合でも、皆さんがやりたいことに近い機能を持つシステムから始めることで、すばやく、また、自分が何を必要としているかについてより多くのことを学ぶことができます。

OpenCV（http://wiki.ros.org/vision_opencv?distro=indigo）、PCL（http://wiki.ros.org/pcl?distro=indigo）、MoveIt（http://wiki.ros.org/moveit?distro=indigo）などロボットに関連するたくさんのライブラリが、すでにROSに組み込まれています。これらのライブラリとそれをROSベースのロボットで使いやすくするコードは、ROSのエコシステムで重要な部分を形成しています。ROSを使用するメリットの多くは、その仕事に適したツール、特に役に立つアルゴリズムのライブラリを使用する準備がすでに整っていることです。それでも、皆さんは自分が必要としているが、まだ組み込まれていないライブラリを見つけることもあるでしょう。

本章では、既存のソフトウェアライブラリ（皆さんが書かれたものやサードパーティーのパッケージ）をROSに組み込む方法を説明します。本章の内容と、入手可能なROS関連ライブラリが提供するサンプルコードを習得すれば、皆さんのプロジェクトに組み込む準備が整います。

19.1 ロボットに発話させる：pyttsx

映画『禁断の惑星』に登場するロボットのロビーからC3POにいたるまで、私たちは、ロボットと会話することを期待してきました。（本書の執筆時点では）まだ、真の対話マシンを作成する道を切り開くには、いくつかの根本的な難しい課題があります。しかし、ロボットに発話機能を与えることは簡単で、楽しく、そして便利なデバッグツールになりえます。ロボットが期待どおりに動かず理由を探ろうとしている状況を想像してみてください。何が起こっているのかを理解するのに役立つすばらしいソフトウェアツールをROSは提供しています（「21章 ロボットの振る舞いをデバッグする」）が、そのツールを使うためには、ロボットではなく画面を見ている必要があります。もしもロボットが皆さんに話しかけることができ、どんな状態か、何を待っているか、その他なんでも伝えることができたらどうでしょう？

幸いなことに、数十年に及ぶ音声合成の研究によって、今日、複数のテキスト読み上げ（TTS：text-to-speech）ソフトウェアパッケージがあります。それを皆さんはすぐにブラックボックスとして使用できます。本節では、Pythonの`pyttsx`モジュールを使って作業します。このモジュールを使えば、統一された方法で、さまざまなオペレーティングシステムで一般的に利用可能なTTSシステムと連携することができます。

本章の目的は、`pyttsx`のようなライブラリと統合する工程を説明することです。もし単に音声合成機能を備えたROSノードが必要なだけなら、既存の`sound_play`パッケージ（http://wiki.ros.org/sound_play?distro=indigo）を試してみてください。

まず、`pyttsx`がインストールされていることを確認しましょう。ほとんどのシステムでは、`sudo pip install pyttsx`でインストールできます。特殊な場合には、`pyttsx`ドキュメント（http://pyttsx.readthedocs.org）を参照してください。正しく動作していることを確認するために、サンプルプログラムの1つを試してみましょう。

```
#!/usr/bin/env python

import pyttsx
engine = pyttsx.init()
engine.say('Sally sells seashells by the seashore.')
engine.say('The quick brown fox jumped over the lazy dog.')
engine.runAndWait()
```

このコードをファイルに保存し、実行します。

```
user@hostname$ python pyttsx_example.py
```

皆さんのコンピューターのオーディオシステムを介して、2つの文を話しているのが聞こえるはずです。この段階で問題が発生した場合は、スピーカー/ヘッドフォンの接続と音量設定を確認してみてください。それが問題なければ、`pyttsx`のドキュメントを参照してください。

これで、2つの文を話す実行可能なプログラムが手に入りました。では、汎用のROSノードに仕上げるのはどうすればよいのでしょうか？ いくつか決めなければならないことがあります。

- どのようなトピック/サービス/アクションインタフェースを提供するか？
- どのようなパラメーターを公開するか？
- どのようにして、pyttsxイベントループとROSのイベントループを統合するか？

まず、ノードと対話するために使うアクションインタフェースを定義することから始めます。

19.1.1 アクションインタフェース

テキストを音声で発話する作業には一定の時間が、とりわけ長い文章では数秒はかかるので、アクションサーバーの良い候補になります（「5章 アクション」参照）。アクションサーバーを利用することで、ゴール（発話したいこと）を送信し、発話が完了したときに通知を受け取り、または現在発話中の文章を途中で中断させることもできます。

pyttsxノードがゴールとして受信するメッセージの型を決めましょう。いつものように、まず既存のメッセージを使用することを検討すべきです。特に、そのメッセージ型が、すでに似たノードによって使用されている場合はそうです。この場合、最もよく似た例は、sound_play/soundplay_node.pyノードであり、このノードはsound_play/SoundRequest（http://docs.ros.org/api/sound_play/html/msg/SoundRequest.html）型のメッセージを購読します。しかし、このメッセージは驚くほど多くのフィールドやフラグを持ちます。このメッセージが複雑なのは、sound_play/soundplay_node.pyノードがテキスト読み上げ以上のこと（PR2ロボットに多少特有なこと）をするからです。このメッセージ型を使用することはできますが、本章のアプリケーションでは少しオーバースペックでしょう。

そこで、独自のゴール用のメッセージ型を設計することにしましょう。これには発声される文章であるstringフィールドが含まれている必要があることはわかっています。そこから始め、必要に応じて後でフィールドを追加していきましょう。同様に、このノードは報告すべきステータスはたいして持っていないので、フィードバックとリザルトは空にしておくことができます。**例19-1**に、アクションの定義を示します。これは、以前作成したbasicsパッケージのactionディレクトリの中に定義することにします（詳細を忘れた方は「5章 アクション」）に戻って、.actionファイルの構文のヘルプを参照してください）。

例19-1 Talk.action

```
# The sentence to be spoken
string sentence
---
# No result content needed
---
# No feedback content needed
```

アクションインタフェースが確定したので、次に、どのような設定パラメーターを提供するかを決める必要があります。

19.1.2 パラメーター

pyttsx ドキュメント（http://pyttsx.readthedocs.org）を参照すると、例えば音量や音声の速度などの各種設定や、使用されている音声などさまざまなものを変更できることがわかります。これらの設定は、ノードを起動するときにユーザーが設定可能なパラメーターの良い候補となります（「8.4 パラメーターサーバー」参照）。

ユーザーが音量や音声の速度を変更しようとすることが予想できるので、それらを設定できるようにすることから始めましょう。このようなものがパラメーターで定義すべきもので、つまり、ユーザーがコードを変更することなく簡単に、頻繁に調整できる、つまみのようなものをパラメーターとして提供します。それぞれのパラメーターについては、そのデータ型とデフォルト値（すなわち、ユーザーが値を設定しない場合にどうするか）を決める必要があります。今回の場合、最も簡単な方法は、volume と rate のパラメーターが pyttsx ライブラリでどのように扱われているかを単にまねることです。

`volume (float32)`
: 0.0～1.0内の範囲の浮動小数点数の音量。デフォルトでは1.0。

`rate (int32)`
: 1分あたりの単語の発話数（整数）。デフォルトでは毎分200語。

また、ノードが新しい文章を受信したときに、現在発話されている文章に割り込むかどうかを制御するパラメーターを加える必要があります。発話を中断する機能は、ユーザーインタラクションの観点からは良いことではありませんが、それはあれば良い機能であり、開発者がその動作を制御できるのは良いことでしょう。この新しいパラメーターは次のとおりです。

`preempt (bool)`
: 新しいゴールが来たときに処理中の発話に割り込むか。デフォルトは False。

これでノードの制御（アクションサーバー）と設定（パラメーター）の両方に関して、外部インタフェースが決まりました。次は、pyttsx ライブラリと rospy ライブラリの間を橋渡しするノードの内部構造の設計方法を決めましょう。

19.1.3 イベントループ

既存のソフトウェアライブラリをROSのノードに組み込む際に共通する問題点は、イベントループの管理方法です。多くの場合、ライブラリは独自の方法で実行を管理しており、皆さんに、main() 関数の制御を放棄させようとすることさえあるでしょう。それぞれの状況によって少しずつ異なるでしょうが、多くの場合は、ライブラリのイベントループを専用のスレッドに分離する必要があります。分離するのは通常は簡単ですが、そのイベントループが正しいタイミングで適切に、そして安全に停止できることを保証することも重要です。

pyttsxノードでは、そのイベントループ用に専用のスレッドを作成し、確実にシャットダウンできるようにそのスレッドを構成します。下記にコードを示します。

```
    def loop(self):
        self.engine.startLoop(False)
        while not rospy.is_shutdown():
            self.engine.iterate()
            time.sleep(0.1)
        self.engine.endLoop()
```

このスレッドでは、ライブラリのiterate()関数（イベントループを一度回し、次のイベントを処理する）を繰り返し呼び出す合間に、シャットダウンすべきかどうかを確認します。代わりにこのライブラリのstartLoop()関数を引数にTrueを与えて呼び出すこともできますが、こうするとライブラリの内部の処理ループに入るので、他のスレッドから適切なときにendLoop()を呼び出すメカニズムが必要になります。

これらの実装方法の詳細は、pyttsxライブラリに固有のものですが、基本的な特徴は多くのライブラリで共通に見られるものです。例えば、多くのライブラリが、イベント処理に対して「無限ループ」の呼び出しによるイベントの待機（pyttsxの場合はstartLoop(True)、roscppの場合はros::spin()）と、「ループを一度回す」呼び出しによる最新のイベント状態の取得（pyttsxの場合はiterate()、roscppの場合はros::spinOnce()）の両方の仕組みを用意しています。どのライブラリのどのイベントメカニズムを使うのが最適かは、それらの機能の特性と、実現したい内容によって異なります。

アクションインタフェースとパラメーター、イベントループの構造が決まったので、pyttsx用のアクションサーバーノードを書く準備が整いました。

19.1.4 音声サーバー

例19-2に、音声合成ノードのコードを示します。複雑に見えても心配しないでください。プログラムのそれぞれの部分を1つずつ見ていきます。

例19-2 pyttsx_server.py

```
#! /usr/bin/env python
import rospy
import threading, time, pyttsx
import actionlib
from basics.msg import TalkAction, TalkGoal, TalkResult
```

```
class TalkNode():

    def __init__(self, node_name, action_name):
        rospy.init_node(node_name)
        self.server = actionlib.SimpleActionServer(action_name, TalkAction,
          self.do_talk, False)
        self.engine = pyttsx.init()
        self.engine_thread = threading.Thread(target=self.loop)
        self.engine_thread.start()
        self.engine.setProperty('volume', rospy.get_param('~volume', 1.0))
        self.engine.setProperty('rate', rospy.get_param('~rate', 200.0))
        self.preempt = rospy.get_param('~preempt', False)
        self.server.start()

    def loop(self):
        self.engine.startLoop(False)
        while not rospy.is_shutdown():
            self.engine.iterate()
            time.sleep(0.1)
        self.engine.endLoop()

    def do_talk(self, goal):
        self.engine.say(goal.sentence)
        while self.engine.isBusy():
            if self.preempt and self.server.is_preempt_requested():
                self.engine.stop()
                while self.engine.isBusy():
                    time.sleep(0.1)
                self.server.set_preempted(TalkResult(), "Talk preempted")
                return
            time.sleep(0.1)
        self.server.set_succeeded(TalkResult(), "Talk completed successfully")

talker = TalkNode('speaker', 'speak')
rospy.spin()
```

コードを1つ1つ見ていきましょう。まず、必要となるTalkアクションのメッセージ型と、pyttsxモジュールなどを読み込みます。threadingモジュールも読み込みます。これは、イベントループのスレッドを管理するのに必要になります。

```
import rospy
import threading, time, pyttsx
import actionlib
from basics.msg import TalkAction, TalkGoal, TalkResult
```

次に、TalkNodeクラスを作成します。これは、ノードについてのいくつかの状態（音声エンジンを含む）の保存を容易に（また少なくともより明確に）するクラスです。コンストラクターでは、ノードを初期化し、アクションサーバーを作成し、音声エンジンを初期化し、次にイベントループを実行するスレッドを作成、起動します。

```
class TalkNode():

    def __init__(self, node_name, action_name):
        rospy.init_node(node_name)
        self.server = actionlib.SimpleActionServer(action_name, TalkAction,
          self.do_talk, False)
        self.engine = pyttsx.init()
        self.engine_thread = threading.Thread(target=self.loop)
        self.engine_thread.start()
```

次に、パラメーターを処理し、アクションサーバーを起動します。volumeとrateパラメーターが直接ライブラリに渡されます。preemptパラメーターは、ライブラリに設定しないで保存だけしておきます。

```
        self.engine.setProperty('volume', rospy.get_param('~volume', 1.0))
        self.engine.setProperty('rate', rospy.get_param('~rate', 200.0))
        self.preempt = rospy.get_param('~preempt', False)
        self.server.start()
```

パラメーター名の先頭のチルダ文字、例えば~volumeは、ノードに対して**プライベート**であることを示します。これは、このパラメーターが親の名前空間（デフォルト）ではなく、ノードの名前空間に保存され、そこから取得されることを意味します。可能なかぎり、これを使用してパラメーターをノードにローカルなものにすることをお勧めします。ノードにspeakerという名前を付けた場合は、この音量パラメーターは、パラメーターサーバーに/speaker/volumeとして格納されます（ノードが名前空間の中で定義されないかぎり。ノードが特定の名前空間で定義された場合は、さらに詳細に限定されたパラメーター名になります）。

専用のスレッドで実行するloop()関数のコードはすでに見てきました。ゴールのコールバックであるdo_talk()を見てみましょう。新しいゴール（文章）を受信すると、文章を音声エンジンに渡します。

```
    def do_talk(self, goal):
        self.engine.say(goal.sentence)
```

音声エンジンに文章を発声するように命令したら、完了するまでそれを監視する必要があります。preemptが設定されているなら、中断の要求を処理する必要があります。preemptが設定されている場合、エンジンのstop()を呼び出して発話の中止を要求し、その後、もう1つのループで止まったことを確認し、中断が完了したら、これをクライアントに報告します。それ以外の場合は、音声エンジンが文章を発声し終わったときに、その成功を報告します。

```
        while self.engine.isBusy():
            if self.preempt and self.server.is_preempt_requested():
                self.engine.stop()
                while self.engine.isBusy():
                    time.sleep(0.1)
                self.server.set_preempted(TalkResult(), "Talk preempted")
                return
            time.sleep(0.1)
        self.server.set_succeeded(TalkResult(), "Talk completed successfully")
```

ロボットに話をさせるコマンドを受け入れるアクション**サーバー**を手に入れました。次にそれを実行するアクション**クライアント**を用意しましょう。

19.1.5 音声クライアント

この音声サーバーを使うROSのノードを書くのは簡単です。**例19-3**に、簡単なクライアントプログラムのコードを示します。これは、「hello world」と数回発声するようにサーバーに指示するものです。

例19-3 pyttsx_client.py

```
#! /usr/bin/env python
import rospy

import actionlib
from basics.msg import TalkAction, TalkGoal, TalkResult

rospy.init_node('speaker_client')
client = actionlib.SimpleActionClient('speak', TalkAction)
client.wait_for_server()
goal = TalkGoal()
goal.sentence = "hello world, hello world, hello world, hello world"
client.send_goal(goal)
client.wait_for_result()
print('[Result] State: %d'%(client.get_state()))
print('[Result] Status: %s'%(client.get_goal_status_text()))
```

このプログラムでは、通常の初期化後に、適切なタイプのアクションクライアントを作成し、ゴールとしての文章を送信し、その後、完了するまで待機しているだけです。これがアクションサーバーを使用する利点です。すなわち、音声を合成するという複雑な処理を、単に単語の文字列を送り、それが実行されたと言われるまで待つだけというインタフェースに包み込んだのです。コードは書けたので、テストしてみましょう。

19.1.6 すべてが期待どおりに動作していることを確認する

それでは音声サーバーとクライアントが意図したとおりに動作するか確認してみましょう。新しいターミナルを開き、roscoreを起動します。2つ目のターミナルで、サーバーを起動します。

```
user@hostname$ rosrun basics pyttsx_server.py
```

3つ目のターミナルで、クライアントを起動します。

```
user@hostname$ rosrun basics pyttsx_client.py
```

「hello world」という言葉が、2、3回繰り返されるのが聞こえるはずです。それでは、先ほどのパラメーターを試してみましょう。サーバーを停止し、それから低音量の設定で再びそれを実行します。

```
user@hostname$ rosrun basics pyttsx_server.py _volume:=0.5
```

ここでもう一度クライアントを実行すると、音量は低いですが、同じ言葉が聞こえるはずです。同じようにして、音声のrateも調整することができます。preemptパラメーターの効果を試すこともできます。_preempt:=trueを使用してサーバーを実行してみてください。その後、それぞれ別のターミナルで、2つのクライアントのインスタンスを実行します。最初のクライアントに代わって、音声の始まりが聞こえるはずです。その後、中断し、2番目クライアントに代わって、再び起動します（2番目のクライアントに違う文字列を送るように変更すると、効果がより顕著になります）。

19.2 まとめ

本章では、多くのロボットアプリケーションで使われる既存のソフトウェアライブラリをROSシステムに組み込む方法を説明しました。ここでは、1つの入力（発話されるテキスト）だけを取るという、比較的単純な音声読み上げシステムの例を説明しましたが、ここで用いた基本的な要素は、他のライブラリにも同様に適用されます。すなわち、適切なデータ型を決め、インタフェース（この場合、アクションインタフェース）を開発し、受け付けるパラメーターを決定し、自身でライブラリのイベントループを組み込む方法を決めます。

ここでは比較的簡単な例を紹介しましたが、これも（スピーカーを持っている）ロボットにそのまま展開することができる便利なノードです。もちろん、このノードは、音声エンジン自体が持つさまざまな設定（例えば、どの音声タイプが使用されているか）を公開したり、クライアントに詳細なフィードバック（例えば、発声された単語ごとに通知を行う機能）を提供することまで、さまざまな方法で改善され、拡張することができるでしょう。利用するライブラリの持つ多くの機能をROSのインタフェースで公開させることができます。一方で、何を公開せず、見えないままにしておくかということを決めることが、扱いやすさを決める重要な点でもあります。

これまでのいくつかの章では、ROSにデバイスとロボットと機能を追加するためのパターンについて例を示し、説明してきました。このようにプラットフォームを拡張しやすく、新しいユースケースをカバーできることが、ROSの重要な特徴です。しかし、それぞれの新しい機能は、それぞれ複雑さをもたらし、良いロボットソフトウェアを書くことをより難しくします。この難しさを念頭に置いて、次の章では、効率的で効果的なROSの開発者にとって役立つ重要なツールやテクニックをいくつか紹介します。

第Ⅴ部

ヒントとこつ

20章 ツール

効率的なソフトウェア開発には開発者向けの良いツールが必要です。お気に入りのエディター、バージョン管理システム、あるいはテストフレームワークなしではどうしようもありません。ロボットのソフトウェア開発をするときも、これらのツールは当然頼りにしますが、いくつか新しいツールも使用します。これらのROS固有の開発ツールは、ロボットアプリケーションを扱うのを手助けするよう設計されています。そこには開始や停止、内部の調査（イントロスペクション）、そしてテストを含んでいます。

本章では、一般的に使用されるROSツールを説明します。そして、個々のツールを使うタイミングと使用方法について説明します。rosbag、rqt_bag、rqt_graph、rqt_plotは、21章のデバッグの説明で扱いますので、省きます。

20.1 マスターとその仲間：roscore

まず、本書の前のほう（「2.2 roscore」）でroscoreを紹介し、その後、いろいろなところでこのツールを使用してきました。しかし、このツールが何を行っているかを正確に理解することは役に立ちます。roscoreの起動時、それはROSシステムを立ち上げる最初のステップですが、これは、実際には次の3つの異なるツールを起動しています。

マスター
: ネームサービスを扱います。

パラメーターサーバー
: キー／バリュー形式のパラメーターデータを保持します（「20.2 パラメーター：rosparam」参照）。

rosout ノード
: 他のすべてのノードからのデバッグメッセージを集約します（「21.1.4 /rosoutと/rosout_agg」参照）。

起動時にROSノードが最初に行うことは、マスターと通信して自分自身を登録することです。これが、マスターなしでノードを開始しようとすると、次のような警告が出る理由です。

```
user@hostname$ python -c "import rospy; rospy.init_node('my_node')"
Unable to register with master node [http://localhost:11311]: master may not be
running yet. Will keep trying.
```

マスターに登録するとき、各ノードは自分自身のネットワークアドレスを提供します。そのアドレスは、後で、他のノードが通信するのに使われます。マスターはこの登録情報のテーブルを保持し、それぞれの登録情報は、ノード名をそのネットワークアドレスに対応づけています。例えば、my_nodeというノードはアドレスhttp://localhost:61515への新しい接続を待っているかもしれません。ノードが使うポートは（この例では、61515ですが)、ノードを起動するときにオペレーティングシステムがランダムに割り当てます。これが、マスターが必要な理由です。マスターは個々のノードを見つけることができる場所を常に保持しているのです。このようなノード名へのアドレスの対応づけは、ノード同士が相互に接続するときはいつも裏で行われています。

ノード自身をマスターに登録することに加えて、ノードは、購読しているトピックと、配信しているトピック、そしてサービスに関する情報を登録します。rospy.Publisherを作成し、トピックを配信することで、rospyライブラリが、そのノードがそのトピックの配信者であることをマスターに登録します。この情報は、その後、rospy.Subscriberを作成することでそのトピックの購読者（subscriber）として登録されるノードすべてに提供されます。トピックの配信者（publisher）のリストをもとに、そのトピックを購読している各ノードは配信者ノードそれぞれと通信し、接続を確立し、そのトピックのメッセージを受信します。その後は、メッセージデータは、マスターを介さず、配信者から購読者に直接送信されます。サービスに対しても、同じような仕組みによって、サーバーの名前とアドレスが記録され、クライアントが名前からアドレスを見つけることができるようになっています。

名前検索での重要な役割を考えると、マスターは、それ以外は分散システムであるROSシステムの中で唯一中央集権的な側面を持つ部分です。このため、マスターは潜在的に不具合の原因にもなります。マスターを終了させると、通常回復不能な状態になります。すでに実行されているノードと既存のトピックとの接続は維持されますが、新しいノードは開始できず、また新しい接続を作ることができません。マスターが保持していた前の状態を再構築する簡単な方法はないので、マスターが終了した後は、ROSシステム全体を再起動する必要があるでしょう。マスターが一時的に接続できなくなった場合——例えば、ロボットが無線の範囲外に移動するなどの理由により——マスターが再度接続可能になったときに、システムは通常の動作を再開できなければなりません。幸いなことに、マスターはロバストで十分にテストされたツールであり、そうそう簡単にクラッシュするようなものではありません。

普通は長期間マスターを実行したままにしておき、いくつかの開発とデバッグセッションにまたがって再利用します。これを行うことはかまいませんが、マスターがノードの無効になった状態をためてしまうことがあるので注意が必要です。ノードがクラッシュすると、そのノードはマスターから自分の登録を取り消しません。このため、例えば、`rosnode list`（「20.7 内部の調査：rosnode、rostopic、rosmsg、rosservice、rossrv」参照）を実行すると、そのノードは、まだ表示されてしまいます。このような無効な状態も通常は問題ありません。というのはROSツールとクライアントライブラリはこのことを許容するように設計されているからです。しかし、それは追跡できなくなることがあります。すでに接続できなくなったノードのエントリーのマスターを消去するには、`rosnode cleanup`を実行します。

20.2 パラメーター：rosparam

パラメーターサーバーはマスターと同じプロセス内（機能的に分離されています）にあります。パラメーターサーバーの機能は、ネットワークからアクセス可能なデータベースに設定データを保存することです。パラメーターサーバーは、キー／バリューのペアを保持しています。キー／バリューペアでは、キーが文字列で値は（ほぼ）どの型でも大丈夫です。どのノードでも（皆さんのノードを含む）、パラメーターサーバーに書き込んだり、サーバーから読み込んだりできます。

パラメーターは**設定**用に使うべきであって**通信**用に使うべきではありません。ノード間でデータを大量に、あるいは高い頻度でやり取りするのにパラメーターを使用しようとすると、その性能の悪さにびっくりするでしょう。このような目的では、代わりに、トピックを使用します。

パラメーターへのアクセスは通常コードから（`rospy.get_param()`と`rospy.set_param()`を介して）行われますが、コマンドラインからパラメーターサーバーを操作できると便利です。このような場合は`rosparam`ツールを使用します。例えば、現在のパラメーターをリスト表示するには次のようにします。

```
user@hostname$ rosparam list
/rosdistro
/roslaunch/uris/host_localhost__50387
/rosversion
/run_id
```

設定、取得、削除など、個々のパラメーターを操作することもできます。

```
user@hostname$ rosparam set my_param 4.2
user@hostname$ rosparam get my_param
4.2
user@hostname$ rosparam delete my_param
```

```
user@hostname$ rosparam get my_param
ERROR: Parameter [/my_param] is not set
```

パラメーター値には、任意の有効なYAML文字列を使用して指定することができます。YAML辞書を指定するか、/区切り文字を用いるかのいずれかでパラメーターを特定の名前空間に置くことができます。

```
user@hostname$ rosparam set my_dict "{message: 'Hello world', x: 4.2, y: 2.4}"
user@hostname$ rosparam get my_dict
{message: Hello world, x: 4.2, y: 2.4}

user@hostname$ rosparam set my_dict/message 'Goodbye world'
user@hostname$ rosparam get my_dict/message
Goodbye world
```

パラメーターデータをYAMLファイルに書き出したり、YAMLファイルからパラメーターデータをロードすることもできます。その際、名前空間を使うこともできます。

```
user@hostname$ rosparam set my_dict "{message: 'Hello world', x: 4.2, y: 2.4}"
user@hostname$ rosparam dump data.yaml my_dict
user@hostname$ cat data.yaml
{message: Hello world, x: 4.2, y: 2.4}
user@hostname$ rosparam load data.yaml my_dict2
user@hostname$ rosparam get my_dict2
{message: Hello world, x: 4.2, y: 2.4}
```

まとめると、rosparamは、ROSシステムの設定パラメーターを調査、修正するための便利なツールです。

20.3 ファイルシステムをナビゲートする：roscd

本書を通してこれまで見てきたように、ROSのコードはパッケージにまとめられ、それぞれパッケージはそれ自身のディレクトリに置かれます。指定されたパッケージがファイルシステム内のどこにあるかを正確に覚えておくのは難しい場合があります。パッケージ間をすばやく移動する場合は、roscdを使用してください。これは、指定したパッケージを含むディレクトリに移動します。

```
user@hostname$ roscd my_package
```

roscdツールはrosbashパッケージの一部で、実行プログラムと言うよりも、bashシェルの機能として実装されています。roscdや他のrosbash機能を使う場合は、必ずbash用のROSのセットアップファイルをsourceコマンドで実行するようにしてください。例えば、次のようにします。

```
user@hostname$ source /opt/ros/indigo/setup.bash
```

もう1つの便利なrosbashショートカットはrosedです。これを使えば、パッケージのディレクトリに移動することなく、ROSパッケージ内のファイルを編集することができます。そのファイルは皆さんのお気に入りのエディター（環境変数EDITORの値で指定される）で開かれます。

```
user@hostname$ rosed my_package my_file.cpp
```

rosedツールは、パッケージのディレクトリが指定され、指定された名前のファイルをその中から検索します。

20.4　ノードの起動：rosrun

他のリソースと同様に、ROSノードはパッケージに格納されています。そのパッケージは実行ファイルの標準の検索パス（環境変数PATH）に含まれていません。このため、パッケージがファイルシステムのどこにあるかによりますが、ノードを実行するためには、長くて覚えにくいディレクトリへのパス名を使用して、ノードがどこにあるかを指定する必要があります。その代わり、rosrunを使用すれば、パッケージ名とノード名を指定するだけです。

```
user@hostname$ rosrun my_package my_node
```

rosedと同様に、rosrunは、指定されたパッケージのディレクトリ内であればどこでも指定された名前で実行ファイルを探してくれます。rosrunで起動したノードは、直接実行したファイルと同様にCtrl-Cで終了できます。rosrunツールはrosbashの一部です。

20.5　複数のノードを起動する：roslaunch

rosrunで1つずつノードを起動するのはテストとデバッグではよいのですが、ほとんどのROSシステムはたくさんのノードからなっており、それらのノードを1つ1つ起動、停止するのは面倒です。また、コマンドライン引数、名前のリマッピング、それぞれのノードに与えるパラメーターを覚えておくのも大変でしょう。理想的には、複雑なシステムでは特に、必要なノードとその設定をファイルに記述します。

これには、roslaunchを使用します。このツールは、ノードのXML記述を読み込み、それらのノードを起動し、監視します。慣例により、roslaunchのXMLファイルは、拡張子が.launchであり、「launchファイル」と呼ばれます。例えば、rospy_tutorialsパッケージのtalkerとlistenerを両方起動するには、**例20-1**に示すようなXMLコードを書きます。

例20-1　talker_listener.launch

```
<launch>
  <node name="talker" pkg="rospy_tutorials" type="talker" />
  <node name="listener" pkg="rospy_tutorials" type="listener" />
</launch>
```

roslaunchは、任意のノードを実行する前にすべてのパラメーターが設定されていることは保証してくれますが、いつそのノードを実行することになるかに関する順番は決まっていません。概念的には、すべてのノードは、正確ではありませんが、ほぼ同時に実行を開始します。2つのノードの実行を順にする必要がある場合は、ノード間のROS通信を使用してください。

roslaunchを使って2つのノードを開始します。それぞれの<node>タグでは、パッケージ(pkg)、そのパッケージ内の実行ファイルの名前(type)、実行した時点でノードに割り当てたい名前(name)を指定します。上記のコードをtalker_listener.launchという名前のlaunchファイルに保存し、そのファイルをroslaunchに渡します。

```
user@hostname$ roslaunch talker_listener.launch
roslaunch talker_listener.launch
... logging to /home/user/.ros/log/99e865f8-314c-11e4-bf3a-705681aea243/roslaunch-
localhost-36423.log
Checking log directory for disk usage. This may take awhile.
Press Ctrl-C to interrupt

started roslaunch server http://localhost:52380/

SUMMARY
========

PARAMETERS
 * /rosdistro
 * /rosversion

NODES
  /
    listener (rospy_tutorials/listener)
    talker (rospy_tutorials/talker)

ROS_MASTER_URI=http://localhost:11311

core service [/rosout] found
process[talker-1]: started with pid [36428]
process[listener-2]: started with pid [36429]
```

ここでは、talkerとlistenerの両方のノードが実行されています。それらのノードを停止するには、roslaunchにCtrl-Cを送ります。roslaunchはすべてをシャットダウンする処理を行います。roslaunchは自分が起動したすべてのプロセスを追跡し、終了していないプロセスを完全に停止します。ノードがシャットダウン要求に適切に応答しない場合、roslaunchは強制的にそのノードを終了させます。これはroslaunchの重要な機能であり、これが、たとえ小さなROSシステムでも

roslaunchを使用したほうがよい理由です。すなわち、複数のプロセスで構成される分散コンピューティング環境では、シャットダウンした後ですべてのプロセスが本当に停止していることは重要なことなのです。

すでにroscoreが実行されている場合は、roslaunchはそれを使用します。実行されていなければ、roslaunchは自動的にroscoreを起動し、終了時にroscoreを終了させます。

前の例では、コンソールに表示されるはずのメッセージが出力されていません。これは驚くべきことです。talkerとlistenerの両方とも非常の多くのメッセージをやり取りし、メッセージを送受信するたびに出力されるからです。この場合、何も出力されないのは、roslaunchはデフォルトでは、コンソールが乱雑になることを避けるために、ノードの出力はログファイルに書かれるからです。ノードからの出力を確認したい場合は、対応する<node>タグにoutput="screen"属性を設定します。例えば、listenerノードからの出力を確認するため、launchファイルを**例20-2**に示すように修正します。

例20-2　talker_listener_screen.launch

```
<launch>
  <node name="talker" pkg="rospy_tutorials" type="talker" />
  <node name="listener" pkg="rospy_tutorials" type="listener" output="screen" />
</launch>
```

こうすると、roslaunchで実行してもlistenerからの出力がコンソールに表示されます。

```
user@hostname$ roslaunch talker_listener_screen.launch
...
process[talker-1]: started with pid [36626]
process[listener-2]: started with pid [36627]
[INFO] [WallTime: 1409517683.732251] /listener I heard hello world 1409517683.73
[INFO] [WallTime: 1409517683.831888] /listener I heard hello world 1409517683.83
[INFO] [WallTime: 1409517683.932052] /listener I heard hello world 1409517683.93
...
```

対応する<node>タグ内で<remap>タグを使用することで、ノードをリマップする名前をlaunchファイルに指定することができます。例えば、**例20-3**に示すように、talker、listenerをリマップすることで、デフォルトと異なるトピックである、chatterを介して通信するようにもできます。

例20-3　talker_listener_remap.launch

```
<launch>
```

```
  <node name="talker" pkg="rospy_tutorials" type="talker">
    <remap from="chatter" to="my_chatter"/>
  </node>
  <node name="listener" pkg="rospy_tutorials" type="listener">
    <remap from="chatter" to="my_chatter"/>
  </node>
</launch>
```

<param>タグを使ってlaunchファイルにパラメーターを記述するのも便利です。ほとんどの場合、特定のノード用のパラメーターを設定するだけです。これは、対応する<node>タグの内部に<param>タグを書くこと行えます。例えば、**例20-4**に示すように、talkerノードの名前空間にパラメーターを追加することができます。

例20-4 talker_listener_param.launch

```
<launch>
  <node name="talker" pkg="rospy_tutorials" type="talker">
    <param name="my_param" value="4.2"/>
  </node>
  <node name="listener" pkg="rospy_tutorials" type="listener" />
</launch>
```

このファイルをroslaunchに渡し、他のターミナルでパラメーターの値を確認します。

```
user@hostname$ rosparam get talker/my_param
4.2
```

この例では、ノードの名前空間にパラメーターを設定して、その後、そのパラメーターを読み出しているだけです。たいていの場合、対象となるノードがパラメーターの値を読み、何らかの方法でノードの振る舞いを変更します。パラメーターは通常、ノードが起動時に読み込むので、roslaunchは、どのノードが起動するよりも前に、launchファイルに書かれたすべてのパラメーターが設定されることを保証しています。

一般的に、複雑なroslaunchの設定は複数のlaunchファイルに分けます。そうすれば、テストや、ドキュメントの作成、保守がより簡単になります。これらのファイルは、<include>タグを利用して1つにまとめることができます。例えば、**例20-4**のノードの宣言を2つのファイルに分けることができます。1つは**例20-5**に示すファイルで、これを**例20-6**のファイルでインクルードしています。<include>タグのfile属性が指定するファイルの場所がパッケージの場所からの相対パスになっていることに気をつけてください。ここでの例ではbasicsというパッケージの場所から特定のファイルを参照しています。

例20-5 listener.launch

```
<launch>
  <node name="listener" pkg="rospy_tutorials" type="listener" />
</launch>
```

例20-6 talker_listener_param_include.launch

```
<launch>
  <node name="talker" pkg="rospy_tutorials" type="talker">
    <param name="my_param" value="4.2"/>
  </node>
  <include file="$(find basics)/launch/listener.launch"/>
</launch>
```

これらの例はroslaunchの最もよく使われる機能をカバーしていますが、もっと多くの機能があります。例えば、名前空間のグループ化や、環境変数へのアクセス、引数の置換、条件評価、リモートマシンでの起動などです。高度な機能の詳細については、roslaunchのマニュアル（http://wiki.ros.org/roslaunch?distro=indigo）を参照してください。

20.6 たくさんのノードからなるシステムをテストする：rostest

テストは、全ソフトウェアシステムでは重要であり、unittestやnose（Python）、Google Test（C++）のような標準的なテストフレームワークを利用することを強く推奨します。これらのフレームワークを使えばテストプログラムを書くことができます。そのテストプログラムは、コードが正しく動作することを保証するため、さまざまなやり方でコードを実行します。これらのフレームワークはライブラリを個別にテストするのにはすばらしいものですが、ROSシステム全体のテストを記述するのは困難です。これにはrostestを使用します。

rostestツールはroslaunchの単なる拡張機能で、<test>タグを追加することで、他のノードと並行して実行するテストプログラムを指定できるようになります。例えば、talker/listenerシステムのtalkerが正しく動作していることをテストしたければ、**例20-7**に示すようにlaunchファイルを拡張します。

例20-7 talker_listener_test.launch

```
<launch>
  <node name="talker" pkg="rospy_tutorials" type="talker" />
  <node name="listener" pkg="rospy_tutorials" type="listener" />
  <test test-name="test_talker" pkg="basics" type="test_talker.py" />
</launch>
```

このファイルはrostestに、それぞれノードを起動し、次に、テストプログログラムを実行しすべてが動作していることを確認せよ、と伝える内容になっています。これをrostestに入力として与えると、rostestは、roslaunchと同じように各ノードを起動します。異なるのは、テストノード以外のノードを起動した後に、さらにテストノードを起動するという点です。このテストノードでは標準的なテストフレームワークのいずれかを使用して、テストノード以外のノードが正しく動いていることを確認し、任意の単体テストの出力形式でその結果を報告するように実装します。

1つのlaunchファイルに複数の`<test>`タグを宣言した場合、rostestはそれらすべてを順番に実行します。それぞれのテストで、rostestはテストするノードを停止し、再起動することでクリーンな環境を保証します。

例えば、**例20-7**で示したtest_talker.pyノードは、**例20-8**に示す内容を持っています。

例20-8　test_talker.py

```
#!/usr/bin/env python

import sys, unittest, time
import rospy, rostest
from std_msgs.msg import String

class TestTalker(unittest.TestCase):

    def __init__(self, *args):
        super(TestTalker, self).__init__(*args)
        self.success = False

    def callback(self, data):
        self.success = data.data and data.data.startswith('hello world')

    def test_talker(self):
        rospy.init_node('test_talker')
        rospy.Subscriber("chatter", String, self.callback)
        timeout_t = time.time() + 10.0
        while (not rospy.is_shutdown() and
                 not self.success and time.time() < timeout_t):
              time.sleep(0.1)
        self.assert_(self.success)

if __name__ == '__main__':
    rostest.rosrun('basics', 'talker_test', TestTalker, sys.argv)
```

このテストでは、chatterトピックを購読し、そのトピックからのメッセージの受信し、この受信したメッセージが決められた特定の文字列を持っているかどうかを確認しています。その条件が10秒以内に満たされれば、成功を報告し、そうでなければ、失敗を報告します。つまり、talkerノードが期待どおりに機能していることを確認しているのです。

このテストの基本的な要素を見てみましょう。モジュールの読み込みから始まります。

```
import sys, unittest, time
import rospy, rostest
from std_msgs.msg import String
```

rospyノードでの通常のモジュールの読み込みに加えて、標準的なPythonのunittestモジュールとROS固有のrostestモジュールも読み込みます。総合すれば、これらの2つのモジュールを使えば、宣言して、実行し、テスト結果の収集をすることができます。次に、テストを含むクラスを作成します。

```
class TestTalker(unittest.TestCase):

    def __init__(self, *args):
        super(TestTalker, self).__init__(*args)
        self.success = False
```

unittestを使用するときは、いつものようにunittest.TestCaseクラスを継承するクラスを作成します。このテストでは成功を非同期で通知するので、コンストラクターも宣言して、その中で成功を示すフラグを初期化します（そして、unittest.TestCaseコンストラクターを明示的に呼び出します。それにより、テストを実行するための適切なセットアップをします）。この初期状態で、テスト自体を書きます。

```
    def callback(self, data):
        self.success = data.data and data.data.startswith('hello world')

    def test_talker(self):
        rospy.init_node('test_talker')
        rospy.Subscriber("chatter", String, self.callback)
        timeout_t = time.time() + 10.0
        while (not rospy.is_shutdown() and
                 not self.success and time.time() < timeout_t):
            time.sleep(0.1)
        self.assert_(self.success)
```

最初に、期待する内容の文字列メッセージがchatterトピックに渡されると、テストが成功したことを通知するコールバック関数があります。次に、テストを実行する関数を作成します。これは、ノードを作成し、先に定義したコールバック関数でトピックを購読し、成功かタイムアウトのいずれかを待ち、その後、unittest.TestCase.assert_()関数を使ってテスト結果を報告します。このテスト関数の名前は重要です ── 今回は、test_で始まる名前を持つ関数すべてがテストされるものであると仮定され、それらの関数を実行し、それがテスト一式全体を実行した結果となります。

最後に、rostest.rosrun()の呼び出しでは、実行されるテストはTestTalkerクラスで定義されており、このテストはbasicsという名前のROSパッケージの一部であり、talker_testと名付けられている（この名前はテスト結果が構成される際に使われます。このため各パッケージ内で一意である必要があります）ことを引数で与えています。

```
if __name__ == '__main__':
    rostest.rosrun('basics', 'talker_test', TestTalker, sys.argv)
```

roslaunchツールはlaunchファイル内の<test>タグを無視するので、通常使用しているlaunchファイルに自由に、直接テストを宣言することができます。

このテストの例が単純なのは意図的ですが、同じテクニック、方法を使って、複雑なROSシステム用のテストを構築することができます。良いROSテストの構造は、他のソフトウェアのテストで見られるものと似ています。すなわち、テストされるシステムをセットアップし、必要に応じてシステムに入力データを与え、そして、いくつかの期待される出力を確認します。

20.7 内部の調査：rosnode、rostopic、rosmsg、rosservice、rossrv

ROSの中心となる設計原理は、内部で何が起こっているのかを、できるかぎりシステムの外部から見ることができるようにするということです。このイントロスペクション（内部の調査）機能は、マスターとノードの両方がそれぞれの状態に関してリモートから問い合わせできる機能をもとに実現されています。この問い合わせはコード内で直接行うこともできますが、この後、本節で紹介するコマンドラインツールを利用することで通常もっと簡単になります。

始める前に、2つのノード（**例20-9**）からなる、簡単なシステムを定義してみましょう。

例20-9 listener_add_two_ints_server.launch

```
<launch>
  <node name="listener" pkg="rospy_tutorials"
        type="listener" output="screen" />
  <node name="add_two_ints_server" pkg="rospy_tutorials"
        type="add_two_ints_server" output="screen" />
</launch>
```

このコードをlistener_add_two_ints_server.launchというファイルに保存し、そのファイルを起動してください。

```
user@hostname$ roslaunch listener_add_two_ints_server.launch
```

このROSシステムに初めて触れ、このシステムがどのように動作するのかを理解しようとしているところを想像してください。初めに、rostopic listでどんなトピックが利用できるかを見てみましょう。

```
user@hostname$ rostopic list
/chatter
/rosout
/rosout_agg
```

chatterというトピックがあります（今回は/rosoutと/rosout_aggは無視します。詳しくは、「21.1.4 /rosoutと/rosout_agg」を参照してください）。rostopic infoを使用して、chatterがどんな型のメッセージを伝えるのか見てみましょう。

```
user@hostname$ rostopic info chatter
Type: std_msgs/String

Publishers: None

Subscribers:
 * /listener (http://hostname:53752/)
```

chatterを購読しているノードが1つあります。そのメッセージの型はstd_msgs/Stringです。rosmsg showを使用して、その型が何でできているかを見てみましょう。

```
user@hostname$ rosmsg show std_msgs/String
string data
```

さて、chatterトピックを購読するノードが1つあり、それはlistenerという名前であり、std_msgs/String型のメッセージを受け取り、そのメッセージはdataと呼ばれるフィールドを持ち、フィールドの型はstringであるということがわかりました。システムのどのように構成されているかがわからなくても、実行時に多くの情報を収集することが可能です。これは、rostopic pubを使用して、chatterトピックのlistenerにメッセージを配信するのに十分な情報です。

```
user@hostname$ rostopic pub /chatter std_msgs/String \
  "{data: 'Hello world'}"
publishing and latching message. Press ctrl-C to terminate
```

roslaunchを実行したターミナルで、以下のように、メッセージの受信を確認しながらlistenerからのメッセージを次のように見ることができます。

```
[INFO] [WallTime: 1409524634.817011] /listener I heard Hello world
```

rostopic pubのデフォルトの動作は、1つのメッセージを配信することです。しかし、-rオプションを使用して複数のメッセージを配信することができます。-rには配信の周期をHzで指定します。

```
user@hostname$ rostopic pub -r 10 /chatter std_msgs/String "{data: 'Hello world'}"
publishing and latching message. Press ctrl-C to terminate
```

roslaunchを起動したターミナルに戻ると、各メッセージの受信を確認しながら、listenerからのコンソール出力を見ることができるはずです。

rosparam setのように、rostopic pubはYAML形式でのメッセージデータを受け取れます。それによりコマンドラインから直接複雑なメッセージ構造を配信できます。

このようにトピックの内部を見ることができます。それではサービスに対しても同じことをしてみましょう。rosservice listを使って、利用可能なサービスをリストアップすることから始めます。

```
user@hostname$ rosservice list
/add_two_ints
/add_two_ints_server/get_loggers
/add_two_ints_server/set_logger_level
/listener/get_loggers
/listener/set_logger_level
/rosout/get_loggers
/rosout/set_logger_level
```

rosservice infoを使って、add_two_intsサービス（今回は\loggerサービスは無視します。「21.1.2 ロガーレベル」を参照してください）について学びましょう。

```
user@hostname$ rosservice info /add_two_ints
Node: /add_two_ints_server
URI: rosrpc://localhost:53877
Type: rospy_tutorials/AddTwoInts
Args: a b
```

このサービスはadd_two_ints_serverノードが提供し、rospy_tutorials/AddTwoInts型です。rossrv showを使って、リクエストとレスポンスの型の定義を見てみましょう。

```
user@hostname$ rossrv show rospy_tutorials/AddTwoInts
int64 a
int64 b
---
int64 sum
```

さて、add_two_ints_serverノードはadd_two_intsサービスを提供し、そのサービスはrospy_tutorials/AddTwoInts型であり、2つの整数を含むリクエストを受け付け、1つの整数を含むレスポンスを返すことがわかっています。これだけわかっていれば、rosservice callを使って、そのサービスを直接呼ぶことができます。

```
user@hostname$ rosservice call /add_two_ints "{a: 40, b: 2}"
sum: 42
```

roslaunchを起動したターミナルに戻ると、add_two_ints_serverノードからの出力がリクエストを処理するごとに表示されます。

```
Returning [40 + 2 = 42]
```

トピックとサービスに加えて、ノードの内部を直接見ることができます。まず、rosnode listを使って始めます。

```
user@hostname$ rosnode list
/add_two_ints_server
/listener
/rosout
```

2つのノード、add_two_ints_serverとlistener（今回はrosoutノードは無視します。「21.1.4 /rosoutと/rosout_agg」を参照してください）を見ることができます。listenerノードの詳細を取得してみましょう。

```
user@hostname$ rosnode info listener
Node [/listener]
Publications:
 * /rosout [rosgraph_msgs/Log]

Subscriptions:
 * /chatter [unknown type]

Services:
 * /listener/set_logger_level
 * /listener/get_loggers


contacting node http://localhost:53866/ ...
Pid: 38875
Connections:
 * topic: /rosout
    * to: /rosout
    * direction: outbound
    * transport: TCPROS
```

この出力から、このノードが使うトピックとサービスがわかります。同様に、このノードと他のノードの間に存在する有効な接続も見ることができます。ノードが応答できるかどうかをrosnode pingを使って確認できます。これは、pingを使ってネットワーク上のマシンを確認するのと同じです。

```
user@hostname$ rosnode ping listener
rosnode: node is [/listener]
pinging /listener with a timeout of 3.0s
xmlrpc reply from http://localhost:54055/ time=1.947880ms
xmlrpc reply from http://localhost:54055/ time=3.143072ms
xmlrpc reply from http://localhost:54055/ time=3.656149ms
```

rosnode killでリモートからノードを終了させることもできます。

```
user@hostname$ rosnode kill listener
killing /listener
killed
```

roslaunchコンソールに戻ると、ノードがシャットダウンしている証拠を見ることができます。

```
shutdown request: user request
[listener] process has finished cleanly
log file: /home/user/.ros/log/99e865f8-314c-11e4-bf3a-705681aea243/listener*.log
```

20.8 まとめ

本章では通常よく使用されるROSのツール群を扱いました。ROSシステムの起動、停止、設定、テスト、内部を見る方法を順に学びました。これでroscoreを実行したときに内部で何が起きているのか、rosparamでパラメーターの表示および修正方法、roscdとrosedでパッケージディレクトリを取得する方法、rosrunで単一のノードを実行し、roslaunchで複数のノードを実行する方法、多ノードシステムをrostestでテストする方法がわかりました。また、ROSシステムの構造についての知識がまったくない場合でも、rosnode、rostopic、rosmsg、rosservice、rossrvを組み合わせて、実行されているROSシステムで何が行われているのかを理解する方法もわかりました。

これらのツールはROSの価値における重要な部分であり、ROSソフトウェア開発者としての皆さんの作業を大幅に効率化してくれます。次の章ではデバッグ技術に焦点を当てます。本章で扱った一部のツールも再登場します。また、新しいツールもいくつか紹介します。

21章 ロボットの振る舞いをデバッグする

ここまで読んで気づいたと思いますが、ロボットのアプリケーションは複雑になりがちです。通常のソフトウェアシステムで見られるような複雑さに加えて、センサーやアクチュエーターは複雑な物理世界（もしくはシミュレーションされた世界）と不確かな方法で情報のやり取りをしています。さらに、少なくともROSシステムでは、たくさんの独立したプロセスを持つ分散処理グラフが存在し、これらのプロセスはメッセージパッシングを用いてやり取りを非同期で行っています。つまり、事態を悪化させる要素はたくさん存在し、問題を見つけ出しにくくしているのです。

もし、すべてがそろって、[Go]ボタンを押しても、何も起こらなかったらどうすればいいのでしょうか？

幸いなことに、ROSはアプリケーションのデバッグを手助けする強力なツールを提供しています。本章では、最もよく使われるツールを扱い、その中で、いくつかのデバッグテクニックについて説明していきます。

21.1 ログメッセージ：/rosoutとrqt_console

ROSシステムが正しく動いていない場合は、他のソフトウェアの場合と同様に、最初にすべきことはエラーメッセージの確認です。運が良ければ、システムがその原因を教えてくれています。もちろん、ROSシステムは分散システムなので、単一のシステムを使っている場合よりもエラーメッセージが若干複雑になっています。

単一のシステムを動かしている場合は、システムからのエラーメッセージをダイアログボックスにポップアップ表示させたり（Webブラウザーのような、グラフィカルなアプリケーションの場合）、プログラムを実行しているターミナルに表示させたりしたい（コンパイラーのようなコンソールアプリケーションの場合）と思うかもしれません。しかし、ROSは分散コンピューティング環境であり、通常は数十個の独立したプロセスからなる複数なアプリケーション（そのほとんどは、グラフィカルインタフェースを持たない）が動いています。どうしたら、これらのプロセス全部からエラーメッセージを受け取ることができるのでしょうか？

ノードを起動としたターミナルそれぞれを確認することもできますが、1つのターミナルでroslaunchを使って、たくさんのノードを起動したらどうなるのでしょうか？ また、起動したノードにアクセスできない場合（例えば、ブートシーケンスの一部としてロボットを起動した場合など）はどうなるのでしょうか？ この状況はOSの各サービスの状況と似ています。すなわち、OSのサービスは自動的に起動され、誰もそれを見守ってはいないので、エラーを報告する方法が必要になります。OSはこの問題を中央集約型のメッセージロギングメカニズムを用いて解決しています。例えば、Linuxでは、ほとんどのサービスはメッセージを/var/log/syslogというファイルに書き込みます。これは私たちが必要とするものに近いものですが、さらに、ネットワーク上のどこで発生したメッセージであっても見ることができなければいけません。

21.1.1 ログメッセージを生成する：/rosout

どうすればROSシステムの全体でログメッセージ（エラー、警告、デバッグ情報など）を共有することができるのでしょうか？ ROSのトピックスを使用するというのが自然な解のように思われます。実際、特殊なROSトピックである/rosoutというものが用意されています。これは、すべてのノードからのすべてのログメッセージを配信してくれます。/rosoutトピックは以下のようなrosgraph_msgs/Log型で定義されています。

```
user@hostname$ rosmsg show rosgraph_msgs/Log
byte DEBUG=1
byte INFO=2
byte WARN=4
byte ERROR=8
byte FATAL=16
std_msgs/Header header
  uint32 seq
  time stamp
  string frame_id
byte level
string name
string msg
string file
string function
uint32 line
string[] topics
```

rosgraph_msgs/Logメッセージは、すべてのノードからメッセージを配信することができるように設計されており、ネットワーク上の誰でもログメッセージを見ることができます。/rosoutはprint()の拡張版と考えることができ、文字列をコンソールに表示するのではなく、その文字列を、それを知りたい人にメタデータと一緒に送ってくれるのです。実際に、上手に書かれたROSノードはprint()をまったく使っていません。というのは、print()で表示されたメッセージは、そのノードを起動したターミナルをたまたま見ていた人しか見ることができないからです。その代わり、ログメッセージを/rosoutに送ることで、ROSノードの状態を誰でも見ることができるようにしているのです。

もちろん、単にprint()を呼び出す代わりに、rosgraph_msgs/Logメッセージを構築し送信することを開発者に期待するのはあまり良い方法ではありません。このため、rospyクライアントライブラリがrosgraph_msgs/Logの送信を処理する機能を提供しています。これは、print()と同じくらい簡単なものです。例えば、電源状況が疑わしいときに警告する場合は、次のようにします。

```
if battery_voltage < 11.0:
  rospy.logwarn('Battery voltage low: %f'%(battery_voltage))
```

rospy.logwarn()関数は次の3つのことをします。

- 警告を書式に従ってコンソールに出力する。
- より詳細な警告の内容をノードが動いているマシン上の、そのノード用のログファイル~/.ros/logに出力する。
- その警告を含むメッセージを組み立てて/rosoutトピックに送信する。このメッセージにはそのノードに関するメタデータが追加されている。

このバッテリー警告は、ノードを起動したコンソールには以下のように表示されます。

```
[WARN] [WallTime: 1408299179.063983] Battery voltage low: 10.430000
```

このノードの名前がbattery_monitorであるなら、ノードのログファイルでは次のようになります。

```
user@hostname$ tail -n 1 ~/.ros/log/battery_monitor.log
[rosout][WARNING] 2014-08-17 11:12:59,063: Battery voltage low: 10.430000
```

そして対応する/rosoutメッセージは以下のようになります（レベルはrospy.WARN=4）。

```
user@hostname$ rostopic echo /rosout
header:
  seq: 1
  stamp:
    secs: 1408299179
    nsecs: 063983
  frame_id: ''
level: 4
name: /battery_monitor
msg: Battery voltage low: 10.430000
file: <stdin>
function: <module>
```

```
line: 2
topics: ['/rosout']
```

rospyクライアントライブラリでは、ロガーレベルごとに1つのロギング関数が存在します（ロガーレベルに関しては次の節で説明します）。これは重要度順に次のようになっています。

`rospy.logdebug()`
: デバッグに関する情報。システムが正常に動いているときは見る必要がないもの。

`rospy.loginfo()`
: 単なる情報。問題を示すのではなくユーザーの手助けになるもの。

`rospy.logwarn()`
: 警告。システムの振る舞いに影響する場合があるので、ユーザーが知っておいたほうがよいものだが、故障や不具合を知らせるものではないもの。

`rospy.logerror()`
: エラー。これは、何かの故障か不具合があるのでユーザーが知っておくべきものだが、致命的ではなく回復可能なもの。

`rospy.logfatal()`
: 致命的なエラー。これが発生すると回復不可能なので、ユーザーが絶対に知っておくべきもの。

ROSのコードを書くときには、`print()`を直接呼び出すのではなく、常に`rospy.log*()`関数の1つを使うようにしてください。これらは、`print()`と同じくらい簡単な上に、システムをデバッグするのにすばらしい威力を発揮してくれます（次の節で見ていきます）。

21.1.2 ロガーレベル

各ROSノードには、**ロガーレベル**が設定されています。この設定により、どの重要度のログメッセージが、表示され、ファイルに記録され、また`/rosout`に送られるべきかが制御されます。このロガーレベルは、前の節で説明したロギング関数に対応します。これは、重要度順に、`rospy.DEBUG`、`rospy.INFO`、`rospy.WARN`、`rospy.ERROR`、`rospy.FATAL`となっています。

ノードのデフォルトのロガーレベルは`rospy.INFO`です。これは、少なくとも`rospy.INFO`の重要度を持つメッセージは表示、ロギングされ、送信されるということを意味します。このため、デフォルトでは、`rospy.DEBUG`メッセージは表示されなくなります。すなわち、`rospy.logdebug()`は何もしなくなります。これは、コンパイラーなどのツールのデバッグモードのようなものと考えることができます。詳細なデバッグ情報が必要な場合は、その情報が見えるようにするのはきわめて重要ですが、開発中のほとんどの時間は、余分な出力に気が散らないようにしたいでしょう。また、そのような出力をすることでパフォーマンスに負荷がかからないようにしたいと思うでしょう。ROSでは、このようなログ出力による負荷は、スクリーンへの表示、ファイルへの出力、/rosoutへの送信のそれぞれにかかる時間がそれにあたります。デバッグメッセージを使っても、デフォルトでは何もしないので、誰かがそれを見たいと要求しないかぎり、システムに影響を与えません。このため、rospy.logdebug()は気楽に使用することができます。

ノードからのデバッグメッセージを見たい場合、ロガーレベルを変更する必要があります。ノードのコードを変更できる場合は、この変更は、ノードの初期化時に行っているrospy.init_node()にlog_levelキーワード引数を渡すことでできます。以下に例を示します。

```
rospy.init_node('battery_monitor', log_level=rospy.DEBUG)
```

この初期化をすると、そのノードは、rospy.DEBUG以上の重要度のメッセージ（つまり、すべてのログメッセージ）を表示したり、ロギングしたり、送信したりするようになります。通常、この変更は一時的に、そのノードの問題を集中的にデバッグしている間だけ行います。

また、ロガーレベルをより情報量を少なくする方向に変更することもできます。例えば、作成したノードがrospy.loginfo()をたくさん使っており、警告だけを重点的に見たい場合は、ロガーレベルをrospy.WARNに変更してください。

```
rospy.init_node('battery_monitor', log_level=rospy.WARN)
```

このように初期化をすると、rospy.DEBUGとrospy.INFOメッセージが表示されなくなります。

しかし、ノードのコードをデバッグ目的で変更するのは必ずしも便利（もしくは可能）なものではありません。このためROSは実行時にロガーレベルを変更するサービスコールのメカニズムを提供しています。すべてのROSノードは、get_loggersとset_logger_levelという2つのサービスをそのノードの名前空間に登録しています。それぞれの名前が示すようにこれらのサービスを使うことで、ノードのロギング設定を確認したり設定したりすることができます。もちろん、これらのサービスを直接呼び出す（例えば、rosserviceコマンドラインツールを使って）こともできますが、それ以外の方法として、rqt_logger_levelというGUIツールを使う方法が用意されており、多くの場合、より簡単で実践的です。これを使って、GUIツールでROSシステム内の全ノードのロガーレベルを確認したり設定したりすることができます。それではやってみましょう。

```
user@hostname$ rqt_logger_level
```

図21-1のようなウィンドウが表示されます。

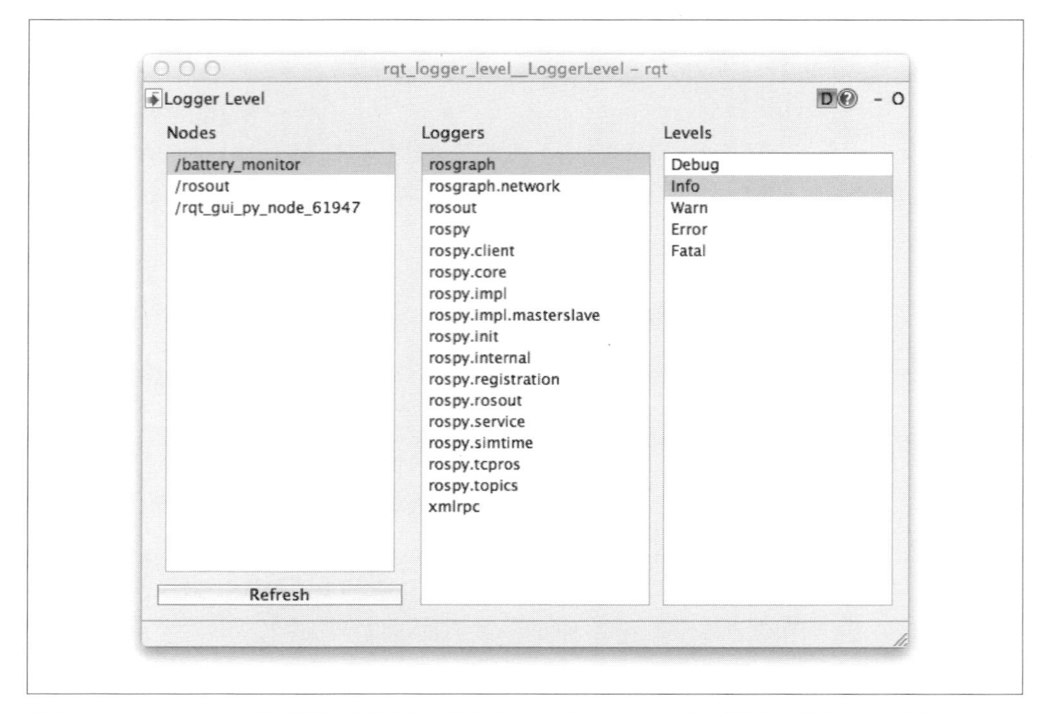

図21-1 rqt_logger_levelはGUIにより実行中のROSノードのロガーレベルを変更することができる

このGUIを用いることで現在走っているすべてのノードのロガーレベルを変更できます。ノードをクリックし、次に、そのノード内のロガーをクリックし、適当なレベルをクリックします。ここで設定したレベルは、そのノードが生きているか、他の誰かが変更するまでは保持されます。ノードが再起動したときは、デフォルトのロガーレベルに戻ります。

`rqt_logger_level`（または、それの元になっている`get_loggers`サービスコール）を用いると、ノードが複数のロガーを公開していることがわかります。これは十数個になる場合があります。というのは、ログメッセージのメカニズムは拡張可能で、開発者が独自に、階層化されたロガーを作成し、ライブラリの異なる部分やツールで作成されたメッセージを構築することができるからです。このようなログメッセージのカスタマイズした使い方は、本書の範囲外です。ROSシステムをデバッグするという目的では（例えば、`rqt_logger_level`を介してロガーレベルを設定する場合）、`rosout`という名前のロガー（ノードがPythonで書かれている場合）か`ros`という名前のロガー（ノードがC++で書かれている場合）を使ってください。

21.1.3 ログメッセージを読む：rqt_console

さてこれでログメッセージを生成したり、ロガーレベルを設定する方法がわかったので、今度はメッセージを読んでみましょう。これまでで見てきたように、ノードはログメッセージを`/rosout`に配信するので、`/rosout`を直接読むことでこれらのメッセージにアクセスすることができます。これは、簡易的な購読者ノードを用意するか、`rostopic echo /rosout`を呼び出すことでできます。しかし、ROSシステムが巨大だと、ネットワークからたくさんのログメッセージが流れ込んでくるので、もっと良いアクセス方法が必要です。

このような目的で、ROSはGUIツールの`rqt_console`を提供しています。これは、他のROSツールと同様に以下のようにして起動することができます。

```
user@hostname$ rqt_console
```

図21-2のようなウィンドウが表示されます（ここでの例では、`battery_monitor`という名前のノードが走っていて、このノードは`rospy.logwarn()`を定期的に呼び出しています）。

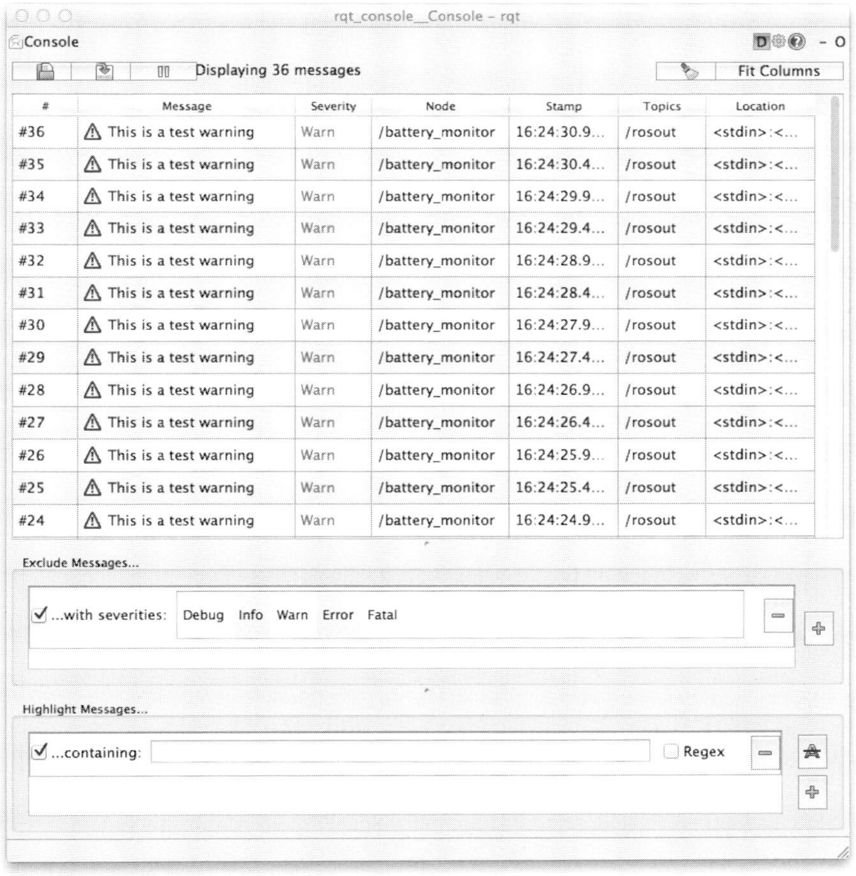

図21-2　rqt_consoleは1つのコンソール内ですべてのROSノードからのデバッグメッセージを収集し表示する

また、rqt_consoleを使うことで、ログメッセージの表示をカスタマイズすることができます。以下に、役に立つ機能のいくつかを示します。これは特に巨大なROSシステムで作業をしているときに役に立つでしょう（これ以外にもたくさんの機能があるので、ドキュメントを確認したり、GUIを操作したりして何が可能か確かめてみてください）。

- メッセージ表示を一時停止したり再開したりする。メッセージが速くスクロールしすぎる場合に便利
- 表示されているメッセージをクリアする。失敗の原因となっている操作を何度も試しているときに便利
- メッセージをダブルクリックしてウィンドウにメッセージの全体を表示する。内容を詳細に見たりクリップボードにコピーする際に用いる
- フィルターを定義する。これにより、さまざまな基準でメッセージを読み込んだり、表示しないようにしたり、エラーだけや特定のノードからのメッセージだけを表示したりすることができる
- メッセージをファイルに保存し、オフラインで解析する

振る舞いのおかしいROSシステムをデバッグする際の最初のステップは、rqt_consoleを用いて関連するメッセージ（特に、エラーや警告）を確認することです。2組以上のノードからなるROSシステムを実行している場合はいつでも、rqt_consoleを起動しておき何かおかしくなったときにすぐに調べられるようにしてください。rqt_consoleは、起動後に受け取ったメッセージしか表示できないことに注意してください。問題が起こってからrqt_consoleを起動しても問題の原因に関するものは表示されないでしょう。

21.1.4 /rosoutと/rosout_agg

ノードがログメッセージを/rosoutに配信している間、内部を覗いてみると、rqt_consoleは実際にはそのトピックを購読していないことがわかります。

```
user@hostname$ rosnode info rqt_console
Node [/rqt_console]
Publications:
 * /rosout [rosgraph_msgs/Log]

Subscriptions:
 * /rosout_agg [rosgraph_msgs/Log]
```

rqt_consoleは（他のROSノードと同様に）/rosoutに配信しており、そして/rosout_agg、という、同じ型（rosgraph_msgs/Log）の別のトピックを購読しているのです。なぜでしょうか？ これを理解するために、巨大なROSシステムを考えてみましょう。複数の機械で100個のノードが動いているようなものです（このような状況はWillow Garage PR2のような複雑なロボットでは一般的

な状況です）。このような100個のノードがそれぞれログメッセージを/rosoutに配信しています。そのようなメッセージを受け取るためには、それぞれのノードと接続を確立する必要があります。1つ1つの接続の確立にかかる時間は短いですが、100個のノードに対して行う場合は、総時間は決して短くありません。rqt_consoleのようなツールが個別に各ノードに接続しなくてはならない場合は、起動にかかる時間は耐えられないものになるでしょう。接続が確立するまで数十秒待つかもしれませんし、さらに問題を複雑にする点として、例えば、あるノードとの接続は確立され、他のノードとの接続がまだ終わっていないような状況において、あるノードからのメッセージは読み取れるが、他のノードからのメッセージは届いていないという状況となり、これは状況に対して誤った理解をもたらす原因になり得ます。

このような起動時の遅延や、何かが決まらないという状態を避けるために、ROSはrosoutというノードを提供しています（同じ名前の/rosoutというトピックと間違えないようにしてください）。rosoutの仕事は/rosoutを購読することで、そのシステムで動いているすべてのノードへの直接接続を介してログメッセージを取得し、そのメッセージを集約したトピックである/rosout_aggに再度配信しています。rosoutノードはroscoreの一部としてすべてのROSシステムで自動的に起動します。その結果、rosoutは他のノードより前に起動し動いていることになるため、他のノードが起動する際には、/rosoutとの接続を確立することができるのです。その後で、rqt_consoleのようなツールが起動しても、/rosout_aggトピックでrosoutノードに単一の接続を張るだけで済むのです。その後、すぐに集約されたログメッセージをシステム内のすべてのノードから受け取り始めます。

21.2 ノードとトピックとコネクション：rqt_graph と rosnode

前節では、ROSでデバッグする上での1つ目のルールを学びました。それはrqt_consoleを使ってエラーメッセージを常に確認することです。ロボットが移動することを拒否したとき、多くの場合、システムのどこかにその背景にある原因についてのエラーを吐いているノードがあります（例えば、「レーザースキャンを受け取っていません。センサーには電源が供給されていて、コンピューターに接続されていますか？」というログメッセージをあるノードが吐き出しているという状況があるかもしれません）。しかし、常にそんなにわかりやすいことばかりではありません。

ROSシステムで発生する問題のよくある原因は、ノードの接続を忘れたか、そうでなければノード間の接続を間違えていることです。本節では、そのような問題をデバッグする方法を学び、そして、よく起こる状況の例をいくつか見ていきます。

21.2.1　グラフの可視化：rqt_graph

システム内の接続で何か問題があると思われる場合には、まず初めのステップとして、ノードやトピックを照会し可視化するツールであるrqt_graphを実行します。これがどのように動作するかを確認するために、相互に通信するノードのペアを起動してみましょう。roscoreを起動し、さらにrostopicのインスタンスを起動し、1秒に1回、chatterトピック上に文字列を配信します（デモンストレーションをわかりやすくするために、__name引数を使ってノード名を明示的に設定しています。これをしない場合、ノード名は競合を避けるべくランダムな名前が自動生成されます）。

```
user@hostname$ rostopic pub /chatter std_msgs/String \
  -r 1 "Hello world" __name:=talker
```

他のターミナルでは、もう1つrostopicのインスタンスを起動して、chatterトピックを購読し、受信したメッセージをコンソールに表示します。

```
user@hostname$ rostopic echo /chatter __name:=listener
```

ここでrqt_graphを開始します。

```
user@hostname$ rqt_graph __name:=rqt_graph
```

図21-3の画像と似たものがウィンドウに表示されるでしょう。

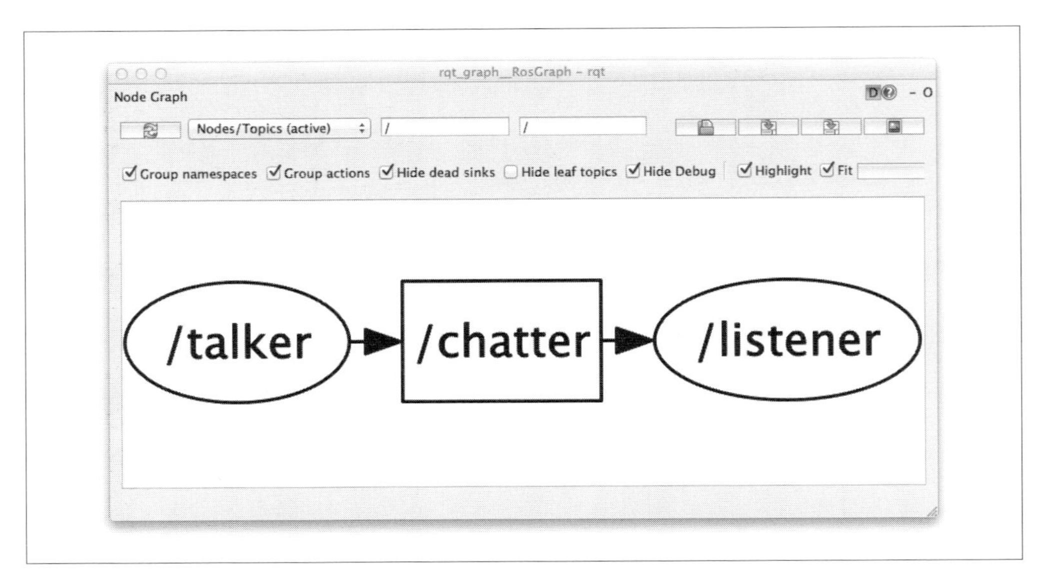

図21-3　rqt_graphのGUIは、起動中のROSシステムのノードとトピックの現在の状態を表示する

メッセージの流れの方向を示す矢印とともに、ノードは楕円形、トピックは長方形で表示されます。

この表示は、システムの構造を高いレベルから見る最良の方法です。他のグラフィカルなROSツールと同様に、このツールにもさまざまなデータの表示方法があります。その中のいくつかをこれからの節で見ていきます。

まずは、**全体の**システムのビューを取得してみましょう。左上の隅のドロップダウンで、[Nodes/Topics (all)]（ノード/トピック（全部））を選択し、その後、[Hide dead sinks]（デッドシンクを隠す）と[Hide debug]（デバッグを隠す）のボックスのチェックを外します。その結果のグラフは**図21-4**のようになります。

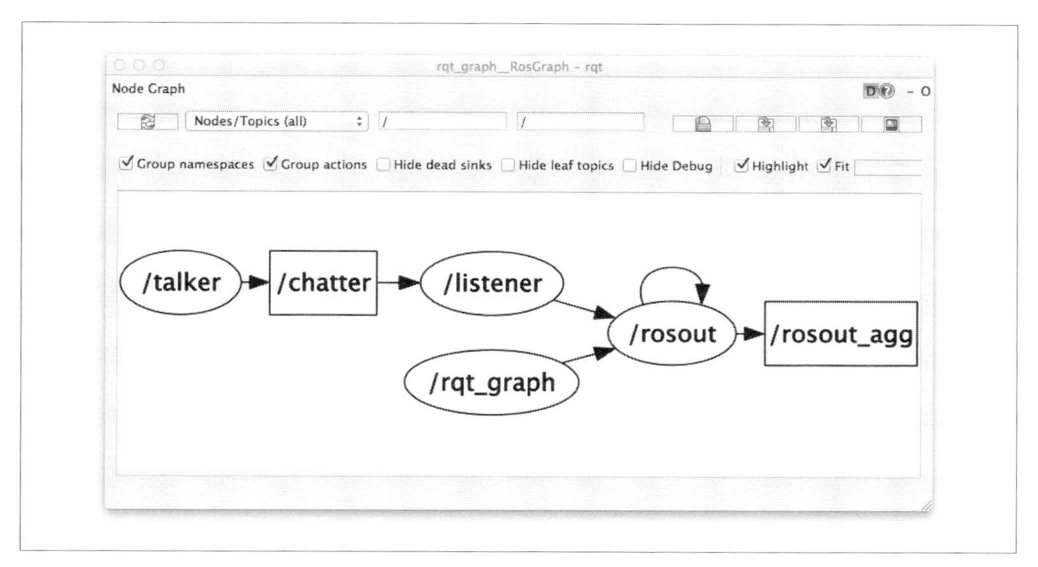

図21-4　rqt_graphのオプションにより、起動しているROSシステムについて、より多く、またはより絞り込んだ状況を明らかにすることができる

これで、前節で説明した`rosout`ノードを見ることができて、それは`rqt_console`のようなツールで使用される`/rosout_agg`トピックを配信していることがわかります。`rqt_graph`それ自身も見えています。デフォルトのビューでは、これらシステムノードやトピックを非表示としており、ほとんどの場合、このデフォルトの設定が適切ですが、何が起こっているかを**すべて**見る方法を知っておくのは良いことです。

21.2.2 問題点：トピック名の不一致

`talker`、`listener`、`rqt_graph`ノードがまだ起動している状況で、`/chatter`トピックを配信するノードをもう1つ追加してみましょう。しかし、今回は、わざとトピック名を間違えてみます。

```
user@hostname$ rostopic pub /chattter std_msgs/String -r 1 "Hello world 2" \
  __name:=talker2
```

rqt_graphの更新ボタンをクリックして、[Hide debug] を選択してください。**図21-5**の画像のようなものが表示されます。

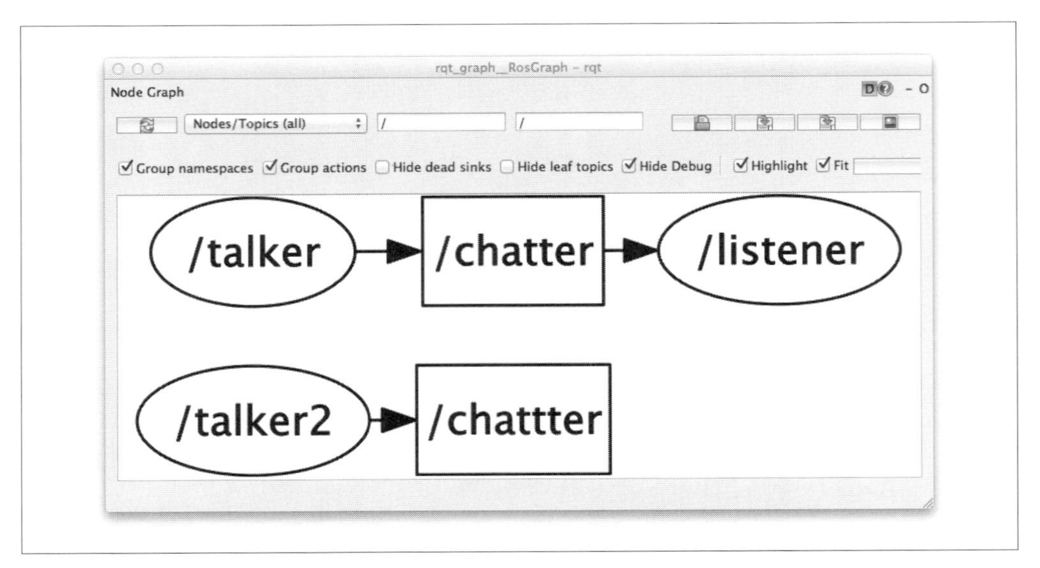

図21-5 トピック名をスペルミスしたことで発生した間違った接続が、rqt_graphではっきりとわかる

このビューから、トピック名で何が問題になっているかが明らかです。この場合には、それは単純なスペルミスですが、多くの場合には、命名規則（例えば、laserとlidar）や固有名詞（例えば、cameraとhead_camera）のミスマッチです。しかし、結果は同じです。配信ノードと購読ノードは互いに通信する必要があるにもかかわらず、トピック名が一致していないので、接続している配信ノードと購読ノードがありません。この種の問題の診断には、未接続のトピックを簡単に見つけることができるrqt_graphを用いるのが最も便利です。問題が診断できたら、その修正方法はシステムの構造によって異なります。コードの変更が必要になるかもしれないこともあれば、多くの場合、いくつかのノードのリマッピングを行う引数を変更することにより解決するとことがあります（複雑なシステムでは、リマッピングをするための引数が、roslaunchファイルに保存されています）。

21.2.3 問題点：トピックの型、またはチェックサムの不一致、またはその両方

3つ目の配信ノードを追加してみましょう。今回は、トピック名は正しいのですが、トピックの型が間違っています。ここでは文字列を送信する代わりに、32ビット整数を送ります。

```
user@hostname$ rostopic pub /chatter std_msgs/Int32 -r 1 "3" __name:=talker3
```

rqt_graphにある更新ボタンをクリックしてください。**図21-6**のような画像が表示されます。

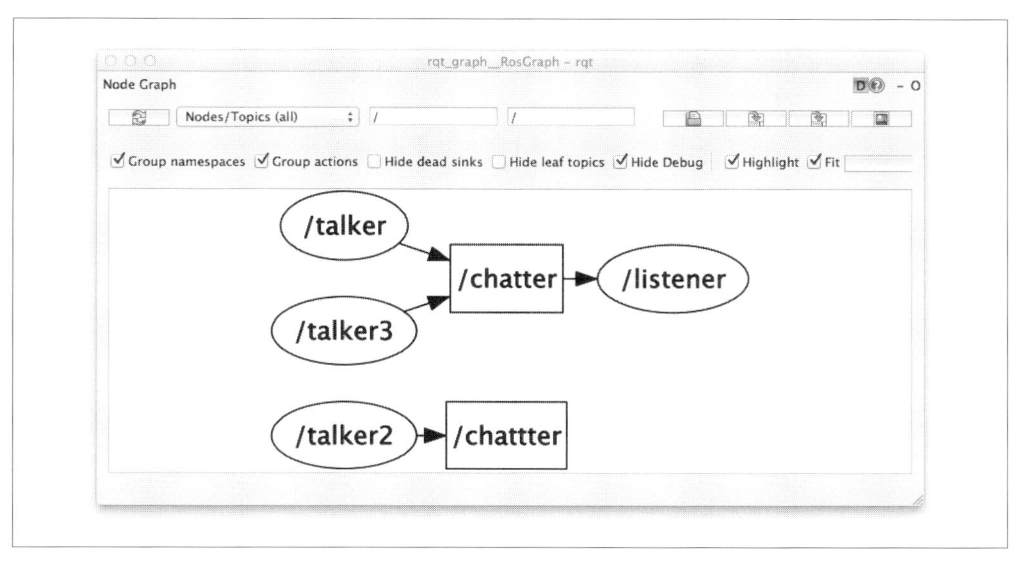

図21-6　2つのノードが1つの購読ノードに配信をしているが、そのメッセージ型が一致していない。さらなる調査が必要

すべてがうまくいっているように見えます。talkerとtalker3は両方chatterを経由してlistenerに配信されています。しかし、listenerを開始したターミナルを見ると、talkerからの文字列のメッセージだけが受信できていて、talker3からの整数のメッセージは受け取ることができていないようです。さらに深く探るために、コマンドラインツールのrosnodeを使用します。

初めに、システムのノードをリストしましょう。

```
user@hostname$ rosnode list
/listener
/rosout
/rqt_graph
/talker
/talker2
/talker3
```

問題は、talkerが正常に動作しているのに、talker3がlistenerと通信していないように見えることです。より詳しくtalkerを見ていきましょう。

```
user@hostname$ rosnode info talker
Node [/talker]
Publications:
 * /chatter [std_msgs/String]

Subscriptions: None
```

```
Services:
 * /talker/set_logger_level
 * /talker/get_loggers


contacting node http://localhost:61515/ ...
Pid: 65904
Connections:
 * topic: /chatter
    * to: /listener
    * direction: outbound
    * transport: TCPROS
```

ここで、chatterトピックがtalkerが配信している（つまり公開した）ものとしてリストに出てきていることがわかります。さらに、このトピックはtalkerからlistenerに向かう接続を成立していることがわかります。これは、データが正しく流れているということを意味しています。それでは、次にtalker3を詳しく見ていきましょう。

```
user@hostname$ rosnode info talker3
Node [/talker3]
Publications:
 * /chatter [std_msgs/Int32]

Subscriptions: None

Services:
 * /talker3/get_loggers
 * /talker3/set_logger_level


contacting node http://localhost:61686/ ...
Pid: 66317
```

ここで、chatterがtalker3が配信したものとしてリストに現れてきていますが、listenerまたはその他のいかなるものにも接続されていないことがわかります。ROSの型チェックメカニズムは、双方が使用する型が一致していない場合に、接続の確立を拒否するので、接続はtalker3から失われます。トピック接続のネゴシエーションが行われている間、購読ノード（この場合にはlistener）は、配信ノードにそれが期待しているメッセージの型を伝えます。その型が、配信ノードがトピック上で送っているものに一致しなかった場合には、接続を切断します。

この種のエラーチェックは、ROSシステムではいつも裏で行われています。型が一致しなかった場合には、接続が拒否されます。型が一致していてもチェックサムが一致しない場合は、同じことが起こります。例えば、トピック名と型は一致するが、メッセージ型の定義が異なるような配信者と購読者のペアがあるとき（これは多くの場合、異なるマシン上で.msgファイルのバージョンが異なっているときに起こります)、それらの間の接続は拒否されます。型またはチェックサムが一致しない場合には、通常は何が起こったかを伝えるログメッセージが表示されます。例えば、ここでの例ではtalker3が次のような警告を発生しています。

```
[WARN] [WallTime: 1408327763.423004] Could not process inbound connection: topic
types do not match: [std_msgs/String] vs. [std_msgs/Int32]{'message_definition':
'string data\n\n', 'callerid': '/listener', 'tcp_nodelay': '0', 'md5sum':
'992ce8a1687cec8c8bd883ec73ca41d1', 'topic': '/chatter', 'type': 'std_msgs/String'}
```

前述したように、まずエラーメッセージを確認するべきで、そこで上記のようなエラーメッセージを（もちろんrqt_consoleで）確認し、問題を特定することができるでしょう。しかし、rosnodeを駆使してノードの接続の状態をたどっていく方法を知っておくことも重要です。

21.2.4　問題点：間違ったネットワーク設定

型とチェックサムの不一致に加えて、間違ったネットワークの設定が原因で、ROSのノード間の接続に失敗することがよくあります。ネットワークの設定はいろいろな箇所で間違える可能性がありますが、本書では、一般的なネットワークのデバッグ方法は扱いません。ここでは、ROSシステムでよく発生する状況を2つ取り扱い、他の状況でも利用できるデバッグの手順を紹介します。

皆さんが移動ロボットを開発していて、ロボットに搭載されたコンピューター上でroscoreやさまざまなROSのノードが動いている状況だと仮定します。ロボット上のコンピューターとワイヤレスネットワークを介して接続されているノートパソコンで開発やデバッグを行っているとします。わかりやすくするために、これらのコンピューターのホスト名とIPアドレスは以下とします。

- ロボットのコンピューター robby ── 192.168.1.2
- ノートパソコン hal ── 192.168.1.3

この構成で動作させるためには、ノートパソコンhal上で実行されるノードは、環境変数ROS_MASTER_URIを持ち、これがrobbyを設定値として示している必要があります。roscoreがrobbyで実行されているからです。この設定はbashでexportキーワードを使って行うことができます。

```
user@hal$ export ROS_MASTER_URI=192.168.1.2
```

このような状況でよくある問題は、ROSのトピックによる通信が片方向では動作し、反対方向には動作しないということです。例えば、halの購読ノードがrobbyの配信者からデータを受信することができるのに、robbyの購読者はhalの配信者からデータを受信することができないといった状況です。この問題の典型的な例は、ノートブック側でrvizが実行され、ロボット側でナビゲーションスタックが実行されているときに発生します。すなわち、rvizで可視化されたロボットが送信するセンサーのデータを見ることができますが、ロボットの姿勢を設定したり、ナビゲーションの目標を送信したりすることはできない状況です。

このような状況に遭遇したとき、最初にすることは、rostopicを使用して、各マシン上で実行されているノードがどのようなホスト名を使用しているかを確認することです。例えば、/initialposeトピック（ロボットの初期姿勢を設定するのに使用されます）をhal側で実行しているrvizから、robby側で実行している（ナビゲーションスタック内のノードである）move_baseに送信できない状況だとします。この状況を調べるには/initialposeの配信ノードと購読ノードのリストを確認します。それは次のようなものです。

```
user@hostname$ rostopic info /initialpose
Type: geometry_msgs/PoseWithCovarianceStamped

Publishers:
 * /rviz (http://localhost:56171/)

Subscribers:
 * /move_base (http://robby:53992/)
```

問題がわかりましたか？ 配信者であるrvizは「hostname:ポート番号」、すなわち「localhost:56171」で通信できると購読者に伝えています。ポート番号はおそらく大丈夫です（すぐに詳しく説明します）が、ホスト名はそうではありません。rvizはhal上で実行されているので、robby上で実行されているmove_baseノードが、localhost:56171でrvizと通信しようとすると失敗します。robby上で実行されているノードからは、localhostはrobbyを意味していて、halを意味しているわけではないのです。

これは、コンピューターが自分の名前を知らないという古典的な例です。つまり、halは自分自身の名前を知らないので、トピックを公開するときにlocalhostを使用するしか方法がなかったのです。localhostは少なくともhal上で実行されているノードに対しては意味がありました。適切に設定されたマシンを用いた、適切に設定されたネットワークでは、このような問題は発生しないはずですが、それにもかかわらず、これは非常によく発生します。一般的には、ROSシステム内のすべてのコンピューターは、他のコンピューターから接続されるために自分の名前やアドレスを知っている必要があります。

できるなら、コンピューターとネットワークの両方あるいはどちらかの設定を修正し、すべてのコンピューターに有効で、外部から宛先を特定可能な名前になるように修正してください。しかし、これは常に可能というわけではないでしょう（例えば、コンピューター上のスーパーユーザー権限を持っていない場合など）。このような場合、ROSが提供しているフックを利用して、デフォルトの名前検索ロジックを上書きすることができます。具体的には、誤った設定がなされたマシン上でノードを起動する前に、ROS_HOSTNAME環境変数を設定すればよいのです。例えば、先ほど説明したような問題を解決するには、rvizを起動する前に、hal上でROS_HOSTNAMEを設定してください。

```
user@hostname$ export ROS_HOSTNAME=hal
user@hostname$ rviz
```

こうすると、rostopic info /initialposeの出力は次のようになります。

```
...
Publishers:
 * /rviz (http://hal:56171/)
...
```

halという名前をIPアドレスに変換できる場合にはこれでも大丈夫です。しかし、halがDHCPサーバーから動的にアドレスを割り当てられている場合には、halという名前はlocalhostよりはましですが、robby上で実行しているノードはアドレスを知ることはできないでしょう（これは起こるべきではないですが、起こってしまっています）。このような場合には、ROS_IP環境変数を使用して、明示的にIPアドレスを指定してください。

```
user@hostname$ export ROS_IP=192.168.1.3
user@hostname$ rviz
```

こうすると、rostopic info /initialposeの出力は次のようになります。

```
...
Publishers:
 * /rviz (http://192.168.1.3:56171/)
...
```

これでも問題が解決しない場合は、hal上のファイアウォールの設定が、ポート56171に対する受信接続を邪魔している可能性があります。多くのオペレーティングシステムが、ソフトウェアファイアウォールを使用し、その標準設定で、インバウンドのTCPやUDP接続について、よく知られているサービス（例えば、sshやhttp）で使われている特定のポートのみに解放を制限しています。ROSの配信ノードはどのようなポートでも使用する可能性があり、また、たくさんの配信者がたくさんの異なったポートを使用することが多いので、ROSはすべてのマシンのすべてのポート上で完全な双方向接続が必要なのです。これを実現する簡単な方法は、すべてのポートでの受信接続ができるようにファイアウォールを変更することです（つまり、ファイアウォールを無効にする、ということです）。

ファイアウォールの設定を変えられないか、あるいは変えたくない場合には、使用しているネットワーク内のコンピューター間で**バーチャルプライベートネットワーク**（VPN）を設置することをお勧めします。VPNは認証が必要で、暗号化されるので、コンピューター間の接続を保護するためのファイアウォールを必要としません。複数のVPNツールがあり、広く使われているオープンソースのツールはOpenVPNです。これは新しいIPアドレスを使用して、それぞれのコンピューター上に新しいネットワークインタフェースを作成します。OpenVPNのようなツールを使用した場合は、ほぼすべてのコンピューターでROS_IPを確実に設定し、すべてのコンピューターがVPN固有のIPアドレスを公開する必要があります。VPNの設定は本書の範囲外ですが、これに関してはオンラインの資料や書籍に良いものがたくさんあります。

21.3 センサー融合：rviz

前節では、エラーの報告方法や、接続処理に関する問題を扱いました。すべてのノードが正しく接続されており、何もエラーが出ていないにもかかわらず、ロボットが適切な行動を取っていない場合にはどうすればよいのでしょうか？ まず、ロボットから送られてくるセンサー関連のデータをrvizで可視化してみてください。rvizは、他のROSツールと同じやり方で起動することができます。

```
user@hostname$ rviz
```

何を可視化するかは、アプリケーションに依存します。また、rvizは強力なツールであり、それが提供する設定可能な機能は大量にあります。これらのすべての機能を説明することは本書の範囲外です。よくある問題をデバッグするのに役立ついくつかのヒントを以下に示します。

- 複数のセンサーからのデータを同時に可視化してみてください。例えば、レーザーと深度カメラを使用している場合には、それらを同じ座標フレームで可視化し、差異を探してください。それぞれのセンサーに異なる色を割り当てるとセンサーの区別が容易にできるようになります。
- センサーストリームの残存時間を延ばし、時間方向の一貫性を確認してください。例えば、移動ロボットの深度カメラを使用している場合には、深度カメラの3次元点群の残存時間を5秒に設定して、ロボットを動き回らせて、連続してスキャンを行い一貫性を確認してください。
- センサー処理のパイプラインの各ステージを可視化してみてください。例えば、カメラ画像に一連のフィルターをかける場合には、それぞれのフィルターの出力画像を配信するようにし、最終的な結果だけでなく途中の処理結果も確認するようにしてください。
- 可能な場合にはいつもvisualization_msgs/Marker型を使用して、視覚的なデバッグメッセージを配信するようにしてください。このメッセージを用いると、さまざまな種類のマーカーの形状を作成、修正、削除することができます。例えば、センサーのデータから物体の姿勢を推定している場合には、推定された姿勢を矢印として配信すれば、他のセンサーのデータに対してその結果を視覚的に確認することができます。

21.4 データをプロットする：rqt_plot

rvizは、システムのセンサーの状態を高レベルで知るには最適なツールですが、個々の値を調べたくなる場合もあります。例えば、ロボットの腕の関節の位置制御装置の動作をデバッグしている場合に、出力トルク、位置誤差などを時系列で調べたくなります。このような場合には、rqt_plotを使用します。これは、ROSシステムで配信されている数値データを2次元でプロットする機能を提供しています。

例として、**例21-1**にstd_msgs/Float64型でトピック/sinに正弦波を生成するノードを示します。

例21-1　sine_wave.py

```
#!/usr/bin/env python

import math, time
import rospy
from std_msgs.msg import Float64

rospy.init_node('sine_wave')
pub = rospy.Publisher('sin', Float64)
while not rospy.is_shutdown():
  msg = Float64()
  msg.data = math.sin(4*time.time())
  pub.publish(msg)
  time.sleep(0.1)
```

sine_wave.pyを実行します。その後、他のターミナルでrqt_plotを実行して、/sinトピックのdataをプロットするように指示します。

```
user@hostname$ rqt_plot /sin/data
```

図21-7の画像に似た、正弦波が連続して表示されます。

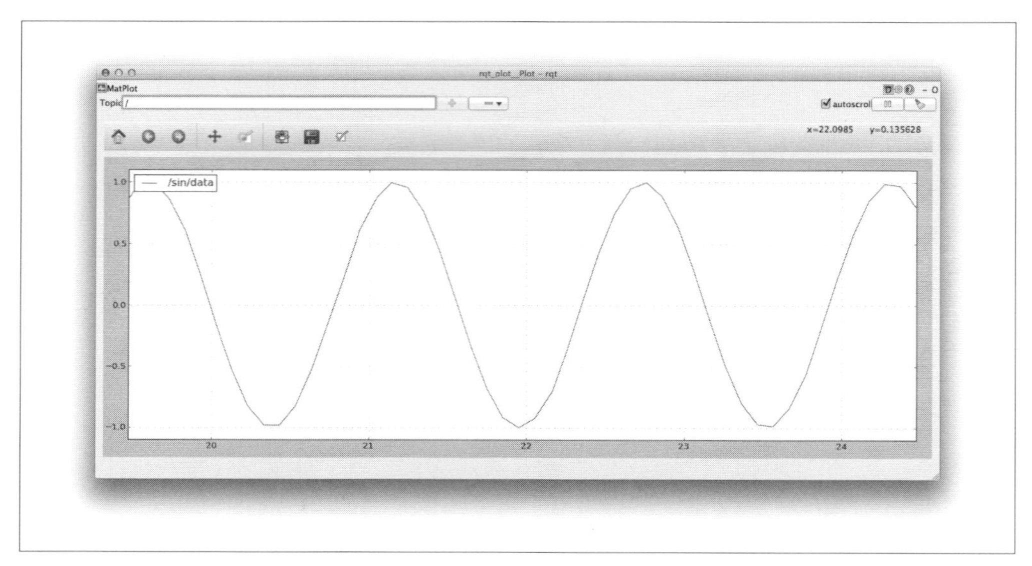

図21-7　rqt_plotのGUIは、ROSシステムで公開されている任意の数値データを2次元で表示する

複数の値を同時に表示し、それらの値が時間経過とともにどのように変化するかを比較することができると便利です。**例21-2**に、std_msgs/Float64型で/cosトピックに余弦波を生成するノードを示します。

例21-2　cosine_wave.py

```
#!/usr/bin/env python

import math, time
import rospy
from std_msgs.msg import Float64

rospy.init_node('cosine_wave')
pub = rospy.Publisher('cos', Float64)
while not rospy.is_shutdown():
  msg = Float64()
  msg.data = math.cos(4*time.time())
  pub.publish(msg)
  time.sleep(0.1)
```

sine_wave.pyがまだ実行されている状態で、cosine_wave.pyを実行します。その後、他のターミナルでrqt_plotを実行します。このとき、/sinと/cosの両方のトピックのdataをプロットするように指示します。

```
user@hostname$ rqt_plot /sin/data /cos/data
```

今度は**図21-8**のように、両方の波が連続的にプロットされているのがわかります。それぞれの波のずれは正弦波と余弦波の位相差によるもので、期待どおりの結果です。

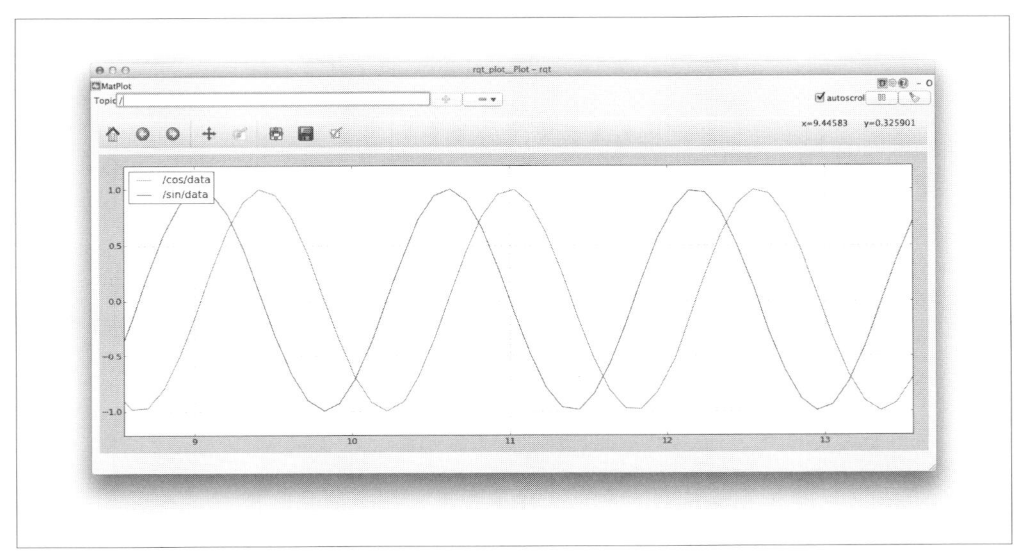

図21-8 rqt_plotのGUIは、連続的に複数の数値データをプロットすることが可能

`rqt_plot`のGUIは、プロットの開始、停止、パン、ズーム、サブプロットの設定や画像のエクスポートなど多数の機能を提供しています。

21.5 データログと分析：rosbagとrqt_bag

ライブデータの可視化を補完するものとして、データのロギングは重要なデバッグツールです。ログデータを記録して後で分析したり再生したりするのは、ROSシステムではよくあることです。データのロギングがするべきことは皆さんの想像どおりです。すなわち、ログに記録したいトピック（複数可）を購読し、届いたメッセージをディスクに書き込みます。このようなノードを独自に作ることも簡単にできます。

しかし、ROSは`rosbag`という強力で汎用的なログツールを提供しているので、自分たちで独自のデータロガーを書く必要はありません。`rosbag`ツールを使うことで、どのROSトピックからのどのような型のデータでもファイルに記録することができます。慣例により、生成されるログファイルは、拡張子に`.bag`が使われ、「ROS bag」とか単に「bag」と呼ばれます。

21.5.1 データの記録と再生：rosbag

あるトピックからのデータを記録する方法を見ていきましょう。roscoreを起動しrosbagを実行します。chatterトピックからのデータを記録し、出力をchatter.bagというファイルに書き込むように指定します（ここではわかりやすくするために、具体的なファイル名にしています。一般的には、rosbagが出力ファイル用に自動手生成するタイムスタンプに基づいた名前を使うべきです）。

```
user@hostname$ rosbag record -O chatter.bag /chatter
[ INFO] [1408922392.770333000]: Subscribing to /chatter
[ INFO] [1408922392.773664000]: Recording to chatter.bag.
```

もう1つのターミナルで、rostopic pubを使って、chatterに10Hzで配信します。

```
user@hostname$ rostopic pub /chatter std_msgs/String -r 10 "Hello world"
```

rostopic pubを約10秒間実行した後、これとrosbag recordの両方を停止させます。そうするとchatter.bagというファイルが作成され、chatterトピックに配信されたメッセージが書き込まれているはずです。その中を見ていきましょう。

```
user@hostname$ rosbag info chatter.bag
path:        chatter.bag
version:     2.0
duration:    12.9s
start:       Aug 24 2014 16:23:54.80 (1408922634.80)
end:         Aug 24 2014 16:24:07.70 (1408922647.70)
size:        14.1 KB
messages:    130
compression: none [1/1 chunks]
types:       std_msgs/String [992ce8a1687cec8c8bd883ec73ca41d1]
topics:      /chatter   130 msgs    : std_msgs/String
```

rosbag infoコマンドは、bagを調査し、時刻、期間、中に含まれるメッセージの個数や型などのメタデータを表示します。ここでは、chatterトピック上のstd_msgs/String型のメッセージが130個取り出されていることがわかります。複数のトピックや複数の型を記録していた場合（これはよくあります）には、それらの名前も同様に一覧表示されます。

bagのデータを再生するのは、それを記録するのと同じくらい簡単です。roscoreが実行されている状態で、rostopic echoを起動して、コンソールにメッセージを表示する準備をします。

```
user@hostname$ rostopic echo /chatter
```

chatterトピック上にデータを配信していないので、まだ何も起こっていません。ここでrosbag playを使って、bagを読み込み、再生します。

```
user@hostname$ rosbag play chatter.bag
```

```
[ INFO] [1408923117.746632000]: Opening chatter.bag

Waiting 0.2 seconds after advertising topics... done.

Hit space to toggle paused, or 's' to step.
```

rostopic echoを実行したターミナルには、以下のメッセージが画面に表示されているでしょう。

```
data: Hello world
---
data: Hello world
---
data: Hello world
---
...
```

rostopic echoからのコンソールの出力は、bagのすべてのデータが再生されるまで（rosbag playが終了した時点まで）続きます。

この例は、意図的にシンプルなものになっていますが、これを支えるシステムは非常に強力です。rosbagを使用することで、どのROSトピックからのメッセージストリームでも記録することができ、後で再生することができます。購読しているノードから見ると、これらのメッセージはもともと配信されたものと区別がありません。その結果、bagのログデータだけを用いてシステムの大部分を何度もテスト、デバッグをすることができます。よくある使用方法は、アプリケーションからの関連するノードと一緒にbagを再生し、rvizで結果を可視化するやり方です。

rosbagツールは、たくさんのオプションを提供しています。ここでは、使用する際のヒントをいくつか載せておきます。

- ROSシステム内でのすべてのデータを記録する場合は、rosbag record -aを実行してください。このオプションを指定すると大規模なシステムではデータが大量に記録されてしまう可能性があるので注意してください。また、すべてのトピックを購読していると、rosbag record自身が消費するディスク容量やCPU時間以外にも、システムの他の部分に影響することがあるので注意してください。例えば、あるノードが出力する結果について、どのノードも購読していない場合、その計算を省略するノードがあります（画像処理パイプラインで一般的です）。このようなノードでは、これまで省略されていた処理がデータの記録のために動いてしまいます。
- bagは内部的には、ディスク容量を節約するために圧縮することのできる**チャンク**（塊）で構成されています。記録中にデータを圧縮する場合は、rosbag record -j /topicを実行してください。すでにあるbagを圧縮する場合は、rosbag compress topic.bagを実行してください。圧縮されたbagは、rosbag playで読み込むことができます。この場合、bagは再生中にその場で自動的に解凍されます。

- bagをループ再生する場合は、`rosbag play -l topic.bag`を実行してください。このオプションは、処理パイプラインを確認する際に便利です。
- `rosbag play`に、各メッセージに関連づけられた時間に関する情報を同時に配信させたい場合、`/clock`という特別なトピックを一緒に配信させます。これは`rosbag play --clock topic.bag`のように実行することで実現できます。しかし、データログのタイムスタンプは扱いにくい場合があるので注意してください。扱いにくいことの例として、bagファイルを再生、ここで`/clock`で配信される時間は、bagが作成された時間であり、過去の時間です。必ずしもすべてのノードが時間的に過去に戻ること対して堅牢に作られているわけではないでしょう。

ロボットが間違った行動をした特定の状況で何が悪かったのかを調べようとしているとき、また、認識処理のパイプラインのパラメーターを調整する必要があるとき、こういった状況において、bagファイルは開発とデバッグの両面で重要な役割を果たします。

21.5.2 bagの可視化：rqt_bag

`rqt_graph`を使用してROSシステムの構造を調べるのと同じように、bagの構造を調査することは状況を理解する手助けになります。ROSはこの目的のために`rqt_bag`を提供しています。これは、次のように処理するbagのファイル名を与えることで他のROSツールと同じように実行することができます。

```
user@hostname$ rqt_bag chatter.bag
```

ウィンドウには**図21-9**のようなものが表示されます。

`rqt_bag`を使用することで、いくつのトピックが記録されたか、それぞれのトピックでどれくらいの頻度でメッセージが記録されたかがひと目でわかります。また、メッセージの内容を見ることもできます。bag全体やその一部を再生したり、必要に応じてループ再生したり、メッセージを1つずつ再生したりできます。また、bagの一部を別のbagとして保存することもできます。これにより、メッセージを特定の並びにして確認することもできます。

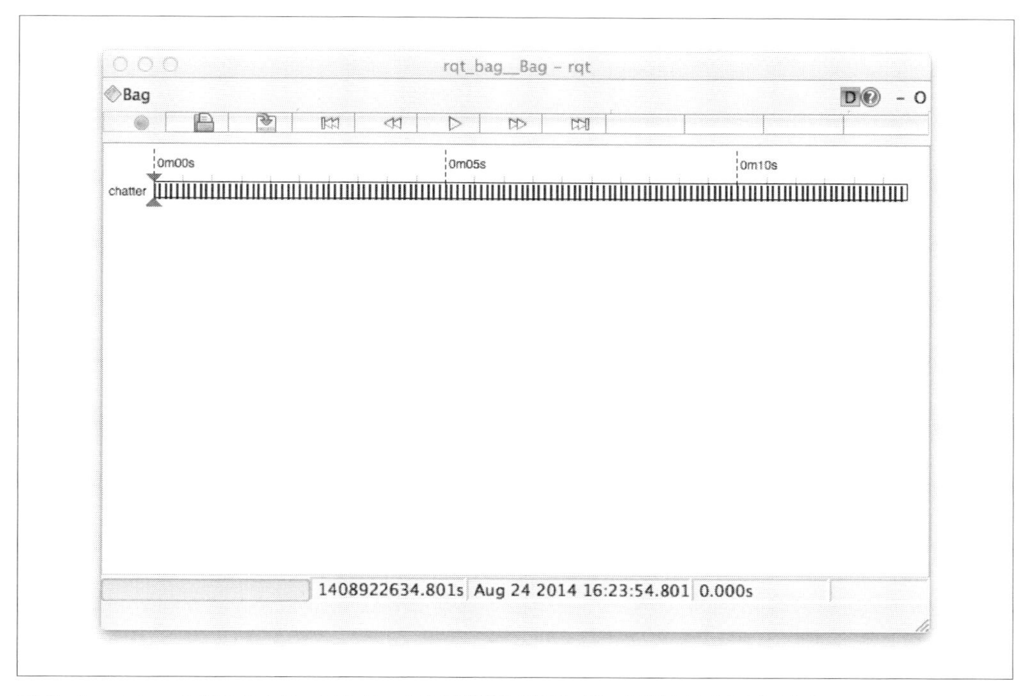

図21-9　rqt_bagのGUIにより、ログデータを視覚的に検査して、処理することができる

21.5.3　別のツールを使ったROSのbagの分析：rostopic echo -b

ROSのbagからデータを扱うのに、gnuplotやGNU OctaveやMATLABのようなROSのツールではないものもよく用います。このため、データをテキスト形式にしたくなることがあります。他のツールで解析する場合に便利だからです。幸いなことに、この機能は、rostopic echoに組み込まれています。次のようにbagのファイル名を指定して読み込こませるだけです。

```
user@hostname$ rostopic echo -b chatter.bag /chatter
data: Hello world
---
data: Hello world
---
data: Hello world
---
...
```

この形式は、読むのは簡単です。しかし、簡単に解析できる形式とは言えません。そこで、-p引数を追加して、カンマ区切りフォーマット（comma-separated format）で出力してみましょう。出力は内容を説明するヘッダーから始まります。

```
user@hostname$ rostopic echo -p -b chatter.bag /chatter
%time,field.data
1408922634801335000,Hello world
1408922634901209000,Hello world
1408922635001016000,Hello world
...
```

この出力をファイルに書き込むことができます。

```
user@hostname$ rostopic echo -p -b chatter.bag /chatter > chatter.csv
```

これで、皆さんのお好みの処理ツールにデータを読み込む準備が整いました。Pythonのrosbagライブラリを使用して、データを自分で処理することもできます。役に立ついくつかのサンプルが、http://wiki.ros.org/rosbag/Cookbookに載っています。

21.6 まとめ

本章では、ROSシステムをデバッグする上で役に立つさまざまなツールやテクニックを扱いました。このようなカスタムツールを使用するのは、ロボット工学が挑戦的な試みであることに加えて、物理的な世界と非同期的にやり取りする必要があるソフトウェアが固有に持つ複雑さがそこに組み合わさるためです。優れたロボットのソフトウェアを書くことは難しく、間違ってしまうことのほうがうまくいくことよりもはるかに多いのです。

ここではカスタムツールを使用しましたが、ROSシステムをデバッグする方法は、他のシステムをデバッグするのと同じです。何かがうまくいかないときに、最初に何が起こっていて、なぜそうなっているのかを理解する必要があります。重要なのは、システムの働きを可視化することです。これは、本章で説明したツールが提供してくれるものです。何が起こっているのかが一度わかってしまえば、それを修正する方法を見つけ出す道の上を歩いているのです。

22章 ROSコミュニティー：オンラインリソース

本書では、ROSを構成するライブラリやツールの使い方を説明しました。ここにいたるまで、皆さんに次のロボットのプロジェクトでROSを使うように暗に勧めてきました。それは主にソフトウェアの技術的なメリットからですが、技術的なメリットはその一部にすぎません。

他の巨大なオープンソースプロジェクトと同様に、ROSの強みの多くは、そのソフトウェアそのものだけでなく、ソフトウェアを開発、使用、サポートするコミュニティーに起因します。もし、ROSが完成したプロジェクト（すべての人のロボットに関するニーズを満たす完璧なシステム）であれば、コミュニティーはそんなに重要な役割を担うことはなかったでしょう。しかし、ROSは完成していません。すなわち、世界中にいる数千人の人々がバグを修正し、改善し、拡張し続けるコードとドキュメントからなる生きたエコシステム（生態系）なのです。本章では、皆さんがROSコミュニティーとつながることができ、望むらくは貢献することができるオンラインリソースを紹介します。

22.1 エチケット

まずはオンラインでの正しい振る舞い方やエチケットについてです。オンラインで正しく振る舞うことは簡単です。特別なことは何もありません。普段どおりに、合理的に振る舞ってください。しかし、いらいらを感じることも簡単です。何かが適切に機能しないとき、もしくは、そう機能すると考えているように機能しないときなどです。このようなとき、頭に入れておくべきポイントをいくつか示します。

- 皆さんの仲間であるコミュニティーメンバーの**誠意**によって成り立っているということを前提にしてください。皆さんが見つけたバグは単に間違えただけです。皆さんが必要とするドキュメントがないのは単に見落としているだけです。皆さんの質問への返答が遅いのは、単にみんなが忙しいからです。返答が辛辣そうに見えるのは単に語調を読み違えているだけです。私たちは、まずは信じて進めてみるという精神で、より多く、そしてより速く物事が進むようにしているのです。

- メーリングリストやフォーラムで質問を繰り返さないでください。元の質問が見つかっても、返答が得られていないのなら、誰もまだ答える時間がないのです。誰も答えを知らない可能性もあります。いずれにしても、質問を繰り返すのは、良いことではありません。
- 返答をせかしたり、個人的な〆切（宿題、プロジェクトなど）を示すことで、自分の質問や問題のプライオリティーを上げようとしないでください。そんなことをしても同情してもらえる可能性は低いですし、逆に返答が遅くなることもあります。

私たちがこのプロジェクトに参加しているのは、このプロジェクトを成功させ続けたいからです。私たちの貢献は、礼儀正しく、寛大な気持ちで協力し合ったときにこそ、最大の効果を持つのです。

22.2 ROS wiki

このコミュニティーのオンラインの拠点となる場所はROS wiki（http://wiki.ros.org?distro=indigo）です。このwikiには、ROSに関するドキュメント（例えば、インストール方法）やROSのパッケージ固有のドキュメントがあり、本書で説明したツールやライブラリがすべて置かれています。また、このwikiは、他のオンラインリソース（リポジトリやトラッカーなど）への入り口でもあります。

このwikiの重要な構成要素は、一連のパッケージのページです。それぞれのページには「`http://wiki.ros.org/<パッケージ名>`」でアクセスできます。例えば、`rospy`パッケージのドキュメントを見つけるには、http://wiki.ros.org/rospy?distro=indigoに行ってください。パッケージのページは、一貫したフォーマットで書かれており、部分的にはパッケージのコードから抽出されたメタデータから自動生成されています（**図22-1**参照）。そのパッケージの目的や使い方に加え、良いパッケージはチュートリアル、トラブルシューティング、変更ログ、APIドキュメントなどの関連するリソースへのリンクを提供しています。

wikiは皆さんを含め、誰でも編集することができ、コミュニティーが協力して保守、更新することが期待されています。開発者が自分たちのパッケージのドキュメントを一生懸命書く一方で、ドキュメントは常にユーザーがよりよくすることができるのです。皆さんが、wikiのページをよりよくする機会にめぐり会えたら、それがマイナーな見た目の修正でも、まったく新しいチュートリアルの追加であっても、ぜひ協力してください！

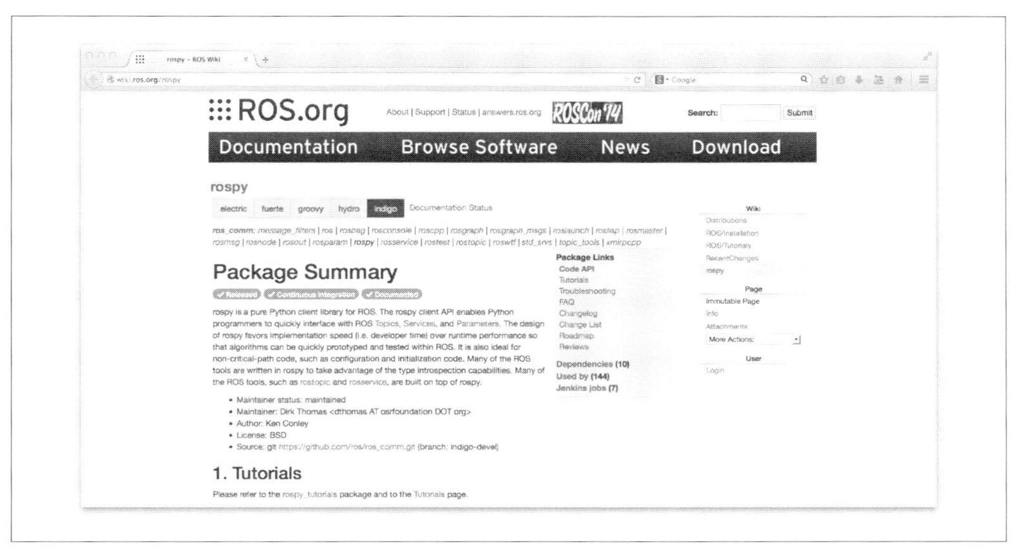

図22-1　ROS wiki：ROSソフトウェアの情報とドキュメントのホーム

22.3 ROS Answers

ROSに関する質問、例えば、「どうすればXができるのか？」や「なぜYはZのように動かないのか？」などがある場合、まず、ROS Answers（http://answers.ros.org）を見てください。ROS AnswersはQ&Aフォーラムであり、機能的にはStack Overflowに似ていますが、ROSに焦点を当てたものです（**図22-2**参照）。このページは、質問と解答に特化してデザインされているので、ROS Answersはトラブルを解決するのに最も良い場所なのです。

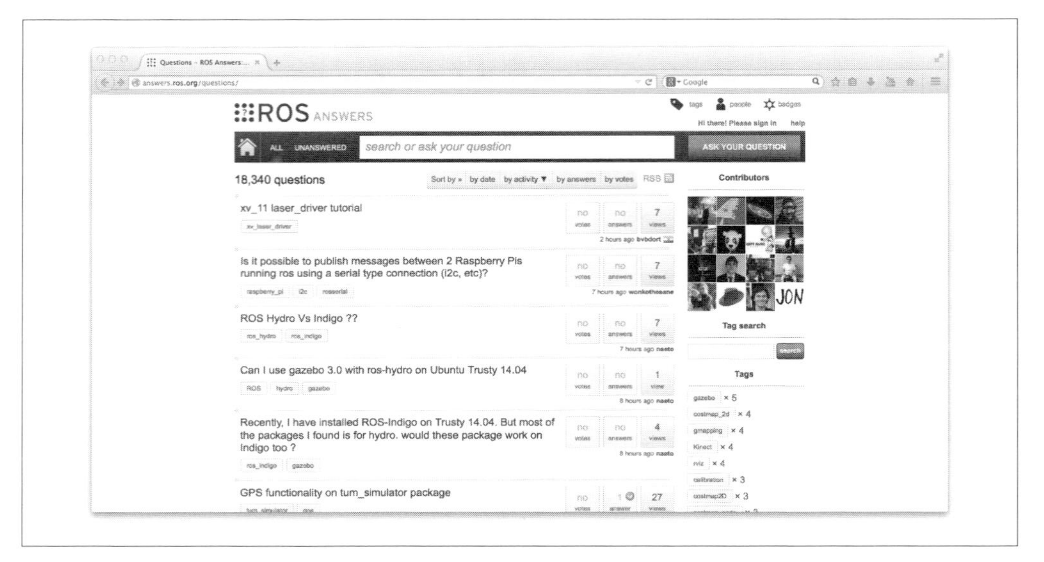

図22-2 ROS Answers：ROSコミュニティーのQ&Aフォーラム

質問をする前に、似たような質問がこれまでに出されていないかを調べるようにしてください。皆さんがある特定の問題に、最初に出くわす場合もありますが、すでに他の人が出くわし、ROS Answersで質問していることがよくあります。このアーカイブ（本書の執筆時点では18,000以上の質問[*1]があります）に皆さんの質問の解答がない場合は、質問してください。以下に良い質問をするためのガイドラインを示します。

- できるだけ具体的にする。皆さんが何かを行う方法を尋ねているのなら、できるだけたくさん関連情報を与えてください。皆さんが何を目指しているかを示せば、誰かが別のやり方を示してくれるかもしれません。予期せぬ振る舞いに出会った場合（例えば、何かが壊れたように見える）は、それを再現する方法を提供してください。
- 適切な場面で、エラー/警告メッセージや関連するコード、デバッガーのバックトレース、bagその他のログファイル、その問題を示す画像やビデオを含めてください。
- 皆さんのシステムのタイプやバージョンなど関連する情報を提供してください。少なくともROSのディストリビューション名（Hydro、Indigoなど）は書いてください。質問によっては、具体的なROSのパッケージの名前やバージョン、使用しているOS、ハードウェアを書いておくと役に立つでしょう。
- エラーや警告メッセージなどのプログラムからの出力を投稿する場合は、それを手入力し直すのではなく、常にコピーアンドペーストしてください。ちょっとした入力間違いが、大きな違いになるからです。正確な出力を見ることが重要なのです。

*1 訳注：本書の翻訳時点で、すでに36,000を超えています。

wikiと同様、ROS Answersは皆さんを含め誰でも編集可能です。コミュニティーが質問に答えてくれることを期待しているのです。皆さんが質問の答えを知っている場合は、ぜひ答えてあげてください！

22.4 トラッカー（バグと機能リクエスト）

ROS Answersでの皆さんの質問に対する解答が「そうだね。バグみたいだね」とか「いや、その機能はまだ実装されていない」といったものの場合があります。もしくは、皆さん自身でバグや未実装の機能を特定する可能性もあります。いずれにしても、バグや機能リクエストは適切なトラッカーに報告してください。

分散型であるというROSのコードの性質に起因し、ROSには問題を報告し、管理する総合的な問題のトラッカーの仕組みはありません。代わりに、それぞれのパッケージやパッケージの集まりがトラッカーを持っています。正しいトラッカーを見つけるには、まず、どのパッケージに問題があるのかを決めなくてはなりません。確信がなくても大丈夫ですが、できるだけ推測してください。推測が誤っていても必要応じて、後で他のトラッカーに移されるでしょう。wikiのパッケージのページ（`http://wiki.ros.org/<パッケージ名>`）に行き、バグを報告したり、機能リクエストを登録するためのリンクを見つけてください。そのようなリンクがない場合は、ソースコードのリンクをたどってください。これは皆さんをコードのリポジトリに連れて行ってくれます。そこからそのリポジトリのトラッカーにたどり着くことができます。

良いバグレポートや機能リクエストを登録するには、前の節のROS Answersで示したガイドラインから始めてください。そして、できれば、バグを修正するパッチやその機能を実装したものを提供するようにしてください。最も良い報告で、最も敏速に対応が提供されるのは、パッチが付いているものです。

wikiやROS Answersのように、ROSのトラッカーは、皆さんを含め、すべての人に開かれています。修正できるバグや実装できる機能があれば、ぜひ提供してください！

22.5 メーリングリストとSIG

ROSのメインとなるメーリングリストは、`ros-users@lists.ros.org`です。アーカイブや購読に関する情報は、http://lists.ros.org/mailman/listinfo/ros-usersにあります。`ros-users@`は、報告と、一般的な話題に関しての意見交換のためにのみ使います。新しいROSのパッケージをリリースしたり、ROSに関連するイベントを主催したりする場合は、`ros-users@`に投稿してください。一方で、ROSの使い方に関する質問やバグを見つけた場合は、前の節で説明したようにROS Answersやトラッカーを使ってください。

ROSコミュニティー内には、組み込みシステムやドライバー開発、ロボットの腕まで特定の話題に焦点を当てたさまざまなサブコミュニティーがあります。このようなサブグループはSIG（スペシャルインタレストグループ）を作り、そのグループ用のメーリングリストやフォーラムを持っています。現在アクティブなグループのリストや新しいグループを作る際のアドバイスなどのROSのSIGの情報はwikiにあります（http://wiki.ros.org/sig）。

22.6 コードを見つけ共有する

トラッカーと同様にROSのコードも、すべてを束ねる総合的なリポジトリは存在しません。コードはたくさんの異なるリポジトリに分散され、多くの場合、パッケージごとに異なっています。こうすることで、どこに、そしてどのようにコードが保存されるか、どのようなライセンスが適用されるのか、開発とリリースはどのように行われているのかに関して最大限の柔軟性を与えるようにしています。特定のパッケージ用のコードを含むリポジトリを見つけるには、wikiのパッケージのページからソースのリンクをたどってください。

「自分が作った新しいROSのパッケージを提供するにはどうすればいいのか？」と聞かれることがよくあります。その答えは、「そのコードを誰からでもアクセスできるリポジトリに置き、そのことをコミュニティーに伝えてください」です。皆さんは、お好みのバージョンコントロールツールを使うことができ、好きな場所にコードを置いておくことができます。ただし、強く勧めるのはgitを使い、コードをGitHub（http://github.com）に置くことです。ここにはROSのソフトウェアのほとんどが置かれています。皆さんのリポジトリにROS wikiからリンクしてもらえるようにする場合は、もう少し情報を提供する必要があります。詳しくはROS wikiのチュートリアル（http://bit.ly/doc_generation）を参照してください。それはROSにコードを与えるようなものではなく、ROSのコミュニティーにどこで見つけることができるかを伝えるようなものです。

22.7 まとめ

本章ではROSのオンラインリソースについて説明しました。皆さんは、これを介してROSコミュニティーとつながったり、ROSコミュニティーに参加したりすることができます。トラブルシューティングに関する質問、報告すべきバグ、みんなに知らせるべきパッケージがある場合、コミュニティーに知らせるのは簡単です。ROSは多くの人の共同の作業で成り立っており、それはコミュニティーのニーズや貢献で動いているのです。恥ずかしがらずに参加してください。皆さんが何をしているのかを私たちに教えてください。

23章 ROSでC++を使う

本書では多くの理由からPythonを使いました。最初の理由は、Pythonはそれほどコンピューターサイエンスの経験がなくても使える言語だからです。次に、Pythonはコアパッケージにたくさんの役に立つ機能があるので、細かいことを気にせずに高いレベルの内容に集中することができます。さらに、ROSはPythonを強力にサポートしています。最後に、本書ではすべてのサンプルを1つの言語で扱いたかったからであり、そういう意味でPythonは適切な言語だったのです。

しかし、ROS開発で他の言語が使いたくなることがあります。例えば、皆さんが使いたいライブラリがPythonでサポートされていなかったり、他の言語での開発のほうがやりやすい場合もあるでしょう。コンパイラー言語がもたらす実行速度の（わずかな）速さに惹かれることもあります。本章では、ROSでサポートされているC++のAPIがPythonとどう違うのか、本書の例をどうやってC++に変換するのかを見ていきます。C++を含めROSのAPIを持つ他の言語でもイディオムやデザインパターンはすべて同じです。コールバックを用い、トピックにメッセージを渡します。しかしながら、構文や特定のデータ構造は若干異なります。Pythonを他の言語に変換する方法がわかれば、ある言語で書かれた例を別の言語に書き直すのは簡単です。

ROSのAPIで最もよくサポートされている言語はPythonとC++です。本章では、C++のAPIに焦点を当てますが、ここで説明することの多くは、他の言語のAPIにも適用できます。構文とデータ構造の違いがわかれば、いろいろなものが同じに見え始め、言語を好きなように切り替えることができるようになります。

23.1 いつC++（や他の言語）を使うべきか？

C++（あるいはROSでサポートされている他の言語）をいつ使うべきなのでしょうか？ 簡単な答えは、そうしたほうが楽なときです。ROSは本質的には分散システムなので、すべてのものを1つに束ねる糊として機能するメッセージシステム（トピック、サービス、アクション）を用いて、異なる言語で書かれたノードを同じシステム内に混在させることは簡単です。

場合によっては、使用しているセンサーやアクチュエーターがCやC++のAPIを持つこともあります。このような場合、C++を使えばそれらをROSに取り込むことは非常に簡単です。また、Pythonは初心者だがC++の経験はあるという方は、コードをC++で書いたほうが効率的でしょう。同様に、C++で書かれたコードを多く使っているのなら、それらをC++のノードで包むのは簡単でしょう。また、誰かが書いたC++のパッケージを保守したり拡張したりする場合は、C++を使わざるを得ないでしょう。

また、特に、複雑な数学の計算を行う場合は、ノードをC++で書いたほうが実行速度が速くなります。ただし、これには注意が必要です。scipyのようなPythonのライブラリはすでに十分に最適化されており、C++で皆さんが実装しようとしているのと同じくらいの速度のコードが内部で走っている可能性が高いのです。Pythonはある種の遅さを持ち込みますが、何かをC++で実装する際は客観的に考えてください。C++のノードは同じようなPythonのノードよりも速い場合がありますが、その速度の向上が、C++ノードを書いたりデバッグしたりする時間に見合うものかどうかが重要です。

ROSでC++を使用する理由が、プログラミング言語への狂信的な熱狂であれ、冷静な判断によるものであれ、ここからはROSノードをC++で書きビルドする方法を見てみましょう。

23.2 catkinでC++をビルドする

C++とPythonとの大きな違いは、C++はコンパイラー言語であり、Pythonはインタープリター言語であるということです。これは、皆さんが、C++を使う場合にcatkinとROSのビルドシステムをもう少し使うことになることを意味します。コードを変更するたびにcatkin_makeで再コンパイルする必要があり、変更内容によっては他のファイルも編集する必要があります。

開発でPythonを用いたほうが良い理由の1つがこの再コンパイルの必要性です。Pythonではコードを再コンパイルしなくてよいので変更の繰り返しが高速にできます。ROSは巨大なソフトウェアシステムであり、皆さんのノードが複雑で、たくさんの依存関係を持つ場合、コンパイルに数分かかることもあります。これは必然的に開発プロセスを遅らせることになります。

このような偏見的な見方はしばらく横に置いておき、C++を使用する際に修正する必要のあるファイルを見てみましょう。

23.2.1 package.xml

package.xmlは依存関係をすべて宣言しておく場所です。C++を使用する場合は、ビルド時と実行時の依存関係の両方にroscppを宣言しておく必要があります。

```
<build_depend>roscpp</build_depend>
<run_depend>roscpp</run_depend>
```

これは手で直接ファイルを修正して宣言することもできますし、catkin_create_pkgでパッケージを作成する際に宣言することもできます。

```
user@hostname$ catkin_create_pkg <パッケージ名> roscpp
```

また、作成するノードが使用する追加のパッケージに関する依存関係もビルドと実行の両方に追加する必要があります。

23.2.2 CMakeLists.txt

CMakelists.txtに情報を追加し、ビルドシステムが何をすべきか、どこからファイルを探せばよいかわかるようにする必要があります。具体的には、追加したパッケージのsrcディレクトリが存在する場所（package.xmlもここにあります）にあるCMakelists.txtファイルを修正します。catkinワークスペースのルートのsrcディレクトリ（本書の例であれば~/catkin_ws/src/）にあるCMakelists.txtファイルは通常変更しません。minimalというノードをビルドするとしましょう。ファイルは、minimal.cppだけとします。最初に次のように実行ファイルの名前やビルドに必要なすべてのファイルをビルドシステムに伝える必要があります。

```
add_executable(minimal
  src/minimal.cpp
)
```

これはビルドシステムにminimal.cppからminimalという実行ファイルをビルドすることを伝えています。作成するパッケージに複数の実行ファイルがある場合、それぞれに対してこのような行を追加する必要があります。実行ファイルが複雑のソースコードからビルドされる場合は、それらをadd_executable()の中に列挙してください。

また、ビルドシステムにリンクの依存関係を伝える必要もあります。以下が、package.xmlのビルドの依存関係に基づいてcatkinが自動生成した依存関係の最小構成になります。

```
target_link_libraries(minimal
  ${catkin_LIBRARIES}
)
```

先ほどと同様に、皆さんがビルドする実行ファイルそれぞれに対してこのような行を追加する必要があります。これらの情報の設定が終わったら、ノードをビルドできます。

23.2.3 catkin_make

ノードをビルドするには、catkinワークスペースのルートでcatkin_makeを実行してください。これによりコードがビルドされ、使用しているものすべてが最新になります。REP（ROS Enhancement Proposal）128に従ってディレクトリを構成しておくと楽です。これは、基本的には、catkinワークスペースにsrcというディレクトリがあることを意味します。個々のパッケージディレクトリはこのsrcディレクトリ内にあり、パッケージディレクトリ内にpackage.xmlとCMakelists.txt、そしてsrcディレクトリ（ソースコードはここに置かれます）があります。

```
catkin_ws/
  ├── .catkin_workspace
  ├── build/
  ├── devel/
  └── src/
        ├── CMakeLists.txt -> /opt/ros/indigo/share/catkin/cmake/toplevel.cmake
        ├── package_1/
        │     ├── CMakeLists.txt
        │     ├── package.xml
        │     └── src/
        ├── package_2/
        │     ├── CMakeLists.txt
        │     ├── package.xml
        │     └── src/
        └── package_n/
              ├── CMakeLists.txt
              ├── package.xml
              └── src/
```

catkin_wsでcatkin_makeを実行します。これによりminimal実行ファイルがビルドされ、catkin_ws/devel/lib/<パッケージ名>/minimalに置かれます。

さて、これでC++のノードをビルドする方法がわかったので、ノードそのものの中味を見て、本書のPythonのサンプルをC++に変換する方法を見てみましょう。

23.3 PythonからC++に変換する（また、その逆をする）

本書のPythonのサンプルをC++に変換する方法を理解するのに知っておく必要があるのは次の3つです。

- どのようにしてノードがC++でまとめ上げられるのか
- どのようにして3つの通信メカニズムを定義するか
- どのようにしてデータ構造をある言語から別の言語に変換するか

まず、C++で最も簡単なノードを書く方法を見ることから始めましょう。

23.3.1 簡単なノード

例23-1は最も簡単なROSのC++のノードのコードです。

例23-1 minimal.cpp

```
#include <ros/ros.h> # ❶


int main(int argc, char **argv) {
  ros::init(argc, argv, "minimal");  # ❷
  ros::NodeHandle n;  # ❸

  ros::spin();  # ❹

  return 0;
}
```

❶ 基本となるROSのヘッダーを読み込みます。

❷ ノードを初期化し、名前を付けます。

❸ ノードのハンドルを作成します。

❹ ROSに制御を渡します。

ROSのC++のノードはすべて、ros.hをインクルードする必要があります。ノードはinit()を呼び出すことで初期化され、コマンドラインの引数やノードの名前をここに渡します。次に、ノードのハンドルを作成します。これにより、トピック、サービス、アクションの作成が可能になります。Pythonを使用している場合は、ノードのハンドルを明示的に作成する必要はありませんでした。Pythonが裏で作成してくれるからです。これはC++を使う際には何度も直面する課題の1つです。C++では明示的に指定しなければならないことが多いのです。

ビルドと実行時の依存関係をroscppでpackage.xmlに追加する必要があります。**例23-2**に示す情報が含まれるようにCMakelists.txtを修正してください。

例23-2 CMakeLists.txt

```
cmake_minimum_required(VERSION 2.8.3)
project(cpp)

find_package(catkin REQUIRED roscpp)

add_executable(minimal src/minimal.cpp)

target_link_libraries(minimal
  ${catkin_LIBRARIES}
)
```

この例では、パッケージ名はcppです。このような情報をすべて設定し終わったら、catkinワークスペースのルートディレクトリにcdコマンドで移動し、catkin_makeを実行してください。これにより、コードがコンパイルされ、依存関係がすべて更新されます。コンパイルが終わると、実行ファイルがdevel/lib/cpp/minimalに作成され、いつものようにrosrunで実行することができます。

```
user@hostname$ rosrun cpp minimal
```

23.3.2 トピック

例23-3では、C++でトピックの配信者のセットアップ方法を示します。基本的なやり方（ノードをセットアップし、配信者を定義し、繰り返し配信する）は、Pythonと同じですが細かい部分が少し違います。

例23-3 topic_publisher.cpp

```
#include <ros/ros.h>
#include <std_msgs/Int32.h>  # ❶

int main(int argc, char **argv) {
  ros::init(argc, argv, "count_publisher");
  ros::NodeHandle node;

  ros::Publisher pub = node.advertise<std_msgs::Int32>("counter", 10); # ❷

  ros::Rate rate(1);  # ❸
  int count = 0;

  while (ros::ok()) {  # ❹
    std_msgs::Int32 msg; # ❺
    msg.data = count;

    pub.publish(msg);  # ❻

    ++count;
    rate.sleep();  # ❼
  }

  return 0;  # ❽
}
```

❶ 使用するメッセージの定義を読み込みます。

❷ 配信者を作成します。

❸ Rateインスタンスを作成し、配信する頻度を制御します。

❹ ノードが動いている間ループします。

❺ メッセージを作成し、データフィールドを埋めます。

❻ メッセージを配信します。

❼ しばらく待ちます。

❽ 成功を返します。

このコードの2つ注意すべき部分は、トピックの配信者の生成とループの条件です。配信者の生成には、次の構文を用います。

```
ros::Publisher pub = node.advertise<std_msgs::Int32>("counter", 10);
```

これはNodeHandleクラスの一部として定義された関数で、送られるメッセージの型でテンプレート化されています。パラメーターはトピック名とバッファーのサイズです。次にループの条件は以下です。

```
while (ros::ok()) {
```

これは、ノードが動いており、Ctrl-Cを受け取ってシャットダウンしないかぎり常にtrueとなります。

対応するトピックを購読するノードを**例23-4**に示します。これはさらに簡単です。

例23-4 topic_subscriber.cpp

```
#include <ros/ros.h>
#include <std_msgs/Int32.h>

#include <iostream>

void callback(const std_msgs::Int32::ConstPtr &msg) {   # ❶
  std::cout << msg->data << std::endl;
}

int main(int argc, char **argv) {
  ros::init(argc, argv, "count_subscriber");
  ros::NodeHandle node;

  ros::Subscriber sub = node.subscribe("counter", 10, callback);   # ❷

  ros::spin();
}
```

❶ コールバック関数を定義します。

❷ 購読者を作成します。

配信者と同様に、購読者はそのノードのインスタンスで呼び出されますが、今回は、テンプレート引数は必要ありません。渡される値はコールバック関数で処理されるからです。3つの引数は、トピック名、バッファーサイズ、コールバック関数です。

最もトリッキーな部分はコールバック関数です。

```
void callback(const std_msgs::Int32::ConstPtr &msg) {
```

この関数は、戻り値の型がvoidで、const型の引数を1つ取り、これはメッセージ型へのconstポインターへの参照です。このインスタンスでは、メッセージ型はstd_msgs::Int32であり、これはその中で定義されたConstPtr型を持ちます。一般的に、メッセージ型*T*を扱うコールバックの引数は次のconst *T*::ConstPtr &型の引数を持ちます。このようなメッセージの定義をビルドする際は、catkinはConstPtrが使用するメッセージ型で定義されていることを確認します。ConstPtrは参照カウントを持つスマートポインターであることに注意してください。関数の中でのメッセージの処理が終了しても、このポインターをdelete()で破棄してはなりません。

ここでは（ConstPtrを用いる）典型的なコールバックのシグネチャーを示しましたが、実際にはこれ以外にも（同じデータ型を受け取るための）うまく機能する記述方法がいくつかあります。皆さんのコードでは、このような名前を用いることをお勧めしますが、他の人が書いたコードで別のコールバックの形式を見ても驚かないでください。

メッセージのデータにアクセスするときは、デリファレンス演算子->を使うことに注意してください。

```
std::cout << msg->data << std::endl;
```

見てのとおりC++ノードの基本的な構造やイディオムはPythonと同じで構文が少し異なるだけです。これはサービスやアクションでも同じです。

23.3.3 サービス

サービスを定義したり使用したりするのは、トピットを定義したり使用したりするのと同じです。**例23-5**は、「4章 サービス」で示した単語のカウントサービスについて処理の実装部分をC++で行った場合の例を示しています。

例23-5 service_server.cpp

```
#include <ros/ros.h>
#include <cpp/WordCount.h>


bool count(cpp::WordCount::Request &req,  # ❶
       cpp::WordCount::Response &res) {
  int count = 0;
  int l = req.words.length();
  if (l == 0)
```

```
    count = 0;
  else {
    count = 1;
    for(int i = 0; i < l; ++i)
      if (req.words[i] == ' ')
    ++count;
  }

  res.count = count;

  return true;
}


int main(int argc, char **argv) {
  ros::init(int argc, char **argv, "count_server");
  ros::NodeHandle node;

  ros::ServiceServer service = node.advertiseService("count", count);  # ❷

  ros::spin();  # ❸


  return 0;
}
```

❶ コールバック関数を定義します。

❷ サーバーを作成します。

❸ ROSに制御を渡します。

ここでの主な違いは、コールバック関数がリクエスト（`WordCount::Request`型）とレスポンス（`WordCount::Response`型）の2つの引数を取ることです。これらの型も、このサービス定義をビルドすると自動的に提供されます。サービス呼び出しの結果はレスポンス引数に渡し、このコールバックの成功か失敗かをコールバックの戻り値で`true`か`false`で返します。このサービスの公開は、これまでと同様ノードハンドルを用いて行っています。

例23-6はこのサービスの使用方法を示しています。

例23-6　service_client.cpp

```
#include <ros/ros.h>
#include <cpp/WordCount.h>

#include <iostream>
```

```
int main(int argc, char **argv) {
  ros::init(argc, argv, "count_client");
  ros::NodeHandle node;

  ros::ServiceClient client = node.serviceClient<cpp::WordCount>("count");  # ❶

  cpp::WordCount srv;  # ❷
  srv.request.words = "one two three four";

  if (client.call(srv))  # ❸
    std::cerr << "success: " << srv.response.count << std::endl;  # ❹
  else
    std::cerr << "failure" << std::endl;

  return 0;
}
```

❶ サービスクライアントを作成します。

❷ リクエストとレスポンス用のデータ構造を作成します。

❸ サービスを呼び出し、成功したか確認します。

❹ データ構造を通してレスポンスにアクセスします。

ここでも、ノードハンドルを用い、サービスのデータ型がテンプレートとなった関数でクライアントをセットアップしています。次にそのサービスのデータ型のインスタンスを作成し、リクエスト情報で埋めます。実際のサービス呼び出しは、`client.call(srv)`を使って行います。これは成功するとtrue、失敗するとfalseを返します。この結果を返すのは、サービスサーバーの責任であることに注意してください。最後に、このデータ構造のresponseフィールドにアクセスすれば、呼び出しの結果が得られます。

23.4 まとめ

この最後の章では、本書で扱ったPythonのコードのいくつかをC++に変換する方法を示しました。C++で用いるイディオムもデザインパターンも使用する言語によらずこれまでに説明してきたものと同じで、構文の細かい部分が変わるだけです。このような構文的な変更方法が理解できれば、PythonからC++に切り替えたり、C++からPythonに切り替えたりすることが簡単にできるようになるでしょう。

もちろん、本章ではC++のAPIを表面的に説明したにすぎません。完全に説明するには、もう一冊本が必要でしょう。皆さんがこの言語に慣れていれば、この章とROS wikiのドキュメントを見ながら、C++でROSのノードを作り始めることができるでしょう。人生をシンプルにしたい場合はPythonを使ってください。どちらを選ぶかはおまかせします。

付録A Pepperプログラミング

河田 卓志

本付録は日本語版オリジナルの記事です。本稿では人型ロボットPepperのROSでの活用方法について解説します。

A.1 開発プラットフォームとしてのPepper

2014年6月5日、家庭向け人型ロボットとしてPepperは発表されました。Pepperは感情認識パーソナルロボットとして大きな話題を呼んだロボットで、その制御ソフトウェアはAldebaran Robotics社（現ソフトバンクロボティクスヨーロッパ）が独自に開発し、熟成を重ねてきたNAOqiというロボットOSが採用されています。

NAOqiは分散処理をサポートするなど、基盤部分でROSと同じような基本思想を持ち、一方でロバストで汎用的であることを最優先としたROSと反対のアプローチ、すなわち明確なAPIを定義し、単体のロボットをAPI経由で効率的に制御できるようにすることに重きを置き進化を続けてきたロボットOSです。各APIと、フレームワークは完全に公開され、また専用のGUIベースの開発ツールを公開することで、誰でも簡単にロボットを動かす「アプリ」を作ることができる環境を提供しました。

身長121センチと、小学生ほどの大きさの動くロボットに十分な安全性を持たせ、家庭への導入を可能にさせたという点でPepperは画期的でしたが、そのソフトウェア開発プラットフォームを公開し、誰でも簡単にそのロボットを制御するソフトウェアを作れる環境を提供したという点でも画期的でした。Pepperは人とロボットとの距離を縮めるという点において一役買ったということは間違いなさそうです（**図A-1**）。

図A-1　人型ロボットPepper

Pepperは足元にレーザーセンサーを持ち周辺の障害物を検出し、また目の中には深度カメラを搭載しています。これらは主に、人に寄り添うロボットとしての認知機能と人に危害を加えないための安全機能のために使われています。つまり人を認識し、その方向に振り向くと同時に自身の動きで人に危害を加えないように、腕や移動の範囲に制限をかけているのです。

Pepperが最も重視している機能の1つが人とのコミュニケーションです。単に音声による会話だけであればマイクとスピーカーがあれば十分かもしれません。明らかにPepperはそれ以上を目指して作られたロボットでした。周辺を認知し、人の存在を認知し、人の感情を認知し、自ら動き、自ら働きかける……センサーとアクチュエーターがそれらを実現するために用意されました。

Pepperはコミュニケーションを司るために必要な高度な音声認識と音声合成機能、そして次に示すように多くのセンサーとアクチュエーターを搭載しています。

- **Pepperに搭載されているセンサー**
  - — タッチセンサー：頭部×3、手のひら×2
  - — マイク×4
  - — 深度カメラ×1
  - — RGBカメラ×2（正面用と足元用）

  - ジャイロセンサー ×2
  - レーザーセンサー ×6（前後、周囲の障害物を検出）
  - ソナーセンサー ×2（前後の障害物を検出）
  - バンパーセンサー ×3（障害物への衝突を検出）
  - 赤外線センサー ×2（左右の障害物を検出）

- Pepperに搭載されているアクチュエーター
  - 頭：2
  - 腕：6×2
  - 足：3
  - ホイール：3

- その他
  - ステレオスピーカー
  - LED 目 8×2（フルカラー）
  - LED 耳 10×2（青、明るさ調整）
  - LED 肩 1×2（フルカラー）

A.2 ROSとPepper

ロバストで汎用的であるというROSの特性はNAOqiで制御されたロボットをROSのエコシステムに適用させることも可能にします。レーザーセンサー、深度カメラ、RGBカメラなど主要なセンサーはすべてサポートし、各アクチュエーターもROSから制御可能になっています。NAOqiのすべてのAPIをROSから実行できるわけではありませんが、発話のためのAPIなどいくつか制御系以外の機能にも対応できるようになっています。

ROSのPepperプロジェクトは次のURLで公開されています。

http://wiki.ros.org/pepper

ROSからPepperを制御するようセットアップしてみましょう。

まず必要なパッケージをインストールします（ROSの基本的な開発環境の設定については「1.3 インストール」を参照）。

```
user@hostname$ sudo apt-get install ros-indigo-driver-base \
 ros-indigo-move-base-msgs ros-indigo-octomap ros-indigo-octomap-msgs \
 ros-indigo-humanoid-msgs ros-indigo-humanoid-nav-msgs \
 ros-indigo-camera-info-manager ros-indigo-camera-info-manager-py \
 ros-indigo-moveit
```

次にPepper関連のROSパッケージをすべてインストールします。

```
user@hostname$ sudo apt-get install ros-indigo-pepper-.*
```

インストールの途中に2回ほど、確認のプロンプトが現れます。これらはrvizなどでPepperのボディを可視化する際に利用する3Dデータをインストールするにあたってのライセンスの確認画面です。それぞれ受け入れ先に進めてください。

まず動作確認としてMoveItでPepperを動かしてみましょう。MoveItは「18.7 MoveItを設定する」などで紹介したモーションプランニングと制御用のツールからなるライブラリです。pepper_moveit_configパッケージはこれをPepperで扱えるようにした設定ファイルからなっています。MoveItを使ってシミュレーターまたは実際のロボットのモーションプランニングもできますが、ここでは物理シミュレーションも実機への接続も行わず、仮想のロボットをrvizを使ってコントロールしてみます。

次を実行します。

```
user@hostname$ roslaunch pepper_moveit_config demo.launch
```

rvizが起動し、可視化されたPepperが表示されます。Pepperのモデルが表示がされない場合は、モデルデータがイントールされていないのかもしれません。apt-getで再度モデルデータをインストールしてみてください。モデルデータはros-indigo-pepper-meshesです。

動作確認のためにGUIでPepperを操作したいので、そのための設定をします。まず[MotionPlanning]パネルで[Context]タブの[Kinematics]をチェックし、次に[Displays]パネルで[MotionPlanning]ツリーの[Planning Request]→[Interactive Marker Size]を0.3にします。ここまでくると**図A-2**のような表示になります。

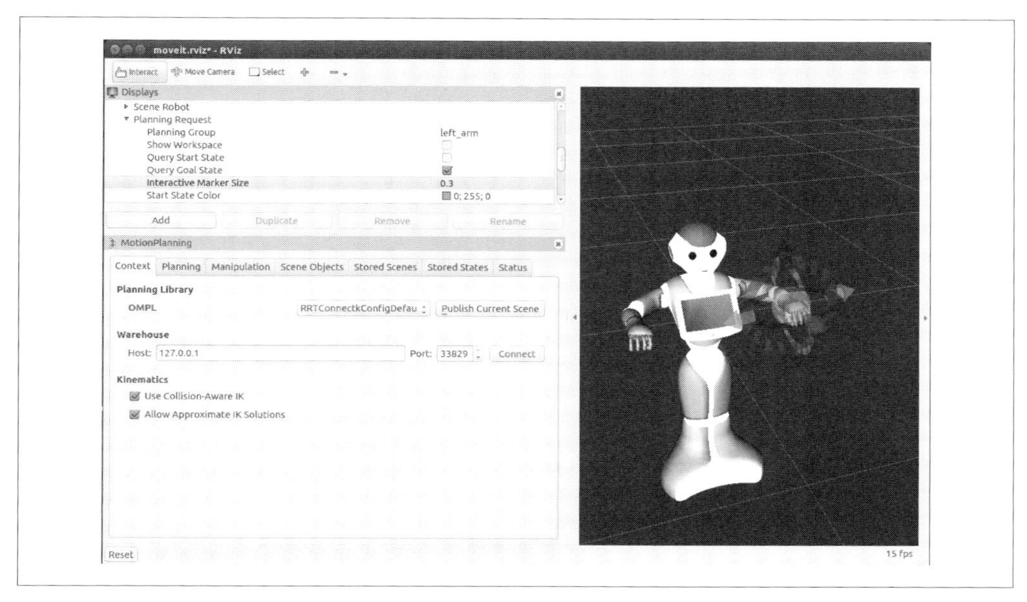

図A-2　MoveItのGUI

左手に表示さている各ハンドルをドラッグして手を動かしてみます。次に［MotionPlanning］パネルを［Planning］タブに切り替えます。［Plan］ボタンを押すことで設定した位置への移動プランが再生され、［Execute］ボタンを押すと計画どおりの動作が実行されます。何度か実行してどのように動くか見てみましょう。新しいポジションを適当に設定したい場合、［Query］の［Select Goal State］を`<random value>`として［Update］ボタンを押します。新しいポジションがランダムに設定されます（**図A-3**）。

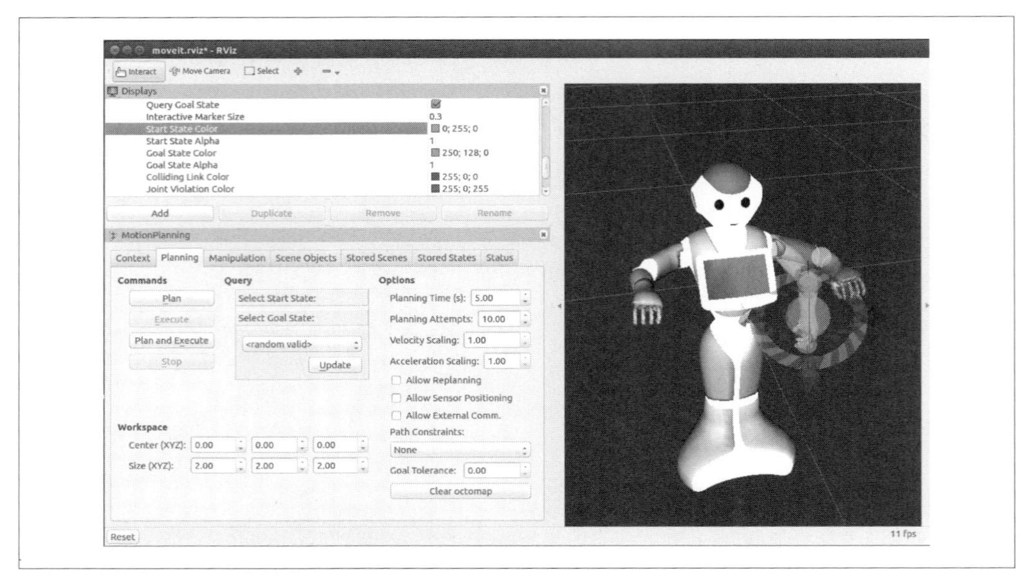

図A-3　MoveItモーションプランを実行

背後で何が起こっているか、詳しくは11章や18章のMovieItの説明を参照してください。

本稿では扱いませんが、Gazeboで動作するPepperシミュレーター環境もあります（**図A-4**）。導入手順はWebに公開されています。

http://wiki.ros.org/pepper_gazebo_plugin

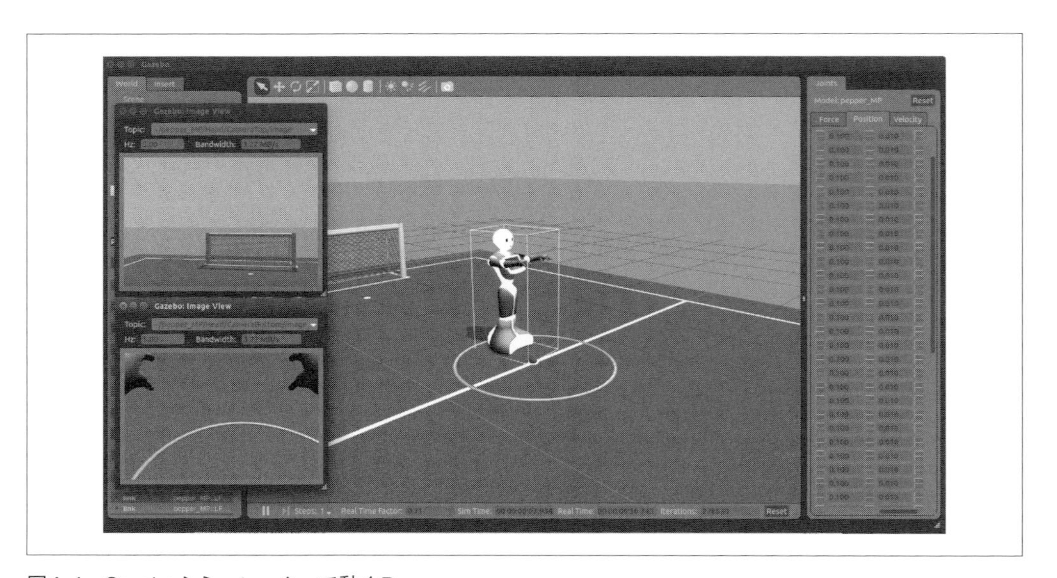

図A-4　GazeboシミュレーターIで動くPepper

A.3 Pepper実機をROSでコントロールする

ROSのPepperプロジェクトはシミュレーターだけでなく、実機をROSでコントロールするためのドライバーも提供しており、実機を動かし、また実機のセンサーデータを取得することも可能にしています。このドライバーはNAOqiを置き換え、直接ハードウェアにアクセスするというものではなく、NAOqiの上に構築された薄いラッパー層のようなもので、これを通してROSからの実機の制御を可能にしています。

実機をROSでコントロールしてみましょう。

まず、追加のインストールが1つ必要です。PCにNAOqi Python SDKをインストールします。Pythonで実装されたドライバーが実機をコントロールする際、このPython SDKがROSとPepperの間を取り持つことになります。

次からLinux用のNAOqi Python SDKをダウンロードして展開します（Other SDKs and utilitiesからLinuxのPython 2.7 SDKをダウンロード）。

https://developer.softbankrobotics.com/jp-ja/downloads/pepper

なお、それぞれ手順は本稿執筆時点での最新版pynaoqi-python2.7-2.5.5.5-linux64.tar.gzをダウンロードした場合を例に記載しています。ファイル名が異なるときは任意に読み替えてください。

```
user@hostname$ tar -zxvf pynaoqi-python2.7-2.5.5.5-linux64.tar.gz
```

展開したファイルを任意の場所に保存し、パスを通します。

```
user@hostname$ mkdir ~/naoqi
user@hostname$ mv  pynaoqi-python2.7-2.5.5.5-linux64  ~/naoqi
user@hostname$ echo\
 'PYTHONPATH=~/naoqi/pynaoqi-python2.7-2.5.5.5-linux64/lib/python2.7/site-packages:$PYTHONPATH'\
 >> ~/.bashrc
user@hostname$ source ~/.bashrc
```

追加のインストールはこれで完了です。ロボット本体とつなげてみましょう。

```
user@hostname$ roslaunch pepper_bringup pepper_full.launch nao_ip:=<yourRobotIP>
```

ここで<yourRobotIP>はロボットのIPアドレスです。また、Python版を動かす場合はlaunchファイルとしてpepper_full_py.launchを指定します（なお、本稿執筆時点において、NAOqiのバージョンアップに一部ドライバーの実装が追いついていないことが原因で大量の警告ログが出力され、CPU負荷を圧迫するという問題がありました。この問題に関する暫定的な対応策としては/opt/ros/indigo/share/naoqi_driver/share/boot_config.jsonを編集し、logsセクションのenabledの値をfalseにすることです）。

rvizで可視化してみましょう。

```
user@hostname$ rosrun rviz rviz
```

表示項目についてはPepperを適切に可視化するための設定ファイルがプロジェクトで公開されていますので、これを読み込ませるのが良さそうです。設定ファイルはhttps://github.com/ros-naoqi/pepper_robot/tree/master/pepper_description/config配下に見られる`urdf.rviz`です。このファイルの内容を自身のPCに持ってきて、`rviz`のメニューの［File］→［Open Config］で設定ファイルを指定します。

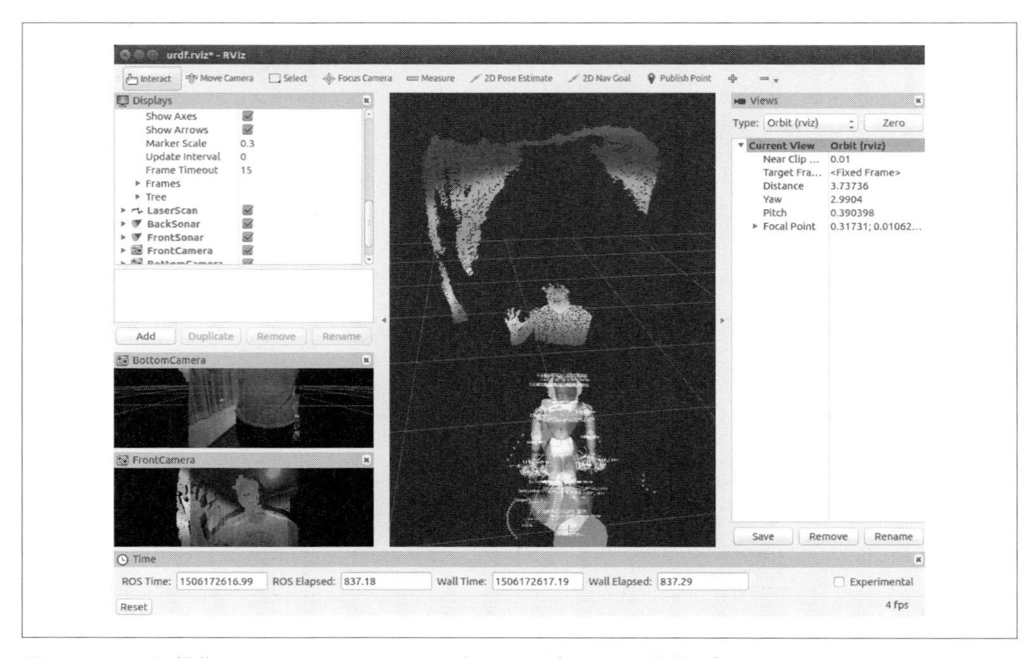

図A-5 rvizで可視化されたPepperとセンサーデータ。深度カメラが人物を捉えている

次にROSからPepperを動かしてみます。まずPepperが自律モードで動いている場合、自律モードでのPepperの動きとROSからの制御が競合する可能性があるので、自律モードは停止しておくことを推奨します。次を実行することで自律モードを停止させることができます。

```
user@hostname$ rosservice call /pepper_robot/pose/life/disable "{}"
user@hostname$ rosservice call /pepper_robot/pose/wakeup "{}"
```

Pepperをしゃべらせてみましょう。

```
user@hostname$ rostopic pub -1 /speech std_msgs/String "こんにちは"
```

次に8章で紹介した`keys_to_twist_with_ramps.py`を使ってPepperを動かしてみましょう。まずターミナルで次のコマンドを実行します。

```
user@hostname$ ./keys_to_twist_with_ramps.py _linear_scale:=0.2\
    _angular_scale:=0.2 _linear_accel:=1.0 _angular_accel:=1.0
```

別のターミナルでkey_publisher.pyを実行します。このターミナルでキーを押すことでPepperが動きます。キーボードのW、X、A、D、Sキーで前後左右、停止です。

A.4 PepperをROSでプログラミング

基本的な動作が確認できたので、ROSでPepperを制御するプログラムを作ってみましょう。

次は「12章 Follow-bot（フォロ－ボット）」で紹介した、床の黄色い線をたどって移動するプログラムをPepperに適用した例です。

例A-1 pepper_follower.py

```
#!/usr/bin/env python
# -*- coding: utf-8 -*-

import rospy, cv2, cv_bridge, numpy
from sensor_msgs.msg import Image
from geometry_msgs.msg import Twist

from std_srvs.srv import Empty
from naoqi_bridge_msgs.msg import JointAnglesWithSpeed

class PepperFollower:
  def __init__(self):
    self.bridge = cv_bridge.CvBridge()
    cv2.namedWindow("window", 1)

    self.cmd_vel_pub = rospy.Publisher('cmd_vel', Twist, queue_size = 1)
    self.twist = Twist()

    # 首は少し下に
    self.joint_angles_pub = rospy.Publisher('joint_angles', JointAnglesWithSpeed, queue_size = 1)
    self.headAngles = JointAnglesWithSpeed()
    self.headAngles.header.frame_id = 'Head'
    self.headAngles.joint_names = ['HeadYaw', 'HeadPitch']
    self.headAngles.joint_angles = [0.0, 0.25]
    self.headAngles.speed = 0.2
    self.headAngles.relative = 0
    self.joint_angles_pub.publish(self.headAngles)

    # カメラ画像取得開始
    self.image_sub = rospy.Subscriber('pepper_robot/camera/bottom/image_raw',
                                      Image, self.image_callback)
```

```
  def image_callback(self, msg):
    # カメラ画像の取得、黄色でフィルター
    image = self.bridge.imgmsg_to_cv2(msg,desired_encoding='bgr8')

    hsv = cv2.cvtColor(image, cv2.COLOR_BGR2HSV)
    lower_yellow = numpy.array([ 20,  50,  50])
    upper_yellow = numpy.array([40, 255, 255])
    mask = cv2.inRange(hsv, lower_yellow, upper_yellow)

    masked = cv2.bitwise_and(image, image, mask=mask)

    # 画像の高さ3/4の位置から20行分だけを抜き出す
    h, w, d = image.shape
    search_top = 3*h/4
    search_bot = search_top + 20
    mask[0:search_top, 0:w] = 0
    mask[search_bot:h, 0:w] = 0

    # マスクされた画像の中心点を探す
    M = cv2.moments(mask)
    if M['m00'] > 0:

      # 中心点が見つかったとき、その中心点に向かって移動
      cx = int(M['m10']/M['m00'])
      cy = int(M['m01']/M['m00'])
      cv2.circle(image, (cx, cy), 20, (0,0,255), -1)
      err = cx - w/2
      self.twist.linear.x =  0.2
      self.twist.angular.z = -float(err) / 100.0
      self.cmd_vel_pub.publish(self.twist)

    self.joint_angles_pub.publish(self.headAngles)
    cv2.imshow("window", image)
    cv2.waitKey(3)

# 自律モードを停止する
disable_alife = rospy.ServiceProxy('pepper_robot/pose/life/disable', Empty)
disable_alife()

# モーターを ON
wakeup = rospy.ServiceProxy('pepper_robot/pose/wakeup', Empty)
wakeup()

# 黄色い線に沿って走行開始
print 'Start following yellow line..'
rospy.init_node('follower')
```

```
follower = PepperFollower()

rospy.spin()
```

このプログラムは実際のところ12章で紹介されているプログラムとほとんど同じです。同じプログラムでシミュレーターも本物のロボットも、そしてまったく違う形状をしたロボットでも動かすことができる、その1つのわかりやすい例です。

このプログラムでは最初に自律モードの停止と首を床を捉えるのに最適な角度を向くように設定しています。

```
user@hostname$ chmod +x ./pepper_follower.py
```

として直接実行できるようにしておけば

```
user@hostname$ roslaunch pepper_bringup pepper_full.launch nao_ip:=<yourRobotIP>
```

を実行してPepper本体とROSを接続、次に

```
user@hostname$ ./pepper_follower.py
```

で黄色い線に沿って移動を始めます。簡単ですね！

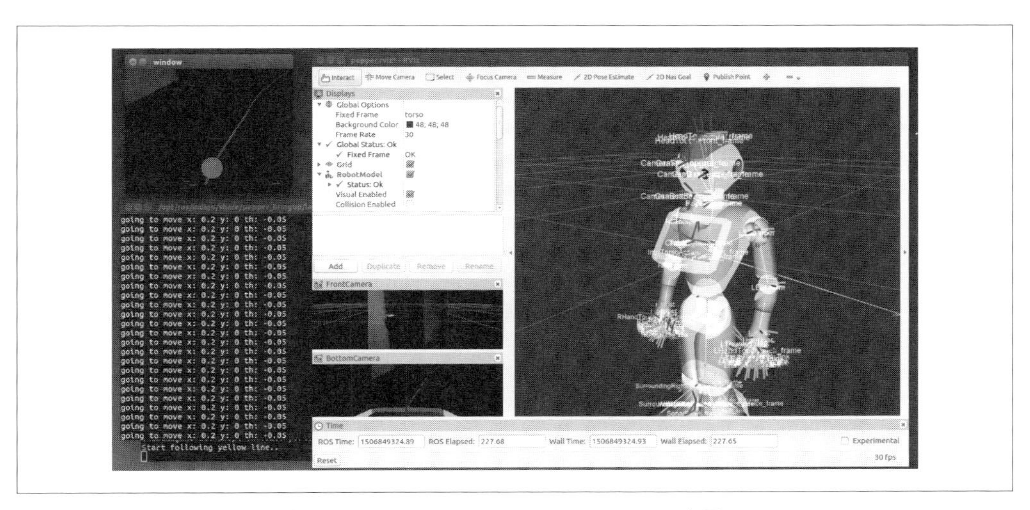

図A-6 黄色い線に沿って移動するPepper、rvizとpepper_follower.pyの表示

A.5 まとめ

Pepperが採用しているNAOqiには非常に良く整理されたAPI群があり、センサーの値などの詳細を知らなくともたいていのことはできるようになっています。一方で、深度カメラのデータにせよ、レーザーセンサーが検出した障害物にせよ、それらの情報に直接アクセスして、新しいアルゴリズムを追加し、制御につなげるということはあまり行われておらず、それらを行うためのツール群も十分に整理されているというわけではありません。PepperをROSで制御できるようにすることで`rviz`などを通じてPepperが実際に見ている世界を可視化することを可能にし、また新しい認知と制御のアルゴリズムを持ち込むことを容易にします。

Pepperはその基本的な用途として人に寄り添い、人とコミュニケーションを取るという部分により重きが置かれたロボットです。同じロボットというカテゴリーでもROSが主にターゲットとしている、目的地に効率的かつ正確にたどり着く、物を持ち上げて別の場所に持っていく、といった作業に重きが置かれたロボットとは利用シーンの想定が若干違うのです。ではPepperのようなコミュニケーション型のロボットにはROSで培われてきたナビゲーションや、高度なモーションプランナーは不要でしょうか？ 実はPepperが目指すコミュニケーション型のロボットはまだまだ機能が不十分であり、真に人に寄り添い、人の役に立つロボットになるためには、あらゆる点でさらなる進化が求められています。ROSの資産をコミュニケーション型のロボットにもたらすということは、ROSの応用範囲を広げることに一役買うと同時に、コミュニケーション型ロボットの進化にも一役買えると考えて間違いなさそうです。

付録B ROS2

鈴木 夢見子●一般社団法人 東京オープンソースロボティクス協会（TORK）

本稿は2017年10月時点の現状に基づいたものです。ROS2は2014年頃から設計や開発が始まり、2015年に一部の基本機能が動作する α 版が公開され、2016年にはROS2を用いたロボットシステムのデモをTurtlebotで実現しています。2017年12月にはROS2の正式版リリースが予定されています。本稿は、ROSの拡張ではなく、進化版とも言えるROS2の概要について解説します（現行のROSはROS2に対してROS1と呼ばれることもありますが、ここではROSとします）。

B.1 なぜROS2が開発されているのか

世界中のロボット研究の場ではすでにROSが広く使われている中で、OSRFは、ROSとは直接の互換性のない新規のROSを、ROS2というまったくの新しいシステムとしてフルスクラッチでの開発を進めています。これはROSが生まれて数年が経過し、当初のロードマップ上の研究開発用ロボット以外にもROSが適用され、想定していた場面以外のさまざまな状況でのROSの活用が増えたことで、現行のROSではいくつか不足する点が指摘されるようになったためです。

ROSは研究者やプログラマー向けにデザインされており、使いやすく自由度の高い仕組みによって近年のロボティクスの進化を加速させてきました。一方で、産業用ロボットや実社会展開の場面では、リソースが限られた環境下での動作や組み込みへの対応が求められます。こうした対応を実現することを目的としてROS2は開発が進められており、産業応用を踏まえた重要なプロジェクトとして注目されています。

B.2 ROS/ROS2ターゲットの違い

ROSとROS2は想定された利用環境の違いが、システムデザインの違いとなって現れています。**表B-1**にROSとROS2の想定ターゲットの違いを示します。

表B-1　想定ターゲットの違い

ROS	ROS2
ロボット単体	複数ロボット
潤沢な計算資源	組み込みでも対応
Linux（Ubuntu）ベース	マルチプラットフォーム対応
安定したネットワーク環境下	リソース制限環境下、屋外
研究、学術用途	産業用への指向
プログラミング自由度の高さ	商用プロトコルが選択可能
限定的なリアルタイム制御	リアルタイム制御、通信品質の確保

B.3　ROS2の特徴

ROS2のシステムの特徴として、以下の7つが挙げられます。

- 複数ロボットへの対応
- 組み込みへの対応
- 通信ライブラリにDDSの採用
- 実時間システムへの対応
- 不安定なネットワークへの対応
- システムの構築と構造化をパターン化
- マルチプラットフォームへの対応

B.3.1　複数ロボットへの対応

ROSは基本的には1台のロボットを想定したシステムです。ロボットが複数台存在する場合に適用する方法はROSにもあり、Multimasterと呼ばれいくつかの方法が試されてきましたが、その標準的な方法は確立していませんでした。ROS2ではこの複数ロボットへの対応が明示的に実現されます。

B.3.2　組み込みへの対応

ROSでの組み込みボードとの連携は、`ros_serial`等のパッケージを用いてマイコン等にプログラムを書き込み、PC側で実行されるこれに対応したノードとシリアル通信を行う方法や、個別の組み込みマイコン用に軽量化実装したクライアントライブラリを使う方法や、軽量化実装をしたパッケージを使い組み込みボードに適用する方法で実現されてきました。ROS2ではマイコン等に直接ROSプログラムを書き込み、組み込み計算機自体をROSノード化できるようにすることが予定されています。現在OSRFでの開発はペンディングとなっていますが、2017年9月に日本の組み込み系企業によって日本製マイコンへのROS2搭載事例が発表されています。

B.3.3　通信ライブラリにDDSの採用

ROSでは通信ライブラリを独自に設計、実装していましたが、ROS2では既存のライブラリが利用され、ROSと同様のPub/Sub型のDDS（Data Distribution Service）が採用されました。

DDSはOMGで標準化されており、商用とオープンのライブラリを含めて10以上の実装があります。また電車、ダム、船などクリティカルな領域での採用実績があり、NASAや国防省での採用実績があることに加え、組み込みライブラリが存在し、通信のQoS（Quality of Service）制御が可能であり不安定な通信環境下で利用できること、実時間通信への対応が可能であることが採用の理由となっています。

ROS2のβ3リリースでは、eProsima Fast RTPS、RTI Connext、OpenSpliceがフルサポートDDSとして採用されています。DDSを採用することで、実時間性の確保、不安定なネットワークへの対応、セキュリティ対策など製品レベルでの品質を担保することが可能になり、ROS2を用いて研究室で開発されたプロトタイプがそのまま実環境での応用で使えるようにし、ROS2を用いた製品に展開できるようにすることを狙っています。

B.3.4　実時間システムへの対応

OSやハードウェアのサポートを前提に、プロセス間通信、マシン間通信における実時間通信を含んだ実時間制御のサポートが予定されています。

B.3.5　不安定なネットワークへの対応

低品質のWifi通信や、地上－宇宙間の通信のような欠損やディレイのある通信状況においてもベストエフォートで通信する仕組みの実装が進められています。

B.3.5.1　リアルタイム通信の実現

オペレーティングシステムやハードウェアの適切なサポートがあることを前提として、ROS2ではプロセス間やマシン間の通信は直接リアルタイム制御をサポートする方向で開発が進められています。

B.3.5.2　QoS（Quality of Service）制御

ROS2は、QoSを制御するさまざまなQoSポリシーによって、ノード間の通信を調整することができます。適切なQoSポリシーを使用することで、TCPのように信頼性が高い方式や、UDPのようなベストエフォートのノード間通信が可能になります。現在、QoSポリシーにはHistory、Depth、Reliability、Durabilityの4つの設定が含まれています。

- History
  - Keep last：N個のサンプルを保存し、キューのDepthオプションでNの個数を設定可能。

— Keep all：使用しているDDSミドルウェアが想定しているリソース限界まですべてのサンプルを保存する。

- Depth
  — キューのサイズを指定、Historyの「Keep last」と一緒に使用された場合にのみ有効。
- Reliability
  — Best effort：サンプルを配信するが、ネットワークが不安定な場合はサンプルを失う可能性がある。
  — Reliable：サンプルの配信を保証、複数回の再試行が起こりうる。
- Durability
  — Transient local：後からシステムに接続してくるSubscribersへ配信するためにPublisherは最後に配信したサンプルを保持する。
  — Volatile：サンプルは保持されない。

B.3.6　システムの構築と構造化をパターン化

現在のROSではプログラミングスタイルは限定されず、開発者自身が自由にプログラムを書くことができていました。一方ROS2ではこのフレキシビリティは維持しつつも、コンポーネント指向の考え方を導入し、内部の機能にアクセスするためのインタフェースが定義され、ノードのライフサイクル管理や静的設定等の機能のためのツールやパターンへの対応が可能になっています。

B.3.7　マルチプラットフォームへの対応

現行のROSでもWindows上で動作させる取り組みはいくつか行われてきましたが、いずれも試験的な実装にとどまっていました。ROS2ではWindows等、複数OSへの対応が予定されています。

B.4　ROS/ROS2の比較

ROS開発者や利用者から見てROS2を使うときは以下の点に注意するとよいでしょう。

amentビルドシステムの利用

ROSではcatkinというビルドシステムを利用していました。技術的には依存関係のあるパッケージ群を順番にcmake、make するシステムです。ROS2ではcatkinの進化版としてamentという新しいビルドシステムが導入されます。その狙いはcmake 以外のビルドシステムにも対応できるようにしており、たとえばcmakeを利用しないpythonコードだけのパッケージもシームレスに統合できるようになっています。また、develスペースとinstallスペースの2つが存在したcatkinに対してinstallスペースだけとなり単純化されています。

ROS Masterからノードの相互発見へ

ROSではroscoreというコマンドを実行し、ネームサービスを司るROS Masterがノード間の検索を助け通信を行っていました。このROS Masterは利用される場面によっては単一障害点となっていました。ROS2ではROS Masterがなくなり、DDSミドルウェアを介してノードどうしが通信方法を決定する自動プロセスによって、ノードの相互発見が自動的に行われます。

ノードが起動すると、ROS_DOMAIN_ID環境変数で設定された、同じROSドメインを持つネットワーク上の他のノードにその存在を通知します。通知を受けたノードは、このアドバタイズに対して自分自身に関する情報で応答し、適切な接続が確立されノードが通信できるようになります。

互換性のあるQoS設定がある場合のみ、ノードは他のノードとの接続を確立し、後から新規に見つかったエンティティとの接続が可能になるように自らの存在を定期的にアドバタイズします。

ノードはオフラインになるとこれも他のノードにアドバタイズします。

RCL（ROS Client Library）

ROSではROSのpythonインタフェースとしてrospyを、C++インタフェースとしてroscppを、それぞれスクラッチで実装していました。ROS2ではC言語で実装されたRCL（ROS Client Library）という共通のコアROSクライアントライブラリを介して、さまざまなプログラミング言語で書かれたクライアントライブラリも書きやすく、より一貫した動作が実現可能になります。実際には、rospy、roscppはROS2ではrclpy、rclcppというRCLで共通の機能を利用するクライアントライブラリになります。

ROSとROS2の相互運用

ROSとROS2は互換性のないシステムですが、ROSとROS2の相互運用環境でお互いの通信メッセージを自動変換するツールros1_bridgeによって、ROS上とROS2上のノードは通信が可能となります。ROS2もpub/sub方式は変わらず、トピックもサービスも利用可能です。

B.5 まとめ

ここまで見てきたようにROS2は産業応用を念頭に実時間性、セキュリティ、QoS、組み込み、マルチプラットフォーム、コンポーネント指向といった特徴を備えています。一方でROSがここまで広く利用されているのは、通信システム、ツール、機能、エコシステムの4つの分野が密につながっていた点に負うことが大きく、特に制御、動作計画、画像処理の強力なライブラリ群からなる機能や世界中の開発者を結びつけるエコシステムまで含む形でプロジェクトが推進されてきた点が重要でした。本章でのROS2の紹介からもわかるように、現在ROS2と呼ばれているものは通信システムや一部のツール部分にとどまっています。今後ROS2が広く使われるようになり産業応用分野でも広く活用されるためには、さらなる機能の拡充と、読者諸氏も含めた開発者の積極的なエコシステムへの参加と支援が必要不可欠となるでしょう。

補講：ROS2チュートリアル

ROS2 β3の環境作成、ROS2のサンプルプログラムの実行とros1_bridgeによるROS/ROS2相互運用についての解説です。

ROSとROS2の環境作成

ROS (kinetic) がインストールされている環境で、ROS2のバイナリをインストールする。

- 以下を参照し、依存パッケージをインストールする。ここでブリッジ通信のros1_bridgeもインストールされる。
  — Linux Install Binary (https://github.com/ros2/ros2/wiki/Linux-Install-Binary)
- ROS2 Beta3 Releaseから圧縮ファイルを取得（今回はFastRTPSで動作確認済み）。インストールフォルダは、~/ros2_installとした。
  — https://github.com/ros2/ros2/releases

ROS2サンプルプログラムの実行

前提：ターミナルで以下が実行されている、または.bashrcに記述されている。

source /opt/ros/kinetic/setup.bash

ROS2でtalkerを実行する。

```
tork@ubuntu:~$ . ~/ros2_install/ros2-linux/local_setup.bash
tork@ubuntu:~$ ros2 run demo_nodes_cpp talker
```

以下のような表示がターミナル上で確認できる。

```
Publishing: 'Hello World: 1'
Publishing: 'Hello World: 2'
Publishing: 'Hello World: 3'
```

ROS2でlistenerを実行する。

```
tork@ubuntu:~$ . ~/ros2_install/ros2-linux/local_setup.bash
tork@ubuntu:~$ ros2 run demo_nodes_cpp listener
```

以下のような表示がターミナル上で確認できる。

```
I heard: [hello world 1509189328.1]
I heard: [hello world 1509189328.2]
I heard: [hello world 1509189328.3]
```

ros1_bridgeによるROS/ROS2相互運用

roscoreを立ち上げる。

```
tork@ubuntu:~$ roscore
```

ros1_bridgeを実行する。

```
tork@ubuntu:~$ . ~/ros2_install/ros2-linux/local_setup.bash
tork@ubuntu:~$ ros2 run ros1_bridge dynamic_bridge
```

ROSからROS2へ

ROS上でtalkerを起動する。

```
tork@ubuntu:~$ rosrun rospy_tutorials talker
```

ROS2上でlistenerを起動する。

```
tork@ubuntu:~$ . ~/ros2_install/ros2-linux/local_setup.bash
tork@ubuntu:~$ ros2 run demo_nodes_cpp listener
```

ROS/ROS2のターミナル上でpub/subのログ表示が確認でき、ros1_bridgeを起動しておいたターミナル上では以下のような表示が確認できる。

```
created 1to2 bridge for topic '/chatter' with ROS 1 type 'std_msgs/String'
and ROS 2 type 'std_msgs/String'
[INFO] [ros1_bridge]: Passing message from ROS 1 ROS1_T to ROS 2 ROS2_
T (showing msg only once per type) (ros1_callback() at /home/rosbuild/ci_
scripts/ws/src/ros2/ros1_bridge/include/ros1_bridge/factory.hpp:130)
```

ROS2からROSへ

ROS2上でtalkerを起動する。

```
tork@ubuntu:~$ . ~/ros2_install/ros2-linux/local_setup.bash
tork@ubuntu:~$ ros2 run demo_nodes_cpp talker
```

ROS上でlistenerを起動する。

```
tork@ubuntu:~$ rosrun rospy_tutorials listener
```

ROS2/ROSのターミナル上でpub/subのログ表示が確認でき、ros1_bridgeを起動しておいたターミナル上では以下のような表示が確認できる。

```
created 2to1 bridge for topic '/chatter' with ROS 2 type 'std_msgs/String'
and ROS 1 type ''
[INFO] [ros1_bridge]: Passing message from ROS 2 ROS2_T to ROS 1 ROS1_
T (showing msg only once per type) (ros2_callback() at /home/rosbuild/ci_
scripts/ws/src/ros2/ros1_bridge/include/ros1_bridge/factory.hpp:144)
```

訳者あとがき

今回の本は、数人のメンバーで分担を決め翻訳を行い、最後は全員で全体をチェックするという形で作業を進め、その後、河田卓志さんに監訳していただきました。翻訳メンバーは一時ソニー株式会社に勤務していた（いる）という共通点があり、その1人はロボットの開発に携わり、1人はPepperのオーナー（松田）です。

翻訳に際してはROS wikiを参考にさせていただきました。たいへん助かったことをここに記しておき、感謝の言葉に代えたいと思います。なお、各章の翻訳の最終的な分担は以下のとおりです。翻訳中に気がついた原書の間違いなども修正しました。

- 松田（2章、4章、10章、14章、15章、18章、19章、21章、22章、23章）
- 福地（1章、3章、5章、7章、9章、11章、13章、17章）
- 由谷（6章、8章、12章、16章、20章）

今回の翻訳では、浅野祐太君（東工大）と植田聖司君（東工大）にも手伝ってもらいました。2人の尽力の結果には非常に助けられました。この場を借りて感謝します。株式会社オライリー・ジャパンの宮川直樹さんには、本書を翻訳する機会をいただき、翻訳や編集作業などのさまざまな面で手助けをしていただきました。ありがとうございます。

ラズパイ、Pepper、レゴなど、ROSは今後さまざまなロボットやプラットフォームに広がっていくと思われます。本書がその一助になれば幸いです。

2017年3月吉日

駅前に開店したドトールにて

訳者代表 松田 晃一

索引

記号・数字

A

B

C

D

E

F

G

H

I

J

K

L

M

N

O

P

Q

R

か行

さ行

た行

な行

は行

ま行

や行

ら行

わ行

●著者紹介

Morgan Quigley（モーガン・クイグリー）

ROS（Robot Operating System）を開発・保守するOSRF（Open Source Robotics Foundation）の共同設立者。スタンフォード大学で計算機科学の博士号を取得。スタンフォード大学では、2006年～2007年にSTAIR（Stanford AI Robot）プロジェクトでROSの原型を開発した。ロボット工学を応用したソフトウェアの未来は共同開発にあると考え、他の多くのエンジニアとROSプロジェクトを共同で設立した。興味のある研究対象は、ロボットソフトウェアシステム、オープンソースのソフトウェアやファームウェア、組み込みシステム設計、電子機械工学、センサー設計。

Brian Gerkey（ブライアン・ゲールケ）

OSRF（Open Source Robotics Foundation）の共同設立者で現CEO。以前は、Willow Garageでオープンソース開発の責任者をしていた。それ以前は、SRIのAIセンターでコンピューター科学者をしていた。さらにその前は、スタンフォード大学人工知能研究所のポスドク。1998年にテュレーン大学から計算機工学の学士号を取得（主専攻はロボット工学とオートメーション、副専攻は数学）。南カリフォルニア大学（USC）で計算機科学の修士号を2000年に、博士号を2003年に取得。ロボット工学の研究および教育（そして、間もなく「産業」も含まれるであろう）の分野で、ロボットソフトウェアのプラットフォームとして最も広く利用されているROSプロジェクトに2008年から取り組んでいる。世界中で利用されているオープンソースのロボットシミュレーションおよび開発ツール「Player」プロジェクトの創設者であり、元リード開発者でもある。

William D. Smart（ウィリアム・D・スマート）

オレゴン州立大学の准教授。ロボット工学の授業の共同ディレクターをしている。興味のある研究対象は、モバイルロボット、機械学習、ヒューマンロボットインタラクション、そしてロボティクスと法律。20年以上にわたりロボットのためのソフトウェアを開発してきた。また、ロボットのソフトウェアアーキテクチャーの積極的な研究開発を15年以上続けている。オレゴン州立大学ではロボット工学のカリキュラムを組むほか、ロボット工学とコンピュータープログラミングを学部生・大学院生の双方に教えている。ROSユーザー歴は長く、初期のワークショップにもいくつか関わっいた。2010年から2011年の間、大学の長期休暇制度を利用して15か月間Willow GarageでPR2ロボットのためのソフトウェアを開発した（同時に、カリフォルニアの気候をエンジョイした）。

●監訳者紹介

河田 卓志（かわた たくじ）

ソフトウェアエジニアとして約20年の経験。2015年よりSoftbank Pepperの開発プラットフォームをデベロッパーに紹介するエバンジェリストとして活動。個人でもTurtlebot 2、NAOなどのロボットを所有、開発環境がオープンなロボットに可能性を感じ、その訴求に努める。現在某外資系企業にてシニア・ソリューション・アーキテクトとして活動中。新しいテクノロジーの導入を支援し、日本の技術進化に少しでも貢献したいと考えている。

●訳者紹介

松田 晃一（まつだ こういち）

博士（工学、東京大学）。石川県羽咋市生まれ。元ソフトウェア技術者/研究者/管理職、PAW^2のクリエータ。NEC、ソニーコンピュータサイエンス研究所、ソニーなどを経て、大妻女子大学社会情報学部情報デザイン専攻教授。「希望の塾」塾生。UX/HCI、モバイル機器、HoloLens、Pepperなどに興味を持つ。コンピューターで人生を「少し楽しく」「少しおもしろく」「少し新しく」「少し便利に」が研究のキーワード。ワイン、夏と海、旅行（沖縄、温泉）、絵画をこよなく愛す。以前はフリーソフト（tgif）を開発し、漫画・イラストを描きコミケで売る。著書は『p5.jsプログラミングガイド』（カットシステム)、『WebGL Programming Guide』(Addison-Wesley Professional) など、訳書は『行列プログラマー』『実例で学ぶゲーム3D数学』(オライリー・ジャパン) などを含め43冊。

福地 正樹 (ふくち まさき)

兵庫県神戸市生まれ。名古屋大学工学部卒業、東京大学大学院工学系研究科修了。大学ではロボット制御、経路計画、ナビゲーションなどの研究に取り組み、第3回ロボカップ世界大会に参戦。卒業後は大手電機メーカーにてロボット、画像認識、ARの研究開発に従事。元カリフォルニア工科大学客員研究員。

由谷 哲夫 (ゆたに てつお)

鳥取大学大学院工学研究科電子工学専攻修了。いくつかの家電メーカーでコンピューターのハード、半導体、Web系ソフトウェアの研究、開発に従事。現在は独立し、クラウドを中心としたソフトウェアやサービスの開発を行っている。コンピューター言語、自然言語処理、画像認識、分散・並列コンピューティングなどに興味を持つ。以前はC言語系が中心であったが、現在はJavaScriptを主に使用している。そろそろ、関数型言語で開発することを狙っている。また、さまざまなハードやFPGAが個人でも気軽に使えるようになってきているので、FPGAとソフトでおもしろいものを作りたいとも考えている。

カバーの説明

本書のカバーの動物はサリマリフルーツコウモリ (Latidens salimalii) です。インドの有名な鳥類学者Salim Aliにちなみ命名されたサリマリフルーツコウモリは希少種でほとんど知られていません。最初に捕獲されたときに短い鼻のフルーツコウモリと間違えられてから60年以上が経ちます。サリマリフルーツコウモリは絶滅危惧種に指定されています。サリマリフルーツコウモリはインド半島南端の雨林 (アラビア海の沿って走る西ガーツ山脈の近く) にのみ生息します。この地域は世界で最も多様な生物が生息することで有名です。

フルーツコウモリが属するオオコウモリ亜目は昆虫をえさとしません。通常は、長い舌を使って花の蜜を吸い出したり、特別に適合した歯を使って果物をかじったりすることで、蜜や果汁だけを飲むことがほとんどです。フルーツコウモリが花と頻繁に接触することにより、コウモリ媒花と互恵関係が形成されます。花は草食性のコウモリに花粉を運んでもらいます。オオコウモリは果物 (サリマリフルーツコウモリの場合は主にイチジクやセンダンの実) も食べるので、種を運ぶこともあります。

まだ解明されていないメカニズムにより、フルーツコウモリの草食性が大翼手亜目のほとんどすべての種類から反響定位能力を取り上げてしまったようです。ある研究によると、食虫性コウモリ (その飛翔活性から、反響定位で使われる発声機能 ―― これが潜水艦のソナーのように機能する ―― が生理学的に用意されていると思われる) が実現しているエネルギー効率は、より旺盛に食事をし、より体の大きなフルーツコウモリでは簡単に実現できないことが考えられます。オオコウモリは、その大きな目と鋭い嗅覚によって反響定位能力を補っているようです。

サリマリフルーツコウモリはこの25年の間に、絶滅の恐れがある種としての状態が「稀少種」から「絶滅危惧IA類」になった後、少し危険度の低い「絶滅危惧IB類」になりました。研究により、以前記録されたものよりも大きな集団がより広い範囲で存在していることが示されたためです。また、コウモリの巣がある土地の所有者が害獣として駆除したり、うわさにすぎない薬事効果のために捕獲したりしないよう、サリマリフルーツコウモリを保護する取り組みもなされてきています。しかしながら、人間がこの種の主要な生活環境を侵害し、分断し続けているため、この種が生存していけるかはまだはっきりしていません。

プログラミングROS

——Pythonによるロボットアプリケーション開発

2017年12月18日　初版第1刷発行

著　　者　Morgan Quigley（モーガン・クイグリー）、Brian Gerkey（ブライアン・ゲールケ）、
William D. Smart（ウィリアム・D・スマート）

監 訳 者　河田 卓志（かわた たくじ）

訳　　者　松田 晃一（まつだ こういち）、福地 正樹（ふくち まさき）、
由谷 哲夫（ゆたに てつお）

発 行 人　ティム・オライリー

制　　作　ビーンズ・ネットワークス

印刷・製本　日経印刷株式会社

発 行 所　株式会社オライリー・ジャパン
〒160-0002　東京都新宿区四谷坂町12番22号
Tel　（03）3356-5227
Fax　（03）3356-5263
電子メール　japan@oreilly.co.jp

発 売 元　株式会社オーム社
〒101-8460　東京都千代田区神田錦町3-1
Tel　（03）3233-0641（代表）
Fax　（03）3233-3440

Printed in Japan（ISBN978-4-87311-809-3）
乱丁本、落丁本はお取り替え致します。